(Beide Aufnahmen entstanden zum 50. Geburtstag von Brunolf Baade am 15. März 1954 in Sowjolowo in hoffnungsvoller Erwartung der baldigen Heimreise.)

Holger Lorenz

Kennzeichen «Junkers»

Ingenieure zwischen Faust-Anspruch und Gretchen-Frage

Die technischen Entwicklungen und politischen Wandlungen der Junkerswerke von 1931 bis 1961

Prof. Hugo Junkers 1927 (im 68. Lebensjahr)

Junkers-Generaldirektor Dr. Heinrich Koppenberg hatte direkt neben dem Hauptverwaltungsgebäude an der Kühnauer Straße die neue Unterkunft für die Junkers-Lehrschau bauen lassen. Das linke Foto zeigt den Haupteingang mit links anschließendem Lehrschau-Gebäude. Das Foto darunter zeigt die Lehrschau von außen und das Foto ganz unten zeigt sie von innen. Die einzigartige Schau umfaßte die Entwicklung der Luftfahrt von den Anfängen bis 1945 in aufgelokkerter einprägsamer Weise.

Die gestohlene Lehrschau

Hugo Junkers konnte zu seinem 70. Geburtstag 1929 seine lange geplante Lehrschau im Dessauer Museum für Naturkunde und Vorgeschichte, Kavalierstraße, einweihen. 1936 kam die Lehrschau ins neu errichtete Junkerswerk, wo sie ständig durch neue Stücke ergänzt wurde. Die linke Seite war der Zellenentwicklung und die rechte Seite der Motorenentwicklung vorbehalten. Am 14. Juni 1945 transportierten die Amerikaner die Lehrschau zusammen mit der 12.000 Bände umfassenden Junkers-Bibliothek ab. Seitdem sind beide verschollen. Bis heute tauchen ab und an einzelne Stücke wieder auf.

Faust: Es möchte kein Hund so länger leben.
Drum hab ich mich der Magie ergeben,
ob mir durch Geistes Kraft und Mund,
nicht manches Geheimnis würde kund;
Daß ich nicht mehr mit saurem Schweiß,
zu sagen brauche, was ich nicht weiß.
Daß ich erkenne, was die Welt
im Innersten zusammenhält.

Gretchen fragt Faust: Nun sag, wie hast du's mit der Religion?
Und wenig später: **Heinrich, mir graust vor dir.**

Johann Wolfgang Goethe
„Faust" 1831

Inhalt

Chefkonstrukteur Ernst Zindel und seine Ju 52 (um 1970).

Die Ju 288 durchbricht die Grenzen der Propellerzeit

Schon während der Flugerprobung des neuen Schnellbombers Ju 88 regte das Junkers-Entwurfsbüro unter August Quick 1937 das Projekt eines überlegenen mittelschweren Bombers an, das alle aerodynamischen, flugmechanischen, konstruktiven und fertigungstechnischen Erkenntnisse aus der Ju-88-Produktion berücksichtigte. Allen gegnerischen Jägern sollte die Ju 288 davonfliegen. Das Herzstück des Ju-288-Projektes bildete jedoch der revolutionäre Reihen-Stern-Motor Jumo 222. Dieser Junkersmotor war konkurrenzlos in seiner Auslegung.

Kompakt, schnell, höhenflugtauglich, sturzkampffähig, wendig, weitreichend, stark bewaffnet - die Ju 288 setzte in jeder Beziehung neue Maßstäbe. Im Bild: die Ju 288 V1 im November 1940 im Dessauer Stammwerk.

August 1939: Prof. Heinrich Hertel, seit einigen Wochen Entwicklungschef bei Junkers, steht am Fenster in seinem Arbeitszimmer. In einer halben Stunde werden die verantwortlichen Abteilungsleiter für die Ju-288-Entwicklung sowie die wichtigsten Direktoren von der Konstruktion bis zur Fertigung bei ihm erscheinen. Unter ihnen der erfahrene und langjährige Chefkonstrukteur Ernst Zindel. Sogar Prof. Otto Mader wird von Jumo rüberkommen. Mader, der das erste Junkersflugzeug konstruierte, ist jetzt Entwicklungschef der Junkers-Motorenwerke und seit dem Tode von Hugo Junkers die Ikone der gesamten Belegschaft. Wie soll er - der Neue - auftreten, damit er sich einerseits Respekt und Achtung verschafft, andererseits ein freundschaftliches und tatkräftiges Miteinander möglich wird?

Hertels Direktionszimmer befindet sich im vierten Stock des neu errichteten Konstruktions- und Verwaltungsgebäudes. Von hier aus kann er das gesamte Flugzeugwerk überblicken. Wenn er sich anstrengt, kann er auch noch Teile von Jumo erkennen. Hertels nachdenklicher Blick gleitet über das erst 1934 bis 1935 erbaute Werk. Ganz links sieht er das Kraftwerk, das Strom und Wärme für die Produktionshallen und die Verwaltung liefert. Es schließen sich die Hallen der Teileproduktion, der Vormontage, der Galvanik, der Schweißerei und große Lagerhallen an. Direkt voraus stehen die drei Endmontagehallen und die Lackhalle sowie die Start- und Landebahn. Dahinter in Richtung Alten beginnt bereits das Junkers-Motorenwerk, im täglichen Sprachgebrauch nur Jumo genannt, im Gegensatz zur Ifa, dem Flugzeugwerk, das Ifa gesprochen,

Prof. Dr. Heinrich Hertel kam 1939 von Heinkel und wurde von Junkers-Generaldirektor Koppenberg zum Entwicklungschef ernannt.

links: Koppenbergs Direktionszimmer im 6. Stock. Hertels Zimmer war das gleiche, aber zwei Stock tiefer gelegen.

unten: Das neue Dessauer Junkers-Stammwerk (FSD) 1936 an der Kühnauer Straße (Hermann-Göring-Straße) noch mit der alten Startbahn links, die nur 27 m breit und 800 m lang war. Gut zu sehen, die drei eigenständigen Flugzeugwerke (Hallen 201, 203 und 204). Das Junkers-Motorenwerk (Jumo) schloß sich gleich links an die Startbahn an. Zum Teil wurde auch Jumo neu gebaut, zum Teil die Hallen des Ifa-Altwerkes genutzt. Zu Junkers gehörten außerdem ein Kraftwerk und ein Sportplatz.

aber Jfa geschrieben wird. Genau genommen gibt es jedoch die Ifa nicht mehr, denn die Flugzeug- und Motorenwerke wurden 1936 zur staatlichen Aktiengesellschaft JFM AG verschmolzen.

Prof. Heinrich Hertel kommt von den Heinkel-Flugzeugwerken in Rostock-Marienehe. Er ist mit Ernst Heinkel im Streit auseinander. Vor allem Hertels He 177 „Greif" war der Grund des Streits. Später als Reichsfeuerzeug verschrien, war Hertel als deren Entwurfsleiter von Heinkel persönlich für die technischen Probleme verantwortlich gemacht worden. Grund des Zorns: Erst hatte Heinkel gegen Messerschmitt im Jägerbau verloren, und nun stand auch noch das Bombergeschäft vor dem Aus. Doch weder Hertel noch Daimler-Benz wollten die „brennfreudigen" Doppeltriebwerke für die He 177, sondern das RLM, das sich davon den schnellsten Weg zu starken Motoren versprach.

Nun plötzlich Entwicklungschef beim Erzrivalen Junkers wollte Hertel nicht noch mal ein solches Fiasko erleben. Das Projekt JU/EF-73 hatte ihm gleich zugesagt. Inzwischen ist es unter seiner Hand zur Ju 288 gereift und dabei noch vielseitiger geworden. Schon das von Entwurfschef August Quick vor zwei Jahren konzipierte Junkers-Entwicklungsflugzeug 73 glänzte durch überragende Flugleistungen. „Seine" Ju 288 aber will Hertel nun zu einem überlegenen Bombenflugzeug, das als Schnellbomber, Stuka, Höhenbomber, Torpedoträger, Nachtjäger, im Verband oder einzeln fliegend eingesetzt werden kann, entwickeln. Und einer der großen Vorteile bei Junkers besteht darin, daß man hier ein eigenes Flugmotorenwerk hat, wodurch eine viel vorausschauendere Entwicklung möglich ist.

Der neue Junkersmotor Jumo 222 vom Otto-Mader-Werk verspricht nicht nur ein Flugmotor zu werden, der in bester Symbiose mit der Zelle 288 lebt, vor allem gibt der Motor die Sicherheit, nicht noch mal das He-177-Fiasko durchleben zu müssen.

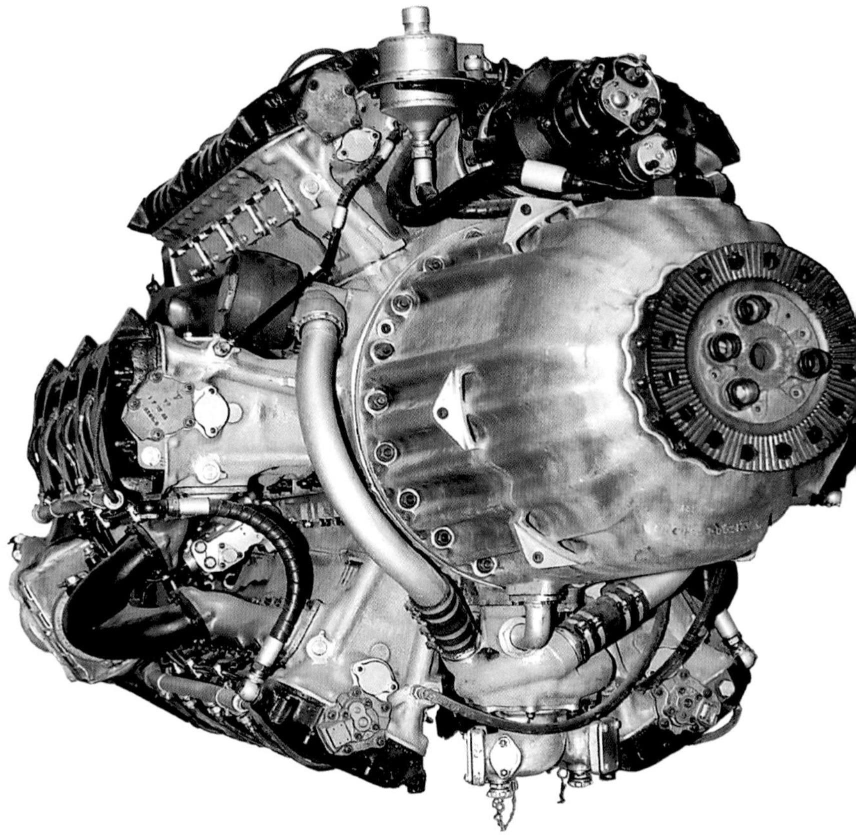

Der Österreicher Ferdinand Brandner kam 1937 von Deutz zu Junkers. Da er gute Referenzen mitbrachte und im Flugmotorenbau recht unbedarft war, setzte Prof. Otto Mader ihn als Hauptkonstrukteur für den komplett neuartigen Jumo 222 ein, um die Entwicklung nicht in „eingefahrene" Gleise zu lenken.

rechts oben: Der 1944 ausgereifte Jumo 222 als Version E/F mit 2.500 PS Startleistung und einer Volldruckhöhe von rund 11 km.

Mit der Ju 288 will Hertel seinen persönlichen Einstand bei den Junkerswerken geben. Und dieser Einstand soll ein voller Erfolg für ihn, das Junkerswerk und die Belegschaft werden. Ein derartiges Vorhaben kann nur bei Junkers gelingen, das ist Hertels feste Überzeugung. Oder es gelingt nirgendwo auf der Welt. Denn in Dessau steht nicht nur das weltgrößte Flugzeugwerk, hier wirken zugleich tausende Ingenieure und zehntausende Arbeiter mit langjähriger Berufserfahrung. Alle leitenden technischen Posten sind hier bestens besetzt, und selbst die „einfachen" Konstrukteure können jederzeit ihre an akademische Institutionen eilenden Vorgesetzten bruchlos ersetzen, wie dies die unerwarteten „Abgänge" von Prof. Günther Bock an die TH Danzig oder von August Quick zur DVL bewiesen haben.

Hertel sinniert beim Aus-dem-Fenster-Schauen darüber nach, was der Hebel sein könnte, mit dem er die Begeisterung für das neue Flugzeug so auf die Spitze treibt, daß alle von sich aus für die Ju 288 brennen, ohne daß er über Monate hinweg den „Treibriemen" spielen muss. Mit einem Mal fällt es ihm wie Schuppen von den Augen: Er muss wie einst sein Vorgänger Prof. Herbert

Wagner bei dem Höhenforschungsflugzeug JU/EF-61 eine gesonderte Entwicklungsmannschaft bilden, dafür aber nicht einfach die besten Konstrukteure, sondern vor allem neue strebsame Ingenieure auswählen. Einige Namen fallen ihm da gleich ein: Dr. Georg Backhaus, Dr. Hans Liebe, Dr. Kuno Strauss, Hans Wocke, Boris Mindach oder Brunolf Baade. Doch wenn das Unternehmen gelingen soll, geht es ohne Erfahrungsträger nicht. Deshalb sollen gestandene Leute wie Philipp von Doepp, Fritz Freundel, Karl Aikele, Justus Muttray, Hermann Pohlmann und Johannes Haseloff die Neuen vor gefährlichen Irrwegen bewahren.

Doch welche Entwicklungsrichtung soll er für die Ju 288 vorgeben? Die Ju 288 ist als Ablösemuster für die Ju 88 gedacht, dem zur Zeit modernsten deutschen Bomber, von dem gerade in Bernburg die Serienfertigung angelaufen ist. Die 288 muss die 88 in allen Punkten übertreffen. Noch stärkeres Augenmerk muss auf die Vereinfachung der Fertigung gelegt werden, hat ihm Generaldirektor Koppenberg eingeschärft. Das heißt, wenig Materialeinsatz, wenig Personalaufwand, einfache oder gar keine Vorrichtungen, so viel wie möglich standardisieren, Zergliedern der Produktion in einfachste Einheiten, damit auch neu Angelernte sofort hohe Leistung bringen können. Generaldirektor Koppenberg will mit dem Flugzeug schließlich nicht nur den kommenden Krieg gewinnen, sondern vor allem richtig Geld verdienen. Also Kosten senken auf der ganzen Linie.

Seit 1933 sind die Junkerswerke für den ehemaligen Flick-Direktor Koppenberg neue Betätigungsstätte. Unter seiner Leitung und mit den Milliarden von Reichsbankpräsident Schacht baute Heinrich Koppenberg Junkers zu einer riesigen Luftrüstungsschmiede aus. Bald sollen diese Investitionen zurück in die Reichskasse fließen. Aber auch in die Taschen von Koppenberg, so wird vielerorts gemunkelt.

Nach den Erfahrungen mit der He 177 ist Prof. Hertel klar, daß sich das Reich keine großen mehrmotorigen Bomber leisten kann. Die He 111 und Ju 88 passen wirtschaftlich und strategisch besser ins Konzept, Klein, schnell

In der Ju 288 V5 kam der Jumo 222 erstmals zum Einsatz. Die V1 bis V4 besaßen noch den schwächeren und im Durchmesser größeren BMW 801 (1,40 m statt 1,25 m).

Der Jumo 222 ist bei der V5 (wie im Bild zu sehen) bis tief in die Flügelnase eingezogen. Damit ist die Motorgondel rund 0,8 m kürzer als bei der Ju 88. Der Wasserkühler liegt in der äußeren Flügelnase als Oberflächenkühler und dient gleichzeitig als Nasenenteisung. Die Auspuffkrümmer sind so angeordnet, daß sie nicht nur als zusätzliche Schubdüsen mit immerhin rund 240 kp Schub in 10 km Höhe dienen, zugleich frischen sie mit ihrem Abgasdruck die Grenzschicht über dem Flügel auf. Auffallend ist außerdem die sogenannte Tunnelnabe, die den aerodynamischen Widerstand um etwa 1,9 % mindern und die Kühlluftführung deutlich verbessern sollte. Allerdings musste dazu der hintere Abschluß 100-prozentig dicht sein, weil sonst Wirbel entstehen, die die Aerodynamik sogar um 5 % verschlechtern. Da man die Nabe nicht dicht bekam, wurde bei den späteren V-Mustern auf sie verzichtet. Die Vierblatt-Luftschraube VDM-7 mit 4 m Durchmesser war wegen der hohen Motorleistung notwendig. Sie hatte in der Haube außerdem extra verstellbare Kühlblätter.

und treffsicher müssen deutsche Bomber sein. Das spart Material, Kraftstoff, Motoren und fliegendes Personal. Nur so kann das Entwicklungsziel lauten.

Die Ju 288 nahm von allen Junkersflugzeugen eine Sonderstellung ein. Für kein anderes Flugzeug wurde bei Junkers so viel Geld investiert: von 1938 bis 1943 insgesamt rund 66 Millionen Reichsmark. Eine für damalige Verhältnisse ungeheure Summe. Daß dieses Geld zur Verfügung gestellt werden konnte, war zum einen durch die hemmungslose Aufrüstung Nazi-Deutschlands, zum anderen durch die Umwandlung des mittelständischen Unternehmens von Hugo Junkers in den Staatskonzern Junkers möglich geworden. Die 30-er Jahre glänzen noch heute mit ihren technischen Entwicklungen. Wenn man diese aber nicht konsequent in das Licht der Vorbereitung eines neuen Weltkrieges stellt, entstehen Legenden über Herkunft, Aufgabe und Zielrichtung des Faschismus in Deutschland. Gerade der staatseigene Junkers-Konzern spiegelt die wirtschaftlichen und politischen Veränderungen in einem Deutschland wieder, das innerhalb von nur zwei Monaten (Februar/März 1933) seine gesamte politische Opposition vernichtete, damit den Rest der deutschen Bevölkerung führungslos machte und bis zuletzt einschüchterte. Gegenüber den Beschäftigten der Junkerswerke, die Hugo Junkers bewunderten und verehrten, verfielen die Nazis, wie so oft, auf die Kunst der Verführung. Die Arbeiter und Angestellten erfuhren nicht, wie der Nazistaat in den Besitz der Junkersfabriken gelangt ist. Erst zerbrach man mit brutaler Gewalt den Menschen Hugo Junkers, um ihn anschließend ganz in das „große nationalsozialistische Aufbauwerk“ zu stellen. Man faselte von Junkers-Ehre und Junkers-Qualitätsarbeit, nur um das Wissen und Können der Junkersleute in den Dienst der Kriegsvorbereitung stellen zu können.

Von der Kriegsmaschine Ju 288 blieb nach 1945 anscheinend genauso wenig übrig wie von den Junkerswerken und der Kriegsideologie selbst. Das glaubte man zumindest viele Jahre. Die Wahrheit jedoch ist eine andere.

oben: Das u-förmige Konstruktionsgebäude mit den Zeichensälen im linken Außentrakt, rechts das Verwaltungsgebäude, wo im 6. Stock ganz oben links Generaldirektor Koppenberg saß und darunter Prof. Hertel.

rechts: Die im Junkers-Zweigwerk Aschersleben angelaufene Serienproduktion der Rümpfe Ju 88. Die Junkerswerke waren Vorreiter bei der Einführung der Taktfertigung. Nie zuvor wurden so viele Flugzeuge in so kurzer Zeit montiert. Die Erfahrungen wurden auf die anderen deutschen Flugzeugwerke übertragen.

JUNKERS

Ju 52

Wirtschaftlichkeit und Sicherheit waren in der Zeit der Weltwirtschaftskrise die wichtigsten Prämissen der Luftverkehrsgesellschaften. Die in bewährter Fachwerkbauweise konstruierte Ju 52 erfüllte beide Prämissen vorbildlich.

Hohe Fluggeschwindigkeiten vertragen sich nicht mit Wellblech und starrem Fahrwerk. Deshalb war die Ju 52 der letzte Sproß eines lange erfolgreichen Konstruktionsprinzips.

LUFT HANSA
RICHTHOFEN

Die Ju 52 ist letzter Sproß einer erfolgreichen Bauweise

Auf das wohl bekannteste Junkers-Flugzeug, die Ju 52, konnten sich Besatzung und Passagiere vollauf verlassen, denn sie war so sicher wie kein anderes Flugzeug ihrer Zeit. Das resultierte aus ihren gutmütigen Flugeigenschaften, die ihr den Beinamen „Tante Ju" einbrachten, und aus der in vielen Junkers-Flugzeugen zuvor bewährten Bauweise aus Ganzmetall mit beplanktem Wellblech auf Fachwerkholmen. Auf Grund der herrschenden Weltwirtschaftskrise hatte man das Entwicklungsrisiko bewußt gering gehalten und Wirtschaftlichkeit an die erste Stelle gerückt.

Wellblech mutet heutzutage etwas dinosaurierhaft an. Dabei war Wellblech 1917 die einzige technologische Alternative, die sich anbot, um bei den damals recht schwachen Motoren weiterhin Flugzeuge aus Metall bauen zu können. Und Metall war in den Augen von Prof. Hugo Junkers der einzige Baustoff, der dem Flugzeug gegenüber dem Zeppelin überhaupt eine Zukunftschance einräumen konnte.

Das erste Flugzeug von Hugo Junkers, die 1915 gebaute J.1 (von Otto Mader konstruiert), ist bis heute das revolutionärste Flugzeug aller Zeiten geblieben. Man muß sich das einmal ganz bewußt vorstellen: In einer Zeit, in der die Luftschiffe den Himmel beherrschten und in der die ersten Flugzeuge so „filigran" gearbeitet waren, daß viele von ihnen schon beim Start über den holprigen Acker zerbrachen, kommt ein Hugo Junkers zusammen mit seinem ersten Ingenieur, Dr. Otto Mader, daher, und baut einen Eindecker (!) aus Stahl. Innen Stahlrohre, genau auf ihre Bruchlast mit einem gewissen Sicherheitsfaktor dimensioniert, außen mit glattem 0,1 mm dicken Stahlblech beplankt, den 175-PS-Motor gleich in die Rumpfkontur eingezogen und das Tragwerk völlig verspannungslos (also freitragend!) gebaut. Nie zuvor wurden im Flugzeugbau so viel Neuheiten auf einmal gewagt. Klar, daß der bornierte „gesunde Menschenverstand" etwas derart Verrücktes belächelte, ja sogar verspottete. Die J.1 hieß man „Blechesel", Hugo Junkers einen Narren. Jedoch das Flugzeug flog. Und es flog all den Zwei-,

Bei den europäischen Fluggesellschaften war die Ju 52 ab 1932 das am meisten geflogene Muster. Konkurrenz bekam sie lediglich von Douglas mit der DC-2.

oben: Der „Blechesel“: Wer kann glauben, daß dieses Flugzeug aus dem „Drahtverhau“-Jahr 1915 stammt? Die aus Stahl gefertigte Junkers J.1 gehörte trotz Untermotorisierung zu den schnellsten Flugzeugen der kaiserlichen Armee. Durch die ziemlich hohe Flächenbelastung war die Steigleistung allerdings nicht für Luftkämpfe ausreichend.

Drei- und Nochmehr-Deckern einfach davon. Denn es kam ja gar nicht auf das Gewicht des Flugzeuges an, wie dies Hugo Junkers durch seine Windkanalstudien erkannt hatte, sondern auf seinen Widerstand. Während also andere Konstrukteure dachten, „was leicht ist, fliegt auch leicht“, wußte Prof. Junkers bereits, daß dem Leichtbau im Flugzeugbau nur der zweite Rang gebührt.

Die Junkers J.1 war nicht nur der erste Eindecker und das erste Metallflugzeug, sie war auch das erste Glattblechflugzeug. Nur weil die auf Duraluminium-Wellblech basierende Bauweise später einen so allumfassenden Erfolg verzeichnen konnte, wird oft vergessen, daß das Wellblech bei Junkers zuerst nur unter der glatten Haut lag, um das dünne Blech genügend zu versteifen. Der Grund für den Übergang zu außen liegendem Wellblech lag im Fehlen einer beherrschbaren Schweißtechnologie für das Duraluminium. Es blieb den Junkers-Ingenieuren nichts anderes übrig, als vom Schweißen auf das Nieten auszuweichen, wenn man Dural verarbeiten wollte. Bei Festigkeitsversuchen hatte sich darüberhinaus gezeigt, daß 0,3 mm dickes Dural-Wellblech genügend Eigensteifigkeit besitzt, um selbsttragend die durch Sog, Druck und Biegung beanspruchte Haut zu bilden. Die um etwa 60 % größere Oberfläche gegenüber Glattblech verursacht zwar 20 % mehr Reibungswiderstand, was aber bei den damaligen Geschwindigkeiten kaum eine Rolle spielte, denn dieser Teil des Gesamtwiderstandes war zu vernachlässigen. Von viel größerer Bedeutung war der Einsatz von „wetterfestem“ Blech, statt Holz und Stoff, wie damals noch allgemein üblich.

Der „Forscher“ Hugo Junkers war im eigentlichen Sinne ein Denker, der einfach nur versuchte, „richtig“ zu denken. Seine Methode war, sich einem Problem unbefangen zu nähern. Er vermied es - wie man das in Hochschulen so lernt - zuerst umfangreiche Literaturstudien zu betreiben. Er fragte nicht, wie kann der Mensch fliegen und wie kann man das Fliegen verbessern? Er fragte zuerst, was muß ein Flugzeug leisten, damit es den Menschen Nutzen bringen

Bereits die J.2 basierte auf dem von Hugo Junkers angemeldeten Tiefdecker-Patent, nach dem heute alle modernen Verkehrsflugzeuge gebaut werden. Der Vorteil der Tiefdeckeranordnung besteht im geringeren Gewicht der Gesamtmaschine, da die auf den Flügel aufbauenden Bauteile sich zugleich auf diesen abstützen können. Desweiteren bietet der Tiefdecker bei Bruchlandungen wesentlich besseren Schutz für die Besatzung.

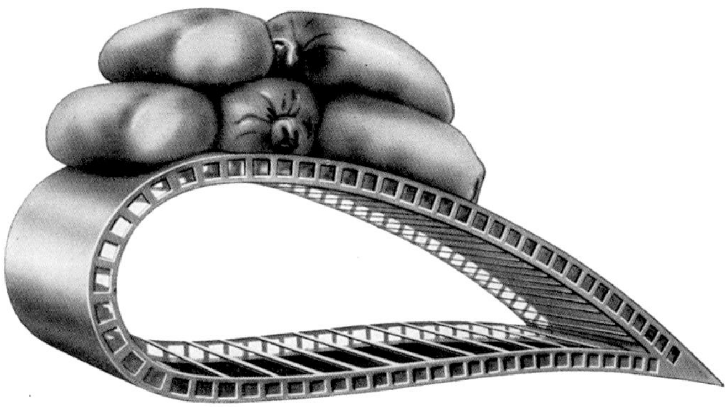

kann? Welches technische Ziel muss der Flugzeugentwicklung deshalb zugrunde gelegt werden? Und welche Mittel und Kenntnisse sind hierfür notwendig? Bei dieser Herangehensweise von Hugo Junkers ergab sich zwangsläufig ein Blick in die ferne Zukunft des Flugzeugbaus. Ein Flugzeug war in der Vorstellung von Hugo Junkers von Anfang an groß mit entsprechend umbauten Räumen, in denen die Nutzlast verstaut werden konnte. Schon 1909 ließ er sich seinen „Fliegenden Flügel" patentieren, der die Nutzlast, den Antrieb, den Kraftstoff, die Steuerorgane usw. ohne weiteren Luftwiderstand zu erzeugen, in sich trug.

Hugo Junkers war ein Pionier. Alle Richtungen, die er einschlug, bedeuteten Neuland. Als junger Maschinenbauingenieur entwickelte er Schwerölmotoren. Um die Wärmemengen im Motor messen zu können, entwickelte er sein Kalorimeter. Aus dieser Entwicklung entstanden dann Wasserdurchlauferhitzer sowie Heizungs- und Lüftungsapparate. Mit der Produktion dieser Geräte verdiente er so viel Geld, daß er davon seine weitere Forschung auf dem Gebiet der Luftfahrt finanzieren konnte. Im Alter von fast 50 Jahren, wo andere vom Erreichten zu leben beginnen, wendete sich Hugo Junkers der Luftfahrt zu, und das mit einem Weitblick, wie kein anderer vor ihm. Obwohl z.B. Ludwig Prandtl schon 1904 die Grenzschichttheorie formuliert hatte und 1910 Berechnungen des auftriebsabhängigen Widerstandes folgten, es auch strömungstechnische Vorarbeiten des Franzosen Eifel, des Engländers Lanchester und des Russen Shukowski gab, nahm Junkers davon kaum Notiz. Hugo Junkers baute selbst 1914 in Aachen einen Windkanal und ließ völlig unterschiedliche, ja gegensätzliche Körper untersuchen. Und das war das Geniale! Sein Ziel war nicht, den strömungsgünstigsten Körper so schnell wie möglich zu finden, sondern eine Systematik der Strömungsbildung um die unterschiedlichsten Körperformen herum zu finden. So ließ er runde Platten, quadratische Platten, stumpfe Zylinder und Zylinder mit verschiedenen Spitzen, Kegel mit Spitze nach vorn und hinten messen. Daraus ergab sich eine verblüffende Systematik: Wenn man diesen unterschiedlichen Körpern allen den gleichen Luftwiderstand zugrunde legte, fielen sie unterschiedlich groß aus. So konnte sich leicht der Blick eines Konstrukteurs für höchste „Windschlüpfrigkeit" üben. Die größten Körper waren die interessantesten und wurden weiter untersucht, und bei den „kleinen" ahnte man, welche große Wirkungen sie (im negativen Sinne) haben konnten, wie z.B. Verspannungsdrähte, Fahrwerke, Wasserkühler u.s.w.

Übrigens war es keineswegs so, daß bei Junkers die Forschungsergebnisse anderer ignoriert wurden. Im Gegenteil. Nur am Anfang einer neuen Aufgabe stand immer erst das eigenständige Denken. Erst nachdem man die Zielrichtung festgelegt hatte, also sich im weiteren Vertiefungsprozeß befand,

oben: Belastungstest an einem Vollschalenflügel-Versuchsstück aus Eisenblech im Junkers-Versuchsbau 1911/13.

unten: Wellblechpresse. Mit dem Übergang von Eisen auf Dural entwickelte Junkers die Idee vom Wellblech als formsteifer Haut.

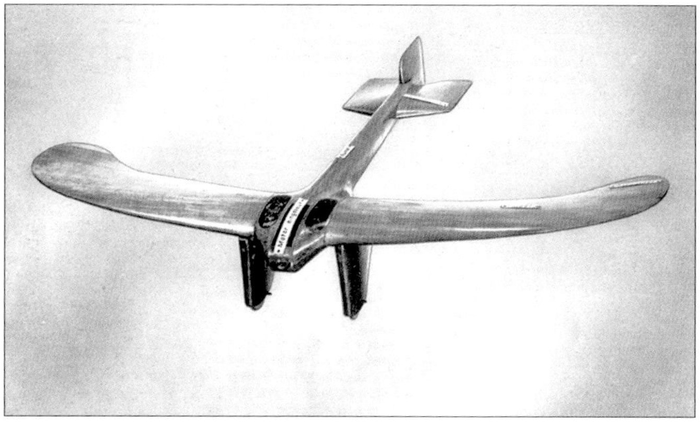

wurden auch die Erkenntnisse Dritter berücksichtigt.

Die später weltweit anerkannten Pionierleistungen der Junkers Flugzeug- und Motorenwerke haben ihren Ursprung in den Erkenntnissen der Forschungsjahre 1907 bis 1914, die ihrer Zeit um mindestens 20 Jahre voraus eilten. Gerade auf dem Gebiet des Leichtbaus, der nach den Erfahrungen mit den Stahlblechflugzeugen J.1 und J.2 energisch angepackt und in der Dural-Konstruktion J.3 auf eine neue Basis gehoben wurde, war Junkers führend.

oben: Erstes Junkers-Windkanalmodell 1914. Der (liegende!) Motor ist aerodynamisch günstig im Flügelmittelstück untergebracht, und das Fahrwerk ist mit „Hosenbeinen" verkleidet.

unten: Junkers-Strömungskörper gleichen Luftwiderstandes um 1914. Die „Zeppelinkörper" zeigten bereits den Weg zum dicken Tragflügel.

Die erst in den 1930-er Jahren aufkommende Schalenbauweise war bei Junkers bereits 1916 vollständig entwikkelt. Daß sie dann nicht zum Einsatz kam, lag ebenfalls am Übergang zum Dural und beim Flügelbau im Erkennen der Vorteile des Ellipsen- bzw. Trapezflügels, bei denen die Verjüngung zu den Flügelspitzen hin auch heute nicht in Vollschalenbauweise beherrscht wird.

Zu den ersten Mitarbeitern von Hugo Junkers gehörten sein 1. Assistent und Konstrukteur der J.1, Dr. Otto Mader, der Windkanalchef Philipp von Doepp, der Konstrukteur des allerersten Verkehrsflugzeuges (F 13), Otto Reuter, der Leiter der Junkers-Forschung, Georg Madelung sowie Hans Steudel, Otto Steigenberger, Robert Pinkert und Bruno Stärke. Da nach dem 1. Weltkrieg der Flugzeugbau in Deutschland straffen Sanktionen unterlag und nicht mehr gewinnträchtig war, gaben die meisten Firmen den Flugzeugbau auf. Nicht so Prof. Hugo Junkers. Jetzt erst kam er seiner Vision von einem völkerverbindenden Luftverkehr nahe, der ebenso wie der Bahnverkehr auf eigener wirtschaftlicher Grundlage agieren sollte. Dazu musste natürlich ein Flugzeug erst geschaffen werden, das dieselbe Sicherheit und Bequemlichkeit wie die Bahn bieten konnte. Mit der Junkers F 13 gelang den Junkerswerken der Anfang einer solchen Entwicklung. Über die Flugzeugmuster W 33, G 24, G 31, und G 38 war man 1929 - mitten in der Weltwirtschaftskrise - an einem Punkt angelangt, wo die Wirtschaftlichkeit der einzig ausschlaggebende Faktor für ein neues Flugzeugmuster geworden war. Es schlug die Stunde der legendären Ju 52, über deren Entwicklung zu diesem Zeitpunkt nachgedacht wurde.

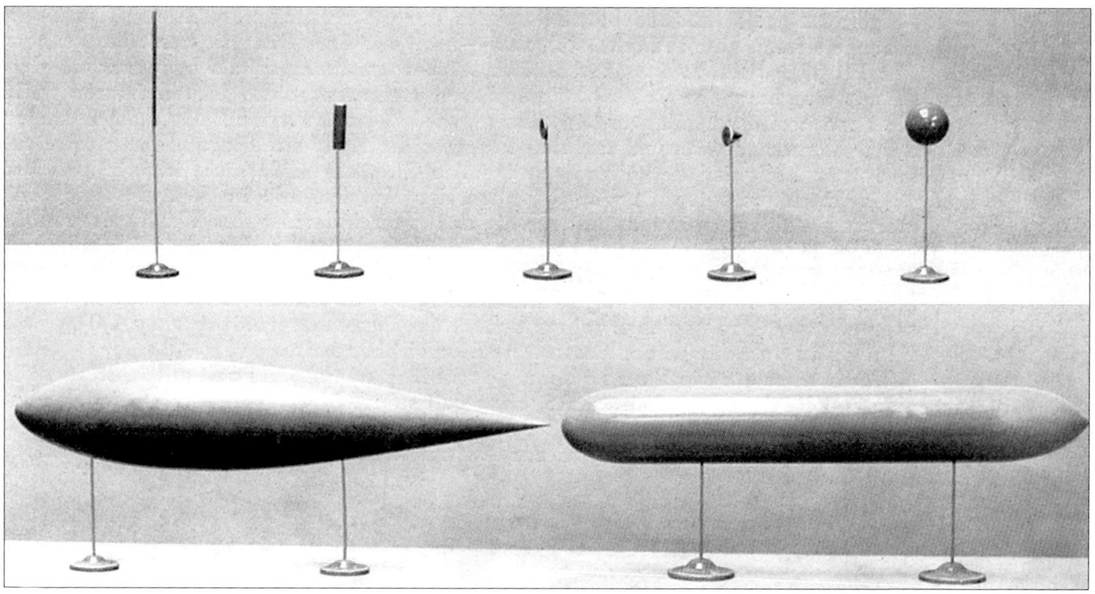

Das Flugzeug war 1929 nicht nur das schnellste Verkehrsmittel, es war auch von kostspieligen Straßen und Schienenwegen unabhängig. Besonders in den wirtschaftlich zurückgebliebenen Ländern in Persien und Südamerika sollte das Flugzeug nach den Vorstellungen der nicht in die neue Lufthansa übernommenen ehemaligen Junkers-Luftfahrtexperten Sachsenberg, Kaumann, Weil und Bongers den schnellen Frachtverkehr ermöglichen. Dafür sollte Junkers ein einmotoriges Spezialflugzeug bauen, das billig im Anschaffungspreis, sparsam im Betrieb und anspruchslos in der Wartung sein sollte sowie sperrige und große Nutzlasten über große Entfernungen tragen sollte.

Im Gegensatz dazu verlangten die in Finanznöten steckenden Luftverkehrsgesellschaften einen Ersatz für die veraltete dreimotorige Junkers G 24, zumal andere Flugzeugwerke etwas derartiges noch nicht mal auf dem Reißbrett hatten. Obwohl man bei Junkers schon genaue Vorstellungen von der zukünftigen Ju 52 hatte, fiel die Entscheidung zwischen Ein -oder Dreimotorigkeit ziemlich schwer.

Die Forschung hat für Junkers Priorität

Prof. Junkers am Besprechungstisch im Hauptbüro um 1928. Hugo Junkers kam täglich zu Fuß in sein Büro, um die Post durchzusehen und sich von seinen Mitarbeitern über den Stand der Projekte berichten zu lassen. In seinem Büro hingen auch Ringe, an denen er gern turnte. Sport hielt er zur Gesunderhaltung von Körper und Geist für genauso wichtig wie seine Denkübungen auf dem morgendlichen Spaziergang zur Arbeit.

Bild oben: Das Prüfstandspersonal am 29. Mai 1925 mit dem 100. Jumo-L2-Motor.

Bild rechts oben: Versuche als praktische Bestätigung der Theorie waren für Prof. Junkers schon immer wichtig, weshalb das Geld dafür auch unter schwierigen Bedingungen beschafft wurde. Das Bild zeigt den 3. Versuchsflügel der J.1 im „Belastungstest“ (Oktober 1915). In den Kriegsjahren gab es allerdings keine Finanzierungsprobleme.

Überall in der Welt gehört der Flugzeugbau zu den wissenschaftlich-technischen Vorzeigebranchen eines Landes. Der Flugzeugbau von Junkers allerdings nahm bis 1925 eine absolute Spitzenstellung in der Welt ein. Einmal wegen seiner Größe und umfassenden Komplexität (neben Flugzeugen produzierte Junkers Flugmotoren, Propeller und Einbaugeräte), zum anderen hatte Hugo Junkers sein Unternehmen zu einem Konzern ausgebaut, in dem er die zentrale Figur darstellte. Er war Inhaber, Aktionär, Kaufmann, Forscher und Entwicklungschef in Personalunion. Diese Konstellation brachte ihm Erfolg, aber auch jede Menge Neid und Mißgunst ein.

Die kapitalistische Entwicklung der Jahre 1870 bis 1910 hatte in den fortgeschrittensten Ländern von der freien Konkurrenz zum Monopol geführt. Dieser Prozeß war schmerzhaft, besonders für die Arbeiter, aber durch die immer häufiger ausbrechenden Krisen notwendig. Die Monopole vernichteten im eigenen Land die freie Konkurrenz, und im Ausland eroberten sie entweder neues Terrain oder aber sie sprachen sich mit der ausländischen Konkurrenz ab, um die Märkte gegenseitig abzustecken. So konnten die verheerenden Krisen überwunden werden, allerdings auf Kosten der kleinen Unternehmen. Die Arbeiter standen diesem Prozeß zwiespältig gegenüber, weil die allgegenwärtige Ausbeutung gerade in den kleinsten Betrieben am unmenschlichsten war.

In den Monopolen hingegen besserten sich die Arbeitsbedingungen und die Kampfbedingungen für das Proletariat. Gleichzeitig mit der Zusammenballung von Kapital bei den Monopolen war auch mehr Geld für Forschung und Entwicklung vorhanden. Das verlieh dem technischen Fortschritt natürlich Flügel. Bis 1910 hatten Staaten wie England, Deutschland, Frankreich und die USA einen gewaltigen wirtschaftlichen und sozialen Aufschung genommen. In dieser Aufschwungphase überholten die Deutschen die Engländer und Franzosen in der Industrieproduktion. Sich stark fühlend setzten Deutsche und Österreicher auf eine Neuverteilung der Kolonien und der globalen Reichtümer. Ein Weltkrieg, der erste in der Geschichte der Menschheit, war unvermeidlich geworden. Auch wenn dieser Krieg zunächst von Königen und Kaisern begonnen wurde, waren die wirklichen Kriegstreiber die internationalen Monopole. So hatte sich der zunächst fortschrittliche Charakter der Monopole innerhalb weniger Jahre in sein Gegenteil verkehrt. Der Begriff Monopol steht seitdem nicht mehr für vorausschauende Produktionsplanung, sondern für das Streben nach absoluter Herrschaft.

Der kleine Fabrikant Hugo Junkers, der 1910 nur geringe Aufträge für Dieselmotoren und Badeöfen abarbeiten ließ, mußte also zusehen, wie er sich gegen die Allmacht der Monopole behaupten konnte. Seiner Meinung nach ging das nur, wenn er sich ständig auf Neuland vorwagte, Erfindungen machte und sie patentrechtlich schützen ließ, um sie dann mit Gewinn verkaufen zu können. Recht schnell jedoch mußte Hugo Junkers einsehen, daß sich Patente nur ganz schwer verkaufen ließen. Er verglich eine Erfindung einmal mit der Geburt eines Kindes, das nur zu sich selbst finden kann, wenn die Eltern ihm alle Fürsorge angedeihen lassen, bis es erwachsen ist und auf eigenen Füßen stehen kann.

Aus dieser bitteren Erkenntnis heraus, die er bei der mißglückten Vermarktung seines Schwerölmotors gewann (der im Gegensatz zum Dieselmotor im Zweitaktverfahren und mit gegenläufigen Kolben arbeitet), baute Junkers an einer Firmenkonstellation, die auf seine Person als Erfinder und Kapitalgeber zugeschnitten war und im Gegensatz zum Monopol wie zum kleinen Privatunternehmen stand.

Die Junkers-Firmengruppe war in der Form eines Konzerns aufgebaut, also eine Vereinigung mehrerer rechtlich selbständig bleibender Unternehmen unter einer zentralen Leitung. Die selbständigen Unternehmen waren bei Junkers alle diejenigen, die irgendwelche Produkte aus den Patenten von Hugo Junkers herstellten (Kalorimeterwerk, Badeofenwerk, Flugzeugwerk, Motorenwerk). Die zentrale Leitung war im „Hauptbüro" zusammengefaßt, das auch die erwirtschafteten Mittel zwischen den Werken neu verteilte und nur Hugo Junkers unterstand. Wie bei einem Kleinbetrieb aber haftete Hugo Junkers mit seinem gesamten Vermögen für den Konzern. Er war Einzelkaufmann und damit auf eine weitblickende und solide Unternehmensstrategie angewiesen. Seine Feinde in der Reichswehr und im Finanzministerium behaupteten 1926 und 1932, er könne kein Unternehmen führen, er verschwende Millionen in zweifelhaften Projekten, er solle sich von der Leitung seiner Unternehmen zurückziehen und sich auf die „reine" Forschungsarbeit beschränken, nicht begreifend, daß gerade in der künstlichen Trennung von Forschung und Produktion das Krebsgeschwür von Verantwortungslosigkeit und Kurzsichtigkeit begründet liegt. Hugo Junkers lehnte die um 1910 neu aufkommende Kaste der Managertypen ab,

Ifa und Jumo, wo 1927 rund 4.000 Leute arbeiteten. Vom Haupteingang auf der Straße nach Alten ging es links am Materiallager vorbei zum Zuschnitt, der Galvanik und der mechanischen Werkstatt. In der Mitte des Weges steht das Konstruktionsgebäude mit einer kleinen Verwaltung, weiter rechts schließt sich die große weiße Jumo-Halle an. Ganz hinten vor den Bahnschienen ist der Flächenbau mit Vormontage zu sehen. Die Halle hinter der Bahn ist die Endmontage. Auf dem sich anschließenden freien Gelände wurde 1934 das Neuwerk errichtet.

die den faul gewordenen Fabrikbesitzern als Handlanger dienten, für nichts haftbar zu machen waren und trotzdem spekulierten wie auf Pokerrunden.

Hugo Junkers glaubte fest an die Zukunft der Luftfahrt, sofern sie nur groß genug würde, um Massen von Menschen und Gütern transportieren zu können. Zugleich wußte er, daß es noch Jahrzehnte dauern würde, bis es soweit war. Ihm blieb also nichts anderes übrig, als auf der einen Seite das Geschäft selbst anzuschieben und vorzufinanzieren, also vor allem eigene Fluggesellschaften zu gründen, die das Bedürfnis nach neuen und größeren Flugzeugen wecken würden, zum andern aber die Produktionskapazitäten nicht zu schnell wachsen zu lassen, um die Rückfinanzierung zu sichern. Eine derart weitblickende Firmenpolitik kann niemals von einem Manager verlangt werden, weil er überhaupt keine Vorstellungen von der Technik von übermorgen hat, da er von Technik nichts versteht und außerdem immer nur bemüht ist, volkswirtschaftliche Prozesse auf das Niveau betriebswirtschaftlicher Prozesse - also auf sein eigenes Niveau - herunterzubrechen.

Ein Problem, das Junkers trotz seiner Weitsichtigkeit nicht überwinden konnte, war das geltende Patentgesetz, das auch heute noch die Wirtschaftsentwicklung mehr behindert als befördert. Jeder, der schon mal privat ein Patent angemeldet hat, weiß, daß das nur Geld kostet und keines einbringt. Außerdem ist der neue Gedanke nun für andere blockiert, sie müssen ihn umgehen, also das Fahrrad ein zweites Mal erfinden. Das kommt daher, daß die Idee wie Privateigentum behandelt wird, Ideen jedoch nichtmaterieller Natur sind. Werden sie geäußert, sind sie sofort veräußert. Es heißt nicht umsonst, Erfah-

Bild rechts: Offener Seppler-Flugmotorenprüfstand der Jumo mit einem L5-Motor von 1924.

Bild rechts unten: Prüfstand für die stationären Doppelkolben-Schwerölmotoren HK 130 nach Junkers-Patent (1923).

Seite 21 oben: Der Brief von Prof. Junkers an den Windkanalchef Philipp von Doepp demonstriert deutlich, wie die Forschungsarbeit in der Forschungsanstalt organisiert war und funktionierte. Zugleich wird deutlich, daß die angegangenen Probleme sehr schnell die magere Kapitaldecke des Mittelständlers Hugo Junkers überschreiten konnten. Mit der Zunahme der Fluggeschwindigkeiten ab 1930 war das Ende der privaten Flugzeugwerke besiegelt.

S. 21 unten: Serienfertigung von Flügelholmen für die J.4 während des 1. Weltkrieges. Die J.4 hieß bei der Truppe „Der fliegende Panzer", weil die Rumpfstruktur aus 4 mm dickem Panzerblech bestand, das das Flugzeug fast unverwundbar machte. Dieses Prinzip hat übrigens 1938 der sowjetische Konstrukteur Iljushin für seine weltberühmte IL-2m3 aufgegriffen, dem einzigen Flugzeug des 2. Weltkrieges, das in der Lage war, Schlachten zu entscheiden.

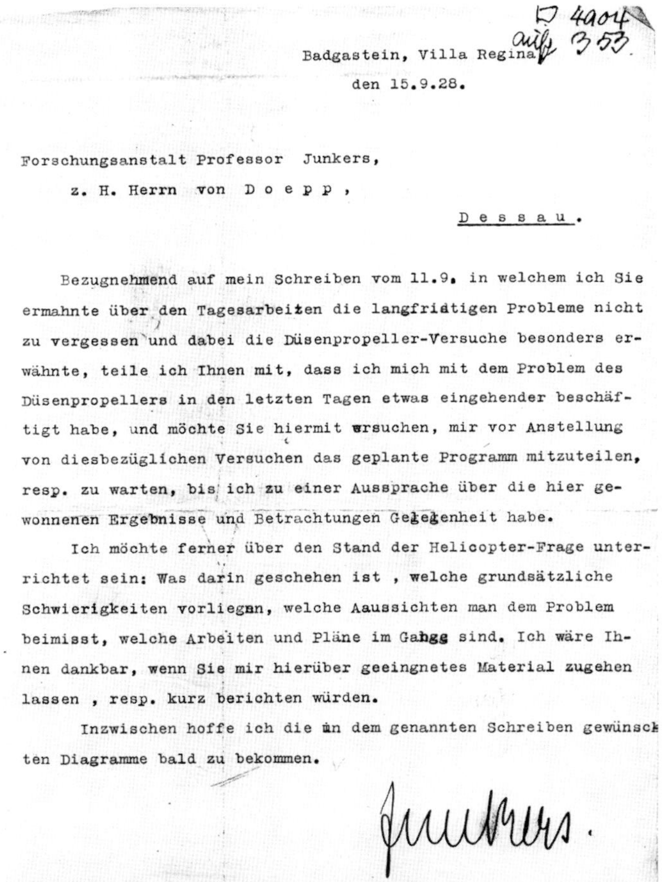

Badgastein, Villa Regina
den 15.9.28.

Forschungsanstalt Professor Junkers,
z. H. Herrn von D o e p p ,
D e s s a u .

Bezugnehmend auf mein Schreiben vom 11.9. in welchem ich Sie ermahnte über den Tagesarbeiten die langfristigen Probleme nicht zu vergessen und dabei die Düsenpropeller-Versuche besonders erwähnte, teile ich Ihnen mit, dass ich mich mit dem Problem des Düsenpropellers in den letzten Tagen etwas eingehender beschäftigt habe, und möchte Sie hiermit ersuchen, mir vor Anstellung von diesbezüglichen Versuchen das geplante Programm mitzuteilen, resp. zu warten, bis ich zu einer Aussprache über die hier gewonnenen Ergebnisse und Betrachtungen Gelegenheit habe.

Ich möchte ferner über den Stand der Helicopter-Frage unterrichtet sein: Was darin geschehen ist , welche grundsätzliche Schwierigkeiten vorliegen, welche Aussichten man dem Problem beimisst, welche Arbeiten und Pläne im Gange sind. Ich wäre Ihnen dankbar, wenn Sie mir hierüber geeignetes Material zugehen lassen , resp. kurz berichten würden.

Inzwischen hoffe ich die in dem genannten Schreiben gewünschten Diagramme bald zu bekommen.

Junkers.

rungsaustausch sei die billigste Investition. Hugo Junkers war gezwungen, all seine Ideen patentrechtlich schützen zu lassen, selbst die nebensächlichsten Ideen. Dazu baute er eine umfangreiche Patentabteilung auf, die vor allem darüber zu wachen hatte, daß die Konkurrenz nicht seine Patente verletzte. Dieses „knausrige" Vorgehen von Junkers machte ihm viele Feinde, aber es war der natürliche Weg jeder Art privatwirtschaftlicher Verhältnisse, die immer zum Monopol, zur Herrschaft, treibt.

Am ungehaltensten über Junkers war Claude Dornier, der nicht nur eine geheime Schrift gegen Junkers verfaßte, sondern auch öffentlich das Patentgebahren von Junkers angriff. Es ging ihm um solch grundsätzlichen Dinge wie das Tiefdeckerpatent, den dicken Flügel und den Metallbau, was niemals hätte als Patent angemeldet werden dürfen, weil es die anderen Firmen in ihrer Entwicklung behinderte. Dornier hatte zwar vom Standpunkt der Allgemeinheit recht, aber hätte er es an Junkers' Stelle nicht genauso gemacht? Die Patentgesetzte sind nun mal so ausgelegt, daß man sich ein Monopol schaffen muß.

Aber auch gegenüber den eigenen Mitarbeitern war das Patentgebahren von Hugo Junkers leicht anrüchig. Bei einer Neueinstellung eines Ingenieurs mußte dieser zugleich unterschreiben, daß er alle seine Erfindungen an Hugo Junkers abtritt. Diese Abtrittserklärung wurde allerdings von Junkers versüßt, indem er seinen Ingenieuren ein deutlich höheres Gehalt zahlte als die Konkurrenz. Etliche Ingenieure wechselten zum Beispiel vom „knausrigen Kapitalisten" Ernst Heinkel zum „gönnerhaften Professor" Junkers. Bis 1935 liefen alle Junkerspatente auf den Namen „Dr.-Ing. e.h. Hugo Junkers in Dessau".

Die „Forschungsanstalt Prof. Junkers", die von Prof. Dr. Dr. Otto Mader geleitet wurde, war ganz auf die Person Hugo Junkers zugeschnitten. Hugo Junkers war 1897 an der TH Aachen zum Professor berufen worden wegen seiner konsequenten Vereinigung von Theorie und Praxis besonders auf dem Gebiet des Gasmotors. Junkers' Ideen kreisten um viele Probleme, die miteinander nur entfernt etwas zu tun hatten. Die Lösungen zu diesen Problemen in die Praxis umzusetzen, war die Aufgabe der Forschungsanstalt. Neben den Problemen des Flugzeug- und Motorenbaus beschäftigte sich die Forschungsanstalt mit Themen wie Leichtbau, Schweißtechnik, Häuserbau, Architektur, Luftumwälzung und unzähligen kleinen Dingen, die für die eigene Gerätetechnik als wichtig erschienen.

Prof. Junkers war bis zu seinem Tod 1935 der Inspirator, Wegweiser und oft auch der Schöpfer bahnbrechender Erfindungen. Er war aber auch zum lebenden Anachronismus geworden, denn der Typus des unternehmerischen Forschers war längst ausgestorben.

Rekorde, Auszeichnungen und die heraufziehende Weltwirtschaftskrise

Dauerrundflug über Dessau mit Weltrekord im Juli 1928: Eine Junkers W 33 mit Wilhelm Zimmermann am Steuer schaffte 65,5 Stunden, bis der Sprit alle war. Links ist die Badeofenfabrik Junkers & Co. (Ico) und am oberen Bildrand das Junkers Kalorimeterwerk zu sehen.

Nach dem Dauerflugweltrekord ließ sich Prof. Junkers mit den Piloten Risticz (li.) und Zimmermann auf den Film bannen.

Die berühmte Ju 52 hat noch eine Vorgeschichte, die mit Berühmtheiten beginnt und im absoluten Wirtschaftschaos endet.

Die Flugzeuge von Hugo Junkers, allen voran die F 13, hatten in den frühen 20er Jahren der Welt bewiesen, daß Fliegen kein Abenteuer sein muß. Die Betriebssicherheit dieser Flugzeuge war sprichwörtlich. Allein diese Betriebssicherheit war die Grundlage, daß sich Passagiere dem Flugzeug in immer größerer Zahl anvertrauten, was erst die Basis für die Wirtschaftlichkeit des Flugverkehrs bilden konnte. Trotzdem war der Luftverkehr in jener Zeit noch weit von der Eigenwirtschaftlichkeit entfernt. Deshalb hatten viele Hersteller an Flugschauen und Rekordflügen größtes Interesse. Die Junkerswerke machten da keine Ausnahme.

Im Jahre 1927 stellten Junkerspiloten 33 Rekorde im In- und Ausland auf. Dazu gehörten der Weltdauerrekord von 52 Stunden und 27 Minuten und der Weltstreckenrekord von 4.660 km. Im darauffolgenden Jahr konnten Junkers-Chefpilot Zimmermann und Ablöse-Pilot Risticz den Dauerflugweltrekord mit einer W 33 im Kreisflug über Dessau auf 65,5 Stunden schrauben.

Ebenfalls 1928 stellte die Firma Junkers ihr 1.000 Flugzeug her. Es war ein Großraumflugzeug G 31. Ein noch größeres Flugzeug, die G 38, so wurde 1928 beschlossen, sollte entwickelt und gebaut werden. Zu diesem Zeitpunkt lief die deutsche Wirtschaft auf höchsten Touren. Viele Unternehmen investierten in Neu- oder Erweiterungsbauten. Der Konsum war seit 1918 auf dem höchsten Niveau angelangt. Die Fluggesellschaften verlangten neue und größere Flugzeuge. Weit und breit kein Anflug einer Krise sichtbar. So sah Hugo Junkers den Zeitpunkt für gekommen, seinen lange gehegten Wunsch - die Schaffung eines Giganten der Lüfte - in die Tat umzusetzen.

Die G 38 war ein technischer Meilenstein in der Geschichte der Luftfahrt. Es stellte seinerzeit das größte Landflugzeug der Welt dar. Andere Flugzeugkonstrukteure suchten bei großen Flugzeugen ihr Heil auf dem Wasser, weil sie glaubten, der Landestoß würde das Fahrwerk zerbrechen. Anders Hugo Junkers. Ihm war klar, daß der Luftverkehr nur auf dem Lande eine Zukunft haben würde, denn Städte liegen in der Regel nicht im Wasser. Aber nur aus den Städten konnten die Passagiere kommen. Also stand die Entscheidung für ein Flugzeug auf Fahrwerk fest. Doch das eigentlich Besondere an der G 38 war ihr superdicker Flügel, der es auf 2,05 m Höhe brachte bei einer Tiefe von 10 m, was einem Dickenverhältnis von 20 % entspricht. In diesem Flügel war Platz für eine Passagierkabine mit Blick nach vorn, für die Junkers-Motoren L 88 und einen Gang für den Bordwart, der während des Fluges die Motoren überwachen und notfalls reparieren konnte. Die Propeller wurden über extra entwickelte Fernwellen vom Flügelinnern aus angetrieben. Diese Idee sollte in späteren Flugzeugen weiter verfolgt werden, wenn der neue Junkers-Dieselmotor Jumo 204 zur Verfügung stehen würde, der so schmal war, das er liegend (widerstandslos) in einem normal großen Flügel untergebracht werden konnte. Das hätte aber nur mit einem hohlen Schalenflügel funktioniert.

Ein großes Problem, das Entwurfsingenieur Hermann Pohlmann und Chefkonstrukteur Ernst Zindel zu lösen hatten, war die Einhaltung der maximalen Startstrecke von 600 m, wie sie von den deutschen Bauvorschriften gefordert wurde. Mit der Begrenzung der Flächenbelastung auf reichlich 70 kg/m^2 konnten Pohlmann und Zindel auch dieses Problem lösen.

Aber mitten in den Bau der ersten G 38 platzte 1929 die aus den USA kommende Weltwirtschaftskrise. Zunächst ging es in der Firma so weiter wie bisher, doch mit jedem weiteren Monat verschärften sich die finanziellen Nöte. In Deutschland ging bis 1932 die Industrieproduktion auf fast 50 % zurück, die Konsumgüterproduktion sogar bis auf fast 80 %. Die USA fackelte einfach ihre Getreideernte ab, Brasilien schüttete ganze Schiffsladungen Kaffee ins Meer. Die Anhäufung von Krisen, die die Monopole eigentlich verhindern sollten, hatten nun zu einer einzigen Krise unvorstellbaren Ausmaßes geführt.

Die Firma Junkers hattte dabei noch Glück, gehörte sie doch zur Investitionsgüterindustrie, die immerhin mit noch etwa 70 Prozent ihrer Kapazität fuhr. Aber auch Junkers mußte ab 1930 Arbeiter entlassen, im März 1932 sogar alle Zahlungen einstellen, obwohl er noch nicht konkurs war. Der konnte durch den Verkauf der gewinnträchtigen Ico abgewendet werden. Jetzt mußten kleinere Brötchen gebacken werden.

1929 befand sich das Riesenflugzeug G 38 mitten im Bau. Die Weltwirtschaftskrise von 1928 bis 1932 hätte diesem kostspieligen Flugzeug beinahe den Garaus gemacht. Insgesamt wurden bei Junkers nur zwei G 38 gebaut. Japan erwarb die Lizenz und baute wahrscheinlich fünf G 38 als Riesenbomber. Das Foto zeigt die erste G 38, die die Kennung D-2000 bekam, in der großen Endmontagehalle, die sich jenseits der Gleise der Bahnstrecke Dessau-Köthen befand. Im Hintergrund stehen zwei Großraumflugzeuge G 31. Das Foto machte der damals noch junge Karl Aikele, der spätere Chefstatiker der Junkerswerke.

oben: Ein Vergleich, der Bände spricht. Das nach Junkers und Dornier drittgrößte deutsche Flugzeugwerk - die Ernst-Heinkel-Werke (1927) in Warnemünde - nur ein besserer Bretterverschlag. Ernst Heinkel verfügte nicht über genügend Kapital und war auch nicht erfolgreich genug, um an Kapital der Banken zu kommen. Er diente sich deshalb schon frühzeitig der Reichswehr bzw. der Marine an für milit. Aufträge.

rechts: Karl Aikele (Mitte) als Statiker bei den Heinkelwerken in Rostock-Warnemünde am 24. März 1926. Gelungener Festigkeitsnachweis für den Heinkel-Doppeldecker H.D. 39, danach kann die Bauaufsicht in Köln das Flugzeug begutachten.
v.l.n.r.: Stein, Karl Schwärzler (der spätere Konstruktionsleiter der He 111), Kölz, Aikele, Thiel und Knoll.

Das große Traum von Hugo Junkers war die J. 1000 (Modell) für 100 Passagiere als Atlantikflugzeug. Es sollte die Reise nach Amerika von zwei Wochen auf 1,5 Tage reduzieren. Da fast alle Lasten im Flügel untergebracht waren, war die Flächenbelastung über der Spannweite sehr ausgeglichen und konnte deshalb insgesamt höher als bei Rumpfflugzeugen gewählt werden. Der Flügel war in Schalenbauweise geplant. Zu diesem Qualitätssprung konnte man nur in Etappen gelangen, deshalb setzte sich Prof. Junkers so vehement für den Bau der G 38 ein.

Der Gigant der Lüfte beim Erstflug am 6. November 1929. Die riesige G 38 wird begleitet von einer Junkers A 50 „Junior“.

26. Mai 1928: Höhenweltrekord mit 12.739 m

Flugversuchsleiter Reginald Schinzinger – Pilot Willy Neuenhofen auf Junkers W 34 be – Prof. Hugo Junkers – Sportzeuge – Richard Thiedemann, Techn. Direktor Ifa

Bild oben: Das Jumo-Werk 1930. Der lang gestreckte Doppelbau davor mit der Brücke ist das Konstruktions- und Verwaltungsgebäude. Ganz hinten und links oben die Motorenprüfstände. Vorn die Dächer der Mechanischen Werkstatt des Junkers Flugzeugwerkes Ifa.

Bild rechts: Die Hauptkontrolle der Jumo für die L-Motoren in der späteren Halle 211 um 1928. Vom Benzinmotor L 5 sind mehr als 1.000 Stück gebaut worden. Der 12-Zylinder-V-Motor L 10 bekam nach 1933 die Bezeichnung Jumo 210. Er war der erste Motor mit serienmäßiger Kraftstoff-Direkteinspritzung überhaupt.

Die Zylinderschweißerei für die L-Motoren 1928. Junkers war viel mehr als andere Fabrikbesitzer auf das handwerkliche Geschick und das Mitdenken seiner Beschäftigten angewiesen. Das hinderte ihn jedoch nicht, in seinen Werken ein strenges Akkordsystem einzuführen und solche Leute zu Meistern bzw. Aufpassern zu machen, die die Forderungen der Betriebsleitung gnadenlos nach unten durchsetzten. Gerade die schöpferische Mitgestaltung der einfachen Arbeiter hat die äußerst vielschichtige Problematik in der Motorenentwicklung mit lösen helfen. Hugo Junkers wußte genau, daß die Serienreifmachung, also die Ausmerzung der vielen kleinen Fehlerquellen, meist mehr Ausdauer erforderte, als die Erfindung selbst.

Die Mechanische Werkstatt der Motorenproduktion 1928: Die Drehbänke hatten noch Transmissionsriemen, die ständig eine Unfallquelle bildeten. Für damalige Verhältnisse waren die Räumlichkeiten großzügig bemessen.

Bild unten: Die Ifa am Kriegsende 1918. Man sieht, daß der Flugzeugbau zu dieser Zeit bei Junkers auf recht bescheidenem Niveau lief. Der helle Neubau links hinten war nur durch die großzügige Unterstützung durch das Kaiserreich und durch die Kriegsgewinne möglich geworden. Dieser Neubau war die Grundlage für die erfolgreiche Produktion des ersten zivilen Flugzeuges nach dem Krieg, der Junkers F 13, und die weiteren Expansionsbestrebungen des Prof. Junkers. Die Zugladung F 13 in dieser Fotomontage soll die Exporterfolge demonstrieren.

Die neue Ju 52 gelangt aufs Reißbrett

Ende 1929 machten sich die Entwurfsingenieure, Aerodynamiker und Konstrukteure unter der Leitung Ernst Zindels erste Gedanken zum neuen Transporter mit der Typenbezeichnung Ju 52. Nachdem klar war, daß das Flugzeug als Transporter einmotorig ausgelegt, aber zwecks Weiterentwicklung zu einem Passagierflugzeug auf drei Motoren hochgerüstet werden würde, nahm die Ju 52 ziemlich schnell konkrete Konturen an. Mit der G 31 hatte man ja bereits eine Maschine im Einsatz, die sich beim Transport sperriger Lasten in unwegsamem Gelände international bestens bewährt hatte und somit als Vorbild dienen konnte. Die Ju 52 sah der G 31 dann auch zum Verwechseln ähnlich.

Man kann sagen, daß sich das bei Junkers über 15 Jahre angereicherte Wissen in der Konzeption der Ju 52 am vollkommensten niederschlug. Da war als erstes der statische Aufbau, ein in Fachwerkbauweise mit Duralprofilen bestehendes Gerüst, das ganzheitlich in die Außenkontur gelegt war. Damit entstand ein durchgehender Innenraum von 1,50 m Breite, 6,35 m Länge und max. 2,05 m Höhe, also ein Volumen von 19,5 m³. Die Flügel waren mehrholmig aus geschäfteten Dural-Rohren, die untereinander verstrebt waren. Zwischen den Holmen war Platz für Kraftstoff- und Öltanks. Die Außenhaut bestand aus 0,3 mm dickem Wellblech, das sich selbst trug und etwa 20 % der Torsionskräfte aufnehmen konnte. Diese Bauweise wies eine hohe Knickfestigkeit der Rohrholme sowie hohe Schubfestigkeit der Wellblechhaut auf. Ein weiterer Vorteil der Wellblechhaut war ihre leichte Anpassung an die Flügelverformung unter der Last der Luftkräfte. Glatte Bleche dagegen beulen oder knikken dabei sogar aus. Nachteilig war, daß die Wellblechhaut immer nur im Wellental genietet werden konnte, also die Nietabstände nicht entsprechend der Lasten konstruktiv frei gewählt werden konnten.

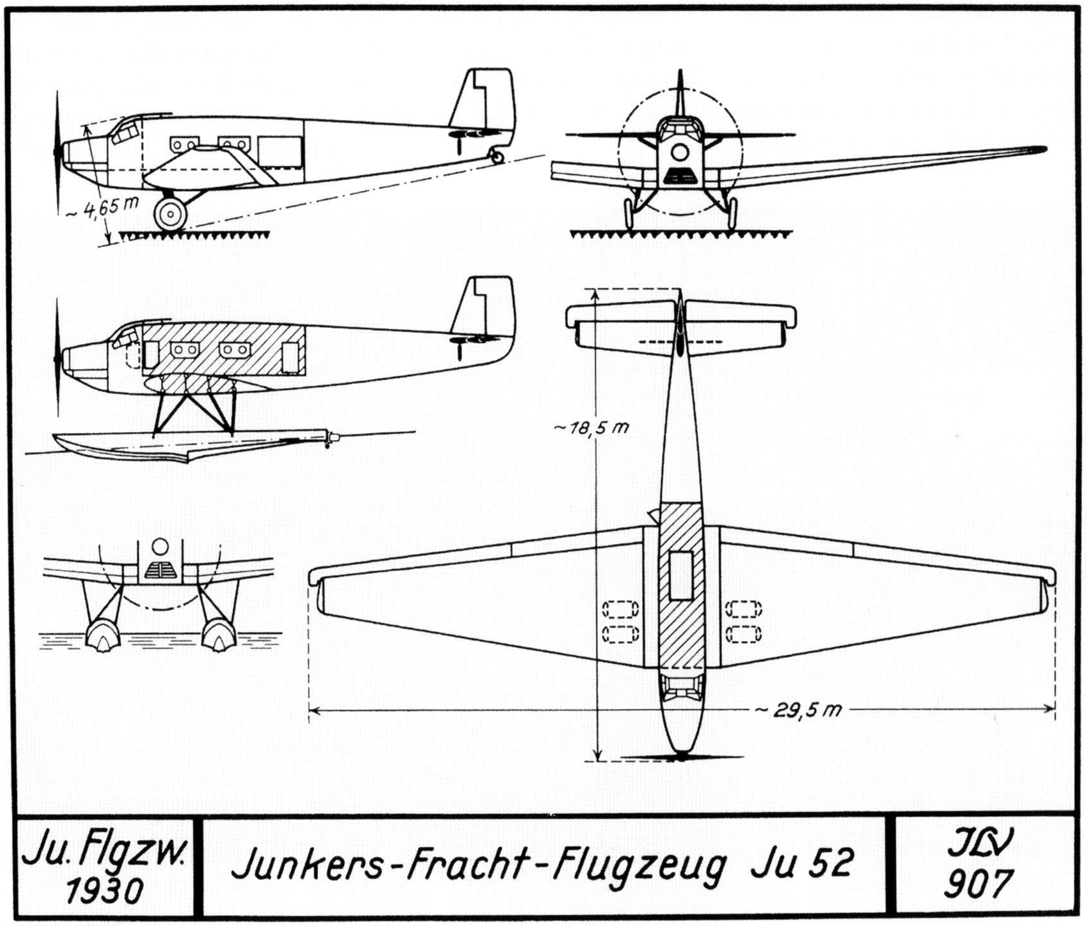

Die einmotorige Frachtvariante der Ju 52 flog erstmals am 11. September 1930 unter Chefpilot Wilhelm Zimmermann. Von Anfang an war das Flugzeug auch als Schwimmerversion geplant, denn der Absatz dieses Flugzeuges sollte zum Teil auch in die sumpfigen Gebiete Amazoniens und Südamerikas überhaupt erfolgen.

Die bewährte Bauweise und die niedrige Staudruckgeschwindigkeit von 580 kg/m² ermöglichten eine extrem leichte Bauweise, dafür aber ein recht hohes Bruchlastvielfaches von n=3,8. Das wiederum steht für hohe Sicherheit und Lebensdauer.

Die zweite Voraussetzung für den Erfolg der Ju 52 lag in der Tiefdeckeranordnung. Aerodynamisch hat diese den Vorteil einer ungestörten Strömung an der Unterseite und eines sauberen Abwindes an der Flügelhinterkante. So kann das Höhenleitwerk in seiner Anbringung ziemlich frei gewählt werden.

Ein wunderschönes Modell der unvergessenen Ju 52 über dem Deutschen Museum in München.

Chefkonstrukteur Ernst Zindel (vorn) mit seinen engsten Mitarbeiter Fritz Freundel (li.), verantwortlich für das Tragwerk, Johannes Haseloff (Mitte), verantwortlich für die Rumpfkonstruktion und rechts (wahrscheinlich) der Leiter der Abteilung Bewaffnung, Gustav Steuerlein, an den Zeichnungen zur Ju 52.

Die recht große V-Stellung des Flügels sorgte für reichlich Stabilität in der Landephase. An der Ju 52 kam der sogenannte Junkers-Doppelflügel zu seinem durchschlagenden Erfolg. Dabei waren Landeklappen und Querruder wie ein zweiter Flügel hinter dem Hauptflügel ausgebildet. Während des stationären Fluges sorgte der bewährte Doppelflügel für geringeren Widerstand, weil er die gesamten Strömungsverhältnisse um den Flügel herum verbesserte. Doch das Beste am Doppelflügel war die dadurch entstehende erweiterte Steuerbarkeit während der Start- und Landephase, also genau dann, wenn die meisten Flugunfälle passieren, darüber hinaus sorgte er für zusätzlichen Auftrieb ($\Delta\ c_{a\ max} = 1{,}0$). Vor allem dem Doppelflügel hat die „Tante Ju“ ihren Ruf und ihren Namen zu verdanken.

Das Leitwerk der Ju 52 war von klassischer Schlichtheit bei gleichzeitig hoher Wirksamkeit. Alle Ruder waren mittels aerodynamischen Außenausgleich leicht zu betätigen. Ein guter Massenausgleich sorgte bei den späteren Modellen für Schwingungsfreiheit weit über die Höchstgeschwindigkeit hinaus.

Die im Hydrolabor neu entwickelten Schwimmer waren doppelt gekielt und von erheblich geringerem Luftwiderstand. Durch sie wurde der Start auch auf spiegelglatter Wasseroberfläche, wo das Flugzeug einfach nicht aus dem Wasser kommen will, erheblich erleichtert. Überhaupt liegt in der parallelen Konstruktion eines Räder- und Kufenfahrwerks und des Schwimmerfahrwerks eines der Erfolgsgeheimnisse der Ju 52.

Mit einem Problem hatten Ernst Zindel, Hermann Pohlmann, Fritz Freundel, Günther Bock, Bruno Stärke, Justus Muttray und Johannes Haseloff von Anfang an zu kämpfen. Das war die Motorisierung des relativ großen Flugzeuges. Da es deutlich schneller fliegen sollte als die G 31 und G 38, genügte es nicht, nur die Rumpfbreite zu verringern (der Ju-52-Rumpf war 1,75 m breit gegenüber 2,10 m der G 31). Es mußten Motoren gefunden werden mit genügend PS und in ausreichender Stückzahl. In der Zeit der Weimarer Republik aber herrschte zu Anfang Bauverbot für starke Motoren und gegen Ende großer Nachholebedarf. Für die einmotorige Variante bot sich nur der BMW VII mit knapp 700 PS an, für die dreimotorige Variante der von BMW in Lizenz gebaute luftgekühlte Sternmotor Hornet mit 525 PS. Während sich aber bei der Ju 52/1m der wassergekühlte 700-PS-Motor von BMW als ausreichend stark erwies, zeigte die dreimotorige Ju 52/3m erhebliche Leistungseinbußen durch den erhöhten Luftwiderstand der drei Motoren, der nicht einfach durch noch mehr PS kompensiert werden konnte, da die schädliche Widerstandsfläche der Ju 52/3m gegenüber der Ju 52/1m von 3,5 m² auf 5,8 m² angewachsen war. Die Einmot-Ju erreichte mit 700 PS eine Höchstgeschwindigkeit von 200 km/h, die Dreimot-Ju mit 1.600 PS nur 230 km/h. Bei den Reisegeschwindigkeiten fiel der Unterschied noch geringer aus. Anlaß genug, um einzuschreiten und endlich die Stärke der Junkerswerke, nämlich die komplexe Behandlung von Problemen durch die darauf

Dipl.-Ing. Ernst Zindel (23.1.1897) begann 1920 bei Junkers als Konstrukteur. Ab 1923 praktisch als Chefkonstrukteur tätig, zeichnete er bis 1945 für alle Flugzeugtypen von Junkers verantwortlich (einzige Ausnahme Ju 88, da Generaldirektor Koppenberg ihn von 1936-1940 „kalt" stellte). Nach 1945 verließ er den Flugzeugbau. Wichtigste Arbeiten: G 38 und Ju 52.

spezialisierten Abteilungen, zur Geltung zu bringen. Die Abteilung Strömungstechnik unter Philipp von Doepp, die Flugversuchsabteilung unter Fritz Hoppe und die Motorenspezialisten der Jumo unter Kurt Erfurth berieten gemeinsam, wie man den sprunghaft gewachsenen Widerstand der Ju 52/3m annähernd wieder auf den der einmotorigen Variante drücken konnte. Die einfachste Lösung wären wassergekühlte Motoren gewesen, doch die hätten das Baugewicht und den Schwerpunkt verändert. Außerdem gab es nicht genügend solche Motoren dieser Leistungsklasse. Die luftgekühlten Motoren versprachen darüber hinaus geringeren Wartungsaufwand, was für die Luftverkehrsgesellschaften von nicht unerheblichem Wert ist.

Aus eigenen Windkanal-Tests war bekannt, daß man den Luftwiderstand durch Luftleitbleche um die Motoren herum verbessern konnte. In langwierigen Versuchen schälten sich die Lösungen für die Ju-52-Motoren heraus. Für die beiden Außenmotoren eignete sich die in den USA zum Patent angemeldete NACA-Haube, die den Luftwiderstand jedes Motors um 0,9 m^2 senken half. Für den Mittelmotor kam nur der relativ schmale Townendring (eine englische Erfindung) in Betracht, weil der dahinter liegende Rumpf in zu geringem Abstand zum Motor lag.

Im Zuge dieser Windschlüpfrigkeitsverbesserungen nahm man sich gleich noch des starren Fahrwerks an, das eine Tropfenverkleidung bekam, die jedoch bei den späteren Truppentransportern aus praktischen Gründen wieder entfiel. Alles in allem erbrachten diese Maßnahmen eine Einsparung an schädlichem Widerstand von 2,4 m^2, so daß die Widerstandsfläche auf 3,4 m^2 und somit knapp unter den Wert der 1-mot-Variante zurückging. Die Höchstgeschwindigkeit stieg durch diese Optimierung von 230 km/h auf 270 km/h, die wirtschaftliche Reisegeschwindigkeit mit 65 % Nennleistung über-

In Berlin-Tempelhof trafen sich in- und ausländische Ju 52.

Bild S. 30: Rumpfgerüst einer Ju 52 mit Flügelanschluß.

stieg sogar die frühere Höchstgeschwindigkeit um 5 km/h. Ausgestattet mit dem BMW-132-Motor kamen spätere Varianten auf eine Höchstgeschwindigkeit von 310 km/h und eine Reisegeschwindigkeit von 250 km/h. Damit war das Modell aerodynamisch ausgereizt. Weitere entscheidende Geschwindigkeitsgewinne konnten nur neue Entwürfe mit Einziehfahrwerk, dünneren Flügelprofilen und innen liegenden Motoren bringen. Höhere Geschwindigkeiten erforderten auch neuartige Festigkeitsverbände, kleinere Oberflächen und insgesamt strömungsgünstigere Formen. Zur Verwirklichung dieser Ziele (denen sich damals nur Hobby-Bastler stellten) fehlten 1932 aber in erster Linie die Motoren. Nicht mal die USA hatten Motoren mit 1.000 PS und mehr. So blieb nur die Möglichkeit, kleine unwirtschaftliche Flugzeuge auf Geschwindigkeit zu trimmen, die im öffentlichen Luftverkehr aber keine Rolle spielten.

Nach dem Erstflug der Ju 52/3m am 7. März 1932 eroberte dieses Flugzeug schnell die Sympathien der Fluggesellschaften, der Piloten und ihrer Passagiere. Die ersten zehn Maschinen nahm die Deutsche Lufthansa ab und setzte sie im planmäßigen Streckendienst ein. Wenn andere Flugzeuge wegen schlechtem Wetter, Dunkelheit oder miserablen Platzbedingungen nicht starten und landen konnten - die Ju 52 konnte immer. Sie hielt die Flugpläne ein (nicht zuletzt auch auf Grund ihrer modernen Funk- und Navigationsausrüstung) und sorgte so für „klingende Kasse" bei den Fluggesellschaften. Die dreimotorige Ju war so sicher wie kein anderes Flugzeug ihrer Zeit. Auch wenn ein Fachmann wie Claude Dornier die Dreimotorigkeit belächelte und sie aus technischen Gründen ablehnte, es war gerade jene Dreimotorigkeit, die bei den Passagieren Vertrauen in die Lufttüchtigkeit dieser Flugzeuge setzte. Unleugbar war schon damals, daß es die Firma Junkers war, die das Flugzeug zu einem sicheren und zuverlässigen Verkehrsmittel innerhalb weniger Jahre gemacht hatte. Weder Bauverbot noch „Begriffsbestimmungen" konnten die Bestimmung der Junkersflugzeuge zum zivilen Massenbeförderungsmittel verhindern. Dieser grandiose Erfolg lag vor allem an der „Starrköpfigkeit" von Hugo Junkers, der sich durch nichts von seinem einmal als richtig erkannten Weg abbringen ließ. Zumal bei der Firma Junkers nicht nur die Flugzeuge gebaut wurden, sondern genauso die zuverlässigen Motoren, die Einbaugeräte, die Propeller, die elektrischen, pneumatischen und hydraulischen Anlagen. Für die Entwicklung dieser Aggregate mußte kontinuierlich Vorlaufforschung betrieben werden. Die Ausstrahlung der Junkerswerke war so groß, daß weit bis in die 60-er Jahre hinein ehemalige Junkersleute überall mit Kußhand eingestellt wurden.

Zum Prinzip der Dreimotorigkeit läßt sich feststellen, daß sie es erst ermöglichte, den Flugzeugen immer wieder eine auf Sicherheit ausgerichtete optimale Vergrößerung zu geben, die letztlich die Wirtschaftlichkeit im Liniendienst stets gewährleistete. Diese beständige Grenzüberschreitung von der G 24 über die G 31 zur Ju 52 nutzte die gegenüber der Flugzeugentwicklung langsamer verlaufende Motorenentwicklung über viele Jahre hinweg maximal aus, wovon der Luftverkehr im allgemeinen und die Entwicklung der anderen Flugzeugwerke im besonderen profitierten.

Dipl.-Ing. Günther Bock (10.6.1898), seit 1923 bei Junkers, war bis 1931 Chefstatiker. Danach Professur an TH Danzig. 1933 holte Göring ihn als Chefingenieur ins RLM. 1936 ging Prof. Bock als Direktor der Abt. Flugwerk zur DVL, deren Chef er 1941 wurde. Von 1945-53 Berater beim sowj. ZAGI, 1954 unter B. Baade Chefkonstrukteur der JU/EF-152. Ab 1955 Prof. an Uni Darmstadt und ab 1965 wieder Chef der DVL.

Die Geschichte der Ju 52 ist eigentlich eine doppelte: Einmal die zivile, die mit rund 400 gebauten Flugzeugen bis Kriegsbeginn für die Junkerswerke eine erfolgreiche geworden ist; zum zweiten die militärische Geschichte, die die zehnfache Ausbringungszahl der zivilen erreicht hat, rein fliegerisch betrachtet sogar noch erfolgreicher war, jedoch vom menschlichen Standpunkt aus den Namen von Hugo Junkers vor aller Welt mit Blut besudelte.

Die militärische Geschichte der Ju 52 beginnt sechs Monate nach dem 30. Januar 1933, dem Tag, an dem unter Bruch der Verfassung Adolf Hitler durch die Herren von „Kohle" und Stahl an die Macht geschoben wurde. Da Hitler nie ein Hehl daraus gemacht hatte, Revanche für den verlorenen 1. Weltkrieg zu nehmen, setzte unmittelbar nach Ausschaltung des „inneren Feindes", also des politischen Gegners (Kommunisten, Sozialdemokraten, Gewerkschafter), eine beispiellose Aufrüstung ein. Die Junkerswerke erhielten ab August 1933 staatliche Aufträge im Gesamtumfang von 4.845 Stück Ju 52 und 1.191 Stück W 34 sowie 199 Stück W 33. Das waren Stückzahlen, die jede Vorstellungskraft überstiegen und für zivile Zwecke jenseits volkswirtschaftlicher Ökonomie lagen. Für das einzelne Flugzeugwerk jedoch waren diese Stückzahlen eine gewinnträchtige Sache. Jeder Ökonom mußte aber zutiefst besorgt sein von dem, was danach kommen sollte. Denn die aufgebauten Kapazitäten mußten ja auf Dauer ausgelastet werden, wenn die leerstehende Immobilie nicht die Gewinne wieder auffressen sollte.

Die ganze, nun staatlich gelenkte, Wirtschaftspolitik des 3. Reiches war ausschließlich auf einen Eroberungskrieg ausgerichtet. Die Ju 52 sollte bis zur Erlangung der waffentechnischen

Bild Seite 32: Das angelaufene ABC-Programm der Junkerswerke begann mit der Ju 52, deren Rümpfe im freigezogenen Reichsbahnwerk in Dessau anlief. Die Endmontage erfolgte dann im Dessauer Stammwerk. Erst als das neue Endmontagewerk in Bernburg fertiggestellt war, kam der Ju-52-Transporter zur Endmontage dorthin.

Bild links oben: Mit Schwimmern ausgerüstet machte die Ju 52 ebenfalls eine gute Figur und einschlägigen Wasserflugzeugen richtig Konkurrenz.

Bild links: Auch im hohen Norden war die Tante Ju heimisch. Die verschiedenen Fahrwerke verhalfen dem Flugzeug zu großem Absatz.

Bild unten: Etwa 2 m Flügel und das Querruder fehlen dieser normal gelandeten Ju 52.

Überlegenheit als Behelfsbomber und Tranportflugzeug dienen. Die Planer im Reichsluftfahrtministerium (RLM) faßten mit den riesigen Aufträgen außerdem die Notwendigkeit der „Einarbeitung der deutschen Wirtschaft auf die Massenfertigung des Krieges" ins Kalkül.

Da die Ju 52 praktisch als Bomber völlig ungeeignet war, andere Flugzeugfirmen trotzt langjähriger Kontakte zur Reichswehr aber nichts Besseres vorzuweisen hatten, mußte die Ju 52 herhalten. Da kein Platz war für normale Bombenschächte, mußten sie vertikal zwischen den Flügelholmen eingebaut werden. Es konnten 8 x 250-kg-Bomben oder 32 x 50-kg-Bomben mitgeführt werden. Das Flugzeug bekam auf dem Rumpfrücken einen Schützenstand, und unter dem Rumpf einen ausfahrbaren Stand, den sogenannten Mülleimer. Die maximale Fluggeschwindigkeit sank von 315 auf 300 km/h, bei ausgefahrenem Mülleimer sogar noch darunter.

Als Transporter war die Ju 52 besser geeignet. Als solcher leistete sie während des gesamten Krieges die Hauptlast aller Transportaufgaben der deutschen Luftwaffe.

Junkers bekommt 1934 ernsthafte Konkurrenz aus den USA durch Douglas

Etwa ab 1927 hatten auch die ausländischen Flugzeugproduzenten den zivilen Markt als gewinnbringend erkannt. Besonders die USA mit ihren weiten Entfernungen waren für den Flugverkehr prädestiniert. Wie moderne Verkehrsflugzeuge auszusehen hatten, konnte von Junkers in Deutschland abgeschaut werden. Im Gegensatz zu Deutschland aber faßte man in den USA sogleich die Vorteile der Großserienproduktion auch für den Flugzeugbau ins Auge. Schon ab 1930 beförderten die us-amerikanischen Fluglinien mehr Passagiere über größere Entfernungen als die europäischen Fluggesellschaften. Zudem war die Wirtschaftlichkeit deutlich besser als beispielsweise die der Deutschen Lufthansa.

Als die Bosse der Transcontinental and Western Air Inc. (TWA) bei Boeing das neue Modell 247 bestellen wollten, mußten sie erfahren, daß das Unternehmen zuerst die konkurrierende Linie United Airways beliefern würde. Die TWA wandte sich daraufhin an den damals noch unbedeutenden Donald Douglas mit der Bitte, in seiner Firma ein Passagierflugzeug ähnlich der B 247 zu entwickeln. Das war am 5. August 1932. Und das war zugleich die Geburtsstunde der Douglas Commercial Model One oder kurz DC-1. Da die Forderungen der TWA anspruchsvoll waren (Platz für 12 Passagiere, Flügel und Rumpf aus Metall, Gewicht 6.441 kg, Reichweite 1.738 km, Höchstgeschwindigkeit 289 km/h), konnte eigentlich nur ein ordentliches Flugzeug entstehen. Daß es letztlich besser ausfiel als die Konkurrenz B 247 und Ju 52, war - wie in der Technik üblich - die Gnade der späten Geburt.

Vom Entwurf her baute die DC-1 auf der Boeing 247 und der Ju 52 auf. Konstruktiv hingegen ging sie neue Wege,

Eine spanische DC-2 und viele Ju 52. Aus dieser Perspektive ist deutlich die Ähnlichkeit des Rumpfes in Form und Größe zu sehen. Der Flügel dagegen ist ein Eigengewächs der Douglas Corporation, bzw. von der einverleibten Firma Northrop übernommen. Letztlich war es der Flügel, der schon die DC-2 der Ju 52 überlegen machte. Auch wenn die meisten europäischen Linien Ju 52 flogen, in den USA herrschte allein die DC-2/DC-3.

indem die Entwickler um Chefkonstrukteur Dutch Kindelberger die „Vielzellenbauweise" des Flügels von Jack Northrop in die Verkehrsluftfahrt einführten. Der Northrop-Flügel bestand aus zwei vorderen und zwei hinteren Profilholmen, die jeweils durch einen Blechsteg verbunden waren. Quer dazu lagen vie-

Bild rechts: Die Kabine der DC-3 war deutlich geräumiger als die der Ju 52. Normal war die Bestuhlung für 21 Passagiere. Mit 2 x 2 Sitzreihen konnten sogar 28-32 befördert werden. Für Nachtflüge kamen 14 Schlafkojen zum Einbau.

Bild links: Die Kabine der Ju 52 mit Lufthansa-Bestuhlung für 17 Passagiere. Normal waren 14 Passagiere. Die Kabinenbreite betrug 1,50 m, was pro Sitz und Gang jeweils 50 cm erlaubte. Vom ökonomischen Standpunkt aus war der Mittelgang reine Platzverschwendung. Ökonomischer konnten Passagierflugzeuge nur durch breitere Rümpfe werden. Bei Douglas hatte man das frühzeitig erkannt und verbreiterte die DC-3 auf 2,40 m, was eine Kabinenbreite von 2,31 m ergab. Bei der Ju 52 erlaubte die Wahl eines truhenförmigen Rumpfquerschnittes eine dem Menschen besser entsprechende Raumgeometrie, wo hingegen der eiförmige Querschnitt der DC-3 im Kopf- und Beinbereich zu Einschränkungen der Bewegungsfreiheit führte. Die Entwickler der DC-3 wollten den Luxus der Eisenbahn auf das Flugzeug übertragen.

le Blechrippen. Der sich daraus ergebende Kasten war mit 0,6 mm dickem Blech beplankt, so daß sich eine Torsionsröhre ergab, die Biegung, Schub und Scherbeanspruchung aufnehmen konnte. Die Überlegenheit dieser Bauweise bestand in der konstruktiv leicht möglichen Variierbarkeit der Stegabstände und Blechstärken für die angestrebte Festigkeit. Durch die dadurch erzielbare hohe Betriebsfestigkeit konnte das Profil dünner werden und damit besser für höhere Geschwindigkeiten.

Die DC-2 wies dieselbe Flügelstreckung wie die Ju 52 auf. Die Rumpflänge war auf den Zentimeter genau die gleiche, die Breite des Rumpfes nur um 5 cm erweitert. Von der B 247 stammte die Zweimotorigkeit und das Einziehfahrwerk. Mit diesen Prämissen wurde die DC-2 (DC-1 war ihr Prototyp, nur in einem Exemplar gebaut) zum modernsten und leistungsfähigsten Passagierflugzeug ihrer Zeit. Doch erst als DC-3 (breiterer Rumpf) konnte das Flugzeug sein gesamtes Leistungspotential ausspielen. Bei der US Air Force gelangte die DC-3 als Militärtransporter „Dakota" zur Berühmtheit und rollte in über 11.000 Einheiten vom Band.

Von der zivilen Ju 52 sind mit reichlich 400 Stück ungefähr genauso viele gebaut worden wie von der DC-3. Von der DC-2 sind nochmals 166 Stück gebaut worden. Was waren 1934 die ausschlaggebenden Gründe, daß sich die eine Fluggesellschaft für die Ju 52 entschied und die andere für die DC-2?

Im direkten Vergleich sind es immer die Beförderungskosten, die den Ausschlag geben, das heißt, Anzahl der Passagiere durch Betriebsstoffverbrauch pro (1.000) Kilometer. Eine einfache Rechnung, die eine klare Aussage ergibt. Die DC-2 verbraucht auf 1.000 km pro Passagier 59 kg Brennstoff, während die Ju 52 auf 74 kg kommt. Die Differenz zu ungunsten der Ju 52 ist auf ihre Dreimotorigkeit zurückzuführen. Auch die Reisegeschwindigkeit, Reichweite und Nutzlast sprechen für die amerkanische DC-2.

Bei der Wartung und Einsatzbereitschaft (was ja auch Kosten verursacht) sieht es schon anders aus. Die Motoren der Ju 52 sind leichter zugänglich, das feste Fahrgestell einfacher aufgebaut, das Klappensystem ist mit einem Blick auf Funktionstüchtigkeit kontrollierbar.

Doch die größten Vorteile hat die Ju 52 bei den Flugeigenschaften. Das Flugzeug kann auch von weniger erfahrenen Piloten sicher gerollt und geflogen werden. Die großen Räder am festen Fahrwerk geben auf schlammigen oder unebenen Boden mehr Richtungsstabilität, werfen weniger Dreck hoch, was bei einem Einziehfahrwerk den Mechanismus blockieren kann. Während der Startphase war die vollbeladene DC-2 und auch DC-3 bei Motorausfall kaum auf Höhe zu halten. Ein Steigflug und Steuern unmöglich. Hier hätten zwar stärkere Motoren Abhilfe schaffen können, aber nur auf Kosten der Wirtschaftlichkeit. Ein zweimotoriges Flugzeug hat bei einem Motorausfall eben immer nur noch 50 % Schub, ein dreimotoriges immerhin noch 67 %. Außerdem neigt die Ju 52 bei Seitenmotorausfall nicht so stark zum Schieben, was ja wieder mit einem Ruderausschlag und somit zusätzlichem Luftwiderstand ausgeglichen werden muß. Die DC-2 und DC-3 hatten zwar die beiden Motoren so dicht wie möglich zusammengerückt, aber das brachte wieder Schwingungen und unangenehme Geräusche in die Passagier-

Im Flug machte die Ju 52 ein gutes Bild. Der trapezförmig gehaltene Flügel mit günstiger Zuspitzung trug wesentlich zu den gutmütigen Flugeigenschaften bei. Die leicht nach außen geneigten Flügelmotoren bliesen das Leitwerk an und sorgten mit ihrem zentrierenden Schub für zusätzliche Stabilität. Der kastenförmige Rumpf allerdings war ziemlich seitenwindanfällig, weshalb man landende Ju 52 fast immer mit ordentlichem Schiebewinkel beobachten kann.

Auf den Außenmotoren saßen breite NACA-Hauben, die den Luftwiderstand um ca. 60 % senkten, während der Rumpfmotor mit einem schmalen Townendring nur etwa 25 % zur Verminderung beitrug.

kabine. Das Abkippverhalten des amerikanischen Musters war äußerst problematisch. Es ist eben immer so, daß die Steigerung der Fluggeschwindigkeit mit Nachteilen im Langsamflug erkauft werden muß.

Prinzipiell scheint der Aufbau beider Muster (bis auf den Rumpfmotor der Ju 52) gleich zu sein: Tiefdecker, Fahrwerk mit Hecksporn, ähnlicher Rumpf, einfaches Heckleitwerk. Doch während die Ju 52 bereits einer aussterbenden Generation angehörte, verkörperte die DC-2 die Zukunft der zivilen Fliegerei. Die Ju 52 konnte nicht mehr verbessert werden. Sie bildete den Endpunkt der Junkersentwicklung, wie sie 1919 in Form der F 13 begonnen hatte. Die DC-2 dagegen konnte noch viele Jahre verbessert werden. 1936 kam die DC-3 auf den Markt. Nach dem Krieg die Super DC-3 mit Druckkabine und Propellerturbine. In der Sowjetunion war es Sergej Iljushin, der die DC-3 am konsequentesten weiterentwickelte. Iljushin nahm sich der problematischen Flugeigenschaften der DC-3 an und merzte sie aus, indem er dem Flugzeug einen neuen Tragflügel gab. Um die Wirtschaftlichkeit weiter zu verbessern, brachte er den Rumpf auf einen kreisrunden Durchmesser von 2,80 m, um vier Sitze pro Reihe unterbringen zu können. Ein Bugradfahrwerk erleichterte den Passagieren das Einsteigen und Platznehmen. Damit hatte Iljushin ein neues Flugzeug geschaffen, das die alten Tugenden der DC-3 behielt und neue Tugenden hervorbrachte.

Der Flügelvergleich zwischen Ju 52 und DC-2 bringt den prinzipellen Unterschied beider Flugzeug sofort an den Tag. Das Rohrgerüst des Ju-52-Flügels baut zwar bei niedrigen Fluggeschwindigkeiten sehr leicht, fällt aber bei Geschwindigkeiten über 300 km/h schwerer aus als der Douglas-Flügel. Die dünne Wellblechhaut kann nur geringe Torsionsmomente aufnehmen, trägt also kaum zur Verdrehsteifigkeit bei. Das müssen alles die Duralrohre aufnehmen. Der Vorteil dabei ist, daß der Konstrukteur Biegung und Torsion trennen und beide für sich leicht berechnen kann. Dadurch geht es also in der Konstruktion ein bißchen schneller. Der Douglas- oder besser gesagt Jack-Northrop-Flügel kann leichter werden, weil die Holme bis in die Haut gelegt werden können, was bei einem runden Holm nicht geht. Die dicke, glatte, tragende Haut nimmt die Torsion vollständig auf und leitet sie in die Holme ab. Die quer liegenden Stege können in Dicke und Lage ziemlich frei variiert werden, was ebenfalls zu einer gleichmäßigeren bzw. genaueren Anpassung an die tatsächlichen Luftkräfte beiträgt, womit wiederum Gewicht gespart werden kann. Die sich aus den Querstegen ergebenden vielen kleinen Zellen, bilden die Endpunkte der mög-

Hier läßt sich deutlich die Verarbeitung des Wellblechs an Rumpf und Leitwerk erkennen. Nur im Wellental war eine Nietung möglich. Die Wellenkämme mußten an den Blechstößen eingesickt werden. An den kompliziert geformten Übergängen zu anderen Bauteilen verwendete man gleich Glattblech, um sich Arbeit zu sparen. Für gute Aerodynamik mußten die Wellen in Flugrichtung verlaufen.

lichen Hautstauchungen oder Hautdehnungen. So kann der Flügel im Fluge deutlich besser frei schwingen als ein Rohrholmflügel.

Dieses Schwingen irritierte die ersten Passagiere der DC-2 doch sehr. Sie waren nach der Landung immer froh, den ständig drohenden Flügelbruch noch mal heil überstanden zu haben. Diese Skepsis verflog erst, nachdem die Douglas-Maschinen bei unzähligen Flügen durch Wind, Wetter und Stürme unter Beweis gestellt hatten, daß trotz Flügelschwingens keine einzige Niete locker geworden war.

Die Festigkeit des Flügels rührte auch daher, daß sein Mittelstück durchgehende Holme besaß, an die die beiden Motorträger samt Fahrwerksaufhängungen befestigt waren. In der Endmontage erst wurde der komplette Rumpf auf das Flügelmittelstück aufgesetzt. Einige Takte später kamen dann die beiden Flügel an das Mittelstück.

Bei der Ju 52 hingegen bildete das Flügelmittelstück mit dem Rumpf eine Einheit. Die Rohrholme wiesen an beiden Enden Kugelverschraubungen auf und ragten nur etwa 40 cm über die Rumpfbreite hinaus. Mit Querverstrebungen und Profilblechen ergaben sie quasi einen Flügelstummel, an den mittels acht Kugelschrauben der Flügel befestigt wurde. Im Rumpfunterboden waren die durchgehenden Holmrohre durch Streben abgestützt und mit dem Rumpf über Befestigungslaschen vernietet. Ein Reparaturnachteil (zum Beispiel bei Bruchlan-

Die DC-3 war der Prototyp des modernen Verkehrsflugzeuges. Sie ist auch heute noch das bekannteste Flugzeug unter Luftfahrtbegeisterten und Laien. Als „Dakota“ ist sie genauso bekannt wie der gleichnamige Indianerstamm.

Auf dem unteren Foto läßt sich ein trefflicher Vergleich zur Wellblech-Ju ziehen. Die miserable Nietung der DC-3 machte die Vorteile des Glattblechs wieder zunichte. Die Oberfläche der Ju 52 war trotz Wellblechhaut wesentlich glatter in ihrer Verarbeitung. Die Junkers-Wertarbeit war den Amerikanern einfach zu teuer.

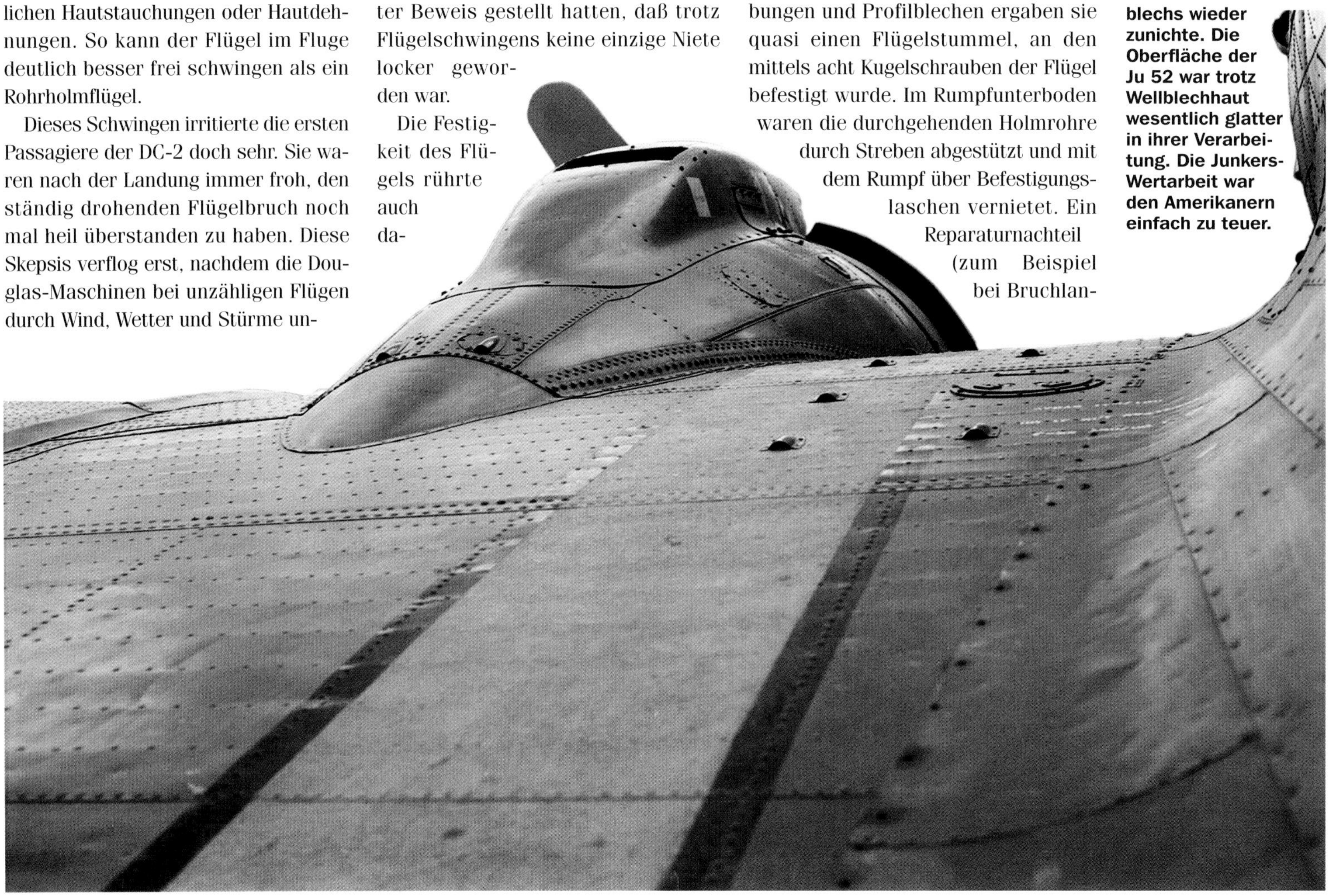

Die Verarbeitung des Glattbleches wurde wie auf diesen beiden Fotos zu sehen, nicht sonderlich beherrscht. Abgesehen von der Rundkopfnietung am Rumpf, die bei den geflogenen Geschwindigkeiten und der Lauflänge der Grenzschicht noch hinzunehmen ist, kann die für die Aerodynamik wichtige Flügelnase nur als schlampig bezeichnet werden. Aber auch bei der Ju 52 hat die Flügelnase durch die dort notwendig werdende Einsickung des Wellblechs eine mehr schlecht als recht zu bezeichnende Oberfläche.

dungen) war das nicht, da bei der „aufgelockerten" und aufgelösten Bauweise der Ju 52 meist nur kleine Bauteile wie Profilstreben und Wellblechhaut ausgewechselt werden mußten. Außerdem waren damals die Vorstellungen von Zeit ganz andere.

Die Rumpfkonstruktion der DC-2 war völlig anders als bei der Ju 52. Die Douglas-Konstrukteure hatten einen Schalenrumpf vorgesehen, der aus großen Formspanten und langen Gurten in Längsrichtung bestand. Diese Bauweise war nicht ganz neu, aber auf ein so großes Flugzeug noch nicht angewendet worden. Junkers hatte zum Beispiel bei dem kleinen Sportzweisitzer A 50 „Junior" Rumpfspante mit außen liegenden Längsgurten versehen, die dann mit Wellblech beplankt waren. Für kleine Flugzeuge drängte sich eine derartige Bauweise geradezu auf, wenn man nicht unnötig Platz im Rumpf verschenken wollte. Bei der DC-2 war sie gewagt, aber notwendig für die höheren Geschwindigkeiten und für den Übergang zur Druckkabine.

Was den Unterschied zwischen Glatt- und Wellblech betrifft, so kann man ihn für die erzielbare Höchstgeschwindigkeit als verschwindend gering bezeichnen. Die DC-2 erreichte bei gleicher Motorleistung wie die Ju 52 eine gerademal 51 km/h höher liegende Endgeschwindigkeit. Die Hälfte dieses Wertes ging auf das einziehbare Fahrgestell der DC-2, weitere 30-35 % auf den eingesparten Mittelmotor, weitere 10-12 % auf den kleineren Flügel - und der Rest, nämlich 3-10 % auf die größere Oberfläche der Wellblechbeplankung. Das wären maximal 10 % von 51 km/h, also rund 5 km/h. Das würde in der Praxis bei einem zweistündigen Flug mit einer Reisegeschwindigkeit von 250 km/h eine Einsparung an Reisezeit von 2,3 min

Die beiden Farbfotos zeigen die Ju 52 „D-AQUI“, die heute noch als Traditionsmaschine im Dienst der Deutschen Lufthansa steht. Obwohl die Instrumentierung leicht modernisiert worden ist, bleibt das einmalige Fluggefühl vergangener Zeiten auf dieser Maschine vollkommen erhalten. Das rechte Bild hingegen zeigt ihren Mißbrauch.

bedeuten. Diese einfache Rechnung hielt Hugo Junkers seinen Konstrukteuren bei der Entwicklung der Ju 60 vor, weil diese 1932 komplett in Glattblech gebaut werden sollte, um im Wettbewerb mit den schnellen Flugzeugen Lokheed Orion und der Heinkel He 70 bestehen zu können.

Wegen der Geschwindigkeit haben Don Douglas und seine Mannen mit Sicherheit nicht das Glattblech gewählt. Die Be- und Verarbeitung des Wellbleches dauerte ihnen einfach zu lange. Sie verträgt sich auch nicht mit der Schalenbauweise des Rumpfes und noch weniger mit der Bauweise des Flügels. Ihnen ging es um eine kostengünstige Fertigung und um die Weiterentwicklung des Flugzeuges. Die Wellblech-Ära war mit dem Erscheinen der Lockheed Orion 1931 am Ende. Fluggeschwindigkeiten über 300 km/h erfordern dünnere Flügelprofile. Wird der Flügel dünner, nimmt bei gleicher Bauweise die aufnehmbare Bruchlast ab. Man müßte also dickere Holme und dickeres Wellblech verwenden, was wiederum das Gewicht erhöhen würde. Oder aber, man wählt eine neue Bauweise. Douglas hat das getan und sich damit die Zukunft gesichert.

Für die Firma Junkers indes begann ein schmerzhafter Abnabelungsprozeß von einer bewährten und vertrauten Bauweise, die über ein Jahrzehnt die bestimmende im Flugzeugbau war. Und komischerweise fiel es gerade Hugo Junkers nicht allzu schwer, sich vom Wellblech zu verabschieden. Er war mit seinen 73 Jahren immer noch bereit, neue Wege zu gehen. Nachdem er erkannt hatte, daß die Entwicklung nicht in die von ihm gedachte Richtung ging, nämlich zum Nurflügler (als Atlantiküberquerer mit 1.000 Passagieren und 250 km/h Reisegeschwindigkeit), sondern zum dickleibigen Rumpfflugzeug mit kleinen Flügeln und deutlich höheren Geschwindigkeiten, wies er den Bau des schnellen Postflugzeuges Ju 60 an, aber überließ gleichzeitig seinem Sohn Klaus Junkers mehr und mehr die Führung im Flugzeugwerk. Hugo Junkers wandte sich jetzt stärker dem Leichtbau in der Bauindustrie zu. Zusammen mit Architekten des Bauhauses in Dessau und seinen Leichtbauspezialisten, insbesondere Franz Griebsch, entwarf Hugo Junkers Hochhäuser, große für die Öffentlichkeit gedachte Bauten, ja sogar Kirchen.

Indessen hatte im Land Anhalt eine neue politische Zeitrechnung begonnen. Die Nazis hatten 1932 in Anhalt als erste in Deutschland die Mehrheit im Landtag. Das sollte Folgen haben.

Leistungsvergleich Ju 52 zur DC-2 und DC-3

Hersteller	Junkers	Douglas	Douglas
Typ	Ju 52/3m	DC-2	DC-3
Erstflug	7.3.1932	April 1934	19.12.1935
Triebwerk	BMW Hornet 3 x 525 PS	PW R-1820 2 x 750 PS	PW R-1830 2 x 1.200 PS
Besatzung	2 + 17	3 + 16	3 + 21/28
Spannweite	29,25 m	25,90 m	28,95 m
Länge	18,90 m	18,90 m	19,70 m
Höhe	6,10 m	4,90 m	5,20 m
Rumpfbreite	1,75 m	1,80 m	2,40 m
Kabinenraum	21 m^3	23,40 m^3	36,69 m^3
Flügelfläche	110,50 m^2	87,20 m^2	91,70 m^2
Flügelstreckung	7,7	7,7	8,2
Flächenbelastung	83,35 kg/m^2	93,45 kg/m^2	124,71 kg/m^2
Leistungsbelastung	5,85 kg/PS	5,43 kg/PS	4,76 kg/PS
Rüstmasse	5.970 kg	5.448 kg	7.551kg
Kraftstoff	1.115 kg	1.000 kg	1.200 kg
Schmierstoff	150 kg	131 kg	145 kg
Nutzmasse	1.795 kg	1.600 kg	2.300 kg
Besatzung	180 kg	240 kg	240 kg
Summe Zuladung	3.240 kg	2.971 kg	3.685 kg
Startmasse max.	9.210 kg	8.149 kg	11.436 kg
Höchstgeschwkt.	271 km/h	320 km/h	350km/h
in Höhe	900 m		1.900 m
Reisegeschwkt.	222 km/h	300 km/h	290 km/h
in Höhe	900 m		3.050 m
Landegeschwkt.	99 km/h		
Steiggeschwkt.	3,9 m/s	4,3 m/s	5,1 m/s
Dienstgipfelhöhe	5.200 m	6.100 m	7.040 m
Reichweite:			
mit max. Nutzlast	950 km		945 km
max. Reichweite	1.500 km	1.400 km	2.170 km
Startrollstrecke	340 m		
Landerollstrecke	245 m		

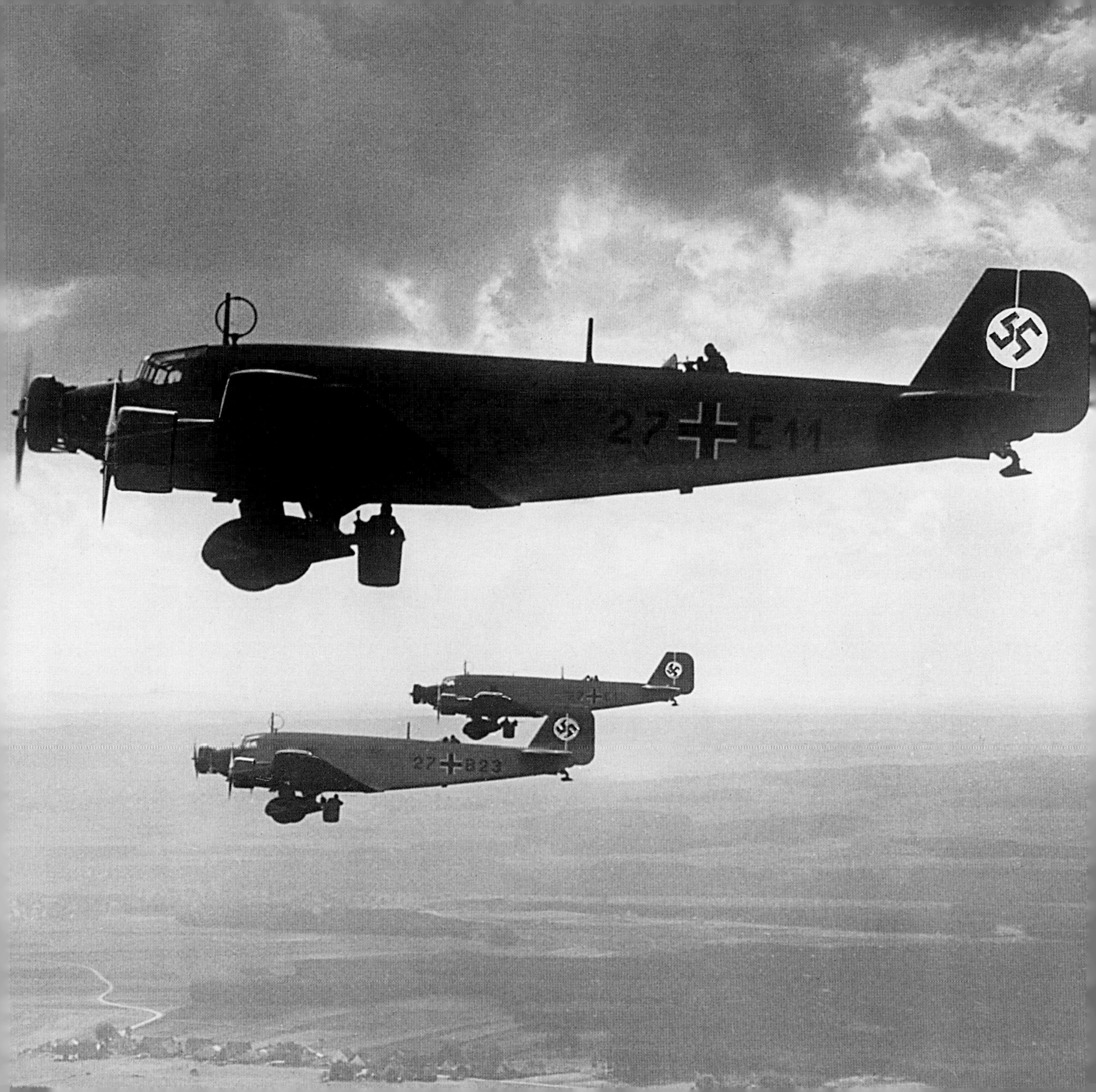
27 E 11
27 B23

Von der Humanität über die Nationalität zur Bestialität

Wer bei der „Machtergreifung" Hitlers die Rollen des Monopolkapitals und der Reichswehr ausblendet, blendet wie bei einem Kinofilm den Vorspann aus mit den Namen von Regisseur, Produzent, Bühnen- und Maskenbildner, Idee und Drehbuch. Und so bleiben dann im Gedächtnis der Zuschauer nur noch die belanglosen Namen der Schauspieler dieser Schmierenkomödie übrig. Nichtsdestotrotz haben diese Schauspieler ihre Rollen mit Inbrunst gespielt.

Grillparzers Ausspruch zur zwieschlächtigen Rolle der Nationalität lenkt das Augenmerk auf die Gefahren einer solchen Entwicklung. Aber warum mußte es gerade Deutschland sein, das sich zur Bestie entwickelte? Faschistische Bewegungen gab es schließlich zu Dutzenden in allen modernen Ländern der Welt. Da waren nicht nur die Fascistas in Italien und die Falange in Spanien. Es gab profaschistische Militärdiktaturen in Portugal, Ungarn und Polen, Gründungen faschistischer Organisationen in Rumänien (Eiserne Garde), in Holland, in Brasilien (Grünhemden), im königlichen England (Schwarzhemden), den Austrofaschismus in Österreich und es gab 1934 einen faschistischen Putschversuch im ach so republikanischen Frankreich.

Gemeinsam war all diesen Bewegungen, daß sie in Ländern entstanden, wo die Monopole herrschten. Zugleich waren es in der Hauptsache Kleinbürger, die diese Bewegungen trugen. Denn diese wurden von den Monopolen täglich um ihre „Existenz" gebracht, indem die Monopole die kleinen Läden, Geschäftchen und Fabrikchen einfach niederkonkurrierten, so daß sie über kurz oder lang schließen mußten. Doch nichts war dem Metzger, Bäcker, Bürstenfabrikant und Friseur verhaßter, als ins Proletariat hinabgestoßen zu werden. Sie wollten gegen ihren Untergang kämpfen. Diese Schichten radikalisierten und politisierten sich. Den Haß auf die großen Monopole kanalisierten die Nazis in Deutschland geschickt in den Haß auf die reichen Juden. Der Boykott anderer (jüdischer) Geschäfte sollte dem eigenen Geschäft zugute kommen.

Hier begann bereits der Marsch in eine andere Republik. Der einstige Feldmarschall Paul von Hindenburg als neuer Reichspräsident und Ersatzkaiser mit General Hans von Seeckt (li.) 1925 bei einer seiner liebsten Beschäftigungen.

Der Unterschied des deutschen Faschismus zu dem anderer Länder war zuerst das wirtschaftliche Potential, das Deutschland aufzuweisen hatte, aber

nicht recht zur Geltung bringen konnte, weil bereits andere (früher gekommene) Nationen an den Fleischtöpfen der Welt saßen. Dieses Zuspätkommen der deutschen Nation war einerseits Ansporn für die Technikentwicklung (deutsche Waren konnten nur über Qualität und Preis andere Waren verdrängen), andererseits stets Quell aggressiver Lüsternheit der herrschenden Eliten. Nach dem ersten Anlauf zur Weltherrschaft 1914 (der Millionen Tote und dem Volk harte Kohlwinter bescherte), hatte diese selbst ernannte Elite nichts dazugelernt (immer die Gegner unterschätzend, besonders die USA). Die Reichswehrgeneralität, allen voran Hans von Seeckt, wollte Revanche. Ihr politischer Einfluß reichte zwar aus, Regierungen zu stürzen und neue einzusetzen, aber einen Massenanhang konnte die Reichswehr trotz zahlreicher militaristischer Vereine in der Weimarer Republik nicht erlangen (notwendig, um die bestehende Verfassung liquidieren und einen neuen Krieg ideologisch vorbereiten zu können). Für letzteres gab es ja die Nazibewegung, auf die man über viele ehemalige Offiziere (Ludendorff, Röhm) besten Einfluß hatte.

Die Zielrichtung liest sich bei General von Seeckt so:
„Wir müssen wieder mächtig werden, und sobald wir wieder Macht haben, nehmen wir uns natürlich alles wieder zurück, was wir verloren haben.“ (Fr. v. Rabenau: Seeckt, aus meinem Leben, Leipzig 1940).

Oder Reichswehr-Minister Wilhelm Groener zur selben Problematik:
„Wenn man um die Weltherrschaft kämpfen will, muß man dies von langer Hand vorausschauend mit rücksichtsloser Konsequenz vorbereiten.“ (Groener-Geyer: General Groener, Frankfurt/Main 1955).

Hinter ihnen standen die Großbanken und die Schwerindustrie sowie mehr und mehr die Vertreter der Regierung, je später die 20-er Jahre wurden.

Wie die wirklichen Machtverhältnisse in der sogenannten Weimarer Republik waren, läßt sich am anschaulichsten am Prozeß gegen den Publizisten und Herausgeber der „Weltbühne", Carl von Ossietzky, zeigen. In Deutschland war durch den Versailler Vertrag die Stärke des Militärs streng limitiert, woran sich die deutsche Regierung zu halten hatte. Als Ossietzky am 12. März 1929 in einem Artikel unter der Überschrift „Windiges aus der deutschen Luftfahrt" die geheime Aufrüstung der Reichswehr aufdeckte, fand er sich auf Betreiben eben dieser Reichswehr vor dem Staatsanwalt wieder. Laut Weimarer Verfassung hätte dieser Staat Ossietzky schützen und dankbar sein müssen, daß er die Verletzung der deutschen Gesetze durch die Reichswehr aufgedeckt hatte. So aber verurteilte das Reichsgericht Ossietzky wegen „Landesverrats" zu 18 Monaten Gefängnis. Weihnachten 1932 kaum aus der Haft entlassen, wurde Ossietzky am 28. Februar 1933 (Reichstagsbrand) erneut verhaftet, ins KZ verschleppt und so mißhandelt, daß er an den Folgen 1938 (noch immer unter „Polizeiaufsicht") verstarb.

Da es bis heute keine Definition des Begriffs Faschismus gibt, das Verständnis dieser Herrschaftsform aber von ausschlaggebender Bedeutung für die ab 1933 bei Junkers einsetzenden grundlegenden Veränderungen ist, soll wenigstens das Wesen des Faschismus hier herausgearbeitet werden.

Prinzipiell gibt es zwei Formen der bürgerlichen Herrschaft: 1. die bürgerliche Demokratie (gemeinhin als Demokratie bezeichnet, als ob das die einzige Form der Demokratie sei) und 2. die bürgerliche Diktatur. Erstmals in der Geschichte errichtete Oliver Cromwell

Bild oben: Bereits einen Tag nach Hitlers „Machtergreifung“ wurden seine Gegener gejagt und in den Kellern der brauen Häuser gefoltert und gemordet. Da die Gefängnisse und Folterkammern nicht reichten, begann im März 1933 der Bau von KZ's für die sogenannte Schutzhaft. Im Juni 1933 befanden sich bereits 26.000 Antifaschisten in den Folterhöllen.

Seite 44 oben: Reichstagsbrand am 28. Februar 1933, eine Woche vor der letzten Reichstagswahl.

Seite 44 unten: Schon am 10. Mai 1933 fühlte sich das Regime durch den Terror so gestärkt, daß es öffentlich Bücher seiner Gegner verbrannte.

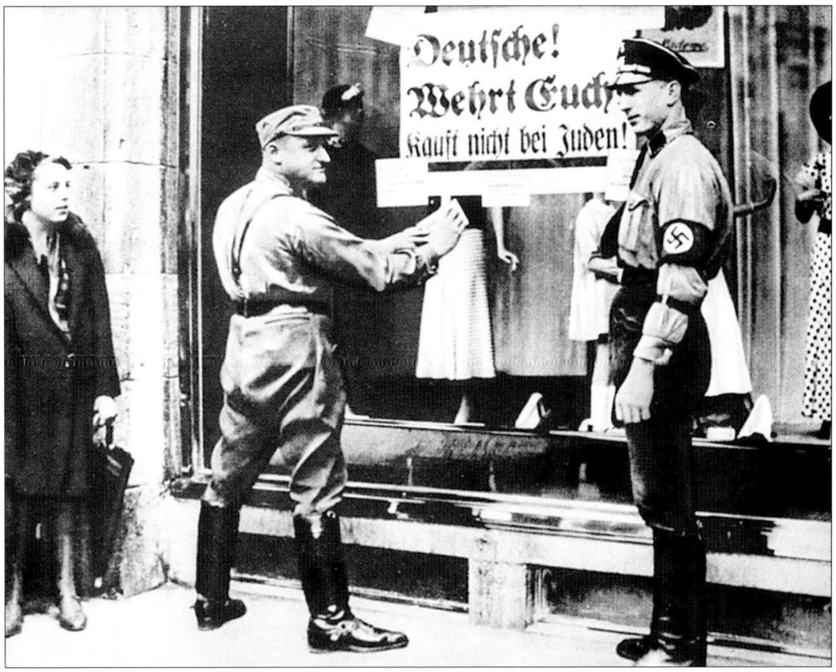

Die Söhne des wildgewordenen Kleinbürgertums vor den Tempeln der verhaßten Konkurrenz. Da Juden meist billiger verkauften, strömten gerade in der Weltwirtschaftskrise die Massen in diese Geschäfte. Und da die Löhne der deutschen Arbeiter nach 1933 sogar weiter sanken, blieb das auch noch lange Zeit so.

eine bürgerliche Diktatur, in der dann auch die Köpfe rollten. Knapp 150 Jahre später waren es die Jacobiner während der Französischen Revolution, die erneut zum Mittel der Diktatur griffen, um die wiedererstarkende Königsmacht endgültig zu vernichten.

Die Diktatur ist die Sammlung aller Kräfte zur Abwehr des politischen Feindes. In der institutionalisierten Diktatur herrscht ein Teil über einen anderen Teil, ohne daß dieser unterdrückte Teil ein Mitspracherecht bei politischen Entscheidungen bekäme. Die Diktatur ist also immer die Herrschaft des Schwachen über den Starken.

Während aber Cromwell und die Jacobiner noch eine Diktatur des freien kleinen Bürgertums durchsetzen wollten, um die alte Adelsklasse zu entmachten, ist im Zeitalter der Monopole nur noch die großbürgerliche Diktatur möglich. Denn der Gegensatz zwischen Kapital und Arbeit hat sich verdoppelt in die Gegensätze Monopol und Kleinunternehmer auf der einen Seite sowie vereinte Monopol- und Kleinbourgeoisie gegen die Arbeiterklasse auf der andern Seite. Die Ideologie des Faschismus will nun diesen einen Gegensatz, nämlich den zwischen vereinter Bourgeoisie und gesamter Arbeiterklasse künstlich aufheben. Da diese Leute davon ausgehen, daß die Teilung der Menschen in Kapitalisten und Proletarier ein Naturgesetz ist, soll an die Stelle des Kampfes gegeneinander die gemeinsame Arbeit für eine starke Nation treten. Der innere Kampf wird also in einen äußeren umgedeutet. Die bessere Nation muß ständig gegen alle anderen Nationen kämpfen. Siegen kann sie nur, wenn sie innerlich festgefügt und geschlossen auftritt. Das ist die Ideologie des Faschismus; das heißt, seine Erscheinungsform, nicht sein Wesen!

{Im Zusammenhang von Diktatur und Demokratie wäre es interessant zu klären, ob es neben der proletarischen Diktatur auch eine proletarische Demokratie geben kann. Nach Karl Marx sollte ja das Proletariat nach seinem revolutionären Sieg die Diktatur benutzen, um der Bourgeoisie nach und nach alles Kapital zu entreißen. Nachdem das geschehen war, sollte der Staat als Herrschaftsmittel absterben und einer allgemeinen Demokratie Platz machen. Nun ist aber im real existierenden Sozialismus nicht der Staat abgestorben, sondern im Staat der real existierende Sozialismus. Eine Dialektik, die zu denken geben sollte. Trotzdem: Wenn man anerkennt, daß nach dem Kapitalismus der Sozialismus kommen muß, und daß dieser nach den Erfahrungen nicht von kurzer Dauer (wie gehofft) sein kann, er vielleicht 200 Jahre oder 500 Jahre oder 1.000 Jahre andauern wird, dann muß man auch anerkennen, daß dies nur mittels einer Demokratie auszuhalten sein wird. Dann muß man genauso der Kleinbourgeoisie eine Existenzberechtigung für diese Zeit zusprechen und ihr öffentliche Mitspracherechte einräumen.}

Da die bürgerliche Gesellschaft in ihrer monopolistischen Phase mehr und mehr durch die Klassenkämpfe (wochenlange Generalstreiks) und anhaltende Krisen gelähmt wird, sie momentan für den Widerspruch zwischen Proletariat und Bourgeoisie keine neue ausreichende Bewegungsform (Mantel der Macht) findet, greift sie zum Mittel der Militärdiktatur, um eine künstliche Ruhe (Friedhofsruhe) zu errichten.

Das Wesen des Faschismus besteht darin, daß die herrschende Klasse den schärfer werdenden Klassenkampf mittels außergesetzlicher Gewalt zu beenden versucht. Die staatliche und außerstaatliche Gewalt richtet sich zuerst gegen die führenden Köpfe der Arbeiterbewegung (Parteien und Gewerkschaften) und gleich danach gegen alle demokratischen Kräfte. Die historisch erfolgte Teilung der Bourgeoisie in Monopole und freie Konkurrenten wird durch eine nationalistisch verbrämte Steuerung der Produktion durch den faschistischen Staat ersetzt, die das Ziel verfolgt, nach innen die freien Konkurrenten als „Zulieferer" der Monopole am Leben zu erhalten, nach außen aber die nun geeinten Expansionlüste der nationalen Bourgeoisie zur räuberischen Erpressung anderer Nationen zu kanalisieren. Die Lebensfähigkeit des Faschismus besteht also darin, wie es gelingt, den im Innern tobenden Klassenkampf in einen äußeren Eroberungskampf umzuwandeln.

Die neue Macht demonstriert Stärke: Mit Fahnen und Standarten soll fehlender politischer Inhalt wettgemacht werden. Da Hitler auch keine Parteien (außer der eigenen) mehr kennen wollte, sondern nur noch Deutsche, war die Stimmung unter dem sentimentalen Teil des deutschen Volkes voller Zukunftserwartungen.

Die Ausschaltung der Legislative und die Bindung der Exekutive an einen führenden Militär (Franco, Pinochet) oder Pseudo-Militär (Mussolini, Hitler) kennzeichnet also den faschistischen Staat (Führerprinzip). In der Wirtschaft tritt an die Stelle des Kampfes von Unternehmer gegen Gewerkschaft die erzwungene Einheit beider (Gefolgschaftsprinzip).

Der gebildetste und umtriebigste Nazi war zweifellos Joseph Goebbels. Eitel wie er war, beging er den Fehler, über sein Tun Tagebuch zu führen. Hier eine Kostprobe, die die zynische Gerissenheit dieses Menschen zeigt:

Es ist mir klar, daß wir mit unserem Aufbauprogramm und der verblüffend schnellen Bekämpfung der Arbeitslosigkeit innenpolitisch den größten Erfolg erzielt haben. Der breiten Masse der Arbeiterschaft imponierte diese Leistung sehr. Sie zog viele in unsere Reihen. Man wußte zwar, daß ausschließlich durch die gewaltige Aufrüstung die Wirtschaft wieder angekurbelt und die Arbeiter in den Produktionsprozeß eingegliedert werden konnten. Aber man war Nutznießer dieses Aufrüstungsprogramms, vediente gut und beruhigte sein sozialistisches Gewissen damit, daß ja nicht jede Kanone gleich loszugehen brauche, die man mitbauen half.

Aus den Protokollen unserer Betriebsobleute wußte ich, daß zu uns herübergetretene Arbeiter ihren noch immer freigewerkschaftlich verschworenen Genossen stets damit den Mund stopften, daß sie auf unsere erfolgreiche Arbeitslosenbekämpfung hinwiesen. „15

Deutschland (was immer das ist) marschiert: Die großen Kriegstreiber (oben), Hitler und die Wehrmachtsspitze (mit Walter von Brauchitsch, Hans von Seeckt, Werner von Blomberg und Erich Raeder) und die kleinen Kriegstreiber bei Junkers auf dem Dach des Hauptverwaltungsgebäudes bei den Planungen für den kommenden Krieg (links Fritz Achterberg, rechts Andreas Fischer von Poturzyn mit Planern vom RLM).

Jahre hatten doch unsere Arbeiterführer Zeit, und am Ende hatten wir 7 Millionen Arbeitslose. Damals bekam ich 15 RM Stütze, heute bringe ich 60 Piepen nach Hause. Das ist Tatsache, da gibt es nichts dran zu rütteln." Mit diesem Arbeiter konnte man rechnen, er sah nur die persönliche Verbesserung, er war befriedigt. Ob gewonnen, war natürlich eine andere Frage.

Als gefährliche Gegner wurden die Arbeiter in den Berichten gekennzeichnet, bei denen der wirtschaftliche Vorteil nicht das sozialistische Gewissen erschlagen hatte. Sie wurden durch unsere Rüstungsarbeiten in ihrer sozialistisch-pazifistischen Einstellung nur noch bestärkt. Wie ihre Führer, wiesen sie auf die Leichtigkeit der Wirtschaftsankurbelung durch Kriegsvorbereitung hin, die die Systemzeit auch hätte vornehmen können, wenn sie von ihren Grundsätzen der Demokratie und der zwischenstaatlichen Politik abgewichen wäre.

Unseren Propagandisten empfahl ich, diesen Arbeitern folgendes zu antworten: „Jawohl, ihr habt recht, der größte Teil der wiederbeschäftigten Arbeiter geht auf den Sektor Rüstungsindustrie. Aber warum haben eure sogenannten Arbeiterführer in den 15 Jahren, die sie an der Macht waren, nicht die Wirtschaft durch Milliardeninvestierungen für soziale Einrichtungen wieder angekurbelt? So wie wir Flugzeuge, Tanks, Autos, Kriegsschiffe usw. bauen, ebenso hätten diese Herren Schulen, Krankenhäuser, Arbeitersiedlungen, Straßen, Stadien, Kinderheime usw. bauen können. Warum taten sie es nicht, warum ließen sie das Volk verelenden? So wie wir Milliarden an Löhnen für Aufrüstungsarbeiten ausgeben, ebenso hätten sie doch ebenfalls Milliarden für die Aufrichtung eines wahrhaft großartigen sozialen Werkes auswerfen können. Warum taten sie es nicht? Wer hinderte sie daran?" Im allgemeinen verschlug diese Argumentation den Gegnern den Atem, sie waren am Ende ihres politischen Lateins.

Aber für den sogenannten Aufgeklärten, d.h. verhetzten Arbeiter und für die kritisierenden Intellektuellen, genügte

So stellte sich die Nazi-Propaganda den „braven“ Flugzeugbauer vor: arbeitsam, folgsam, wachsam, keine heiklen Fragen stellend. Allerdings war der „deutsche Arbeitsmann“, wie Hitler diese Leute gern bezeichnete, dann doch nicht ganz so folgsam, denn das betriebliche Überwachungswesen wurde von Jahr zu Jahr ausgeklügelter.

auch dieser Hinweis nicht, um sie mundtot zu machen. Sie waren politisch geschult, sahen wirtschaftliche Zusammenhänge und brachten ein Argument vor, das gefährlich war. Sie sagten: „Woher nehmt ihr denn die Milliarden, mit denen ihr den Krieg vorbereitet? Mit 60 RM, die jetzt der Arbeiter verdient, kann er sich im Ausland nicht soviel kaufen, wie er es früher mit seinen 15 RM Arbeitslosenunterstützung hätte tun können. Ihr habt eine doppelte Währung geschaffen, sozusagen eine für den Hausgebrauch. Mit eurem Austritt aus dem Völkerbund habt ihr euch politisch isoliert, mit der Autarkie-Erklärung und der Binnen-Mark habt ihr euch auch wirtschaftlich aus dem Verband der weltwirtschaftlich verbundenen Nationen gelöst. Nun könnt ihr Geld drucken, so viel ihr wollt. Eure politische wie wirtschaftliche Isolierung entsprach eurem Ziel: den Krieg als Mittel der Politik zu benutzen. Würde der Krieg siegreich beendet, dann müßten die besiegten Völker die furchtbare Verschuldung unseres Volkes bezahlen, mißlingt er, dann seid ihr am Ende, und die Not des Volkes überläßt ihr den Erben eurer ungeheuerlichen Konkursmasse. Die Demokratie aber wollte diese Wege verbrecherischer Bankrotteure nicht gehen." (aus „Wie konnte es geschehen", Tagebücher des Dr. Goebbels, S. 14-17)

Diese offenen Worte eines Bankrotteurs beleuchten eindrucksvoll die Gesinnungslage im Zuchthaus namens Deutschland. Weil die politische Opposition von den Nazis erst mundtot und dann ganz tot gemacht worden war, konnte der Rest des deutschen Volkes belogen und betrogen werden. Alle Zeitungen waren gleichgeschaltet. Informationen aus dem Ausland kamen nur „gefiltert" ins Reich. Was im Land geschah, war trotzdem ersichtlich, sofern man es sehen wollte. Die Masse der Deutschen wußte, was ein KZ ist und wie leicht man dort hingelangen konnte. Deshalb schwieg man lieber oder machte notgedrungen mit. Denn von innen läßt sich eine Militärdiktatur nur noch durchs Militär selbst besiegen.

Der bürgerlich-demokratische Versuch mit Hilfe der Weimarer Verfassung aus dem Schlamassel des 1. Weltkrieges auf zivile Weise herauszukommen, war von der Reichswehrführung von 1919 bis 1933 in einemfort behindert worden. Aber erst der Schwenk der großen Konzerne wie I.G. Farben, Vereinigte Stahlwerke (Fritz Thyssen: I paid Hitler), AEG und Siemens Ende 1932 zur offenen Militärdiktatur machte den Weg für Hitler frei.

Die KPD bezeichnete General von Schleicher als den Platzhalter für Adolf Hitler. Das greift zu kurz. Kurt von Schleicher, einer der wenigen Reichswehrgeneräle, der politisch und in gesamtgesellschaftlichen Zusammenhängen denken konnte, begleitete schon im Kabinett Franz von Papens den Posten des Innenministers. Wenn ein politisch befähigter Militär Chef der Polizei des ganzen Reiches werden mußte, so ist das ein untrügliches Zeichen dafür, daß die hinter den Kulissen agierenden wirklichen Machthaber in der Angst einer bevorstehenden proletarischen Erhebung lebten. Daß dann der Polizeichef und Generalstäbler im Oktober 1932 selbst zum Reichskanzler aufsteigen konnte, kann nur damit erklärt werden, daß dieselben Herren selbst die Diskussion innerhalb der wenigen Regierungsmitglieder als zu langwierig beurteilten bei plötzlich ausbrechenden Revolten. Der Reichskanzler sollte alle Macht auf sich vereinen und zugleich selbst in der Lage sein, Militär und Polizei geschlossen gegen das Volk zu führen. Nur Schleicher hatte dieses Talent.

Warum dann noch Hitler und der 30. Januar 1933? Kurt von Schleicher sah in der SA ebenfalls eine „revolutionäre" Bedrohung, egal ob aus militärischem Konkurrenzneid oder aus der sozialrevolutionären Haltung etlicher SA-Mitglieder. Letztlich hatte Schleicher nur die Staatsmacht auf seiner Seite, Hitler dagegen zusätzlich 11 Millionen Wähler.

Auch der ehemalige Technische Direktor und jetzige sogenannte Betriebsführer, Richard Thiedemann (li.), ließ sich propagandistisch einspannen. Alljährlich flog eine Ju 52 die Kriegsinvaliden zum Parteitag nach Nürnberg. Die Junkerswerke organisierten und bezahlten diese Ausflüge. Zuvor durften die Invaliden der Jugend von ihren aufregenden Kriegserlebnissen berichten.

Junkers wird Staatskonzern

Hugo Junkers war 1933 bereit, sich mit den Nazis zu arrangieren. Die neuen Machthaber wollten sich aber nicht mit Prof. Junkers arrangieren. Ihnen ging es um die schnellstmögliche Aufrüstung. Die neu aufzubauende Luftwaffe sollte in den Planungen bis spätesten 1. März 1938 angriffsfähig sein. Dazu bedurfte es schnellstens milliardenschwerer Investitionen. Der alternde Professor war dafür ein zu unsicherer Kantonist. Das Junkerswerk wurde enteignet.

Der Krieg war seit dem 30. Januar 1933 wieder zu einem Mittel der deutschen Politik geworden. Die Schwerindustrie und die Reichswehr setzten nach der mitverschuldeten Weltwirtschaftskrise alles auf eine Karte, und die hieß Eroberungskrieg. Hitler war zunächst nur der willige Idiot, der diese Pläne in die Tat umsetzen sollte. Daß er im Laufe der Jahre so viel Macht auf sich vereinigen konnte, um sogar gegen „abweichlerische" Wirtschaftsbosse vorgehen zu können, lag in der zum Krieg drängenden, scheinbar alternativlos betriebenen, Wirtschaftspolitik selbst. Der ehemalige Reichsbankpräsident Hjalmar Schacht war es, der die Mittel für die - jede Wirtschaft ruinierende - Aufrüstungspolitik beschaffte. Aber wie war das am Ende der Weltwirtschaftskrise Ende 1932/Anfang 1933 möglich?

Die Weltwirtschaftskrise hatte zwar Milliardenwerte vernichtet, aber eben nicht auf der Seite der Großindustrie. Die war nur gebeutelt, vernichtet waren die Kapitalien der kleinen Unternehmer. Am Beginn der Krise 1929 waren die großen deutschen Konzerne sogar davon ausgegangen, die Krise zu benützen, um gegenüber dem amerikanischen Kapital (wo die Krise eher ausgebrochen war) an Boden gut zu machen.

Dr. Heinrich Koppenberg (vorn) übernahm am 24. November 1933 auf Geheiß Görings als Reichskommissar die Verwaltungsgeschäfte des Junkerskonzerns. Er erhielt sogleich den Vorsitz im Vorstand der Ifa AG und in der Geschäftsleitung der Jumo GmbH.

Die Krise sollte dafür herhalten, den Lohnraub am deutschen Arbeiter zu verschärfen, damit man gegenüber der us-amerikanischen Konkurrenz die während der 1920-er Jahre verlorenen Positionen in der Exportkraft wieder aufholen konnte. Mit dieser Politik verschärfte die herrschende Großindustrie in Deutschland nicht nur die Krise im eigenen Land, sondern schwächte nachhaltig alle Bemühungen, dem Preisverfall Einhalt zu gebieten. Doch wer die Kaufkraft angreift, greift zuerst die Verkaufspreise und dann die Einkaufspreise der Wirtschaft an. So war es kein Wunder, daß die Konsumgüter herstellende Industrie am meisten zu leiden hatte (am allermeisten hatten natürlich die auf Löhne angewiesenen Bevölkerungsschichten zu leiden).

Nachdem Hitler am 30. Januar die Regierungsgewalt durch die Herrschenden unter Ausschaltung und gegen den Willen der Mehrheit des deutschen Volkes übertragen bekommen hatte, ging es zuerst darum, diese wackelnde Macht zu festigen. Ein Generalstreik hätte Hitler hinwegfegen können. Eine Studie des Generalstabes der Reichswehr hatte kurz zuvor ergeben, daß diese mit ihren 100.000 Mann plus 15.000 der Marine nicht im entferntesten in der Lage gewesen wäre, einen derartigen Aufstand in gleichzeitig allen größeren Orten des Reiches niederzuschlagen. Auch die SA hätte gegen die Wehrorganisationen der KPD und SPD nicht viel ausrichten können.

Für die Regierung Hitler gab es nur eine Möglichkeit: Sie mußte öffentlich lavieren, viel versprechen, besonders was die Wirtschaftsankurbelung betraf, aber heimlich ihre Gegner mit allen zur Verfügung stehenden Mitteln bekämpfen. Das letztere war umso einfacher, weil einmal an der Macht, über den staatlichen Polizeiapparat nach Gutdünken verfügt werden konnte. Schon unter von Schleicher waren aus den Einwohnermeldekarteien alle politisch mißliebigen Personen erfaßt und für einen eventuellen Zugriff erkennungsdienstlich aufgearbeitet worden. Für Hitler war es ein leichtes so vorzugehen, daß zunächst seine schärfsten Gegner praktisch in die Illegalität gezwungen wur-

1935 war das Aufbauwerk vollendet. Koppenberg hatte sich als wahrer „Baulöwe" erwiesen. Von Januar 1934 bis Oktober 1934 waren die Produktionsanlagen erstellt, bis dann zum Sommer 1935 das Gesamtwerk fertig war. Schnell aber zeigte sich, daß für den großen Krieg immer noch zu „klein" geplant worden war.

den, ohne daß es offiziell Verbote gab. Die führenden Köpfe der KPD, die in Deutschland bekannt waren wie scheckige Hunde, konnten schnell dingfest gemacht werden, während sich der andere Teil des deutschen Volkes noch in Sicherheit wiegen und im Stillen auf das „Abwirtschaften“ Hitlers warten konnte.

Doch dieses Regime wirtschaftete nicht ab, denn hinter ihm stand die Wirtschaft mit all ihren Potenzen. Eine Potenz war eben auch, daß sie trotz Krise über reichliche frei verfügbare Finanzen verfügte. Und sie konnte die besten Köpfe bezahlen, um einen Weg zur Finanzierung der Aufrüstung zu finden. Dieser Weg war im Grunde genommen recht einfach. Jeder, der Volkswirtschaft studiert hatte, konnte darauf kommen: nämlich Inflation.

Schon seit 1931 drängten die maßgeblichen Kreise der deutschen Wirtschaft auf Inflation: Man tilgt die aufgehäuften Schulden mit wertlosem Papiergeld und drückt so dem Volk die Krisenlasten auf. Aber Hjalmar Schacht war es, der zwar das gleiche Mittel, aber einen anderen Weg aufzeigte. Eine erneute Inflation wie 1923 wäre politisch kontraproduktiv gewesen und hätte sogar zu einer Annäherung von SPD und KPD gegen die Reichsregierung führen können. Wenn man also die Inflation durch die Hintertür hereinließe, ohne daß das Volk sie bemerkte, jedenfalls nicht bevor der große Krieg um die Weltherrschaft ausgelöst sein würde, könnte man Stück für Stück die Aufrüstung bezahlen. Man brauchte nur zwei Dinge zu tun: 1.) Deutschland wirtschaftlich autark machen und 2.) die Mark aus dem internationalen Währungsgefüge herauslösen. Damit aber das Volk die Inflation nicht bemerken kann, müßten die anfänglichen Kredite tatsächlich echt, also mit hartem Geld,

Dipl.-Ing. Philipp von Doepp (8.5.1885) studierte Elektroingenieurwesen in St. Petersburg. Kam 1910 nach Aachen in die Forschungsanstalt von Prof. Junkers. Ab 1919 leitete er den Junkers-Windkanal bis zum Kriegsende 1945. Laut Prof. Erich Truckenbrodt war von Doepp ein gewissenhafter, fast schon pedantischer Forscher. Unter Doepp arbeiteten u.a. Dr. Kuno Strauss, Kurt Palitzsch, Otto Everling, Werner Hempel und Paul Jaensch (alle 1946 in UdSSR). Nach 1945 ging Doepp in die USA.

Das neue Windkanalgebäude zwischen Serienbauhalle 201 (oben) und Konstruktionsgebäude 200 (unterer Bildrand). Der Windkanal bestand aus dem Niedergeschwindigkeitskanal bis 215 km/h (große Röhre) und dem Hochgeschwindigkeitskanal (sich rechts anschließendes Stufengebäude) bis 900 km/h.

finanziert werden. So entstand der sogenannte Mefo-Fonds. Für die Erstinvestitionen der beginnenden Aufrüstung zogen die dafür ausersehenen Unternehmen einfach Wechsel auf die im Sommer 1933 gegründete „Metallurgische Forschungsgesellschaft m.b.H.", kurz Mefo, und begannen dann zu bauen. Das gibt den Bauleuten Arbeit. Die maschinellen Ausrüstungsinvestitionen kurbeln den Maschinenbau an usw. usf. So also läßt sich jede Krise schnell beenden. Daß Sowas eine noch schlimmere Krise vorbereitet, steht allerdings auf einem ganz anderen Blatt.

Von dieser Art politischer Krisenbewältigung sollten auch die Junkerswerke nachhaltig profitieren. Das ahnte auch Hugo Junkers. Offenbar sah er die ökonomischen Risiken und wollte derart hohe Investitionen nicht mittragen.

Seite 52: Richtfest am Hauptverwaltungsgebäude der neuen Junkerswerke am 14.11.34 (o.) und das fast rohbaufertige Gebäude am 5.2.35. Die angewendete Stahlskelettbauweise war zum Teil in der Forschungsanstalt von Hugo Junkers entstanden. Die Industriearchitektur stammte von dem bekannten Berliner Architekten Werner Issel.

Bild rechts: „Altes muß Neuem weichen" nannte sich dieses Foto, das die Kühnauer Straße in Dessau zeigt.

Prof. Junkers geht, Manager kommen

Am 30. Januar 1933 bekommt Hitler die Macht von Reichspräsident Hindenburg übergeben. Am 1. Februar löst Hindenburg auf Wunsch Hitlers den Reichstag auf. Einen Tag später fordert das Reichswehrministerium unter Androhung von Sanktionen Prof. Junkers auf, seine Patente auf die Firma zu überschreiben. Als er sich weigert, schreitet der anhaltische Oberstaatsanwalt Erich Lämmler ein und konstruiert gegen Hugo Junkers den Vorwurf des Landesverrates. Am gleichen Tag besetzt die Polizei die Parteizentrale der KPD in Berlin. Am 3. Februar verkündet Hitler vor den Generälen der Reichswehr die „Ausrottung des Marxismus" und die „Eroberung neuen Lebensraumes im Osten". Ebenfalls am 3. Februar findet in Lübeck ein Generalstreik statt. 20. Februar 1933: Krupp, IG Farben und Vereinigte Stahlwerke stellen Hitler 3 Millionen Mark für den Wahlkampf zur Verfügung.

In der Nacht vom 27. zum 28. Februar 1933 zünden Brandstifter, die von der obersten Naziführung gedungen sind, den Reichstag an. Eine Woche vor der Reichstagswahl werden damit zwei Ziele verfolgt: 1.) einen Vorwand zu schaffen zur polizeilichen Verfolgung aller Regimekritiker und 2.) das sogenannte Ermächtigungsgesetz (von Mussolini abgeschaut) in der Reichstagssitzung durchzubringen, das die Macht der Legislative beschneiden und Hitler alleinige Machtbefugnis zukommen lassen soll. Am 28. Februar setzt der Reichspräsident Hindenburg eine Notverordnung zur „Abwehr kommunistischer staatsgefährdender Gewaltakte" durch. Bei der Reichstagswahl am 5. März verfehlt die NSDAP mit 43,9 % die erhoffte Zweidrittel-Mehrheit deutlich. Am 25. März (Tag von Potsdam) eröffnet der nach Potsdam verlegte Reichstag seine erste Sitzung, auf der die SPD-Abgeordneten demonstrativ fernbleiben, während die 81 KPD-Mandate von Hitlers Innenminister für ungültig erklärt werden.

Am 23. März 1933 wird das Ermächtigungsgesetz im Reichstag beschlossen, obwohl die Zweidrittelmehrheit nicht erreicht wird, weil die SPD geschlossen dagegen stimmt und die KPD-Abgeordneten nicht zugegen sind, weil sie größtenteils schon in Haft sitzen. Ende März/Anfang April finden die Betriebsrätewahlen statt. Nachdem in den ersten Auszählungen die nazistische NSBO nicht mal 20 % der Stimmen erhalten hat, läßt Hitler die Wahlen abbrechen. Am 2. Mai werden die freien Gewerkschaften verboten.

Unter diesem gewaltigen politischen und psychischen Druck unterschreibt Hugo Junkers am 2. Juni 1933 im Beisein von Oberstaatsanwalt Lämmler die Patentübertragung auf die Ifa. Doch das ist nur der Auftakt. Am Schluß dieses Komplotts wird Hugo Junkers alles verlieren, die Werke, die Forschungsanstalt und sein Leben. Das Reich betrachtet den Zugriff auf die 106 Junkersschen

Prof. Junkers spricht 1929 zur Belegschaft seiner Werke anläßlich der Feierlichkeiten zum 1.000 HK- Motor sowie 1.000 Flugmotor. In seinen öffentlichen Reden betonte er immer wieder, daß der Name Junkers nicht mehr ihm gehöre, sondern dem Werk und seinen Arbeitern und Ingenieuren, die in rastloser Arbeit wesentlich zum Ansehen der Werke in der Welt beigetragen hätten.

Manager Koppenberg vor dem Eingang zur Junkers-Lehrschau. Deutschland war in wenigen Jahren zum Land von Uniformträgern mutiert.

Patente als Voraussetzung, um allen anderen deutschen Flugzeugbauern die uneingeschränkte Möglichkeit zu geben, an der Aufrüstung teilzunehmen.

Bereits am 22. August 1933 erhalten die Dessauer Junkerswerke einen ungewöhnlich hohen Staatsauftrag zur Produktion mehrerer tausend Flugzeuge zur Erstausstattung der sogenannten Risiko-Luftwaffe, die nur deswegen so heißt, weil man mit ihr zwar international drohen, aber noch keinen wirklich großen Krieg führen kann.

Am 3. Oktober 1933 fällt bei einer Besprechung im RLM der Beschluß, daß Hugo Junkers 51 % der Aktien an den Staat abzugeben hat. Am 14. Oktober verläßt Deutschland die Abrüstungskonferenz. Am 15. Oktober beordert Lämmler telegrafisch Hugo Junkers nach Dessau. Da dieser sich zur Genesung in einem Hospital in Bayrischzell befindet, bittet er um Aufschub. Am 17. Oktober wird Hugo Junkers unter Polizeiaufsicht nach Dessau gebracht, wo er in der Dessauer Handelskammer in der gleichen Nacht per Unterschrift zum Verzicht auf die Aktienmehrheit gezwungen wird. Am 19. Oktober 1933 tritt Deutschland aus dem Völkerbund aus. Jetzt kann Hitler unkontrollierbar aufrüsten.

Am 15. November werden sämtliche Geschäftspapiere der Firma Junkers überfallartig beschlagnahmt. Am 24. November 1933 erscheint Heinrich Koppenberg in Dessau zur Aufsichtsratssitzung der Junkerswerke und wird durch den Handelskammer-Direktor Müller zum Aufsichtsratsvorsitzenden ernannt, während Hugo Junkers die Ämter des Aufsichtsratsvorsitzenden der Ifa und des Geschäftsführers der Jumo auf Veranlassung des RLM niederlegen muß.

Am 13. Dezember 1933 wird Prof. Hugo Junkers aus Dessau ausgewiesen. Am 3. Februar 1935 stirbt Hugo Junkers. Am 5. Februar wird er im Waldfriedhof München beigesetzt.

Prof. Junkers' letzter Vertrauter: Obering. Franz Griebsch.

Obwohl seine letzten Lebensmonate durch Krankheit gezeichnet waren, widmete er sich trotz aller Schmach wieder der Forschung. Zusammen mit seinem Mitarbeiter Franz Griebsch versuchte Hugo Junkers die Leichtbauweise auf den Bausektor auszudehnen. Aus dieser Zeit ist eine Aufzeichnung von Franz Griebsch erhalten geblieben, die durch ihre Nähe zu der Person Hugo Junkers geprägt ist und auszugsweise hier wiedergegeben werden soll.

Um sie vor dem Verblassen zu bewahren, habe ich meine Erlebnisse mit Hugo Junkers schnell einmal zusammengefaßt. Die Hast und der Druck der Gegenwart lassen nicht mehr als Notizen zu. Vielleicht kann Vorliegendes später einmal Gedankenstütze zu Besserem und Ausführlicherem sein. Die Menschen brauchen als Rückgrat ihres Glaubens und Wollens das Vorbild. Hier ist ein solches. Hier ist auch Licht und Schatten, wie sie zum plastischen Denkmal aller Großen gehören. Menschliches Streben und Irren wird immer der Weg zur göttlichen Vollendung sein.
(Dessau, den 22. März 1937, von Franz Griebsch)

Als ich Junkers im September des Jahres 1922 zum ersten Male sah, stand er noch mitten im rüstigen Schaffen und im Aufbau seines weltumspannendes Werkes. Einer seiner besonderen Eigenschaften verdanke ich, wie mir an später miterlebten Beispielen bewußt wurde, die Aufforderung zu seiner persönlichen Rücksprache und meine daraus folgende Einstellung. Er hatte immer Interesse an jungen, aufwärtsstrebenden Menschen, die sich ihren Lebensweg unter schwierigen Bedingungen aus sich selbst heraus bahnen. Ihre frischen Kräfte, ihre Unbeschwertheit lockten ihn, sie an seine immer vorhandenen neuen Aufgaben zu setzen, die der „erfahrene Fachmann“ oft als gewagt belächelte und abtat. So vermutete er wohl damals nach dem vorausgegangenen kurzen Schrift-

wechsel in mir Möglichkeiten zu solchem Ansatz, obwohl ich mich nicht um eine Stellung beworben, sondern ihn in seiner Eigenschaft als Hochschulprofessor und Kurator unserer anhaltischen technischen Schulen um Rat und Vermittlung wegen weiterer Studien gebeten hatte. In seinem Hauptbüro, oben im großen Sitzungszimmer, empfing er mich. Am unteren Ende des langen Tisches saßen wir uns, wie später oftmals, gegenüber. In kurzen, sachlichen Worten fragte er mich die notwendigen Dinge und notierte alles stenografisch. Trotz Sachlichkeit und Kürze lag etwas in seinem Wesen, was in mir keine Scheu aufkommen ließ. An Stelle des erwarteten weiten Abstandes von Professor und Fabrikbesitzer zum kleinen aufwärtsstrebenden Mann, fühlte ich das fesselnde Verhältnis von Mensch zu Mensch. Ich war damals überrascht, als er mir sagte, daß es in der Praxis gar nicht so sehr auf ein Hochschulstudium ankomme und daß meine Ausbildung genüge. Wenn ich Lust hätte, sollte ich in seinem Werk eine Stellung annehmen. Unvorbereitet auf einen solchen Ablauf meines Besuches sagte ich, einem inneren Drange folgend, dennoch zu, soweit es sofort möglich wäre. Er telefonierte mit einem seiner Direktoren und das Band war , wie ich heute weiß, über seinen Tod hinaus für alle Zeit geknüpft. In den ersten Jahren meiner Tätigkeit im Flugzeugwerk , das ja nur einen Teil seines Arbeitsgebietes darstellte, kam ich mit Professor Junkers fast gar nicht in Berührung. Wie weit dies Absicht war oder Vergessen, vermag ich nicht zu übersehen. Jedenfalls blieb mir das Gefühl, protegiert zu werden, erspart. Ich konnte mir meinen Platz im Werk unter harter Konkurrenz selbst erarbeiten. Meine Arbeiten wurden mir von der Direktion zugeteilt.
Bald erweiterten sich meine Aufgaben und damit mein Umblick im Werk. Ich konnte erkennen , wie Junkers, in die konstruktive Entwicklung der einzelnen Gebiete von Zeit zu Zeit eingreifend, überall die Richtung angab. Zu jener Zeit fesselten ihn neben der Motoren- und aerodynamischen Forschung eine Reihe großer Wirtschaftsprobleme. Unter vielen anderen, was weniger in mein Gesichtsfeld kam , wurde gerade der Flugzeugabsatz über die ganze Erde systematisch organisiert. Die großen Auslandsprojekte als finanzielle und erfahrungbringende Grundlagen für Fabrikation und Forschung fingen an zu laufen. Dazu drängte die abgerissene Duralbeschaffung aus dem besetzten Rheinland zu Sonderlösungen. Das waren schwierige Probleme , die den auf seine technischen Lösungen versessenen Professor Junkers zur weitschauenden Behandlung wirtschaftlicher Fragen gewissermaßen zwangen. Über Direktor Sachsenberg arbeitete ich damals mit an Überlegungen und Projekten zur Herstellung von Aluminium , die mit der Beseitigung der Duralnot zusammenhingen. Junkers selbst sah ich bei alledem nicht oder doch nur ganz flüchtig. Bei solchen Gelegenheiten merkte ich aus der Begrüßung, dass er um mich irgendwie wußte. Auch Frau Professor Junkers lernte ich hierbei kennen. Nach Ablauf eines Jahres rief ich einmal schriftlich seine Unterstützung bei der Zuteilung einer Wohnung an. Eine persönliche Antwort bekam ich nicht, wohl aber merkte ich, das die Direktion hilfreich eingriff.
Inzwischen hatten sich die großen Auslandunternehmungen in Rußland, in der Türkei, in Persien und in anderen Gegenden der Erde durch viele Schwierigkeiten hindurch weiterentwikkelt. Das enge, damals noch immer aufs Äußerste bedrückte Vaterland, bot noch immer nicht die Grundlage für die von Junkers, wie stets, in ihrer Ganzheit aufgenommene Aufgabe. Es ist mir später erst richtig klar geworden, daß sich ein Mann wie Junkers nicht damit begnügen konnte, an den wenigen Flugzeugen, die Deutschland in seiner Not aufzunehmen im Stande war, nur die technische Aufgabe der Flugzeugkonstruktion in beschränktem Umfange zu behandeln. Als wahrer Forscher und Techniker, der nicht allein um der Wissenschaft willen sucht und experimentiert, sondern der seine Erfindungen und sein Werk, bis in die letzten Möglichkeiten vorausschauend angewandt wissen will, konnte er innerlich gar nicht anders, als auch die wirtschaftlichen Seiten seiner Probleme mit zu behandeln. Er tat dies auch auf dem Gebiete der Luftfahrt in seiner von Begeisterung beschwingten, weit vorauseilenden Art und griff mit Freuden zu, wenn Männer in seinen Gesichtskreis traten, die auf solchen Wagemut fordernden Gebieten Tatmenschen waren oder im Verein mit ihm zu solchen wurden. Mit seiner großen Aufgabe vor Augen, die ihm nach seiner Art vorzuschätzen und zu rechnen große wirtschaftliche Möglichkeiten erkennen ließ, verzweifelte er damals, wie so oft zuvor, nicht an den bedrückenden finanziellen Verhältnissen seiner Werke. Die Produktion allein für Deutschland mußte ja zu klein sein! Sie konnte nicht rentabel werden und den zur Weiterführung der Forschung nötigen Gewinn bringen. Der größere Absatz mußte durch Erschließung der Auslandsmärkte gesucht werden. Es war die Zeit, wo die Welt anfing, die von Junkers längst erkannten Vorzüge des Metalls als Flugzeugbaustoff einzusehen. Ein Jahrzehnt härtester Pionierarbeit und Festhaltens an der als richtig erkannten Idee, trotz heftigster Einsprüche der „Fachwelt", ließ den Erfolg erkennen. Die verschiedensten Industrien der Welt hatten, um bei niedrigen Preisen einen großen Absatz zu erzielen, die Massenproduktion eingeführt. Andere Länder konnten ihre Flugzeugfabriken durch Heeresaufträge technisch und wirtschaftlich auf der Höhe halten. Damals versuchte Junkers trotz der hemmenden politischen Verhältnisse die einzig mögliche Steigerung seiner Produktion, die ihm ein Mittel zur Überwindung gegenwärtiger Finanzsorgen schien, durch Werbung und Betätigung auf dem Weltmarkt, den ja das von engen Landesgrenzen behinderte neue Verkehrsmittel gebieterisch forderte. Wie er in technischen Dingen stets eine grundsätzliche, weit vorgreifende Lösung anstrebte, so wollte er auch die wirtschaftlichen Fragen nicht vom kleinlichen Gegenwartsstandpunkte aus behandelt wissen. In seinem unversieglichen Zukunftsglauben nahm er

Hugo Junkers starb am 3. Februar 1935, also genau an seinem 76. Geburtstag, in seinem „Verbannungsort" in München.
Nach Aussagen von Franz Griebsch hatte sich Hugo Junkers bereits mit dem Verlust seines Flugzeugwerkes abgefunden. Mit dem durch Verkauf an den Staat zu erwartendem Geld wollte Junkers die Forschung auf dem Gebiet des Leichtbaus bezahlen. Obwohl durch Krankheit gezeichnet, widmete er sich wieder der Arbeit, besonders dem Wohnungsbauproblem. Offenbar war für ihn der Flugzeugbau aus den Kinderschuhen, so daß er sich nicht mehr um ihn kümmern wollte bzw. die mit der Entwicklung der Fluggeschwindigkeiten absehbaren steil steigenden Entwicklungskosten für das kleine auf eigene Kostendekkung angewiesene Werk für Hugo Junkers nicht mehr als tragbar erschienen.

die finanzielle Gegenwart in seinem Vertrauen auf Anerkennung seines guten Willens für das Ganze nicht ernst genug, und geriet trotz aller Gegenwehr in die Abhängigkeit der Behörden. Erst in späteren Jahren hatte ich Gelegenheit, von Junkers selbst zu hören, wie ihm in den damaligen Konflikten die Freiheit des eigenen Handelns als Grundlage seiner technischen Forschung den Kampf gegen Finanz- und Reichsstellen notwendig erscheinen ließ. Es ist nicht eindeutig, ob ein finanziell sorgloser Junkers mehr geleistet hätte, wie ein Junkers in ständigem Kampf. Uns allen ist es oft aufgefallen, wie er gerade in solchen Zeiten technische Probleme gewissermaßen als Ablenkung mit zähester Energie aufgriff und verfolgte. In der Zeit bis Anfang 1927 erlebte ich Junkers immer nur in größerer Entfernung. Meine Verehrung seiner Persönlichkeit begründete sich damals zum wenigsten noch in eigenem unmittelbar Erleben als vielmehr im Erleben der Auswirkung seines Wollens und Schaffens in einem damals noch verhältnismäßig kleinen Kreise. Jeder war auf seine Weise bemüht, die von Junkers als Ziel angegebenen Ideen der Wirklichkeit näher zu bringen. Daß viele seiner Mitarbeiter dabei gegenwartsnäher handelten und oft wohl handeln mußten, führte zu vielerlei Konflikten, denn Junkers wollte im Grunde keine Kompromisse. In dem Ganzen aber war neben aller Kleinarbeit, die die Gegenwart erheischte, ein starkes, begeisterndes Zielstreben bis in die kleinsten Arbeitskreise hinein deutlich spürbar. Gleich zu Anfang des Jahres 1927 begannen wir im Flugzeugwerke mit neuen Versuchen auf dem Gebiete des Leichtbaues. Junkers hatte seit langer Zeit in dem Kreise seiner engeren Mitarbeiter immer wieder darauf hingewiesen, dass der Metall-Leichtbau auf andere Gebiete, insbesondere auf die Gestaltung von festen und beweglichen Räumen übertragen werden müßte. Es war seine Art, seine richtungsweisenden Gedanken zunächst in großen Perspektiven immer wieder vorzutragen und in die Hirne seiner Mitarbeiter einzuhämmern.

Ing. Franz Griebsch (geb. 1894 in Bernburg) seit 1923 bei Junkers, zunächst für Elektro- Ausrüstung der Flugzeuge zuständig, 1927 Übernahme des Techn. Sekretariats, 1933 Versuchsleiter Leichtbau, 1934-35 Arbeit mit Hugo Junkers in Bayrischzell an Architekturentwürfen für leichte Stahlbauten (Häuser, Fabriken, Kirchen). Nach Junkers' Tod wieder in Dessau als Spezialist für Flugzeugleichtbau. Mit B. Baade bis 1954 in UdSSR, dort Chefplaner des neuen Junkerswerkes für die DDR. Bis 1961 Hauptabteilungsleiter im Forschungszentrum der Luftfahrtindustrie in Dresden.

Dann ging er unermüdlich immer wieder daran, etwaige Zweifel zu zerstreuen, seine Ideen zu zergliedern und in Einzelprobleme aufzulösen. Auf diese Weise erarbeitete er sich selbst im Meinungsaustausch ein immer klareres Bild der Aufgabe. Zunächst empfahl er jedem seiner nächsten Mitarbeiter, sich mit den Problemen irgendwie zu befassen. Er wollte damit wohl erreichen, daß jeder einzelne von seinem technischen oder kaufmännischen Standpunkte aus sich in die aufgeworfenen Fragen vertiefe und ihren Wert erkenne, denn der Glaube an eine Lösung schafft die Begeisterung, die Junkers als Grundlage jeder Arbeit sehen wollte. Wenn es ihm nicht gelang, seine Herren auf diese Weise zu einem praktischen Anfang von innen heraus anzuspornen, dann suchte er sich wohl auch fremde, unbefangene Kräfte heranzuziehen, die er mit seiner überzeugenden Darstellungsweise des Wertes und der Größe seiner Probleme leicht zu einem begeisterten Aufgreifen der Aufgabe brachte. Oft gelang es ihm auf diese Weise, den ganzen Kreis seiner Mitarbeiter aus dem Zwange der Tagesarbeit herauszureißen und die neue Aufgabe auf einmal überall zum Leben zu bringen, denn nun war es klar, daß irgendwo das Zugreifen versäumt war. Junkers nahm das Problem selbst in Angriff. So war es auch zu dieser Zeit mit dem Metalleichtbau, einem Arbeitsgebiet, das ihn irgendwie schon lange beschäftigte, weil es eigentlich der schon behandelten Wärmetechnik und dem Badeofen-Blechbau verwandt ist. Irgendwo hatte Junkers seit einiger Zeit Studien und Versuche angefacht, neue Mitarbeiter waren aufgetaucht. Er wollte nicht mehr warten. Insbesondere war das Problem der Belichtung von Räumen in Angriff genommen worden. Auch der Gedanke, ganz große Leichtbauten auszuführen, war im Zusammenhang mit Flugplatzbauten in den Vordergrund getreten, ohne daß Einzellösungen vorlagen. Um dieser Entwicklung einen wirklichkeitsnahen Boden zu geben, griff Direktor Becker ein und bestimmte mich für die Durchführung der Untersuchungen und Versuche. Damit ergab sich eine immer engere Zusammenarbeit mit Junkers selbst. Mein unmittelbares Erleben seiner Persönlichkeit setzte damals erst richtig ein. Wenn Junkers merkte, dass jemand seine Probleme ernsthaft in Angriff nahm, dann zog er ihn in immer neue Dinge hinein. Er selbst fand, wo er ging und stand , immer neue technische Probleme, die ihn irgendwo zu Überlegungen und zum Versuch anregten. Das Buch brachte ihm nicht viel, obwohl er als Wissenschaftler Bücher schätzte und zusammentrug. Vielleicht waren ihm die bildlichen Darstellungen darin anregender und vermittelten den Inhalt schneller und besser als Formeln und Beschreibungen. Er hatte eine eigene Art, die Probleme sofort bildlich zu sehen und lebendig zu gestalten. Alles Gesehene und Gehörte wirkte sofort in ihm irgendwie gestaltend weiter. Immer mußte er sich eine Sache selbst erarbeiten, aus eigenen Überlegungselementen selbst zusammenbauen. Eine fertige Darstellung eines Versuches zu lesen, war ihm sicher sehr unangenehm und wohl immer war er innerlich im Zweifel, ob alles richtig bedacht war. Beim Lesen eines solchen Berichts oder beim Vortrag über einen Versuch stieß er auf immer neue Dinge, die ihm noch offen schienen, die er noch zu klären aufgab. Berichte und sonstige Schriftstücke behandelte er außerordentlich gründlich, so daß seine Zeit nicht ausreichte, sie ganz zu lesen. Meist stieß er schon auf der ersten Seite auf Probleme, die ihm vom ganzen abbrachten. Er mußte Versuche selbst erleben, Probleme in der Diskussion mit anderen innerlich vorwärtstreiben und die Idee aus Denkelementen neu in sich aufbauen. So drängte er auch immer darauf, ein Metallhaus selbst zu bewohnen, die Belüftung an sich selbst, Lichtfragen in seinem Zimmer zu erleben. Negativ oder nicht befriedigende Ergebnisse reizten ihn zu erneuten eigenen Untersuchungen. Aus Vorträgen, Gesprächen und Erlebnissen - selbst den kleinsten des täglichen Lebens - schöpfte er Anregungen. Wie ja die Erfindung und jeder technische Fortschritt nur entstehen können,

wenn die Bauelemente der Natur immer wieder zu neuen Kombinationen zusammengeführt werden, so war er im ständigen Auffassen und Kombinieren von Erfahrungs- und Wissenselementen immer schöpferisch tätig. Auf der Reise im Zuge beschäftigte ihn der rhythmische Schienenstoß mit der Frage der endlosen Schiene, das Schwingen der Wagen mit dem Schwingungsproblem allgemein, zumal dieses seinerzeit im Flugzeugbau arge Kopfzerbrechen bereitete. Wenn an irgendeiner Stelle seiner Werke ein Problem in den Vordergrund trat oder Schwierigkeiten machte, so trug er es mit sich herum und betrachtete alle Dinge von diesem eben im Vordergrunde stehenden technischen Gesichtspunkte aus. Überall fanden sich dann Anregungen und Aufgaben, an welchen sich das Hauptproblem behandeln ließ. So dehnte sich seinerzeit das Schwingungsproblem bis auf die Maschinen in der Waschküche der Albrechtstraße aus. Auch das Stoßen und Schwingen der Autos veranlaßte ihn, uns an diesbezügliche Versuche zu setzen. Er sagte mir einmal, daß er die Zeit, wo andere Kreuzworträtsel zu lösen pflegen, mit der Lösung technischer Fragen ausfülle, was nützlicher sei und ihn mindestens ebenso befriedige.
Über die Ausführung von Versuchen hatte er besondere Ansichten. Immer wieder betonte er, daß er von jeher am einfachen Teilexperiment das weitgespannte technische Problem in seinen Grundzügen erprobt und zu erkennen versucht habe. Alle Versuchseinrichtungen sollten, wie er es früher geübt hatte, einfach und billig sein. Oft schilderte er mit großer Freude die einfachen Versuchseinrichtungen früherer Jahre. In jener Zeit (1927) schwebte u.a. auch die Aufgabe, eine günstige Schwimmerform zu finden. Junkers wollte die in Italien schon früher versuchten Unterwassertragflächen zum Herausheben des Schwimmers, also zur Verringerung des Gesamtwiderstandes und damit zur Beschleunigung des Startes benutzen. In einem Wasserkasten sollte ich die an einem schnell einschlagendem Pendel befestigten Schwimmerkörper mittels Zeitlupe nach Art und Größe der Spritzer vergleichen, also die günstigste Form heraussuchen. Dann drängte er auf den Anbau von Meßmöglichkeiten für Widerstand und Auftrieb. So wuchs das primitive Laboratorium heran. Allerdings ließen sich in

Der Wasserrundlauf für die Untersuchung von Schwimmern für Flugzeuge. Diese einfachen Versuchsanlagen sparten Geld, das am Anfang immer sehr knapp war.
Die Kosten für die Forschung im großen Stil bezahlt heute üblicherweise der Staat, bzw. große Konzerne haben das Geld einfach. Bei Junkers hingegen mußte oft improvisiert werden.
Daß die Junkerswerke letztlich zu einem Staatskonzern mutierten, lag auch an der völlig neue Dimensionen fordernden Vorlaufforschung für die immer schneller werdenden Flugzeuge.

diesem Falle grundlegende Feststellungen von größerer Tragweite nicht machen. Aus diesem einfachen Apparat entwickelte sich aber anschließend der heute noch gebrauchte Wasserrundlauf als Ersatz für einen kostspieligen Schleppkanal. Als ich diesen Rundlauf baute, durfte er natürlich nicht viel kosten. Junkers selbst besprach mit mir oft Einzelheiten des Aufbaus. Er wollte selbst am Kleinsten mitarbeiten. So überrechnete er zum Beispiel einmal den Zahnradantrieb hier für eine Sache, um die er sich als Kopf eines so großen Werkes wirklich nicht zu kümmern brauchte. Die Lust am Kleinsten war ihm deutlich anzumerken. Am liebsten hätte er alles selbst gemacht, so drängte in ihm die Freude am Bauen.
Die Jahre 1927 und 1928 brachten für mich viele Kleinversuche und damit viele weitere Erlebnisse mit Junkers. Versuche über die Ausnutzung der Strahlung des Lichtes und der Wärme für eine möglichst vollkommene menschliche Wohnung verfolgte er mit besonderem Eifer. Wochenlang war eine Versuchseinrichtung in seinem Ankleidehäuschen im Schwimmverein 04 eingebaut, die er selbst bei seinem täglichen Bad beobachtete und immer wieder umbauen ließ. Auch die Versuche bezüglich Fensterausbildung und Beleuchtung, Lüftung und Wärmeschwankungen in den Wänden verfolgte er bis ins kleinste. Er hielt sie für sehr weittragend und war mit den Ergebnissen unserer primitiven Versuche natürlich niemals zufrieden.
Im Zusammenhang mit den Einführungsschwierigkeiten eines Metallhauses wies er immer wieder auf die Schwierigkeiten bei der Einführung des Metallflugzeuges und seiner anderen Neuerungen hin. Dabei hatte er oft recht drastische Beispiele, wie leicht sich die Menschen an Dinge gewöhnen, die nicht immer wirtschaftlich sind. Gasbeleuchtung und elektrisches Licht sind auch teurer als Petroleumlicht gewesen. Der teuere seidene Damenstrumpf hat den sehr haltbaren und wärmenden Wollstrumpf verdrängt und die kostspielige Wasserklosettanlage ist uns heute Bedürfnis geworden und wir wissen ihre anscheinend teuren Vorzüge wohl zu schätzen.
Hier muß ich noch ein Erlebnis aus jener Zeit einfügen, das den vielbeschäftigten Mann in seiner liebenswürdigen Zerstreutheit zeigte. Er war unermüdlich bis in die Nacht hinein tätig. Seine geringeren persönlichen Bedürfnisse erledigte er nebenher mit. So bestellte er seine Mitarbeiter oft noch spät abends zu sich, weil er dann meinte „Zeit zu haben“. Einmal passierte es mir bei einer solchen Gelegenheit, daß mich Junkers wegen eines dazwischenkommenden wichtigeren Besuchers in ein Nebenzimmer setzte und mich in liebenswürdigster Weise mit vielen Büchern und Zigarren versah und - nachher vergaß. Er ging in tiefstem Gespräch mit seinem Besuch die Treppe hinunter und schloß mich ein. Ich war zunächst der Meinung, er käme bald zurück. Erst nach 11 Uhr meldete ich mich telefonisch in seiner Wohnung. Aus seiner Entschuldigung bemerkte ich, daß er bis dahin an unsere Besprechung noch nicht wieder

gedacht hatte. Über seine Liebenswürdigkeit und für seine Stellung viel zu bescheiden erscheinende Art wird oft gesprochen. Ich hatte viel Gelegenheiten, sie zu verspüren. Oft ging er selber zu Fuß, und nötigte andere in den Wagen hinein. Er versäumte dabei nichts, denn gerade auf seinen Spaziergängen wälzte er seine Sorgen und Probleme.
Unser damaliger Mitarbeiterkreis hatte sehr viel eigene Schwungkraft und daher kaum Hemmungen, Junkers in seinen Ideen zu folgen. Aber die von uns geforderte Kleinarbeit des Alltags hieß uns doch die Zwischenräume zwischen fernerer Zukunft und real fordernder Gegenwart ausfüllen. In seinem weit vorauseilenden Geist sah Junkers die Dinge immer schon anders, wie wir sie auf Grund unserer Zwischenerkenntnisse und vor allem unseres Geldbeutels ausführen konnten, wobei man nicht sagen darf, dass er die Erfordernisse der Gegenwart nicht kannte. In seiner optimistischen Lebensauffassung sah er aber die Dinge der Gegenwart kleiner als die große Aufgabe der Zukunft.
Wenn wir Entwürfe und Modelle vorlegten, trafen sie nie leicht das, was er sich selber vorgestellt hatte, weil er seine Gedanken ja auch nur in großen Umrissen andeuten konnte, die eine vielfache Ausführungsform offen ließen. Er erkannte dann wohl den guten Willen an, doch kenne ich kaum einen Fall, wo ihn unsere Vorschläge auf längere Zeit befriedigten, weil sie ihm doch stets noch eine gewisse Enttäuschung brachten. Wenn man an sich selber immer wieder erlebt, daß nur wenige oder vielleicht keine unserer eigenen Werke uns selbst vollkommen gelungen erscheinen, ist es wohl selbstverständlich unmöglich, die unklar vorgeschaute Idealform eines Junkers ganz nachzubilden oder gar zu erreichen.
Ganz besonders schwierig war die Abfassung von Patenten, so daß sie seinen Anforderungen entsprachen. Die Unzulänglichkeit der Gesetzgebung und nicht zuletzt eigene Anschauungen hierüber, die auf mancherlei unangenehme Erfahrungen zurückgingen, veranlaßten Junkers in jedem Einzelfalle zu oft lang hingezogenen Erwägungen. Im allgemeinen wollte er nicht zu früh anmelden, um nicht zu kurzsichtigen Abfassungen zu kommen. Andererseits drängte ein etwaiges Zuvorkommen anderer Anmelder. Auf diesem Gebiete kam der sehr real und wirtschaftlich denkende Anteil seiner Persönlichkeit manchmal recht deutlich zum Ausdruck. Hier war er mitten in seinem eigentlichen Lebensgedanken, der wirtschaftlichen Forschung. Das Patent sollte ja ein Handelsobjekt, ein verkäuflicher oder Zinsen tragender Wert werden. Gerade die Patente sollten es ja sein, die seine Forschung finanziell tragen und die Mittel zum Weiterforschen bringen sollten.
Es ist kein Zweifel, daß der gutherzige, liebenswürdige und freigibige Mensch Junkers ein kalter Rechner sein konnte, der auch beim Geben an das Wiederhereinkommen dachte. Das machte ja den großzügigen Kaufmann aus. Seine weitschauenden Ideen rechnete er sehr oft unmittelbar in Geld und Werte um. Dabei kam es ihm darauf an, wieviel er an Forschungsgeldern für seine Sache ausgeben konnte. Seine Schätzungen suchte er durch Marktstudien zu unterbauen. Mir sind solche über Motorenabsatz und Häuserbau näher bekannt geworden. Dabei wurde aus Statistiken und sonstigen Unterlagen der mögliche Weltabsatz geprüft und dem eigenen möglichen Umsatz davon sind gewisse Prozentsätze eingeräumt. Von diesem möglichen Anteil am Weltumsatz konnte wieder ein gewisser Prozentsatz als erträgliches Wagnis für die Forschung ausgegeben werden. Diese Betrachtung waren an sich sehr real und logisch. Sie gingen aber, wie Junkers ganzes Denken, stets sehr weit in die Zukunft und damit wurden die unbestimmbaren Größen, die in alles Menschentun weitgehend eingreifen und alles Gewollte mit Ungewolltem verflechten, von umso größeren Einfluß.
Wer könnte die von einem unerbittlichen Schicksal im Werden und Wandel seines weltweiten Geschehens gefügten, von Menschenliebe und -haß, wohlwollender Förderung und neidischer Konkurrenz, von Staatsleitungen und Völkerschicksalen abhängigen Bahnen eines weltumspannenden Gedankens, wie es zum Beispiel der Luftverkehr und auch der Leichtbau waren, genau in seine Rechnung setzen! Und doch kann der große Gedanke, der große Schritt nur so gläubig gedacht und getan werden, daß der Mensch sein Wollen und seine Kraft als ausreichend einschätzt. Immer wieder ist es der zielsichere Glaube, der schier Unmögliches möglich macht, der Berge versetzt. Junkers war, sein Werk beweist es uns heute, einer von den Menschen, die mit gutem Gewissen die Möglichkeit voraussetzen durften, das eigene Können und eigene, wenn auch spekulativ geschätzte, Mittel zur Ausführung des Gewollten ausreichen würden.

Unter Prof. Junkers' Leitung stiegen die Flugzeugwerke zum größten Industriekomplex der Luftfahrt in Deutschland und der Welt auf. Noch zu Junkers' Lebzeiten entstand u.a. der erste Flugdieselmotor der Welt, der FO 4, später unter der Bezeichnung Jumo 204 bekannt geworden. Die Junkerswerke waren neben Bristol und DeHaviland das einzige Werk, das Flugzeuge und Flugmotoren gleichzeitig baute. Im Drang zu großen wirtschaftlichen Flugzeugen hatte Junkers der Fluggeschwindigkeit nicht genügend Aufmerksamkeit geschenkt, so daß er gegenüber den USA an Boden verlor.

Soweit die Aufzeichnungen aus dem Jahre 1937 von Franz Griebsch.

Hochrüstung und das ABC-Programm

Als am 18. Mai 1932 sich die Großbankiers Schroeder und Schacht mit den Schwerindustriellen Vögler und andere Konzernchefs im „Freundeskreis Keppler“, einem Vertrauten Hitlers, zusammenschlossen, stellten sie die Weichen für den Kampf um die Weltherrschaft des deutschen Monopolkapitals. Von da an schwenkte die deutsche Politik um von der Republik zur immer offeneren Diktatur. Das Regieren mit Notverordnungen erlangte Alltäglichkeit. So also gewöhnt man das Volk an die Diktatur.

Im März 1932 waren die Junkers Flugzeugwerke zahlungsunfähig geworden. Schon lange zuvor hatte Claus Junkers Pläne für eine Massenfertigung von Flugzeugen ausgearbeitet, um die Kostenrelationen bei Junkers zu verbessern, denn Junkers-Flugzeuge waren mit Abstand die teuersten auf dem Markt. Um wettbewerbsfähig zu werden, mußten bei gegebenem Maschinenpark die Stückzahlen mindestens verdreifacht werden. Das war keine besonders schwierige Aufgabe. Man mußte nur den Produktionsprozeß zergliedern. Offenbar hatte Claus Junkers, der noch vor 1933 der SS beigetreten war, als einer der ersten bei Junkers begriffen, daß Deutschland Kurs auf eine Wiederaufrüstung nahm und erarbeitete das sogenannte ABC-Programm. Es besagt eigentlich nur, daß an den verschiedenen Standorten A, B, C und so weiter eine dezentrale Fertigung (luftschutzgerecht) aufgebaut wird, die von vornherein in komplett fertige Baugruppen gegliedert ist, um diese dann in einer zentralen Endmontage zu einem fertigen Flugzeug zusammenzusetzen. Die Fertigungsgliederung zeichnet sich durch hohe Ausbringungszahlen, dezentralen Arbeitskräftefluß, flexible Kombinierbarkeit der Werke, relativ bombensichere Produktion und trotz gewaltiger Größe leichte Überschaubarkeit aus. Dieses Programm stieß nach Hitlers Machtantritt sofort auf großes Interesse im RLM. Zunächst durfte der Sohn des ungeliebten Professors sogar auf die Unterstützung der Reichswehrführung bauen. Doch mit der Bestellung des neuen Reichskommissars für die Junkerswerke, Heinrich Koppenberg, waren auch die Tage von Claus Junkers gezählt.

Eine Vorkriegsaufnahme vom hell erleuchteten Konstruktionsbüro. Hinten rechts schaut die Endmontagehalle 201 hervor.

Der Motorenschlosser nennt sich dieses Propaganda-Bild. Der ganze fünfte Stock des Hauptverwaltungsgebäudes war von der Propaganda-Abteilung belegt, die von August Dresel geleitet wurde. Sie war aus der Junkers-Werbeabteilung hervorgegangen. Neben der Werbung und Propaganda war sie für die Herstellung von Zeitungen, Fotos und Grafiken zuständig.

Koppenberg servierte Claus Junkers nach einer seiner „langatmigen“ Reden auf einer Vorstandssitzung zum Ausbau der Flugzeugwerke genervt ab. Sein ABC-Programm aber behielt er bei. Und das hatte es in sich. Geplant war ein praktisch völlig neues Werk mit einem großen Verwaltungsgebäude und angeschlossenem Konstruktionsbüro, mit einer großen Versuchsbauhalle, einer Halle für Bruchversuche, einer großen Teilefertigungshalle, Hallen für Lackierung, Galvanik und Zulieferungen sowie mehreren großen eigenständigen Endmontagehallen, die jeweils ein einziges Flugzeugmuster in großen Stückzahlen ausstoßen sollten. Etwas derartiges war im Flugzeugbau bisher noch nicht verwirklicht worden. Hier ging es um reine Massenfabrikation von ständig neu zu entwickelnden Flugzeugtypen. Das machte nur für eine massiv zu schaffende Luftwaffe Sinn, die darüber hinaus in einem kräftezehrenden Krieg laufend aufgefüllt werden mußte.

Im Januar 1934 war für das Neuwerk erster Spatenstich in Dessau. Bereits im Sommer konnte in der ersten Montagehalle die Endmontage beginnen. Nach zehn Monaten stand im Oktober 1934 das Werk. Die einzelnen Hallen kamen, so wie sie fertig wurden, in den Produktionsprozeß, der 1934 durch den riesigen staatlichen Produktionsauftrag der Typen Ju 160, W 34 und Ju 52 auf vollen Touren lief. Als letztes wurde das Hauptverwaltungsgebäude, und hier als letztes wiederum das Direktionszimmer Heinrich Koppenbergs, fertiggestellt. So war Heinrich Koppenberg und so lernte ihn die Welt kennen: Hohe Anforderungen an alle stellend, an sich aber die höchsten.

Ein kompletter Neubau war auch das Jumo-Zweigwerk in Köthen. Der Jumo 211 rollte hier in Großserie vom Band. Er kam vor allem in der He 111 und Ju 88 zum Einbau. Dieses Propaganda-Bild zeigt den Marsch der Belegschaft zum Montagsappell. Militärischer Schnickschnack für alle.

Doch Koppenberg hatte ein Problem: Er verstand vom Flugzeugbau rein gar nichts. Als er im Herbst 1933 durch das RLM zum Reichskommissar für die Junkerswerke ernannt worden war, waren dort nur sein Durchsetzungsvermögen, seine Kenntnisse zur Organisierung einer Massenfertigung und seine absolute Loyalität gegenüber dem neuen System bekannt. Als er nach einer Besichtigung der Junkerswerke ein vernichtendes Urteil über die dort herrschende „Handwerkelei" fällte, gewann er die Sympathie von Erhard Milch, einem „abgehalfterten" Kampfbeobachter des 1. Weltkrieges (Lutz Budraß) und bis 1925 im Junkers-Luftverkehr beschäftigten Bürokraten. Da Koppenberg die Geschicke der Junkerswerke lenkte, bis zu seiner Entmachtung 1941 durch eben jenen Erhard Milch, dürfte die Persönlichkeit und der Mensch Koppenberg für das Verständnis der weiteren Entwicklung von besonderem Interesse sein.

Der langjährige Junkers-Chefkonstrukteur, Ernst Zindel, zeichnete folgendes Bild von Heinrich Koppenberg: „Koppenberg kam aus der Stahlindustrie vom Flick-Konzern. Er war ausgesprochener Fertigungsorganisator, ziemlich robust und rücksichtslos in seinem Auftreten, wenn auch manch-

mal bei aller Rauheit weichere Töne und Seiten zum Vorschein kamen.
Von der komplizierten Arbeit eines großen Konstruktionsteams oder gar von systematischer Forschungsarbeit hatte er, zumindest in den ersten Jahren, wenig oder gar keine Ahnung. Dementsprechend waren auch seine Maßnahmen und Entscheidungen wie auch seine Schlußfolgerungen von mehr oder weniger katastrophaler Auswirkung.
In seinen Stahlwerken (ausgesprochenen Fertigungsbetrieben) hausten in einer bescheidenen Bude ein paar verschüchterte Werkstoff-Fachleute, die die Stahlproduktion überwachten und für eine produktive Forschungstätigkeit kaum irgendwelche Möglichkeiten hatten. Bei der ATG (Allgemeine Transportgesellschaft - zuvor Koppenbergs Reich sowie die Riesaer Stahlwerke) hatte er wohl ein statisches und Konstruktionsbüro mit einem Hochbaustatiker und Regierungsbaumeister als Konstruktionschef, aber seine Vorstellung über ein Konstruktionsbüro brachte er einmal mit der erschütternden Definition vom „Chefkonstrukteur und seinen Zeichenknechten" zum Ausdruck!
Vom Konstruktionschef, der ihm aus persönlichen Erfahrungen seiner Jugend und Anfängerzeit bei einem Stahlwerk der Firma Krupp in Wirklichkeit fremd und unheimlich war, weil er von seiner Arbeit und der Art seines Denkens nichts verstand, hatte er große, wahrscheinlich übertriebene Vorstellungen: „Das ist der wichtigste Mann im Betrieb, der macht alles, al-

Das Neuwerk 1935: Im Bild links die Serienbauhalle 201, daneben das vierstöckige Konstruktionsgebäude und das sechsstöckige Verwaltungsgebäude, rechts davon ein Stück des Speisesaales, dann das Kraftwerk, die Serienbauhalle 204 (Ju-52-Endmontage) und ganz rechts die Lackhalle 202.

Ein wahrhaft friedliches Bild. Zwei zivile Ju 86 mit luftgekühlten Hornet-Motoren für die südafrikanische Fluggesellschaft South Africaan auf der Platte vor der Halle 201. Im Hintergrund das Hauptverwaltungsgebäude mit den Managern und Kriegsvorbereitern, angeschlossen das Konstruktionsbüro mit rund 2.000 Ingenieuren, die die verbrecherischen Pläne in die Tat umsetzten. So wurde die Ju 86 im Verhältnis 60 zivile zu 800 Kriegsflugzeuge gebaut.

Werksbesichtigung am 5. August 1939 durch Heinrich Koppenberg, Hermann Göring und Richard Thiedemann (v.l.n.r.).

les!", waren seine Worte. Aber ebenso schnell waren sein Vertrauen und seine überschwenglichen Erwartungen dahin, wenn einmal etwas anders lief oder gar ein Rückschlag kam. So war Heinrich Koppenberg, als er zu Junkers kam." (gekürzt aus Ernst-Zindel-Bericht für die DGLR in Köln, 1979)

Für Heinrich Koppenberg, der sich vom einfachen Schlosser zum Flick-Direktor hochgearbeitet hatte, war die Zeit des 3. Reiches eine Zeit des Schöpfens aus dem Vollen. Bei aller Grobschlächtigkeit war er jedoch kein Altnazi im herkömmlichen Sinne. Er trat erst 1936 in die NSDAP ein, obwohl man ihn bestimmt seit 1933 nötigte. Sein Denken war durch die Familie kleinbürgerlich geprägt. Der Abstieg des Vaters ins Proletariat beantwortete der Sohn mit dem Aufstieg zum Direktor des Stahlwerkes Riesa. Das Siegerdiktat von Versaille war für das deutsche Bürgertum eine Schmach, besonders die Ausplünderung Deutschlands durch die französische Bourgeoisie, die sich als „Erbfeind" wiederum für die Schmach des verlorenen deutsch-französichen Krieges 1871 und die Kriegskontributionen, die ihnen im Allerheiligsten (im Spiegelsaal von Versaille) durch Bismarck aufgezwungen worden waren, bitter rächte. Auge um Auge, Zahn um Zahn, das war jahrzehntelang die ganze Politik, zu der die deutsche und französische Bourgeoisie fähig war. Mit Hitler als Reichskanzler begann ein neuer Wettlauf um die Fleischtöpfe in der Welt. Die deutsche Wirtschaft mußte also wehrfähig gemacht werden, und Koppenberg übernahm die Rolle des „Zauberers". Er zauberte eine neue deutsche Luftwaffe aus dem Ärmel. Er machte die Ju 88 zum Sonderprogramm des Führers. Wo er den Fuß hinsetzte, wuchsen Produktionsanlagen aus dem Boden. Er beschaffte Benzin und Aluminium. Und er dachte auch an sich selbst. Zunächst soll er vorgehabt haben, die Junkerswere in seinen Besitz zu bringen. Als das nichts wurde, buk er kleinere Brötchen und nahm mit der Firma Argus Vorlieb. Kurz, Koppenberg tat das, was alle in ähnlicher Positionen taten, sie sorgten vor - nämlich für „nach dem Krieg". Der „Zauberer" entzauberte sich aber auch mit der Ju-88-Vollmacht selbst.

Der Wandel, der nun bei Junkers fast über Nacht einsetzte, betraf zunächst das Führungspersonal, um nach dessen Auswechslung das ganze Werk bis hinunter zum Pförtner umzukrempeln. Unter Prof. Junkers war es so, daß das Technische, insbesondere die Forschung, den Vorrang erhielt. Mit dem Erscheinen Koppenbergs in Dessau begann das Technische in die zweite Reihe zu rücken. Jetzt ging es zuerst um Stückzahlen. Wie viel kann man wie schnell von einer bestimmten Type bauen, das war immer die erste Frage. Reines Managerdenken also, das in großen Zahlen schwelgt, sich berauscht an den Gewinnerwartungen, das aber nie bis zu Ende und erst recht nicht an die Folgen denkt. Koppenberg begann den Technologiekonzern Junkers wie einen Stahlkonzern zu führen. Zuerst baute er um sich herum einen Führungsstab von allein ihm zuarbeitenden Angestellten auf, die zwar wenige waren, aber deutlich besser bezahlt wurden als die technische Intelligenz. Im Aufsichtsrat war außer Prof. Mader niemand von der technischen Seite vertreten, nur Lakaien der neuen Macht, Geheimräte, Bankiers, Vertreter des RLM und Heinrich Koppenberg über allen thronend.

In dieser Konstellation begann der Aufbau des Neuwerkes, der Massenausstoß erprobter Flugzeuge und leider auch die Entwicklung neuer Flugzeugmuster und Motoren. Während die Planung und der Aufbau des neuen Werkes glatt vonstatten ging und auch der Anlauf der Großserienproduktion der Ju 52 und W 34 klappte, ereigneten sich in der Entwicklung neuer Muster laufend technische Pannen. Koppenberg, der jetzt quasi die Stellung von Hugo Junkers einnahm, war mit den anstehenden technischen Entscheidungen hoffnungslos überfordert. Er mußte also auf Berater zurückgreifen oder aber der technischen Seite freie Hand lassen. Da das zweite für ihn nicht in Frage kam, ließ er sich von den unterschiedlichsten Stellen beraten. Doch entscheiden mußte er letztlich selbst. Als er entschied, den neuen Kleinbomber Ju 86 auf der Grundlage des eigenen Jumo-Dieselmotors 205 entwickeln zu lassen, waren die Würfel zugunsten der He 111 gefal-

Die Endmontagehallen (hier 201) waren jeweils ein Flugzeugwerk für sich. Die sich seitlich anschließenden Werkstätten versorgten die Halle mit dem Notwendigen. Die Produktionsfläche umfaßte rund 12.000 m^2. Aber auch buchhalterisch waren die Hallen selbständige Abrechnungseinheiten. Zwar belieferte die dahinter liegende Teilefertigung die Halle, doch waren das Zulieferungen, nicht bloß Umbuchungen der Kostenstellen.

Bild links: Ernst Zindel bei einem Abstecher auf die Baustelle namens Junkers.

Bild unten: Die Teilefertigungshalle gleich mit angebauten Büros der Produktionsvorbereitung. Das Prinzip hieß: Für kurze Wege alles auf einer Fläche.

Bild oben: Die neuen Motorenprüfstände.

Bild unten: Gelungene Typenprüfung des neuen Schwerölmotor Jumo 204 am 9. September 1930.

len, die den größeren Motor von Daimler-Benz bekam. Trotz des gewaltigen Entwicklungstempos der Ju 86, deren 1. Prototyp bereits am 4. November 1934 flog (He 111 am 24. Februar 1935), war die Ju 86 natürlich nicht in dem Maße weiterentwicklungsfähig wie die He 111. Diese Niederlage gegenüber der Konkurrenz hätte unter marktwirtschaftlichen Verhältnissen bereits das Aus der Junkerswerke bedeuten können. Da es dem RLM aber erstmal um den schnellstmöglichen Aufbau der Risiko-Luftwaffe ging und um die Ausbildung der Piloten auf schnellen Flugzeugen, wurden letztlich doch noch 800 Flugzeuge abgekauft. Mit den Stückzahlen der He 111 von mehr als 6.000 konnte das Junkersflugzeug aber nicht mithalten. Allerdings erwies sich die zivile Ju 86 der zivilen He 111 in allen Belangen überlegen. Das lag weniger an den Leistungen, sondern zuerst an den Erfahrungen der Junkers-Ingenieure bei Passagierflugzeugen. Keine Fluggesellschaft wollte die He 111 haben (die Lufthansa fällte wegen der Platz- und Wartungsverhältnisse ein vernichtendes Urteil, mußte als deutsche Linie letztlich doch ein paar Maschinen abnehmen), die Ju 86 konnte dagegen in einer Stückzahl von 60 Maschinen (war damals viel) produziert und größtenteils ins Ausland verkauft werden. Heinrich Koppenberg machte Chefkonstrukteur Zindel für die Fehlentwicklung der militärischen Ju 86 verantwortlich, was noch Folgen bezüglich des Nachfolgemuster Ju 88 haben sollte. Andererseits mußte Koppenberg einsehen, daß er kein Hugo Junkers war. So kam es, daß er Prof. Herbert Wagner als Entwicklungschef nach Dessau holte und ihn Ernst Zindel vor die Nase setzte (Wagner setzte sich dann aber ziemlich schnell von Koppenberg ab, war viel im Magdeburger Zweigwerk und verließ Junkers 1939 wieder).

Das A des ABC-Programms, also die erste Ausbaustufe, kostete die Steuerzahler 219 Millionen RM. Davon entfielen auf den Motorensektor 120 Millionen RM. Dieses Geld war das erste, das mit Mefo-Wechseln bezahlt wurde, aber sicherlich nicht in voller Höhe, denn ab 1934 konnte die Notenpresse bereits bedenkenlos hochgefahren werden. Neben dem Neubau des Stammwerkes in

Bild oben: Einen festen Blick und einen feuchten Händedruck, viel mehr hatte die Politprominenz noch nie zu bieten. Hermann Göring und Erhard Milch zu Besuch bei ihren „Vertrauensleuten" in den Junkerswerken.

Dessau kamen Junkers-Zweigwerke in Köthen (1934 Motorenwerk), in Staßfurt (Leopoldshall Zellenbau 1934), in Halberstadt (Zellenbau 1934/35) in Aschersleben (Zellenbau 1935), in Magdeburg (Motoren 1936) und in Bernburg (Endmontage Ju 52 und Ju 88 1937) hinzu. Die Belegschaft schnellte von rund 3.000 Ende 1932 auf 39.100 im Jahre 1937 hoch. Die gesamte deutsche Flugzeug- und Flugmotorenindustrie wies demgegenüber 1937 einen Beschäftigtenstand von 173.000 auf.

Interessant ist auch die Lage der elf Zweigwerke zum Junkers-Stammwerk Dessau. In Luftlinie liegen nie mehr als 60 Kilometer zwischen den einzelnen Werken zum Dessauer Stammwerk. Von Dessau sind es 40 km bis Schönebeck, 35 km bis Bernburg, 40 km bis Leopoldshall, 20 km bis Köthen und 50 km bis Aschersleben. Genauso kurz sind die Wege zu den Hauptlieferanten von Aluminium, Plexiglas und Farbe. Zum Walzwerk Bitterfeld sind es 20 km, zum Walzwerk Hettstedt 55 km, zum Stickstoffwerk Piesteritz 30 km und zur Agfa nach Wolfen 20 km. Die Werke waren für Luftangriffe weit genug auseinander, um nicht in einem Zug in Schutt zu versinken, aber durch gut ausgebaute Bahnstrecken nah genug beieinander, um ohne Rangier- und Wartezeiten rund um die Uhr sich gegenseitig beliefern zu können.

Junkers wurde nicht nur Rüstungsschmiede, sondern auch nationalsozialistischer Musterbetrieb. Allerdings hinkte hier die Wirklichkeit stets der Propaganda meilenweit hinterher. Die Arbeitsbedingungen waren durch den Neubau bedingt natürlich besser. Moderne Sanitäranlagen, ein warmes Mittagessen, Betriebsärzte, Pausenecken und Einkaufsmöglichkeiten im Werk waren die Vorzeigeobjekte. Doch das wirkliche Leben, besonders das nach der Arbeit, war extrem schwer. Denn Dessau begann zum Notstandsgebiet zu verkommen. Trotz kommunaler und betrieblicher Wohnungsbauprogramme konnte bis 1945 das Wohnungsproblem nicht gelöst werden. Die Dessauer Einwohnerzahl wuchs auf Grund der Expansion der Junkerswerke von 75.000 im Jahre 1932 auf 105.000 Ende 1935. Viele der Beschäftigten wohnten getrennt von der Familie in Werksheimen, zur Untermiete in kleinen Männergruppen. Der Stadt fehlten im Vergleich zu anderen Städten rund 100 Verkaufseinrichtungen, so daß in den Junkerswerken Kantinen betrieben werden mußten, weil auf Grund der langen Arbeitszeit und der weiten Wege abends die innerstädtischen Läden bereits geschlossen waren. Und auch der liebe Onkel Doktor im Betrieb war zuerst nicht für die Patienten, sondern für die Senkung des hohen Krankenstandes da, um zu verhindern, daß die Kranken zu freien Ärzten in Dessau gingen. So kam es, daß die Fluktuation bei Junkers außerordentlich hoch war. Wenn der absolute Personalzuwachs bei Junkers 1935 rund 8.000 Menschen ausmachte, so sind etwa 14.000 in dem Jahr eingestellt worden, während 6.000 das Werk

Bild rechts: Auch hier wieder nichts als Demagogie. Während sich im neuen Junkerswerk tatsächlich die Arbeitsverhältnisse besserten, blieben sie in den alten Fabriken des Reiches unangetastet und dem „Betriebsführer" überlassen. Viele ältere Arbeiter waren gegen Hitler, die jungen, die heute gern davon erzählen, waren damals viel zu grün, um die wirklichen Verhältnisse begriffen zu haben.

wieder verließen. Die Ausbildung einer großen Menge von Lehrlingen und ihre Unterbringung in kasernierten Wohnheimen linderte später den chronischen Fachkräftemangel. Aber für Erwachsene und Verheiratete blieben die Verhältnisse bis zum Kriegsende katastrophal. Für das ingenieurtechnische Personal allerdings wurde besser gesorgt.

Bei Junkers arbeiteten vor 1933 rund 400 Ingenieure und 100 Angestellte. Ab Oktober 1933 suchte das Werk hunderte neue Ingenieure für die neuen großen Aufgaben. Viele der Neueingestellten waren arbeitslose Absolventen, die sich natürlich freuten, endlich eine Stelle zu finden, noch dazu eine so gut bezahlte. Aber Junkers nahm nicht jeden. Vor jeder Einstellung hatten die Jungingenieure knifflige Aufgaben in einer vorgegebenen Frist zu lösen. Trotzdem füllte sich das Reservoir an Ingenieuren ziemlich schnell auf, hatte doch die Weltwirtschaftskrise auch die besten von ihnen stellungslos gemacht. Nun fragten sie erstmal nicht, woran sie arbeiteten, die Hauptsache war, Arbeit überhaupt zu haben. Und noch dazu so anspruchsvolle Arbeit, die Spaß machte, interessant war und bei der man sich profilieren konnte. Kriegsforschung hat eben leider immer den Nebeneffekt, mit großer finanzieller Unterstützung in Neuland vordringen zu dürfen. Dieser Versuchung können Ingenieure, insbesondere junge, nur selten widerstehen.

Die meisten der Ingenieure konnten in Dessau Häuser erwerben oder ordentliche Wohnungen mieten. Sie verdienten zwischen 1.000 und 2.000 Mark je nach Stellung. Die Arbeitszeiten waren ähnlich denen der Arbeiter. Überstunden waren an der Tagesordung. Die Firma Junkers war das einzige Flugzeugwerk der Welt, das in der Lage war, parallel an vier äußerst anspruchsvollen Flugzeugen zu arbeiten (Ju 87, Ju 88, Ju 89/90, JU/EF-61). In den vier großen Zeichensälen des Konstruktionsbüros wurde jeweils einer dieser Typen bearbeitet. Der Chef (Typenleiter) saß in einer Ecke des riesigen Raumes, in den anderen drei Ecken die Chefs der Gruppen, alle anderen Konstrukteure (200-250 Leute) arbeiteten vor ihnen an ihren Zeichenbrettern. Dabei waren die Bretter nach Konstruktionsgruppen in Reihe aufgestellt, also Flügel, Rumpf, Fahrwerk, Elektrik, Hydraulik, Funkausrüstung usw., was den

Bild links: Mittagspause an der Südfront des Konstruktionsgebäudes. Der bombensichere Mindestabstand der Hallen von 200 m sorgte für frische Luft und Sonnenschein.

Bild rechts: Die Betriebskantinen mußten bei Junkers eingerichtet werden, weil Dessau zu wenig Läden hatte und die täglichen Überstunden keine Zeit zum Einkaufen ließen.

Vorteil hatte, daß jeder Konstrukteur sofort mit einem anderen (auch einer anderen Gruppe) ins Gespräch kommen konnte, ohne den Vorgesetzten einschalten zu müssen. Die Ju 87 entstand auf diese Weise im Zeichensaal des Erdgeschosses, die Ju 88 im 1. Stock, die Ju 89/90 im 2. Stock und der Höhenforschungsbomber JU/EF-61 im 3. Stock, alle in den Jahren 1935 bis 1937.

An den viergeschossigen Trakt der Zeichensäle schloß sich in einem scharfen Knick die Vorkonstruktion oder Musterkonstruktion an mit den Abteilungen Entwurf, Entwicklung, Aerodynamik, Flugmechanik, Waffen, Triebwerk, Fahrwerk, Elektrik, Hydraulik, Versuche, Berechnungen, Sonderaufgaben und vieles mehr. Das gesamte Konstruktionsgebäude bildete einen hufeisenförmigen Komplex, der sich unmittelbar an das große Hauptverwaltungsgebäude anlehnte. Die gesamte Konstruktion leitete bis 1945 Chefkonstrukteur Ernst Zindel, nur die Entwicklungsabteilung war übergeordnet (eine saubere Trennung hat es indes nie gegeben) und diese wurde von 1935 bis 1939 durch Prof. Herbert Wagner und danach bis 1945 von Prof. Heinrich Hertel geführt. An diesen großen Verwaltungskomplex grenzte das Eingangstor, das von einer Haus-Brücke überspannt war, über die man zur Junkers-Lehrschau und zum anschließenden Speisesaal gelangen konnte. Die Lehrschau spielte übrigens in der Nazi-Propaganda eine zentrale Rolle für das Werk. Einmal wurde in ihr der zwangsenteignete alte Prof. Junkers in allen Tönen gelobt und als Vorbild aufgebaut, zum andern war sie in der Tat eine vorzügliche technische Schule für all diejenigen, die die ersten Schritte im Flugzeugbau begonnen hatten zu gehen. Die Lehrschau haben die Amerikaner nach dem Krieg komplett ausge-

Bild rechts: Idyllisches Wohnen in Dessauer Werkswohnungen soll dieses Bild demonstrieren. Die Wirklichkeit sah anders aus. In keiner anderen deutschen Stadt war der Wohnungsmangel so akut wie in Dessau.

Bild unten: Im neu aufgebauten Zweigwerk Magdeburg gab es einen Feinmeßraum vom feinsten. In Magdeburg war die Motorenproduktion sowie ein Teil der Motorenentwicklung angesiedelt. Prof. Herbert Wagner entwickelte hier das erste axiale Strahltriebwerk, das aber auf Grund seiner voll entspannten Schubdüse nicht zum Selbstlauf kam. Auch der Jumo 222 ist hier in Kleinserie produziert worden.

Das „nationale Aufbauwerk" der Nazis hatte beim einfältigen Teil des deutschen Volkes einen nationalen Taumel ausgelöst. Danach sollte am deutschen Wesen die Welt genesen. Dieser Taumel vor allem bei Jugendlichen verflog erst in den späten Kriegsjahren.

Bild oben links: Flügelbau für Ju 86. Rechts daneben eine Schreibstube im Verwaltungsbau Dessau.
Bild links: Die Dessauer Werksschule (steht noch heute).
Bild unten: Sportplatzbau nach der Arbeit im Zweigwerk Köthen.

räumt genauso wie die Bibliothek und das Junkerswerk überhaupt. Das war allerdings 1945 ihr gutes Recht.

Die Junkerswerke begannen unter der Leitung von Heinrich Koppenberg mehr und mehr zu einem Moloch zu werden, der Ingenieure und Arbeiter aufsaugte und neueste Kriegsflugzeuge ausspie. Hugo Junkers hatte über all die Jahre versucht, seine Forschungen mit einem Stamm von 500 Ingenieuren (was zwischen 1923 und 1932 eine enorme Zahl war, nur bei den großen Chemiekonzernen war mehr Entwicklungspersonal beschäftigt) auf gleichem Niveau zu halten. Ab 1934 aber konnte dann mit den grenzenlosen Staatsmitteln ein Kaderbestand von 2.000 Ingenieuren aufgebaut werden, der sich bis 1938 noch einmal verdoppelte und um 1941 einen Endstand von weit über 5.000 Ingenieuren erreichte. So wurde zum Beispiel die Ju 86 unter Ernst Zindels direkter Leitung noch im alten Ifa-Gelände konzipiert und konstruiert mit dem gleichen Personal wie all die Flugzeuge zuvor. Ab Ju 87 begann der Flugzeugbau sich aufzufächern. Aus den ursprünglichen Abteilungen Konstruktion (Chef Zindel plus Ökonom Blochmann), Strömungstechnik (von Doepp) sowie Festigkeits- und Versuchsabteilung (Hans Steudel) entstand zeitgleich mit der Einstellung hunderter Ingenieure die Verwaltungsstruktur eines Riesenkonzerns. Während in der Vorkonstruktion mit der Entwicklung der Flugzeugtechnik immer neue Abteilungen und Forschungseinrichtungen aufgebaut wurden, kam die Detailkonstruktion in die Hände eines einzelnen sogenannten Typenleiters, unter dem zwischen 150 und 300 Konstrukteure die einzelnen Bauteile konstruierten, während er zugleich die Verbindung zur Vorkonstruktion, insbesondere zur Gewichtsabteilung, zur Stati-

Dipl.-Ing. Karl Aikele (12.9.1900) kam 1927 als Statiker von Heinkel. Ab 1930 nach Günther Bocks Weggang neuer Chefstatiker bei Junkers und für alle Typen bis 1945 verantwortlich. Nach 1945 zunächst im Brückenbau in Dessau tätig, folgte er dem Angebot von B. Baade zurück zu Junkers zu kommen. Er leitete das Festigkeitslabor in Dessau, in Podberesje und das in Dresden bis 1961.

Bild links: Die Serienproduktion der Ju 86 in der Serienbauhalle 201 in Dessau. Die vorn am Tor stehenden Maschinen haben Junkers-Dieselmotoren Jumo 205, während die hintere luftgekühlte BMW 132 F eingebaut bekommt. Die militärische Ju 86 wurde im Mittelschiff der Halle gebaut.

schen Abteilung und zur Aerodynamik hielt. Durch den Neubau des Konstruktionsgebäude 1935 war dann auch Platz für die vielen Angestellten. Nachdem die Ju 87, Ju 88, Ju 89/90 und EF-61 durch die Konstruktion waren, kamen 1939/40 drei neue Muster (Ju 252/Kurt Cyron, Ju 288/Brunolf Baade, Mammut/Fritz Freytag) in die Detailkonstruktion. Eigentlich hätten es ja vier Muster sein müssen, aber die Ju 88 war so erfolgreich und vor allem weiterentwicklungsfähig, daß die Variantenkonstruktion Ju 88 noch Jahre unter Karl-Ernst Schilling auf Höchsttouren lief.

Mit der Auffächerung der Konstruktion ging auch eine Auffächerung der Verwaltung einher. Koppenberg ließ neue Manager („Fachmänner" der Massenfertigung) einfliegen wie Walter Cambeis (vor dem Prof. Otto Mader 1944 auf dem Sterbebett gegenüber OMW-Verwaltungsleiter Liebelt warnte: „Cambeis ist extremer Fabrikationsmann. Sie wissen, wie ich das meine.") oder Arthur Choinowski mit Jahresgehältern von 60.000 bzw. 36.000 RM, andererseits stützte er sich auf ehemalige Flieger oder Techniker wie Richard Thiedemann, Fritz Achterberg, Dr. Eberhard von Brauchitsch oder den schon unter Claus Junkers tätigen kaufmännischen Direktor August Mühlen.

Jedes Werk erhielt einen kaufmännischen und einen technischen Werksleiter, dazu alle Abteilungen, derer eine autonome Gestaltung und Abrechnung der Produktion bedurfte. Neben Werkstätten und Arbeitsvorbereitung besaßen die Zweigwerke Stellen für Vorrichtungsbau und -konstruktion, Versand, Werkstoff- und Festigkeitsprüfung, Betriebswirtschaft, Anlageninstandhaltung, Personalverwaltung, Werkstoffeinkauf, Buchhaltung, Rechnungsprüfung, Nachkalkulation, Lohnbuchhaltung, Statistik, Ausbildung und Werkssicherheit. Nach dem Stand von 1937 war jedes Zweigwerk entsprechend der Forderung des RLM so weit selbständig, daß es leicht aus dem Konzern hätte herausgelöst werden können. (aus Lutz Budraß: Flugzeugindustrie und Luftrüstung in Deutschland 1918 bis 1945)

Das Sagen hatte in dem Staatskonzern Junkers nicht der Staat, sondern allein Heinrich Koppenberg. Denn er hatte es verstanden, die Aufsichtsratsposten so zu verteilen, daß er die drei staatlichen Vertreter in jeder Konstellation überstimmen konnte. Im Verhältnis zum Nazi-Staat gereichte das natürlich zum Vorteil für die Junkerswerke, im Verhältnis zur Technikentwicklung darf dies bezweifelt werden. Egal wie man die Rolle Koppenbergs und seiner Adepten sehen will, die sogenannten Manager waren immer und überall von übel. In der Massenfertigung aber erwiesen sie sich stets als Katastrophe und Steigerungsform des „einfältigen Technologen", der nur das Akkordsystem kennt und es am liebsten auf alle menschlichen Prozesse anwenden möchte.

Und wie reagierte die technische Intelligenz auf den politischen Umsturz 1933? Alle, sogar Prof. Mader, machten weiter, als ob nichts geschehen sei. Kaum 30 Prozent dürften Nazi-Sympathisanten gewesen sein. Zunächst hofften viele, daß der Spuk bald ein Ende nehme, aber die sprudelnden Geldquellen, die vielen Neueinstellungen und das schöne neue Junkers- und Jumowerk demoralisierten dann doch.

Bild rechts: Eine eben erst fertiggestellte Ju 86 für die Swiss Air wird für Werbeaufnahmen 1937 in Dessau benutzt. An dem Tag durften einige Mitarbeiter der Propaganda-Abteilung Passagier spielen: z.B. re. Werbeleiter Horst Brausewald, mi. Else Knies, li. Heinz Hamel.

JUNKERS

Ju 90

Nach Erscheinen der amerikanischen DC-3 wollten sich die nach Weltherrschaft strebenden Nazis nicht mit einer „zivilen“ Ju 89 V3 vor der Weltöffentlichkeit blamieren. Nur deshalb kam es zum Bau der vergrößerten Ju 90 V1.

Den Nazis mußte erst ein breiterer Rumpf, dann ein ziviles Tragwerk abgerungen werden. Mit der Militär-Variante Ju 290 siegten 1941 dann doch die Interessen des RLM.

REUSSEN«

Aus einem Großbomber wird „Der große Dessauer“

Bei der Ju 89/90 erlebt das Entwurfs- und Konstruktionspersonal das gleiche Tauziehen zwischen militärischen und zivilen Dienststellen wie schon bei der Ju 86. Mit dem Fortschreiten der Technik wird es immer schwieriger, ein Flugzeug für beide Anwendungsfälle zu konzipieren. Doch zum Glück legt das RLM die Idee des Großbombers 1936 ad acta, weil das industrielle Potential Deutschlands nicht ausreicht. Nun ist der Weg frei für das rein zivile Muster Ju 90.

Weihnachten 1935 kommt es in der Entwicklungsabteilung der Junkerswerke zu hitzigen Debatten. Was war geschehen? Am 17. Dezember 1935 war in Santa Monica die neue DC-3 aus der Halle gerollt und noch am gleichen Tag zum Erstflug gestartet. Schon die DC-2 hatte Junkers Kopfzerbrechen bereitet, war sie doch der Ju 52 außer bei den Flugeigenschaften sonst in allen technischen Belangen überlegen. Die neue DC-3 aber stellte die gerade in Entwicklung befindliche zivile Version der Ju 89 komlett in Frage. Die Douglas-Konstrukteure hatten der DC-3 einen um 60 cm breiteren Rumpf gegeben, damit drei Sitzreihen nebeneinander Platz finden. Der Rumpf der zweimotorigen DC-3 war mit 2,40 m damit genauso breit wie der der viermotorigen Ju 89, die als zivile Ju 90 ab 1938 auf dem Markt erscheinen sollte.

Entwicklungsleiter Prof. Wagner und Entwurfschef August Quick lassen sofort neue Wirtschaftlichkeitsberechnungen anstellen, die Klarheit über die Wettbewerbsfähigkeit der Ju 89 V3 (erste Zivilausführung der Ju 89) bringen sollen. Die Ergebnisse sind niederschmetternd. Die Ju 90 in ihrer Ausführung als Ju 89 V3 mit Platz für 30 Passagiere und einem Startgewicht von 18 Tonnen ist für ihre Transportleistung gegenüber der DC-3 deutlich zu schwer. Die DC-3 kommt mit 21 Passagieren bei gleicher Rumpfbreite, aber besseren Platzverhältnissen (Stehhöhe) nur auf ein Startgewicht von 11 Tonnen. Die Unterhaltskosten für die viermotorige Ju 90 würden sich auf fast das Doppelte der DC-3 belaufen. Der Wartungsaufwand würde ebenfalls größer.

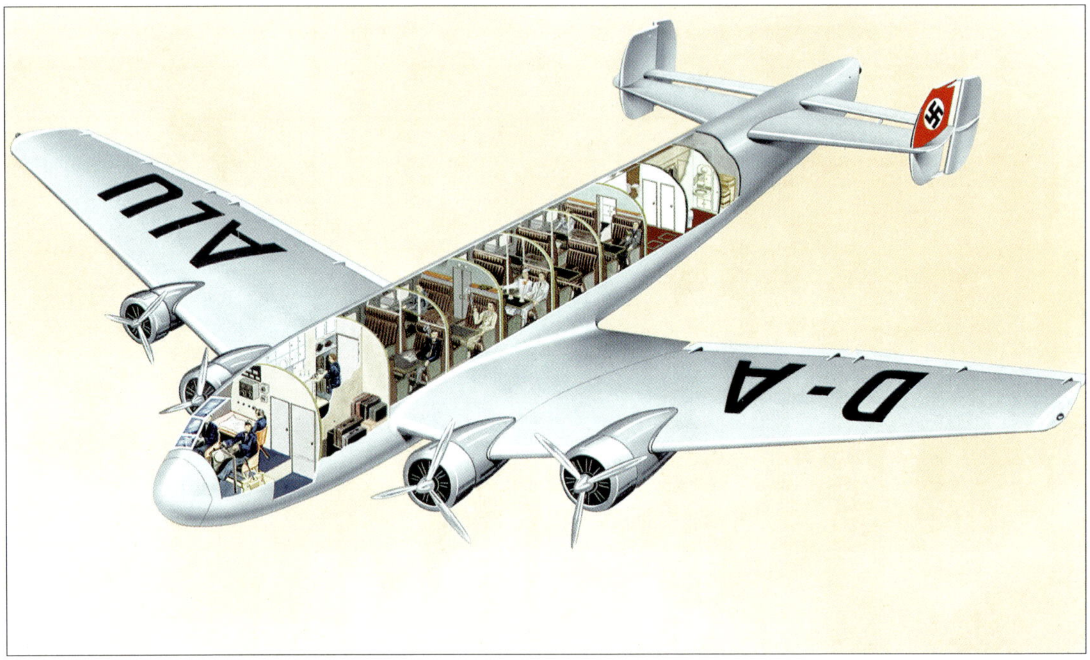

Die Raumaufteilung für 40 Passagiere mit separatem Raucherabteil zeigt dieses Phantombild der Ju 90 V1, hier mit luftgekühlten Sternmotoren. Die Kabine war wie im Eisenbahnabteil der 1. Klasse gestaltet.

Aus diesen Zahlen ergibt sich für Wagner und Quick eigentlich nur eine Schlußfolgerung: Ein Neuentwurf muß

Der viermotorige Bomber Ju 89 ist nur in zwei Exemplaren gebaut worden (li. Zeichnung). Für die Ju 90 wurde der Rumpf um 60 cm verbreitert. Die Ju 90 V1 (unten) bekam den Namen „Der große Dessauer".

her. Aber für eine rein zivile Maschine würde sich nie ein Auftrag beim RLM herauschlagen lassen. Bleibt also nur die Möglichkeit: Grundkonzeption beibehalten und den Rumpf deutlich vergrößern. Es müssen vier Sitze in einer Reihe Platz haben. Damit käme man auf eine Passagierkapazität von 40 bis 50 Personen. Die Viermotorigkeit und das Tragwerk geben das ohne Änderungen her. Der um 60 cm auf 3,00 m verbreiterte Rumpf ergibt allerdings eine deutliche WIderstandsteigerung, die durch entsprechende Motorleistung ausgeglichen werden muß. Doch auch starke Motoren sind im Deutschland des Jah-

res 1935 noch ein Problem. Für die Ju 90 soll ein luftgekühlter Sternmotor Verwendung finden, denn luftgekühlte Motoren haben sich in der Zivilluftfahrt als weniger störanfällig erwiesen.

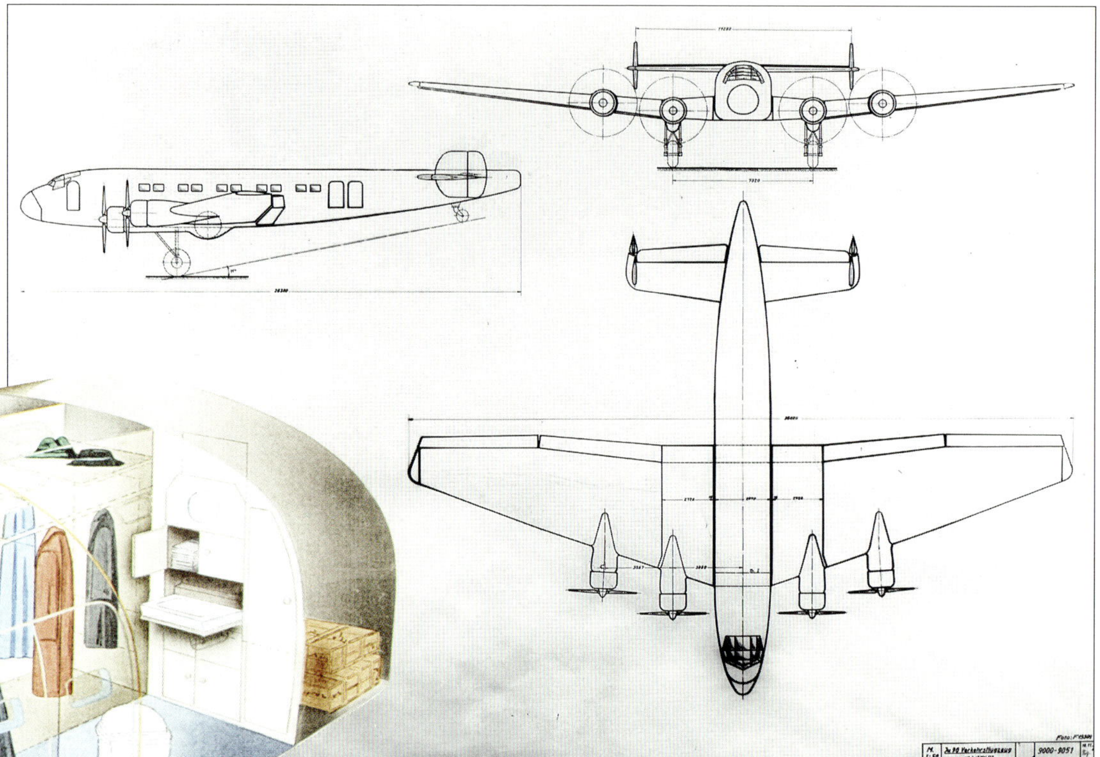

Jetzt müssen nur noch die Auftraggeber, also RLM und DLH, umgestimmt werden. Diese Aufgabe ist leichter als gedacht, denn genau in jener Zeit hatte bei den Luftkriegsstrategen ein Umdenken eingesetzt. Aus den Erfahrungen mit dem präzisen Sturzkampfbomber Ju 87 und den beiden kleinen Schnellbombern He 111 und Ju 86 auf der einen Seite, sowie den begrenzten wirtschaftlichen Möglichkeiten des nun „autark" gemachten Deutschlands (chronischer Devisenmangel) auf der anderen Seite, führten zur Abkehr vom Großbomber. Aber auch taktische Gründe wie zu leichte Beute für gegnerische Jagdflugzeuge und geringe Trefferquote beim Flächenbombardement, damit zusammenhängende Verschwendung von Bomben, Kraftstoff und Personal sowie die Idee des Blitzkrieges geben den Ausschlag Ende 1935, auf den Serienbau großer Terrorbomber zu verzichten.

Im August 1935 hatte August Quick zudem einen Entwurf für einen Schnellbomber vorgelegt (der späteren Ju 88), der den Quantensprung vom schwerfälligen Großbomber zum agilen, kaum Angriffsfläche bietenden, Kleinbomber anschaulich vor Augen führte.

Das Erscheinen der DC-3 zu diesem Zeitpunkt ist ein Glücksfall für Junkers, befindet die Entwicklungsabteilung. Die Ju 89 stellt eine ideale Plattform für einen Giganten des Schnellfluges dar. Soll aus ihr endlich ein Flugzeug entstehen, das neue Maßstäbe setzt! Die Erfahrungen haben gezeigt, wie leicht man durch eine Vergrößerung der Zelle deutliche Gewinne bei der Wirtschaftlichkeit erreichen kann. Mit der Verdopplung der Motorleistung gegenüber der Ju 52 ergibt sich eine Verdreifung der zahlenden Nutzlast, eine 3,5-fache Vergrößerung des Kabinenvolumens und eine Erhöhung der Reichweite um 50 Prozent. Diese Herausforderung nimmt die Entwicklungsleitung von Junkers an.

Das neu zu konstruierende Rumpfmittelstück (Rumpfbug konnte von Ju 89 V3 übernommen werden) paßt die Entwurfsabteilung im Querschnitt einem Reichsbahnwagon an. Dieser truhenförmige Querschnitt hat gegenüber dem ovalen der DC-3 den Vorteil maximaler Platzausnutzung und kommt den natürlichen Gegebenheiten des menschlichen Körpers näher. August Quick, Entwurfsingenieur Martin Schrecker und Chefkonstrukteur Ernst Zindel entscheiden sich außerdem für eine großzügige Auslegung der gesamten Kabine. Vor allem in Hinblick auf maximale Bequemlichkeit der Passagiere bei 3.000 km langen bis zu neunstündigen Flügen kommt es auf genügend Bewegungsfreiheit, reichlich Raum für Toiletten, Kleiderablagen und Bordküche an, aber auch auf schalldämmende Maßnahmen oder die Einbaumöglichkeit von Schlafkojen. Durch die Berücksichtigung all dieser Notwendigkeiten wird die Ju 90 zum größten Landflugzeug ihrer Zeit.

Bilder S. 76: Dreiseitenriß der Serienausführung Ju 90.

Großzügige Platzverhältnisse im Eingangsbereich des hinteren Kabinenabteils.

Bau der Ju 90 V1 in der Versuchsbauhalle.

Bilder S. 77: Windkanalmodell mit wassergekühlten DB-Motoren im großen Windkanal in Dessau.

Nietarbeit am Rumpf der Ju 90 V1.

Dipl.-Ing. Fritz Freundel (17.12.1898), Ingenieurstudium in Mittweida. Kommt am 1.9. 1921 zu Junkers. Seit 1923 Abteilungsleiter für Neukonstruktion Flügel, Leitwerke, Fahrwerke, Steuerung fast aller Typen, 1940 Ernennung zum Oberingenieur. Enge Zusammenarbeit mit Ernst Zindel, Johannes Haseloff, Franz Griebsch und Franz Strobel. Entwicklung des in einem Stück geschmiedeten Flügelholms der Ju 288/287. Von 1946-54 in UdSSR, Entwicklung Schalenflügel JU/EF-132 und JU/EF-150. Techn. Direktor ab 1956 im Flugzeugwerk Dresden. Maßgeblich am Flugzeug „152" beteiligt.

Allerdings ist der von der Ju 89 übernommene Flügel für die Anforderungen eines Passagierflugzeuges zu kompliziert geformt. Der Ju-89-Flügel war durch die senkrechten Bombenschächte, die aus Schwerpunktgründen direkt zwischen den Flügelholmen angeordnet waren, sehr tief geraten. Eine mehrfach geknickte Abströmkante und die auf 26,5 Grad Pfeilung angewachsene Vorderkante sollten für eine ausgeglichene Schwerpunktverteilung beim Bombenwurf sorgen, erschwerten aber bei der Zivilausführung unnötig den sowieso schon komplizierten Flügelbau. Doch ein Neuentwurf kam auf Grund des weit fortgeschrittenen Konstruktionsstadiums nicht mehr in Frage.

Auch das Leitwerk hätte jetzt auf ein einfaches Kreuzleitwerk umgestellt werden müssen. Aber auch hier sollte die einstweilige Beibehaltung Zeit sparen. Darüberhinaus war abzusehen, daß das Flugzeug sicher auch wieder als Militärtransporter (mit Abwehrbewaffnung) eingesetzt werden würde, so daß es am besten gleich so bliebe, wie es ist.

Der einfache konstruktive Aufbau der Ju 89 kommt den Plänen zur Vergrößerung des Rumpfes entgegen. Es müssen zwar ab Spant 3 bis Spant 20 komplett neue Zeichnungen angefertigt werden, aber alle anderen Änderungen sind innerhalb der vorliegenden Ju-89-Konstruktion möglich. Das betrifft besonders das Flügelmittelstück, das praktisch nur aus zehn Duralrohren besteht, die einfach mit der Rumpfbreite verlängert werden. Der Flügelanschluß zum Flügelzwischenstück kann bleiben und auch der Anschluß der Tragflügel nach dem Innenmotor. Von der tragenden Fläche gehen dabei allerdings 4,5 m^2 durch den breiteren Rumpf verloren.

Um der DC-3 in der Wartungsfreundlichkeit überlegen zu sein, wird erst-

Dipl.-Ing. Johannes Haseloff (5.8.1898), begann 1921 bei Junkers als Konstrukteur. Wird schnell Ernst Zindels engster Mitarbeiter. Seit 1923 Abteilungsleiter Rumpfkonstruktion. Beteiligt an allen Typen. Leitet mit Zindel an Ju 160 neue Rumpfbauweise ein mit längs und quer (Seitenwände) liegenden Versteifungsprofilen. 1944 erneut neue Rumpfkonstr. am Strahlbomber Ju 287 mit großen Integralteilen zur Flügelkrafteinleitung. Von 1946-54 in UdSSR. Ab 1955 Aufbau DDR-Luftfahrtind. als Konstruktionsleiter und stellv. Chefkonstr.

mals im Flugzeugbau ein zentraler Kabelkanal in der Rumpfunterseite vorgesehen, der zugleich die Steuergestänge mit aufnimmt. Darüberhinaus sollen reichlich dimensionierte Wartungsklappen überall am Flugzeug für schnellen Zugang sorgen. Der Raum zwischen den Flügelholmen im Rumpf, also dort, wo bei der Ju 89 die senkrechten Bombenschächte sitzen, werden an der Unterseite ebenfalls mit Klappen versehen und dienen als Stauraum für Post und Gepäck, was zudem bei der Größe des Flugzeuges den Vorteil bietet, von einem kleinen E-Karren aus ohne Treppen oder Förderbänder beladen zu können. Die großen Frachträume im Innern der Kabine sind vorn und hinten angeordent, damit sie leicht als zusätzliche Trimmung fungieren können.

Gegenüber der DC-3 und erst recht der Ju 52 ist ein erheblicher Fortschritt zu verzeichnen. Die verbreiterte Ju 90 kann nun die doppelte Zahl Passagiere befördern wie die DC-3, sogar die dreifache Zahl gegenüber der Ju 52. Die Reichweiten der Ju 90 und DC-3 sind mit 1.500 km praktisch gleich. Die Ju 90 aber ist bis 4.000 und 6.000 km weiterentwicklungsfähig, während die DC-3 bereits an ihrem Ende angelangt ist (der dicke Flügel der Ju 90 hat eben auch Vorteile). Ein weiteres deutliches Plus hat die Ju 90 bei der Reisegeschwindigkeit aufzuweisen. Den 250 km/h der Ju 52 und den maximal 310 km/h der DC-3 (meist nur 290 km/h) stehen 350 km/h mit 1.000-PS-Motoren der Ju 90 gegenüber. Die Ju 90 kann mit 1.450-PS-Motoren sogar auf 400 km/h Reise- und 450 km/h Höchstgeschwindigkeit gebracht werden. Auf die moderne Aerodynamik der Ju 90 sind die Junkers-Ingenieure besonders stolz. Es zahlen sich eben die Investitionen in neue Windkanäle aus. Dieses Anwachsen der Geschwindigkeit ist aber auch auf die deutlich bessere Oberfläche der Ju 90 gegenüber der DC-3 zurückzuführen. Mit den angekündigten neuen großen BMW-Doppelsternmotoren 801 käme die Ju 90 auch als schnelles Langstreckenflugzeug zur Überquerung des Atlantik in Betracht, doch dann höchstens für 24 Passagiere (die Fw 200 flog 1938 erstmals über den Atlantik, allerdings ohne Passagiere, denn alle mußten großen Kraftstofftanks weichen).

Die Junkers-Ingenieure haben also mit dem Kompromiß Ju 90 die Douglas-Ingenieure vorerst ausgestochen.

Die Ju 89 V1 (oben) und die Ju 90 V1 (unten) im visuellen Vergleich.

Bild Seite 78: Eine interessante Aufnahme vom Rumpfgerüst der Ju 90 V1.

Unzählige Hutprofile ersetzen Wellblech

Wie sich seit der F 13 die Reisegeschwindigkeiten von maximal 170 km/h auf 250 km/h bei der Ju 52 und endlich bei der Ju 90 auf 400 km/h gesteigert hatten, mußten sich auch die Festigkeitsverbände von Flügel und Rumpf dem anpassen. Höhere Festigkeit bedeutet aber bei gleicher Bauweise auch immer höheres Gewicht. Man mußte also zwangsläufig nach neuen Bauweisen oder Werkstoffen Ausschau halten, die insgesamt leichter bauten.

Die erste komplett neuartige Konstruktion bei Junkers war die Ju 160 mit einem Schalenrumpf aus vier Längsholmen und ebenfalls längs angeordneten Hutprofilen als Versteifung der glatten (zum Beulen neigenden) Duralhaut. Die glatte Haut des Flügels war dagegen mit quergenieteten Profilen versteift. Der Festigkeitsverband des Rumpfes war nur durch die Einstiegstür und die Cockpitverglasung unterbrochen. Die sechs Fensteröffnungen der Passagierkabine paßten genau zwischen Spanten und Stringer, so daß hier keine Kräfteumleitungen nötig wurden. Diese Bauweise konnte für die nachfolgenden Projekte Ju 86 und Ju 89/90 übernommen werden. Für die Ju 87 (Stuka) und Ju 88 (Schnellbomber plus Stuka) waren besonders am Flügel weitere Verfeinerungen notwendig (für Tanks, Wartungsklappen, Bombenaufhängung).

Ein gewisser „Glaubenskrieg" bei der Rumpfschale spaltete das Konstruktionsbüro allerdings in die, welche die Haut mit den Profilen auf die Spanten legen wollte, und in die, welche die Haut auf die Spanten setzen wollte, also so, daß die Profile an den Spanten unterbrochen sind. Die Ju 86 und Ju 252 sind nach erster, die Ju 160 und Ju 90 sind nach der zweiten Methode konstruiert worden.

Der berühmte zentrale Kabelschacht der Ju 90 mit den Gestängen für Steuerung und Triebwerksbedienung. Links und rechts von diesem Kanal verliefen die Heizungsrohre für die Passagiersessel. Gut zu sehen: Ein Rohrholm des Flügels.

Bild Seite 81: Blick auf Spant 14 vom Bug zum Heck. Man sieht die unzähligen Hutprofile, oben zwei Holme und auch noch jede Menge Wellblech.

Dipl.-Ing. Heinz Kraft (21.4.1898), Maschinenbaustudium an TH München, 1923 Schiffswerft Stralsund, dann bei Rohrbach, Heinkel und Henschel. Seit 1936 bei Junkers. Typenleiter Ju 90. Variantenkonstr. Ju 252, 352 und 290 in Prag. 1946 Wiederaufbau von Fabriken in Halle. 1948 Aufbau Sauerstoffwerk Griesheim, nach 1950 Entwicklung von Auto-Fertigungsstraßen.

Durch die Größe der Ju 90 gegenüber der Ju 86 war es schwierig zu entscheiden, wie man dieses Flugzeug bauen sollte. Vorgesehen war ja um 1936 eine richtige Großserienproduktion ähnlich der der Ju 52. Da ging es um Platzverhältnisse und um die Möglichkeit der Bahnversendung größerer Baugruppen. So wurde der Rumpf in drei Sektionen geteilt und auf 3 m größte Breite begrenzt, um ihn zerlegt auf einem Eisenbahnwagon transportieren zu können. Die Sektion 1 ging bis Spant 7 (unmittelbar bis vor den Flügelanschluß), die Sektion 2 (Rumpfmitte zwischen Spant 7 und Spant 12) und die hintere Sektion bis Spant 24. Alle drei Sektionen waren durch Schubwarzenbleche an diesen Stellen auch für spätere Reparaturzwecke lösbar verbunden. Der Flügel be-

stand aus vier Teilen, die durch Kugelverschraubungen miteinander verbunden waren.

Die Herstellung des Ju-90-Rumpfes war der Herstellung des DC-3-Rumpfes sehr ähnlich: In eine Bauvorrichtung kamen die einzelnen Spanten, auf diese wurden die Holme gelegt und durch Laschen- und Winkelbleche miteinander vernietet. Dann kamen die vielen Versteifungsprofile an ihre jeweiligen Positionen, die ebenfalls durch Bleche (meist in U-Form) zum Rumpfgerüst verbunden wurden. Am Schluß mußte das glatte Blech recht umständlich und durch viele Arbeiter auf dieses Gerüst aufgenietet werden. Die Güte der Oberfläche hing dabei vom Geschick der Arbeiter ab, denn das dünne Blech wurde ja erst durch das Nieten an den Rumpf gezogen und erhielt so seine Form. Enge Radien und besonders geformte Bleche mußten zuvor von Hand mittels Glättschwinge in die richtige Form gebracht werden. Das galt zum Beispiel für die Anschlußbleche zwischen Rumpf und Flügel, oder für die Bleche am spitz zulaufenden Heck. Der Arbeiter an der Glättschwinge benötigte jahrelange Erfahrung, um glatte und paßgenaue Bleche liefern zu können.

Wie man am Beispiel der Ju 90 aber auch sieht, spielte das traditionelle Wellblech im Innern noch immer eine große Rolle. Es vereinfachte den Spantenbau, es diente als Versteifung für Zwischenräume, als begehbarer Fußboden und - wie die Ju-90-Seitenruder beweisen - noch immer als unübertroffener Leichtbauwerkstoff für die Außenbeplankung. Da es in sich sehr stabil ist, war es ideal für den Innenausbau der Fluggastkabine oder der Küche. Die Regale und Möbel konnten dadurch an allen Punkten befestigt werden, nicht nur an den Holmen, Stangen und Profilen.

In der Serienbauhalle 204 entstand im Frühjahr bis zum Sommer 1937 die erste Ju 90, ausgerüstet mit vier Daimler-Benz-Motoren DB 600. Die für Jäger entwickelten Motoren waren schlank, benötigten aber zusätzliche Wasser- und Ölkühler, die bei der Ju 90 V1 unter den Motoren im Luftstrom befestigt waren. Diese Aufteilung war von der Ju 89 übernommen worden und sollte ein letztes Mal an der Ju 90 V1 Anwendung finden. Alle späteren Flugzeuge erhielten luftgekühlte Sternmotoren.

Die Ju 90 bestach nicht nur durch ihre Größe, sondern vor allem durch ihre aerodynamische Güte, die Geschwindigkeiten von 500 km/h zuließ. Da war der Flügel mit einem 17 % dicken Profil innen und einer negativen V-Stellung von 3 Grad, am Außenflügel dagegen mit einer positiven V-Stellung von 6,5 Grad zur Selbststabilisierung (bei der Ju 87 war das in viel stärkerem Maße erprobt worden). Der Flügelumriß war einer Ellipse angenähert für eine gleichmäßige Auftriebsverteilung. Die Zuspitzung war mit 1:3,3 eher mäßig, nicht so übertrieben wie bei der DC-3. Der Flügel gab der Maschine selbst bei losgelassener Steuerung und größeren Wind-

Die Ju 90 V1 in der Endmontagehalle 204 kurz vor der Fertigstellung im Sommer 1937. Rumpf und Flügel waren mit zugeschnittenen Blechtafeln beschlagen, die durchgehend mit Versenknietung befestigt worden sind.

böen einen stabilen Flug. Das war genauso wichtig wie eine hohe Reisegeschwindigkeit. Denn letztlich sind auch die Blindflugeigenschaften für die Einhaltung der Flugpläne entscheidend.

Der riesige Rumpf der Ju 90 paßte sich gut in die aerodynamische Durchbildung der Maschine ein. Die Passagierfenster schlossen bündig mit der Außenhaut ab, der Vorderteil hatte einen sanften Dickenanstieg, das Heck ragte weit hinter das Leitwerk hinaus. Die Rumpfunterseite zwischen den Flügeln war eben, um auch noch hier Auftrieb zu erhalten. Der Hecksporn konnte eingefahren werden. Die gesamte Oberfläche war von großer Ebenheit, das heißt, kaum Beulen, saubere Blechstöße und glatt abschließende Senkniete.

Das Leitwerk war von ebensolcher Qualität wie Rumpf und Flügel. Allerdings konnte von der Ju 90 angefangen bis zur letzten Ju 290 keine Seitenleitwerksform gefunden werden, die alle Probleme beseitigte. Die Richtungsstabilität war bei Ausfall von Motoren besonders bei geringen Geschwindigkeiten nie 100-prozentig zufriedenstellend. Auch am Höhenleitwerk ist viele Jahre laboriert worden. Es wurde größer und kleiner, die V-Stellung änderte sich gravierend. Trotzdem war diese Endscheibenbauart immer wieder flatteranfällig.

Für die Ju 90 war auch eine Druckkabine vorgesehen, die aber nur für etwa 4 km Höhe ausgelegt war. In dieser Höhe brachten die Motoren ihre beste Leistung, so daß eine Reisegeschwindigkeit von 400 km/h möglich wurde und auch der Abstieg am Flugende schneller vor sich gehen konnte. Außerdem kam dies dem Wohlbefinden (geregelter Druckausgleich) der Passagiere entgegen.

Bild ganz oben: Vorderer Tragflügelholm aus zwei T-Trägern, versteiftem Blech und Kugelverschraubung.

Bild oben: Rumpfinneres der V1 im Rohbau.

Bild rechts: Laufgang des bis zur Spitze begehbaren Hecks.

Die Ju 90 V1 wird der Presse vorgeführt

Für den 13. September 1937 hatte Junkers die gesamte deutsche Presse nach Dessau geladen, um das neue Großraumflugzeug Ju 90 vorzustellen. Mitte August war die Maschine aus der Montage gerollt und gleich darauf ersten Bodentests unterzogen worden. Dazu gehörten die Funktionsprobe der Triebwerke, der Anzeigegeräte, der Funkausrüstung, die Justierung des Kurskompasses auf der Kompensierscheibe, das Wiegen mit verschiedenen Kraftstoffmengen und eine erste Überprüfung der Steuerkräfte. Daran schlossen sich mehrere Rollversuche an, um die Richtungsstabilität, die Lenkung, die Bremsen, Steuerdrücke und das ordnungsgemäße Anheben des Hecks zu beurteilen.

Am 28. August 1939 waren Pilot Karl-Heinz Kindermann und Flugversuchsingenieur Erich Gast zum 20-minütigem Erstflug gestartet, der sich als völlig komplikationslos erwies. Das war auch kein Wunder, weil die beiden sehr ähnlichen Flugzeuge Ju 89 V1 und V2 schon ausgiebig getestet worden waren und Pilot Kindermann bereits mit der Ju 89 V2 erste Flugerfahrungen mit dem Großflugzeug machen konnte. Kindermann, Gast und weitere Versuchsingenieure testeten die Ju 90 V1 und ihre Anlagen in den darauffolgenden Tagen in bewährter Reihenfolge und Disziplin, damit das Flugzeug vor der Presse nicht plötzlich irgendwelche Überraschungen zeigte. Nach den beiden Einflügen vom 28. und 30. August erfolgte vom 1. bis 8. September die Behebung der Einflugbeanstandungen, um am 9. und 10. September 1937 die Flugeigenschaften mit eingezogenem Fahrwerk zu testen.

Der 13. September 1937 war ein Freitag. Die Presse war außerdem für 13.00 Uhr in den großen Besprechungsraum neben dem Eingang zum Hauptverwaltungsgebäude bestellt worden. Die Maschine stand hellgrau gespritzt und mit schwarzem Namenszug „Der große Dessauer“ versehen wartend vor der

Die Ju 90 V1 rollt frisch gespritzt und mit dem Namen „Der große Dessauer“ versehen aus der Lackhalle.

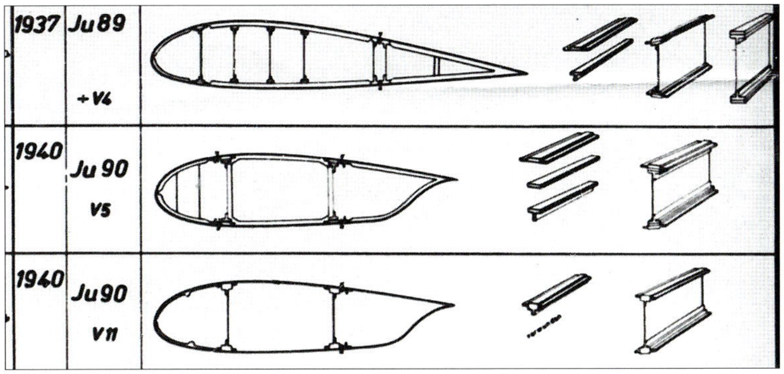

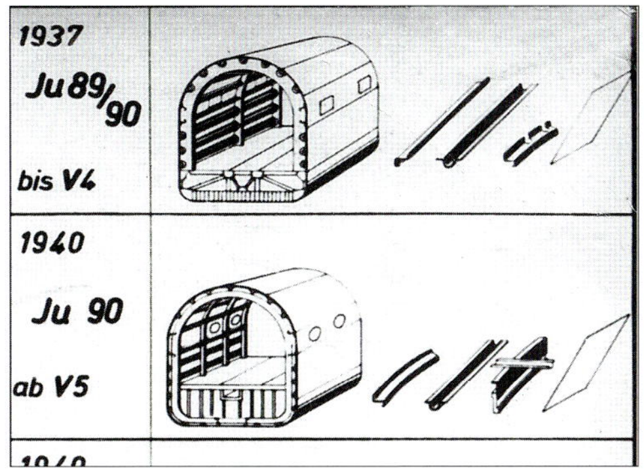

Ing. Erwin Handke (12.5.1911) gehörte zu den außergewöhnlichsten Ingenieuren. Nach Arbeitslosigkeit beim expandierenden Junkers-Konzern 1934 angestellt, zeigt er sein einzigartiges Konstruktionstalent. Vom Entwurf wechselt er in die Entwicklung, wird dort selbständiger Sachbearbeiter für Sonderaufgaben. Konstruiert die Absauganlage der Ju 90/V5-V6, kraftverstärkte Steuereinrichtungen und für Jumo Getriebe größter Leistung. Ab 1940 bei Carl Zeiss für opt. Visiere zuständig. 1945 zurück zu Junkers. Mit B. Baade bis 1954 in UdSSR. 1955 Techn. Direktor Motorenwerk Karl-Marx-Stadt. Nach 1961 Direktor der Orsta-Hydraulik.

Lackhalle 202. Das Markenzeichen der Junkerswerke - Der fliegende Mensch - war in den Junkers-Farben (die zugleich die Lufthansa-Faben sind) unter die Führerkanzel und die Kennung D-AALU auf die Tragflächen gemalt. Die deutschen Pressevertreter zeigten sich von dem grauen Riesenvogel begeistert. Am nächsten Tag stand in fast allen Zeitungen eine Lobeshymne auf den neuesten Dessauer Wurf, der alles bis dahin Gesehene in den Schatten stellte. Keine andere Nation hatte ein ähnlich geräumiges und schnelles Flugzeug vorzuweisen. Besonders angetan war man von der vorzüglich eingerichteten Kabine, den geringen Motorengeräuschen in ihr und dem Luxus, der nun endlich auch in der Luft Einzug hielt: Getrennte Raucherabteile, einander zugewandte Sessel mit Tischen dazwischen, hübsche

Stewardessen servierten kühle Getränke. Die Größe und der Luxus vermittelten Sicherheit und reichlich Nationalstolz. Doch damit sollte die V1 noch nicht das Ende ihrer Berühmtheit erreicht haben. Inzwischen hatten sich nämlich auch Filmleute für die Ju 90 als Star-Requisit zu interessieren begonnen. Für den TOBIS-Spielfilm „Die kleine und die große Liebe" mit Gustav Fröhlich, Jenny Jugo und Rudi Godden in den Hauptrollen spielte die Ju 90 V1 ihre größte Rolle, nämlich eine Linienmaschine, die sie in Wirklichkeit nie geworden ist, auch wenn sie am 7. Februar 1938 nicht bei einem ausgedehnten Flugschwingversuch in der Nähe von Dessau abgestürzt wäre.

Der Schauspieler Rudi Godden in der Uniform eines Flugkapitäns vor seiner großen Liebe - der Ju 90. Oder war es doch die „kleine" Liebe und Schauspielerin Jenny Jugo die große? Egal, das Flugzeug beeindruckt durch seine vollendeten Formen mindestens genauso.

Das Besondere der Ju 90 V1 waren ihre wassergekühlten Motoren DB 600A mit nur 1.000 PS Startleistung. Diese 1.000 PS reichten natürlich nicht für ein Fliegen bis an die aerodynamischen und statisch-dynamischen Grenzen. Mit den Motoren erreichte die V1 nur eine Reisegeschwindigkeit von 325 km/h. Deswegen war das Ausfliegen der für die

Schauspielerin Jenny Jugo zeigt, was sie hat und was sie kann. Der prüfende Blick von Schauspieler-Kollege Gustav Fröhlich gilt allerdings mehr der Frau als der Stewardess. Stewardessen waren zu jener Zeit etwas Neues und deshalb zutiefst Aufregendes bzw. Erregendes.

Serie vorgesehenen Maximalgeschwindigkeit nur in aufwendigen Neigungsflügen möglich. Da man dabei aber beträchtlich an Höhe verliert und ein kräftiger Abfangbogen im Anschluß geflogen werden muß, war das für Mensch und Maschine nicht gerade leicht. Trotzdem konnten die Flugversuche relativ zügig durchgezogen werden. Inzwischen meldete auch die Deutsche Lufthansa Flugversuche zur Streckenerprobung des neuen Großflugzeuges an. Die Flughäfen mußten ja genauso auf den Riesen vorbereitet werden wie das fliegende Personal. Allein das Auffüllen der Bordküche, das Reinigen der Toiletten und das Betanken mit den Betriebsstoffen mußte dem Flugzeug angepaßt und durch das Personal geübt werden. Hinzu kam die Wartung der vier Triebwerke, des Fahrwerks und der Bereifung, der Steuergestänge, der Ruder und Landeklappen sowie ihrer Antriebe. Kurz, die Ju 90 stellte an alle Beteiligten völlig neue Ansprüche. Mit der Ju 90 war das Zeitalter des Langstreckenfluges angebrochen, das alle europäischen Hauptstädte ohne Zwischenlandung verbinden konnte. Das Flugzeug konnte außerdem im Kolonialverkehr auf den Strecken nach Afrika, Indien und China, dann allerdings mit Zwischenlandungen, eingesetzt werden.

Der Gigant für die schnelle Langstrecke

Die aerodynamische Durchbildung der Ju-90-Zelle war den Junkers-Ingenieuren so gut gelungen, daß der gesamte Widerstand bei gleicher Fluggeschwindigkeit nicht größer war als bei der Ju 52, aber bei einer mehr als dreimal so großen Passagierkabine. Damit reduzierte sich die Flugzeit auf der 1.000-km-Strecke von vier Stunden bei der Ju 52 auf zweieinhalb Stunden bei der Ju 90 (die DC-3 benötigt dafür 3,2 Stunden). Die Deutsche Lufthansa sah deshalb die Ju 90 für die Strecken von Berlin nach Rom, Paris und London vor, wo die Ju 90 ihre Überlegenheit in Geschwindigkeit und Komfort auch ausfliegen konnte.

Die Passagierkabine, die in Zusammenarbeit mit dem DLH-Architekten Prof. Breuhaus gestaltet worden war, lehnte sich in den Abmessungen und in der Gestaltung an die Ausstattung bei der Eisenbahn an. Das begann bereits bei der Rumpfform mit senkrechten Seitenwänden und bogenförmigem Dach. Die Normalkabine für 40 Passagieren sah fünf voneinander getrennte Abteile mit je acht bequemen Polstersesseln in gegenüberliegender Sitzanordnung vor, ähnlich wie im D-Zug oder im Speisewagen. Die beiden vorderen Sektionen waren als Raucherabteile eingerichtet. Zwischen dem Cockpit und der Passagierkabine befand sich der Gepäckraum für das Reisegepäck auf der einen Seite, auf der anderen war eine zweckmäßig eingerichtete Kombüse. Hinter der Passagierkabine befand sich der großzügige Eingangsbereich mit Mantelablage, zwei Toiletten mit WC, einem weiteren Gepäckraum, der von rechts durch eine Rumpftür zugänglich war sowie der hintere Trimmraum, der ebenfalls durch eine zweite Tür von außen zugänglich war. Im Heck führte ein Kontrollgang bis in die äußerste Spitze. Er diente zur Inspektion der Leitwerke und ihrer Steuereinrichtungen sowie des einziehbaren Hecksporns.

Die größte Kabinenbreite betrug 2,85 m bei einer äußeren Rumpfbreite von 3,00 m. Die Rumpfspanten waren in ihren Abständen so optimiert, daß sie genau an den Stellen zu liegen kamen, wo die Kabine in die einzelnen Abteile geteilt war. Die im Schnitt (Seite 89 unten)

Die Ju 90 V1 während der Pressevorführung im Flug über Dessau. Im Cockpit befinden sich offensichtlich mindestens sechs Personen.
Einen Blick in die besetzte Kabine zeigt das linke Foto. Es dürfte aber in der Attrappe aufgenommen worden sein. Interessant bei der Schnittzeichnung rechts ist die Rumpfquerschnittform vorn, mittig und hinten.

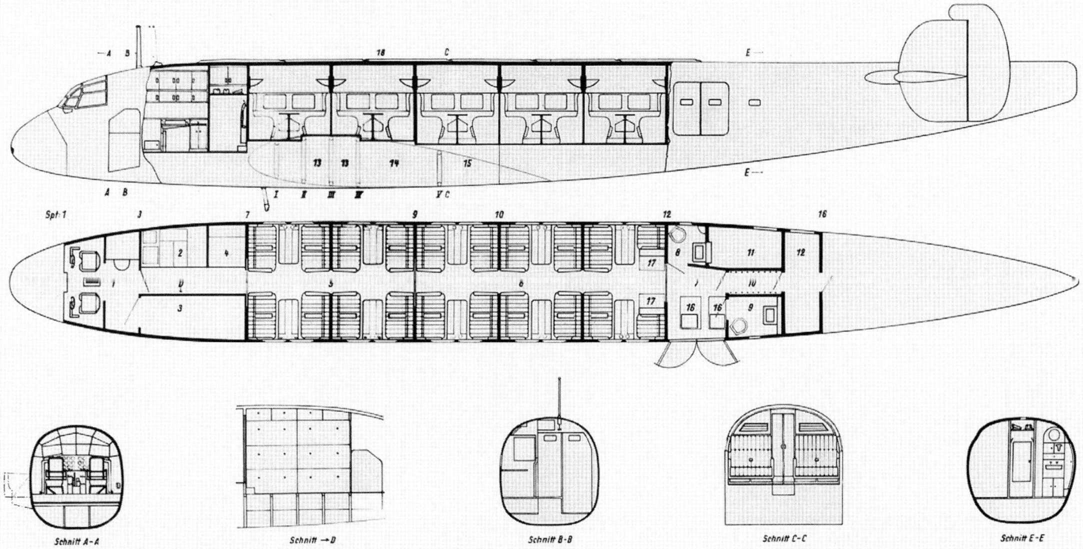

1 Führer- und Funkerraum
2 Anrichte
3 Vorderer Gepäckraum
4 Kleiderablage
5 Raucherabteil
6 Nichtraucherabteil
7 Vorraum
8 Rechtes W. C.
9 Linkes W. C.
10 Kleiderablage
11 Postraum
12 Trimmgepäck
13 Gepäckraum zwischen Tr. II und IV
14 Gepäckraum zwischen Tr. IV und V
15 Gepäckraum zwischen Tr. V und Spant 10
16 Besatzungsgepäck und Abtreter
17 Klappbarer Sitz

zu sehenden Stufen im Kabinenboden (wegen des militärischen Tragwerks notwendig) gab es in Wirklichkeit nicht. Der Kabinenboden war schon bei der Ju 90 V1 in einer Höhe. Ganz im Gegenteil zum Beispiel zur Focke-Wulf 200 „Condor", bei der der Flügelhauptholm wie eine Barriere quer durch die Kabine verlief. Derselbe Nachteil zeichnete übrigens auch die Boeing 247 aus.

Der Bequemlichkeit der Passagiere kam man bei Junkers zuallererst mit ausreichenden Platzverhältnissen und der damit zusammenhängenden neuartigen Raumwirkung entgegen. Größe vermittelt den Passagieren immer Sicherheit. Fühlen sie sich sicher, sind sie entspannt und genießen die Reise durch die Lüfte. Dem kamen wiederum die großen, doppelt angeordenten, Fenster entgegen, die bequemen Polstersessel mit Nackenstütze, die geschmackvollen Wand- und Deckenverkleidungen, die indirekte Deckenbeleuchtung und Einzelleselampen für jeden Sitz. Eine elektrische Steward-Rufanlage für jeden Passagier verband moderne Technik mit einem Gefühl von Luxus und Geborgenheit. Hinzu kam eine bestens ausgestattete Bordküche mit elektrischer Heizplatte und Eisschrank für gehobene Ansprüche.

Ganz besondere Sorgfalt wurde bei der Ju 90 auf eine gute Geräuschisolierung und Schalldämmung im Fluggastraum gelegt.
Der bisher ja oft noch recht unangenehm empfundene Lärm des Auspuffs, der Luftschrauben usw. sucht sich seinen Weg ins Innere der Kabine auf alle nur erdenkliche Weise, durch alle Fugen und Ritzen, insbesondere auch durch Belüftungsöffnungen. Durch eine ganz systematische Isolierung, Abdichtung und Abdämpfung aller dieser Wege für Körper- und Luftschallweiterleitung ist es gelungen, bei der Ju 90 diesen Schallpegel auf einen bei den

meisten Verkehrsmitteln noch nicht erreichten Stand zu bringen; haben doch systematische Geräuschmessungen bei der Ju 90 ergeben, daß die Lautstärke im Fluggastraum noch unter der eines modernen D-Zugwagens liegt, so daß eine Unterhaltung im normalen Gesprächston bequem möglich ist. Damit ist einer der für die Fluggäste fühlbarsten bisherigen Mängel des Flugzeuges gegenüber anderen Verkehrsmitteln behoben.

So äußerste sich Chefkonstrukteur Ernst Zindel am 19. Juli 1938 in Berlin-Tempelhof vor der Presse anläßlich der Vorstellung der Ju 90 V3.

Für die Kabine der Ju 90 ersannen die Spezialisten bei Junkers ein ausgeklügeltes Belüftungssystem, das von außen an der auf dem Rumpfrücken längs verlaufenden Leiste erkennbar ist. Jedes der fünf Passagierabteile hatte einen eigenen Anschluß an diesen Frischluftkanal. Die gesamte Belüftungsanlage ermöglichte einen Luftaustausch von 600 bis 800 Liter pro Minute und Passagier. Bei einem derart großem Luftdurchsatz gab es keine Belästigung der Passagiere durch Rauchen in den vorn angeordenten beiden Raucherabteilen. Über jedem Passagiersitz befand sich zusätzlich noch eine individuell einstellbare Luftdusche. Da für die Ju-90-Serienproduktion der luftgekühlte 9-Zylinder-Sternmotor BMW 132H vorgesehen war, konnte die gesamte Heizungsanlage auf eine Auspuffkrümmerheizung abgestellt werden. Das hatte den Vorteil einer leichten Regel- und Dosierbarkeit der Anlage und außerdem des Heizens schon beim Warmlaufenlassen.

Die Steuerungsanlage der Ju 90 war an die der Ju 52 angelehnt. Die Anlage baute auf dem Junkers-Doppelflügel auf mit der Möglichkeit, die Landeklappe zusammen mit dem Querruder auszuschlagen, was bei Start und Landung zu einer weitgehenden Variierbarkeit des

Frühmorgendliches Startklarmachen der Ju 90 V2 „Preußen" für den Flug nach Bathurst in West-Afrika am 21. November 1938. Dort verlor Junkers nach der V1 auch die zweite Ju 90 durch Absturz.

len verschaffte Platz im Cockpit und bessere Sicht auf die Anzeigegeräte. Und wenn es mal schwer wurde, konnten beide Piloten in die Steuerung eingreifen. Die Seitenruder waren (wie sich später herausstellte) zu klein bemessen. Sie wurden in der Serie vergrößert und auch in der Form mehr einer Ellipse angenähert. Bei verschiedenen Versuchsmaschinen kamen auch federgesteuerte Ruder zur Anwendung. Alle Ruder waren zu 100 % massenausgeglichen, um der Anfachung von Schwingungen maximal entgegenzusteuern.

Bild oben: Ju 90 V2 in der Flugerprobung.
Bild rechts:
Ein wesentliches Element der Ju 90 war der Schnellwechselmotor.
Bild unten: Das nackte Cockpit der Ju 90 V1.

Gleitwinkels und zu einer Erhöhung des Auftriebes führte. Genauso gut konnte die Landeklappe als zusätzliches Querruder verwendet werden. Der Doppelflügel, bei dem die Klappen wie ein zweiter Flügel hinter dem Hauptflügel angeordnet waren, erbrachte einen ge-

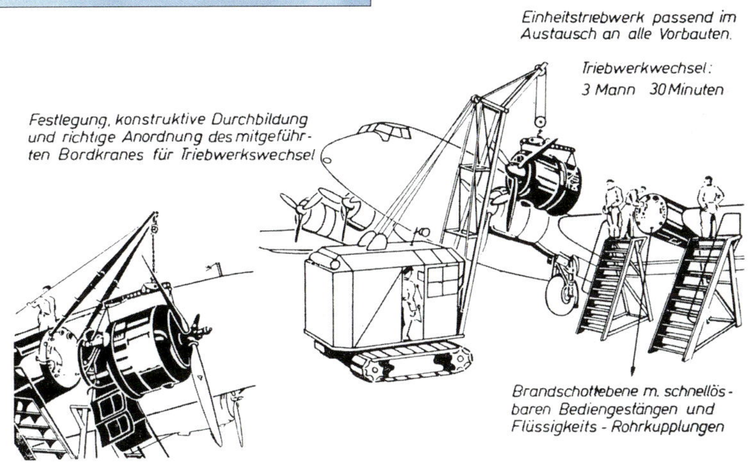

ringen Widerstand, weil der Hauptflügel kleiner ausfallen konnte wegen des höheren Gesamtauftriebs. Die Kräfte der Steuerung waren durch droße Flächen sowie aerodynamischen Kraftausgleich

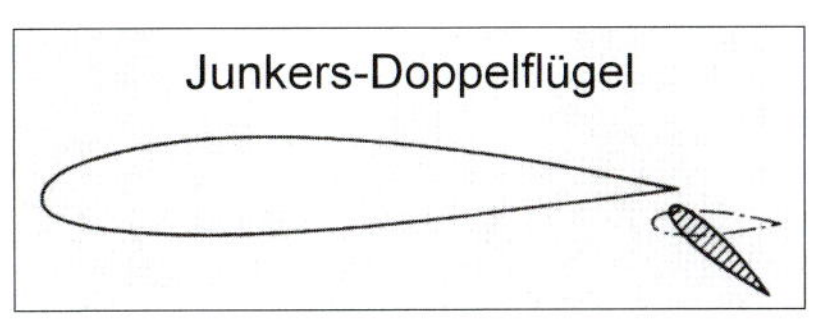

auf die Hand- und Fußkräfte des Piloten abgestimmt. Die Doppelsteuerung mit den nach außen geknickten Steuersäu-

Nach den Schwingungsbrüchen bei der Ju 90 V1 und 007 wurde zum Teil auch überausgeglichen. Das gesamte Leitwerk war ebenso wie der Flügel als Doppelflügel ausgebildet.

Die Ju 90 wies am Flügel erstmals eine Warmluftenteisung auf. Am Leitwerk kamen die bewährten Gummituchenteiser zum Einbau.

Ebenfalls erstmals kam der zusammen mit der Deutschen Lufthansa entwickelte Schnellwechselmotor zum Einsatz, der die Stillstandszeiten der Flugzeuge deutlich senken half.

Gerade die Ju 90 sollte es sein, die Junkers in der Zivilfliegerei wieder an die erste Stelle katapultieren sollte. Die Tragik dieses Flugzeuges beginnt jedoch schon weit vor der Inbetriebstellung durch die Deutsche Lufthansa. Die Verschmelzung der beiden größten deutschen Fluggesellschaften Aero Lloyd (durch Banken, Schiffseigner und Großindustrielle kontrolliert) und dem Junkers-Luftverkehr zur Deutschen Lufthansa AG Ende 1925/Anfang 1926 ergab nicht einfach eine kapitalstärkere Gesellschaft ohne inländische Konkurrenz, sondern vor allem eine vom Staat und durch das Militär indirekt kontrollierte Finanzgruppe, die die schwarze Aufrüstung im Luftfahrtsektor verschleiern sollte.

Die Deutsche Lufthansa agierte bis 1933 immer zweigleisig. Einmal (und das war die offizielle Politik) sollte sie die Transportaufgaben rentabler gestalten durch Konzentration der Kräfte und

Der Serienbau gerät zur reinen Farce

Mittel sowie durch Vereinheitlichung des Flugzeugparks, zum andern (und das war die geheime, vor der Öffentlichkeit stets verschwiegene und - wenn doch aufgedeckt wie von Ossietzky - aufs heftigste bestrittene Tatsache) sollte sie Personal für eine zukünftige Luftwaffe ausbilden und Flugzeuge vorhalten. Der deutschen Flugzeugindustrie wurden dafür Subventionen in Millionenhöhe gezahlt. Besondere Nutznießer waren Heinkel, die Bayrischen Flugzeugwerke und Dornier. Einzige Bedingung war immer, daß die Flugzeuge für beide Aufgaben, militärische wie zivile, tauglich waren. Diese Doppelfunktion der Flugzeuge führte dazu, daß sie

Die erste Serienmaschine Ju 90 001 mit Namen Württemberg, aufgenommen auf dem 1936 erschienenen Agfacolor Farbfilm aus dem benachbarten Wolfen.
Die Württemberg befindet sich im Mai 1939 gerade in der Streckenerprobung durch die Deutsche Lufthansa. Auf der Laderampe steht der Junkers-Bordmechaniker Heinz Schreiber. Er wurde später im Krieg Pilot. Heinz Schreiber flog am 16. April 1946 eine Ju 88 G7 mit Pulsorohr nach Moskau.

weder Fisch noch Fleisch wurden. So steht bei Passagierflugzeugen die Sicherheit stets an allererster Stelle, bei Kriegsflugzeugen rangiert sie unter „ferner liefen“. An zweiter Stelle kommt in der Zivilluftfahrt die Wirtschaftlichkeit, an dritter die Bequemlichkeit und erst danach kommen die Flugleistungen, die nur noch von indirekter Bedeutung sind, weil sie sich schon in der Wirtschaftlichkeit niederschlagen.

In der Militärluftfahrt hingegen steht die Kampfkraft an erster Stelle. Diese ergibt sich aus den Flugleistungen, den Flugeigenschaften und der Feuerkraft der Waffen. Die Lebensdauer eines solchen Flugzeuges ist im Krieg durch einen immer irgendwann eintretenden Abschuß begrenzt. Die Militärs wollen kein Flugzeug, das 25 Jahre alt werden kann und immer noch flugtüchtig ist. Nur modernste Flugzeuge kommen für die in Betracht. Das Militär muß diese teuren Flugzeuge aber auch nicht bezahlen. Das wälzen sie auf das dumme Volk ab, indem sie in Friedenszeiten genau solche wirtschaftlichen Gebilde wie die Deutsche Lufthansa der Jahre 1926 bis 1945 formen, die zivil erscheinen, aber gleichzeitig militärische Aufgaben erfüllen. Das Geld dafür wurde aus dem Zivilhaushalt schamlos (selbst Gelder für die Arbeitslosenunterstützung) entnommen, ohne für militärische Zwecke ausgewiesen zu werden. So baute man im geheimen die Grundlagen für eine neue Luftwaffe auf, um die Welt dann irgendwann plötzlich vor vollendete Tatsachen stellen zu können.

Diesem „vaterländischen" Gehabe fiel die Ju 90 zum Opfer. Von dem Bomber Ju 89 waren zwei fliegende Maschinen (Ju 89 V1+V2), eine Bruchzelle sowie ein waffentragendes neues Bugstück gebaut worden. Auf dem militärischen Tragwerk der Ju 89 aufbauend war dem RLM (das alle Flugzeugentwicklungen im Reich bezahlte) im Januar 1936 ein ziviler Rumpf abgerungen worden, um gegenüber der DC-3 überhaupt erst konkurrenzfähig zu werden. Das Tragwerk der Ju 89 war aber ebenfalls für zivile Zwecke ungeeignet (eigentlich sollte die Ju 90 wie die He 111 und Ju 86 ohne größere Änderungen aus der militärischen Variante entstehen), weil es mit seiner großen Flügeltiefe, der hohen einseitigen Zuspitzung, die wie eine Pfeilung (23° in 25%-Linie) wirkte, wegen der doppelten V-Stellung der Flügelwurzel (für stabile Kampfkurven, fürs Abfangen und Anschweben beim Landen) viel zu aufwendig in der Fertigung war. Ein Zivilflugzeug muß keine Kunststücke in der Luft vollführen, es kann also billiger produziert werden (Flugkapitän Robert Untucht demonstrierte mit der Ju 90 V2 einmal über dem Dessauer Werksgelände, wozu die Ju 90 fähig war. Er flog mit der „Preu-

Der Serienbau der Ju 90 in der Halle 201 in Dessau. Die sogenannte Kleinserie von nur 10 Flugzeugen (sechs für DLH, zwei für Südafrika, zwei für RLM) baute auf dem Prototypen Ju 90 V4 auf. Die Produktion lief von 1938 bis 1941 fast auf Versuchsbau-Niveau. Im Bild am Tor die Ju 90 001, die 003 und Rumpf 005 sowie 2 Bomber Ju 86.

BADEN
LUFTHANSA

Dipl.-Ing. Gerhard Hartmann (26.1.1908) hat um 1934 bei Junkers als Konstrukteur in der Abteilung von Obering. Fritz Freundel (Tragwerk) angefangen. Bei der Ju-88-Konstruktion war er bereits Gruppenführer für die Leitwerkskonstruktion. Danach Chef im Kobü-Musterbau für Leitwerke bis Kriegsende. Unter Brunolf Baade an Ju 287 bzw. EF-131 bis JU/EF-152 für Leitwerk verantwortlich. 1954 aus UdSSR zurück in DDR. In Dresden wieder für Musterbau Leitwerke sowie Baades Turbinenauto verantwortlich.

ßen" aus Dessau-Alten kommend im Tiefflug über den Platz auf das Hauptverwaltungsgebäude zu und zog die Maschine kurz zuvor steil nach oben, um zu einem Immelmann-Turn anzusetzen. Dabei drehte er die Maschine im Augenblick des Abkippens über den Flügel, so daß sich die Schnauze in einem 180-Grad-Winkel senkte, um dann in derselben Richtung zurückzufliegen, aus der er gekommen war). Gleiches galt für das Doppelleitwerk, das durch seine Bauart wie ein Pendel wirkt, also ziemlich anfällig für angefachte Schwingungen ist, das aber zur besseren Abwehr gegnerischer Jäger mit einem B-Stand so ausgelegt werden muß.

Die Farce mit der Ju 90 begann also schon am Anfang ihrer Entwicklung. Sie war aber noch steigerungsfähig. Durch die Abstürze der beiden Versuchsmaschinen V1 am 7. Februar 1938 bei Dessau und V2 am 26. November 1938 in Bathurst verzögerte sich die Einsatzerprobung. Erst durch die V4 konnte sie abgeschlossen werden. Nun sollte die Serienproduktion beginnen. Die DLH orderte Ende 1938 die ersten drei Flugzeuge. Die südafrikanische Linie South Africaan Airways bestellte zwei Stück. Weitere drei wurden anschließend erneut von der Deutschen Lufthansa bestellt. Diese acht Flugzeuge plus zwei für das RLM bildeten die 1938 aufgelegte sogenannte Kleinserie, die mit der Ju 90 V4 weitgehend identisch war. Nur die zwei südafrikanischen Flugzeuge mit den Werknummern 90 002 und 004 hatten 1.200-PS-Motoren vom Typ Pratt & Whittney TwinWasp, während die deutschen Maschinen mit den ebenfalls luftgekühlten BMW-132H-Motoren von nur 830 PS ausgestattet wurden. Die Flugleistungen waren dementsprechend dürftig. Mit diesen Motoren konnte die Ju 90 ihre Überlegenheit über die DC-3 natürlich nicht ausspielen. Aber 1938 ging es schon lange nicht mehr um Höchstleistungen auf zivilem Gebiet, sondern nur noch um einen baldmöglichsten Krieg, damit die Technik nicht zuvor veraltete. Priorität hatten zu diesem Zeitpunkt die He 111 und der Jäger Bf 109, die sich bereits in der Massenfertigung befanden, sowie die Ju 88, die vor der Einführung in die Massenfertigung stand.

Da die Wehrmachtsspitze einen überfallartigen Blitzkrieg plante, kamen in den Planungen eigentlich nur Jäger und Schnellbomber vor. Große Transporter spielten da noch keine Rolle (das wurde erst in der weitläufigen Sowjetunion anders), zumal sie sehr arbeits- und materialintensiv sind. Für eine Ju 90 kann man 2,5 Schnellbomber Ju 88 oder fünf bis sechs Jäger Bf 109 bauen. Die Ju 90 in ihrer nunmehr sehr zivilen Auslegung eignete sich auch nicht sonderlich zum Truppentransporter. Das RLM empfahl also 1938 entsprechende Änderungen am Muster Ju 90, um davon vielleicht eine Großserie bauen zu können. Auf dieser Grundlage entstand bei Junkers die Ju 90 V5 mit einem vereinfachten Flügel und doppelt bereiftem Hauptfahrwerk. Die V5 stellte eine Zäsur in der Entwicklung der Ju 90 dar, denn dieses Muster diente nur noch rein militärischen Zwecken. Die V5 beendete darüberhinaus abrupt die Entwicklung der Zivilvariante, die ebenfalls durch das eigentümliche Trag- und Leitwerk militärisch vorbelastet war.

Auffallendes Merkmal der Ju 90 V5 waren die bullaugenförmigen Kabinenfenster, die nicht etwa wegen des Einbaus einer Druckkabine in ihrer Form

Die Serienmaschinen waren blank, nur mit dem Schriftzug der Lufthansa versehen, die Bugkappe war aus Holz und weiß.

Dipl.-Ing. Hans Steudel (22.7.1883), einer der ältesten Mitarbeiter von Prof. Junkers, arbeitete seit 1913 in dessen Versuchsanstalt. Er leitete die Entwicklung der Junkersschen Schiffsmotoren. 1916 war er an Entwicklung der J.7 beteiligt. Ab 1933 leitete er die Junkers-Materialforschung. Von 1946-53 in UdSSR. Dort entwickelte er neues Gießverfahren zur Turbinenschaufelherstellung für NK-12, der stärksten Propellerturbine der Welt. Längst Rentner, reiste er 1953 via Berlin ins heimatliche Rheinland zurück.

geändert worden waren, sondern einfach zur Reduzierung des Fertigungsaufwandes. Die einst viereckigen Fenster waren deswegen durch ein Blech mit einer ovalen Öffnung abgedeckt worden. Dem neuen Tragwerk jedoch schenkte die Entwicklermannschaft größte Aufmerksamkeit. Genauso dem Leitwerk, das grundsätzlich geändert wurde, aber wieder nicht in ein Kreuzleitwerk, denn es mußte sich ja wegen der vorgesehenen Waffenstände ein freies Schußfeld nach hinten ergeben.

Die mit viel Vorschußlorbeeren 1937 bedachte und mit Pomp bei der DHL 1939 eingeführte zivile Ju 90 war an ihrem Ende, noch bevor sie überhaupt richtig zum Einsatz kam. Wenn man es

Schall- und Wärmeisolierung spielte erstmals bei der Ju 90 eine derart große Rolle, daß dafür ein ungeheurer Entwicklungsaufwand in Kauf genommen wurde. So müssen die Matten auch gegen Schwitzwasser immun sein.

Der „Klein-Serienbau" der Ju 90, vorn mit der ersten Serienmaschine 90 001 „Württemberg". Eine richtig aufgezogene Serienproduktion hätte monatlich 100 Flugzeuge ausgestoßen. Letztlich sind nur ganze zehn Serienflugzeuge gebaut worden - ein Witz.

Die Ju 90 V3 (oben und unten) stand bei der DLH im Streckendienst und hatte als einzige Ju 90 eine abweichende Lackierung mit silberner Nase zur ansonsten aluminiumglänzenden Oberfläche. Das Glattblech war mit Reinstaluminium plattiert und zusätzlich eloxiert.

vollkommen nüchtern betrachtet, war die Ju 90 wie auch die beiden Zeppeline LZ-127 und LZ-129 nichts als ein kolossaler Propagandatrick der Nazis, um der Weltöffentlichkeit eine friedliche und technisch erfolgreiche Entwicklung in Deutschland vorzugaukeln, um zum einen von der gigantischen Aufrüstung und zum andern von den staatlichen Repressalien Andersdenkender abzulenken. In Deutschland herrschte seit 1933 der politische und technologische Ausnahmezustand, der nach links gerichtet alles Fortschrittliche brutal unterdrückte und der nach rechts gerichtet, allen technisch-technologischen Fortschritt in den Dienst einer maßlosen Aufrüstung und der Unterjochung des eigenen Volkes und anderer Völker stellte.

Die Junkers Ju 90 war eines der wohl schönsten und fortschrittlichsten Flugzeuge, die je gebaut worden sind. Man kann sich aber nicht heute hinstellen und sagen, ja, wenn die Nazis nicht gewesen wären und der Krieg nicht gekommen wäre, dann, ja, dann wäre alles schön friedlich verlaufen und die Ju 90 wäre das erste echte Langstreckenflugzeug der Welt geworden. Nein! Die Ju 90 gab es nur durch den Nazistaat und durch die enormen Geldmittel, die er mittels Gelddrucken dafür zur Verfügung stellte. Den dafür notwendigen Forschungsvorlauf hätte ein Hugo Junkers niemals bezahlen können. Punktum.

Der Junkerssche Flugschwingversuch

Dipl.-Ing. Reginald Schinzinger (26.4.1897), Artillerie-Flieger an der Westfront. Nach 1918 Studium in Stuttgart. Seit 1923 bei Junkers zunächst in Forschungsanstalt, dann unter von Doepp im WIndkanal. Mitbegründer der Flugversuchsgruppe. Schinzinger wurde 1934 nach dem Weggang von Fritz Hoppe zur DVL neuer Abteilungsleiter der Junkers-Flugabteilung. Nach 1945 noch einige Jahre in Dessau, dann in Frankreich tätig. Arbeitete seit 1961 bei MBB in Ottobrunn

Die das Flugzeug umströmende Luft besitzt den gleichen Energiegehalt wie die Schubkraft der Motoren. Je stärker die Fluggeschwindigkeit anwächst, desto mehr Schubkraft ist erforderlich, die in Form der Luftkräfte zurück auf die Flugzeugzelle wirken. Da alle Zellenteile ein Schwingungssystem darstellen, können sie, einmal angeregt, dem Luftstrom Energie entnehmen, wodurch die Schwingungsamplituten dermaßen anwachsen, daß sie zum Bruch des betreffenden Bauteiles führen können. Man könnte nun zwar die Festigkeit des Bauteiles heraufsetzen, würde dadurch aber wiederum nur Gewicht erhöhen, was wiederum durch eine größere Antriebskraft ausgeglichen werden müßte, wodurch das selbe Spiel von vorn losginge.

Die Firma Junkers spielte bei der Erforschung von Bauteilschwingungen eine sehr frühe und entscheidende Rolle. Spätestens ab 1935 begannen bei Junkers unter der Leitung von Boris von Schlippe systematische Untersuchungen an fliegenden Versuchsträgern. Als Versuchsträger diente eine Ju 52, einmal weil sie durch die Dreimotorigkeit eine hohe Sicherheit aufwies, zum andern weil dieses Flugzeug bis dahin noch nie eine Neigung zum gefürchteten Flattern gezeigt hatte. Das Risiko, das Junkers mit den Schwingversuchen im mit Meßgeräten überwachtem Fluge einging, war groß, aber berechenbar. Im Prinzip war der Junkers-Flugschwingversuch ein Laborversuch durch künstlich angeregte periodische Schwingungen, bei dem das Labor selbst mit zur Versuchseinrichtung geworden war.

Der erste große Erfolg stellte sich 1936 ein, als es bei einer Ju 86 gelang, das Seitenleitwerksschwingen in den Griff zu bekommen. Der erste große

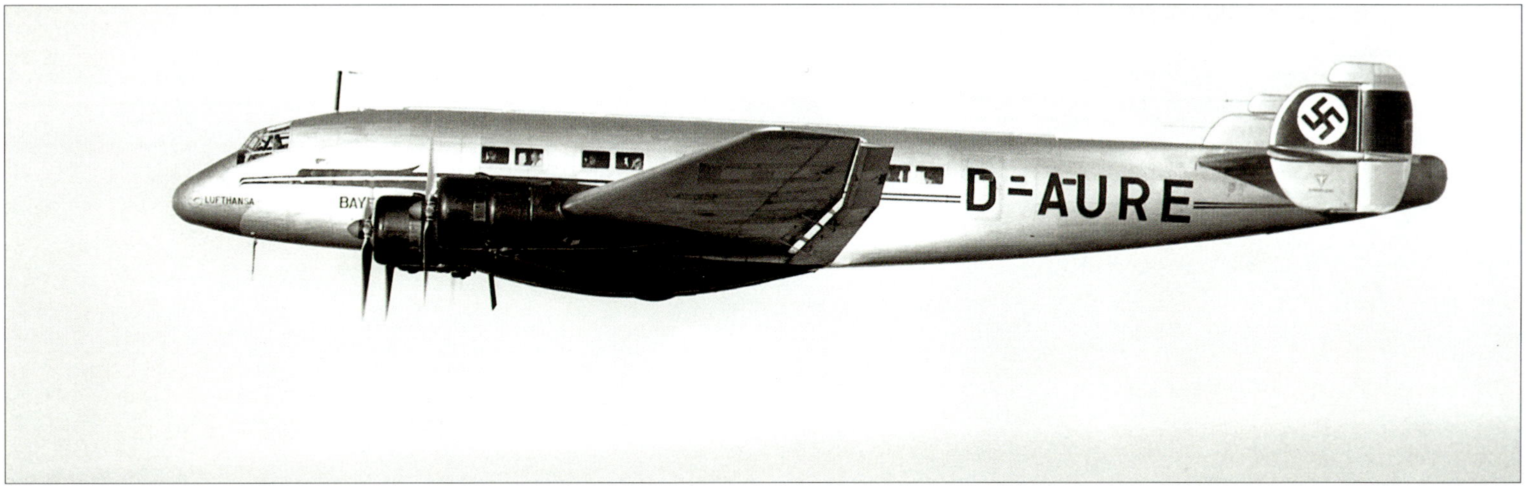

Bild links: Die Südafrika-Maschine Ju 90 002 beim Flugversuch mit abgestelltem 3. Motor. Zum schnellen Abspringen blieben die Cockpitdachscheiben geöffnet.
Bild oben: Die V3 im Schnellflug.
Bild unten: Die fertigen Flugzeuge rollten mit einem bräunlichen Aluminium-Schutzlack aus der Endmontage, hier die Ju 90 001.

Rückschlag ereignete sich bei der Ju 90, als die V1 am 7. Februar bei einem Flugschwingversuch das Leitwerk verlor und abstürzte (Karl-Heinz Kindermann und Erich Gast konnten sich retten, während bei Versuchsing. Alfred Hahnemann der Fallschirm zu spät öffnete). Der Flugunfall der Ju 90 V1 ward zum Menetekel für die Flugabteilung und das gesamte Junkerswerk. Als dann auch noch Ende 1938 die Ju 90 V2 vom Himmel fiel, jedoch nicht wegen Flatterschwingens, sondern wegen zu geringer Seitenleitwerksstablilität in der Startphase, geriet für kurze Zeit gleich die ganze Ju 90 in Verruf. Trotz der Ereignisse und weiterer Pannen mit dem Leitwerk der Ju 90 hielt man bei Junkers am Flugschwingversuch fest. Und das hatte seinen Grund.

Durch plötzlich auftretendes Flattern waren in Deutschland bis 1938 ungefährt 130 Flugzeuge verloren gegangen. Es gab Fälle, wo ein bis zum Allerletzten ausgetestetes Flugzeug ohne Vorwarnung ins Flattern geriet und abstürzte. Alle Flugzeughersteller sowie -halter hatten ein überlebenswichtiges Interesse an der Erforschung der Flatterschwingungen. Junkers, die AVA in Göttingen und die DVL in Berlin untersuchten gemeinsam im Windkanal und im Flugschwingversuch mit der werkseigenen Ju 52 mit Kennung D-AJAC die Phänomene des Anfachens und Abklingens von Bauteilschwingungen. Dabei hatte Junkers die Methode einer periodisch angeregten Schwingung, zum Beispiel des Flügels, eingeführt, gegen die es bis zum Unfall der Ju 90 V1 keine Bedenken, auch staatlicher Stellen, gegeben hatte. Vorgeschrieben war bei jedem neuen Muster nur ein sogenannter Standschwingversuch.

Was war nun beim Unfall der V1 geschehen, und warum wurden die Flüge fortgesetzt?

Die Ju 89 und auch die Ju 90 hatten sich vor dem Unfallflug vom 7. Februar 1938 als ausreichend schwingungsresistent erwiesen. Die Ju 89 war mehrmals über 400 km/h ausgeflogen worden, und auch die Ju 90 V1 hatte mehrere Dutzend Vorstöße in Geschwindig-

keitsbereiche jenseits der 400 km/h gewagt. Noch zwei Tage vor dem Unglück war die Ju 90 V1 ohne Anzeichen von Flattern bis zu einer Geschwindigkeit von 465 km/h geflogen worden.

Für den 7. Februar 1938 waren mehrere Flüge angesetzt, um eine Zulassung der Ju 90 bis 450 km/h von der Bauaufsicht zu erlangen. Dazu mußte das Flugzeug nach den gültigen Bauvorschriften mit einer 25-prozentigen Übergeschwindigkeit geflogen werden, wobei etwa auftretende Schwingungen, wie zum Beispiel durch Böen, vom Flugzeug selbst so gedämpft werden mußten, daß sie „gutartig“ blieben.

Die Ju 90 V1 startete mit Pilot Kindermann und zwei Flugversuchsingenieuren zum Erprobungsflug. Nachdem die Geschwindigkeit von 465 km/h vom vorherigen Flug ohne Beanstandungen erreicht war, steigerte der Pilot weiter die Geschwindigkeit. Während der ganzen Zeit war die Schwingungserregeranlage eingeschaltet. Nach dem Anstoßen der Ruderanlage klangen die eingeleiteten Schwingungen jedesmal wieder ab, aber bereits langsamer als bei wesentlich niedrigeren Geschwindigkeiten. Die Ju 90 V1 hätte sicherlich ohne die Erregeranlage bis zu 550 km/h geflogen werden können, vielleicht auch noch wesentlich darüber, aber die eingeschaltete Erregeranlage setzte ja die Zelle unter künstliche Schwingungen, so daß die kleinste Anfachung schnell zu großen Schwingungsamplituten führen konnte. Und eben das geschah bei einer wahren Geschwindigkeit v_W = 495 km/h bzw. der Staudruckgeschwindigkeit von v_a = 460 km/h. Erreicht werden mußte laut Bauvorschrift eine sichere Geschwindigkeit von 565 km/h. Doch kurz vor der 500-er Marke passierte das Malheur. Heftiges Schwingen setzte plötzlich ein. Der Pilot wollte schnell noch die Erregeranlage abschalten, aber sie war durch das Schwingen

Flugkapitän Friedrich-Karl Maringer gelang am 26. Mai 1941 gegen 18.40 Uhr mit der Ju 90 007 „Oldenburg“ obige Bauchlandung auf dem Dessauer Flugplatz. Das rechte Seitenleitwerk war nach heftigen Schwingungen zu Bruch gegangen. Mit an Bord waren Pilot Dautzenberg, Bordwart Berger, die Versuchsingenieure Schwarz und Roos sowie drei Herren von Siemens (Dreiachsensteuerung) und ein Herr von der Deutschen Lufthansa. Die 007 erlitt einen geschätzten Schaden von 20 Prozent.

Bild Seite 100 oben: Die Ju 90 007 nach Schwingungsbruch und Bauchlandung auf dem Flugplatz Dessau.

Seite 100 unten: Die Ju 90 V1 war bei 495 km/h am 7. Februar 1938 ins Flattern geraten, wobei die Erregeranlage nicht mehr abzuschalten ging. Die V1 stürzte bei Dessau in ein Feld. Das Seitenleitwerk war, wie zu sehen, durch Flattern abgerissen.

anscheinend selbst blockiert. Innerhalb von zwei bis drei Sekunden schaukelten sich die Schwingungen derart auf, daß das Seitenleitwerk und Teile des Höhenleitwerks wegbrachen und das Flugzeug drehend in die Tiefe stürzte. Kindermann und Gast kamen mit Mühe aus dem Flugzeug, Hahnemann gelang dies erst zu spät am Boden, so daß sich der Fallschirm nicht mehr öffnete. Die V1 zerschellte in der Nähe von Desau.

Nach dem Unfall stritten die Experten, zum Teil öffentlich (in Fachzeitschriften), über den Sinn derartiger Versuchsflüge. Letztlich gelang es aber niemandem, die Notwendigkeit von Flugschwingversuchen zu widerlegen. Denn die Argumente der Befürworter erwiesen sich als stichhaltiger: Flattern läßt sich ohne Erregeranlage nicht erzwingen, die Vorwarnzeit bei plötzlich einsetzendem Flatter ist äußerst gering, der Pilot zeigt sich meist so überrascht, daß er zu keiner Gegenhandlung mehr fähig ist. Wenn man dagegen Schwingungen künstlich mit einer Erregeranlage herbeiführt, ist man erstens nicht von einem zufälligen Anfachen abhängig, zweitens kann man im Falle gefährlicher Zunahme der Schwingungen die Anlage sogleich abstellen, drittens rechnete die Besatzung bei diesen speziellen Versuchen auch mit Komplikationen, so daß sie besser darauf eingestellt ist. Und viertens und wichtigstens kündigen sich Schwingungen an, so daß auch die kleinsten meßtechnisch zeitig genug erfaßt werden können, um dann mittels entsprechender Flatterrechnungen die Wirkung vorherzubestimmen.

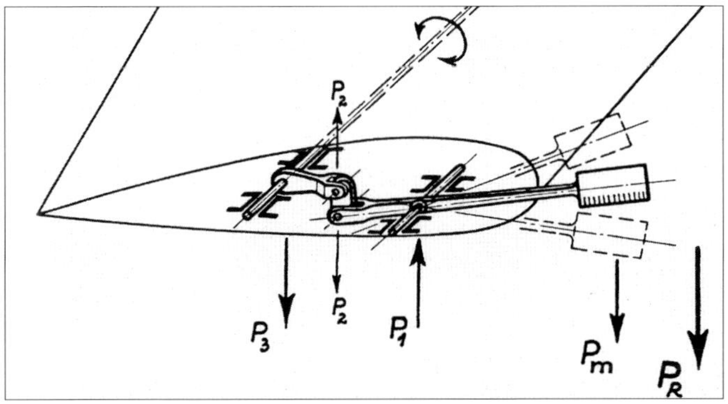

Am 26. Mai 1941 ereilte die „Oldenburg" ein ähnlicher Unfall. Hier Auszüge aus dem Flugbericht von Flugkapitän Friedrich-Karl Maringer:

Grund des Fluges der DLH-Ju 90 007: Nachweis der Schwingungsfreiheit des Leitwerkes bei eingeschalteter Siemens-Dreiachsensteuerung.

Am 26. Mai 1941 startete ich um 18.17 Uhr zu diesem Flug. Der Flug war in derselben Weise angesetzt wie der vorangegangene am gleichen Nachmittag: In einer Höhe von 3.000 m die Maschine mit Hilfe der Siemens D-Steuerung in eine leichte Bahnneigung von 15 bis 20^0 bringen, bei einer v_a von 280 km/h von Hand eine kurze Störung an der Steuersäule einleiten. Die Störung klang, wie erwartet, schnell und gedämpft ab. Dies wurde bei den Geschwindigkeiten von 300, 320 und 340 km/h wiederholt. Zuletzt wurden 365 km/h ohne Störungen erreicht. Mit Hilfe der D-Steuerung richtete ich die Maschine wieder auf und stieß bei 345 km/h den Steuerknüppel nochmals an. Sofort war eine deutliche Schwingung zu vernehmen, die die Meßgeräte auch anzeigten. Schon nach Ablauf einer Sekunde wurden die Schwingungen auch von den Mitfliegenden gespürt. Nach der 2. Sekunde waren die Amplituten so hoch, daß ich mich gezwungen sah, die D-Steuerung auszuschalten. Dies gelang nicht sofort, da die Steuersäule sich in heftigen Schlägen hin und her bewegte. Nur mit Hilfe des Bordmonteurs konnte sie ausgeschaltet werden. Fast im gleichen Augenblick gab es einen Knall. Die Maschine kippte steil nach vorn ab, wobei die Schwingungen dann nachließen. Mit Eintritt der kritischen Schwingungen und des anschließenden Sturzes versuchten die acht Mitfliegenden das Flugzeug zu verlassen, was jedoch wegen der großen auftretenden Beschleunigungen unmöglich war. Nachdem die Maschine sich langsam wieder aufrichtete und wir den Schaden festgestellt hatten, sah ich, daß die Maschine sich während des Sturzes um 180 Grad gedreht hatte. Voraus lag der Dessauer Flugplatz, auf dem ich zur Bauchlandung ansetzte.

Die beiden Bilder zeigen die Erregeranlage für Flügelschwingungen in einer Ju 52. Die Versuchsanlage entstand bei Junkers, die Meßanlage bei der Deutschen Versuchsanstalt für Luftfahrt (DVL) in Berlin. Die gesamte Flugzeugindustrie war an dem Phänomen „Flattern" interessiert und ließ sich die Untersuchungen deshalb einiges kosten. Die Ju 52 eignete sich wie kaum ein anderes Flugzeug für diese Untersuchungen. Sie war groß genug, um die Anlagen und Beobachter aufzunehmen. Außerdem hatte sie sich in ihrer Einsatzzeit als sehr schwingungsresistent erwiesen.

Absaugen und Ausblasen an Ju 90 V5/6

Nach dem Desinteresse des RLM an der Ju 90 Z1 bis Z3 (rein zivile Versionen), von der zwischen 1938 und 1940 nur zehn Maschinen unter Versuchsbaubedingungen produziert worden waren, sollte mit der Ju 90 V5 beginnend ab 1938 ein neues Muster der Ju 90 entstehen, das sich als Prototyp für einen Militärtransporter eignen würde. Entscheidend sollte dabei eine schnelle und kippsichere Beladung des Flugzeuges, eine stärkere Motorisierung sowie der Ersatz des Junkers-Doppelflügels durch vereisungssichere Klappen sein, wobei die guten Kurzstarteigenschaften des Doppelflügels erhalten bleiben müßten.

Diesen Forderungen der militärischen Dienststellen versuchte Junkers mit der Ju 90 V5 und V6 nachzukommen. Die Flugzeuge erhielten einen komplett neu entworfenen Flügel mit einfacher Geometrie, langgefrästen Profilholmen und einer bis in die Spitzen reichenden hohen relativen Dicke. Dieser dicke Flügel (17 %) war zur Unterbringung eines Gebläses, der Rohrleitungen und Regeleinrichtungen zum Absaugen und Ausblasen der Grenzschicht vorgesehen, um mindestens genauso gute Start- und Landeeigenschaften wie mit Doppelflügel zu erreichen. Und irgendwo mußte ja auch der Kraftstoff neben der Gebläseeinrichtung untergebracht werden.

Als Dr. Georg Backhaus am 1. Januar 1938 bei Junkers in der Abteilung Entwurf/Aerodynamik begann, war die Berechnung der Strömungsverhältnisse in der Absauganlage der Ju 90 V6 (später auf V5 ausgedehnt) seine erste Arbeitsaufgabe. Backhaus war zuvor Assistent bei Prof. Wilhelm Hoff an der TH Berlin gewesen (Hoff war zuvor langjähriger Leiter der DVL Berlin-Adlershof). Zusammen mit Erwin Handke, dem Konstrukteur der Entwicklungsabteilung für Sonderaufgaben, dimensionierte Backhaus die Anlage. Erwin Handke hatte mit der Absauganlage ganz Großes vor, nicht einfach weil erstmals in der Welt ein derart großes Flugzeug mit solch einer Anlage ausgestattet wurde, sondern aus der Überlegung heraus, daß die Motoren ja sowieso Verbrennungsluft ansaugen müssen - warum da nicht gleich die abgesaugten Luftvolumen dafür verwenden? Mit der Idee ließen sich zwei Fliegen mit einer Klappe schlagen, nämlich die vorverdichtete Luft zur Aufladung des Motors nutzen, um damit größere Flughöhen zu erreichen und außerdem noch den Lufwiderstand der Ansaughutze einsparen. Doch das blieb einem zweiten Schritt vorbehalten (der

Die Ausblaseöffnungen an der Ju 90 V5 über der Landeklappe zeigt obiges Bild. Die zwei Zeichnungen rechts geben einen Einblick in den Flügel der V5/V6. Die V7 sollte urspünglich ebenfalls eine solche Anlage bekommen. Ganz rechts nochmal der V5 unter die Landeklappe geschaut.

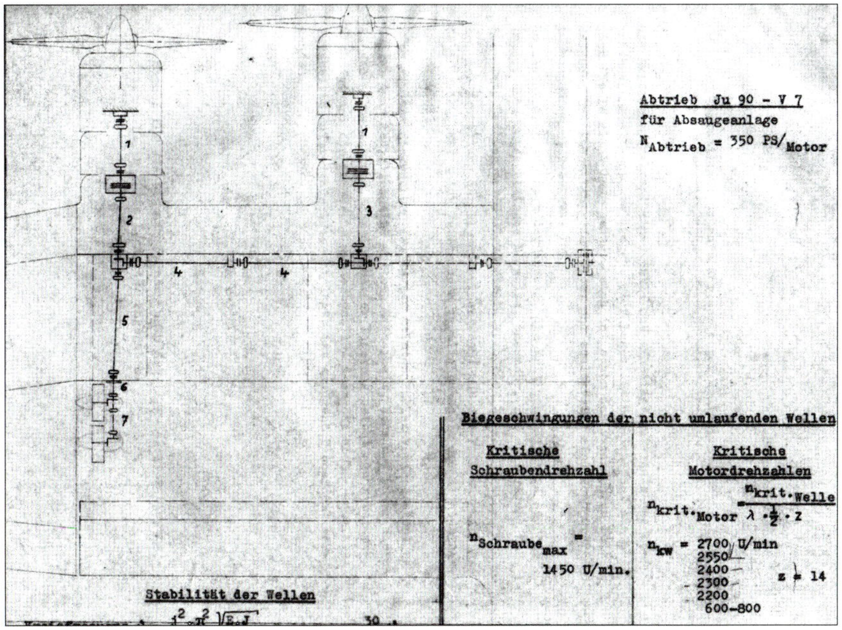

nie verwirklicht werden sollte). Zunächst konstruierte Handke eine einfachere Anlage, die aber immer noch sehr hohe Ansprüche stellte.

Maximale Auftriebsbeiwerte von 4 bis 5 bei Start und Landung sollten erreicht werden. Zusätzlich versprach das Absaugen und Ausblasen bei dicken Flügeln im Reiseflug eine Widerstandsverbesserung. Dabei mußten Luftmengen von 0,13 bis 0,25 m^3/sec pro Quadratmeter Flügelfläche abgesaugt werden, und zwar an der Unterseite der Fläche über die gesamte Spannweite.

Dr. Georg Backhaus (22.10.1910) war bis 1937 Assistent von Prof. Wilhelm Hoff. Seit 1938 bei Junkers als Aerodynamiker. Seine erste Aufgabe war die strömungstechnische Untersuchung zum Ausblasen und Absaugen an Ju 90 V5. Nach Dr. Sighard Hoerners Wechsel zu Messerschmitt wird Backhaus 1941 Chef der Entwurfsabteilung Aerodynamik. Arbeiten an Ju 288 und Ju 287. Bis 1954 in UdSSR. 1956 Honorar-Professor an TH Dresden. Bis 1961 in DDR-Luftfahrt, danach ordentlicher Prof. für Technische Mechanik an TH Dresden.

Ausgeblasen wurde die Luft über der Landeklappe. Damit eine gleichmäßige Menge über die Klappen blies, mußte die Strömung genau verteilt werden, einmal durch die Dimensionen der Rohre, zum andern durch die Größe der Ausblaseöffnungen. Diese Öffnungen nahmen dann an der Endausführung zur Mitte hin auf ein Drittel ab.

Bei den Flugversuchen mit der V5 und V6 stellten sich zwar maximale Auftriebsbeiwerte von mindestens 3,8 ein, aber die Anlage selbst war zu aufwendig in der Pflege und Unterhaltung, um im rauhen Frontbetrieb (für die sie ja vordergündig gedacht war) ausfallfrei zu funktionieren. Da war es einfacher, ohne Absaugung zu fliegen und dafür aber die Spannweite entsprechend zu vergrößern. Der dicke kurze Flügel der Ju 90 V5/V6 kam zu den Akten und ein neuer schlanker Flügel mit einer Spannweite von 42 m zur Ju 90. Das war dann die Ju 90 V7/V8, die auch gleich die neuen BMW-801-Doppelsternmotoren mit Luftkühlung erhielt. Und damit beginnt die Geschichte der Ju 290.

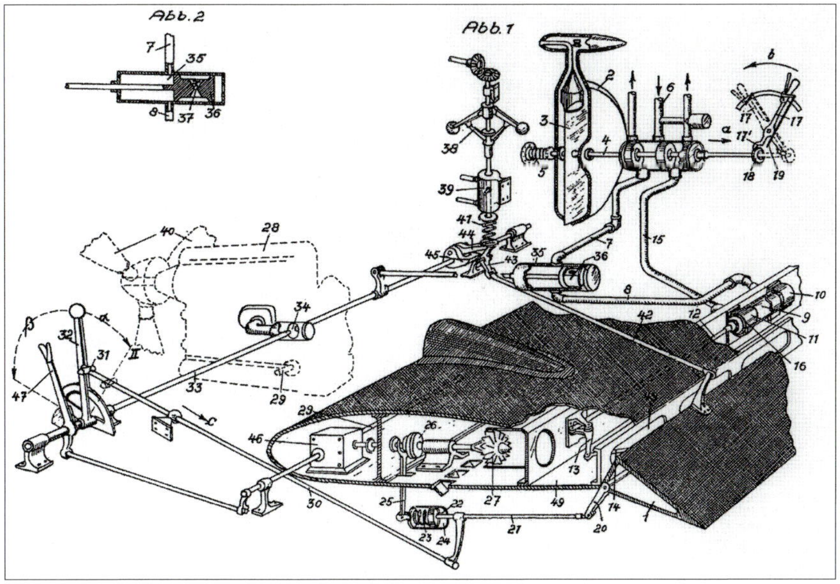

Aus Ju 90 wird Militärtransporter 290

Die Ju 90 V8, der unmittelbare Vorläufer der Ju 290, im Kriegseinsatz im nordafrikanischen Lecce Ende 1942.

Bild links: Die Trapo-Klappe im Test der Rechliner. Mit der bordeigenen Seilwinde wird ein Schützenpanzerwagen ins Innere der Ju 90 V7 gehievt.

Aus der Ju 90 V11 war durch Namensänderung über Nacht (November 1941) die erste Ju 290 geworden. Die V11 hatte mit der bekannten Ju 90 bereits nichts mehr gemein. Die V11 wies einen verlängerten und völlig modernisierten Rumpf auf mit dem neuen Einheitsführerraum, der das Cockpit einer schon lange als notwendig erachteten Standardisierung unterwarf. Das Tragwerk war ja bereits bei der Ju 90 V7 von 35 m auf 42 m gebracht worden, indem eigentlich nur die Flügelstücke nach den Motoren verlängert und verdünnt worden waren. Am auffälligsten ist die Veränderung jedoch am Startgewicht abzulesen. Das verdoppelte sich nämlich von 23 Tonnen (Ju 90 V3) auf 46 Tonnen, wobei das Rüstgewicht nur um etwa acht Tonnen zulegte. Das spricht für die gewachsene Leistungsfähigkeit der neuen Junkerskonstruktion Ju 290.

Wieder lief die Entwicklung einer militärischen und einer zivilen Variante parallel. Einziger zellenmäßiger Unterschied war die Transportklappe im unteren Rumpfboden, die schnell im allgemeinen Sprachgebrauch als Trapo-Klappe bezeichnet wurde. Durch die vielen Jahre der Entwicklung war es zwar gelungen, ein modernes Passagierflugzeug zu bauen - der Rumpf war für Transportaufgaben optimiert und so auch als Passagierkabine nutzbar, auch das Tragwerk war endlich für zivile Aufgaben perfekt (dünner, tiefer gelegen, größeres Λ), aber das war alles nur der Veränderung von einem Bombenflugzeug zu einem Militärtransporter geschuldet. Von einem Transporter zu einem Passagierflugzeug ist es immer noch ein gutes Stück Weg. So blieb das Heckleitwerk geteilt und machte weiter Sorgen. Das Fahrwerk mußte ohne Bugrad auskommen, was eine Zumutung für Passagiere beim Einsteigen ist.

In der Rumpfkonstruktion und in der Raumaufteilung hatte sich gegenüber die Ju 90 einiges verändert. Die Aussteifung der Haut war verbessert worden, wodurch mehr Nutzlast zugeladen werden konnte und die Formgenauigkeit bei großen Belastungen erhalten blieb.

Eigentlich war der gesamte technologische Schub, den sich Junkers am besten deutschen Kampfflugzeug, der Ju 88, erarbeitet hatte, in die Konstruktion der Ju 290 eingeflossen: steife, aber leichte Hautfelder, verbesserter Spantenbau, Hydraulikanlagen mit hohen Drücken, leichte Austauschbarkeit der Motoren und Wechsel zwischen wassergekühlten und luftgekühlten Motoren, aber vor allem die neue Holmbauweise der Flügel mit konisch gefrästen Gurten und den großen eingebetteten Kraftstoffbehältern. Die Ju 290 war wie geschaffen für große Transportaufgaben über Entfernungen, wie sie der moderne Krieg verlangte. Welches Flugzeug konnte 1942 schon 9,5 t Nutzlast über 4.000 km tragen? Da gab es weltweit kein einziges. Und erst recht keines, das unter Feldbedingungen ein Flugzeug mit zwei Panzern durch eine fünfköpfige Besatzung beladen konnte. Das war weder mit der DC-4 noch mit der Lockheed L-49 Constellation machbar. Aber genau diese beiden Typen waren es, die nach dem Krieg das weltweite Transportaufkommen an Atlantikflügen fast allein bestreiten sollten. Die deutsche Konkurrenz war geschlagen und durch die

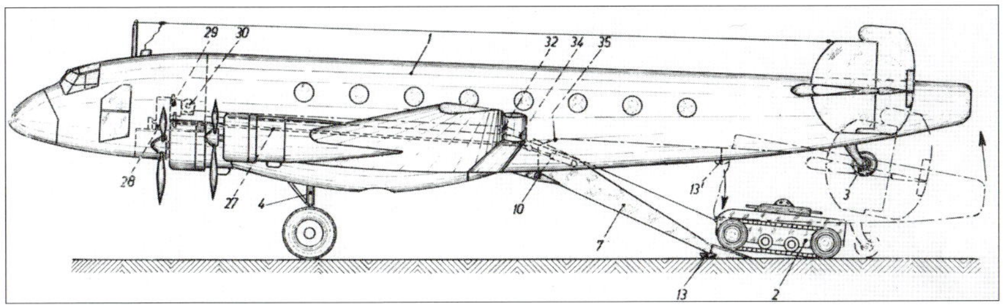

Die Trapo-Klappe nutzte den Laderaum vollständig aus. Es waren Junkersingenieure, die dieses perfekte Ladeverfahren zum Patent anmeldeten (kein Umladen und Kippen).

Farbfoto: Die Ju 90 V8 und eine Fw 200 in Lecce im Herbst 1942. Die V8 hat für die Einsätze Waffenstände bekommen. Die Ju 90 V8 unterschied sich von der Ju 290 im Grunde nur durch den alten Führerstand. Der Rumpf war schon 2 m länger als bei der V7.

Amerikaner (und die anderen Alliierten) auf zehn Jahre geknebelt. Ein mögliches Nachfolgemuster der Ju 290 hätte nach dem Krieg - wenn in Deutschland weiter Flugzeuge hätten gebaut werden dürfen - zu weitaus leistungsfähigeren Mustern geführt, als das mit der zweifelhaften Konkurrenz zwischen der DC-6 und L-749 der Fall war. Gerade auf dem Flugmotorensektor hatte Junkers 1945 einen Stand erreicht, der mit den Jumos 222, 223 und 224 hinsichtlich Leistung, Höhenverhalten, Abmessungen und Kraftstoffverbrauch sowohl die Engländer als auch die Amerikaner um Längen schlug (die Bayerischen Motorenwerke hatten mit dem BMW 802 darüberhinaus einen luftgekühlten Motor mit rund 2.500 PS auf dem Prüfstand).

Für den Militärtransporter Ju 290 ergab sich durch die Erfindung der Trapo-Klappe ein einzigartiges Betätigungsfeld, wozu kein anderes Flugzeug in der Lage gewesen ist, nämlich das Aufnehmen und Absetzen von Lasten während einer kurzen Zwischenlandung, ohne zusätzliches Hilfspersonal und bei laufenden Motoren. Selbst im Fluge war das Absetzen schwerer Lasten möglich (Fallschirmjäger sowieso).

Bei der Projektierung der Trapo-Klappe ging es darum, alle bis dahin bekannten Nachteile einer solchen Klappe auszumerzen, die da waren: Motoren abstellen, Flugzeug verankern, zu geringe lichte Höhe unterm Rumpf, wegen Kippens leichte Ladungen zuerst. Nach Einfahren der Klappe mußte das Transportgut oftmals neu verstaut werden. Mit der zum Patent angemeldeten Trapo-Klappe hatte Junkers eine nicht hoch genug einzuschätzende Einrichtung geschaffen, die folgende Vorteile aufwies: schwerste Lasten können zuerst verladen werden, der Frachtraum wird trotz der Bodenklappe vollständig ausge-

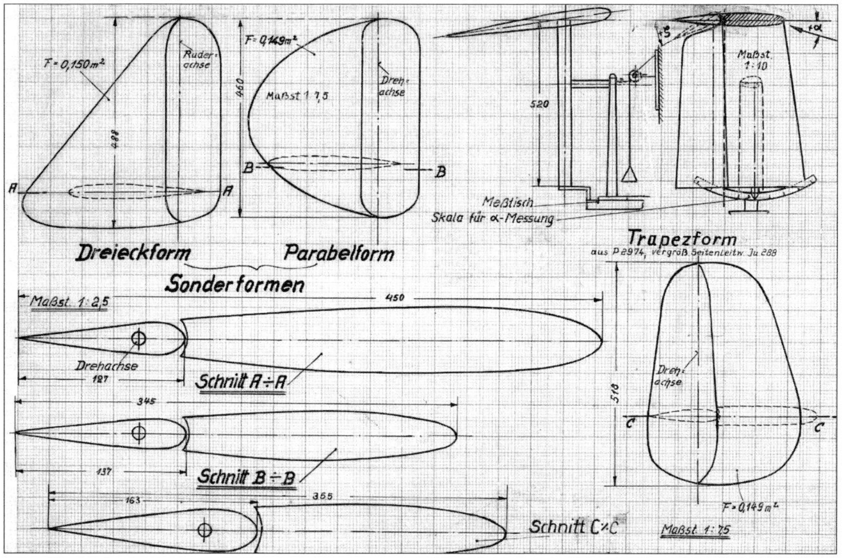

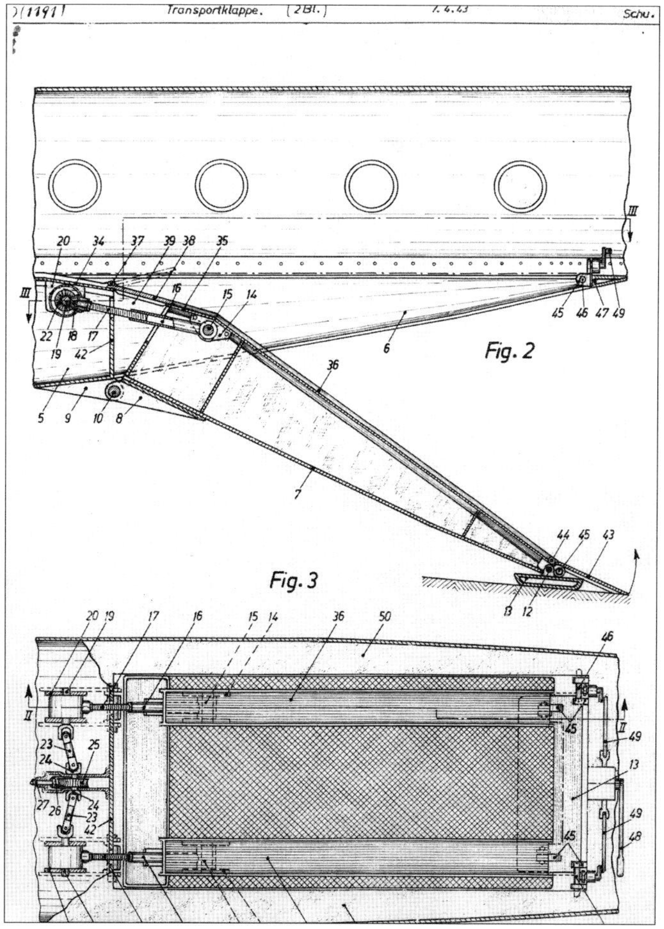

Flügel und Leitwerk der Ju 290 wurden gemeinsam mit denen der Ju 288 entwikkelt. Auch der innere konstruktive Aufbau wurde musterübergreifend immer wieder auf den neuesten Stand gebracht. Die rechte Zeichnung zeigt Einzelheiten der Trapoklappe mit Antrieb und Verriegelungsmöglichkeit in jeder Ausfahrstellung.

Bilder Seite 106 und links: Der verlängerte Rumpf der Ju 290 war eine Neukonstruktion mit kleineren Spanten und teilweise anderen Versteifungsprofilen. Die Fachwerkkonstruktion im Kabinenboden war durch versteifte Bleche ersetzt. Die große Trapo-Klappe verlangte außerdem eine andere Kräfteumleitung. Wie links zu sehen, kam die neue Durallegierung 3115-2 als Haut zur Anwendung. Als Druckkabine dürfte sie bis 6 km tauglich gewesen sein.

nutzt, das Flugzeug ist in waagerechter Lage, Fahrzeuge können einfahren ohne an der Kante aufzusitzen, Propeller dürfen im Leerlauf drehen, Klappe muß nicht jedesmal nach Einfahren einer Last geschlossen werden, keine gefährliche Schwerpunktverschiebung zum Heck, die zuletzt geladenen Lasten können gleich mit der Klappe zusammen eingefahren werden, über die Klappe können während des Fluges Lasten oder Fallschirmjäger abgesetzt werden. Das und die hohe Ladekapazität machten die Ju 290 zu einem wertvollen Militärtransporter, von dem aber nur etwa 40 Stück gebaut worden sind.

Ju 290 im Vergleich zur US-Konkurrenz

Außer den USA hatte kein anderes Land etwas Vergleichbares zur Ju 290 aufzuweisen. Als Konkurrenten kamen nur die DC-4 und ihr militärisches Pendant C-54 in Betracht sowie die L-49 bzw. die C-69 (Militärausführung der L-49). Die DC-3, zu der ja einst die Ju 90 in Konkurrenz stand, war in der Zwischenzeit um eine ganze Größenordnung überholt worden.

In den USA hatte Anfang der 30er Jahre eine technologische Revolution im Flugzeugbau eingesetzt, die das Land an die erste Stelle in der Welt gerückt hatte. Erst durch die massive Aufrüstung in Deutschland und die nachholende Entwicklung (die vor allem durch Frankreichs Revanche-Politik nach 1918 behindert worden war) machte das erstarkte Deutschland den USA den ersten Platz in der Luftfahrttechnik wieder streitig. Nur Junkers war es durch Konzentration auf verkaufsfähige zivile Flugzeuge vor 1933 gelungen, mit den USA mitzuhalten.

Man darf Flugzeuge nicht allein an den technischen Leistungen messen, genauso gehören der Produktionsaufwand und die gesamte Kostenseite dazu. Die Amerikaner hatten einen vorzüglichen Maschinenpark. Das ging beim Walzwerk los und endete bei der Spulenwickelmaschine für Trafos. Besonders gut waren sie bei der Bearbeitung von Flügelholmen. Der große Unterschied zu Deutschland war aber der, daß in den USA die Fertigungskette so durchdacht war, daß auch angelerntes Personal gute Arbeit abliefern konnte. In Deutschland setzte man dagegen mehr auf den Facharbeiter. Das hatte auf Dauer den Vorteil, daß die Konstruk-

Bild S. 108: Abgesehen von der Größe der Fenster zeigt die Oberfläche der L-1049 Super-Constellation eine etwas grobschlächtige Verarbeitung der Hautstöße (hat aber bei dieser Grenzschichtlauflänge keine Bedeutung mehr).

unten: Die „Conny" im Flug - ein faszinierender Anblick. Nur die dicken Motoren machten das Flugzeug etwas plump (übrigens war der Junkers-Motor Jumo 222 bei besserer Höhenleistung nur halb so groß).

Bild rechts und rechts oben: Die DC-4 hatte noch keine Druckkabnine, weswegen sie nur eine Reisegeschwindigkeit von 376 km/h in 3,5 km Höhe erreichte. Die mit Druckkabine und entsprechenden Motoren ausgerüstete (sonst fast gleiche) DC-7 erreichte 507 km/h.
Die Spanten der DC-4 waren gegenüber der DC-3 breiter geworden, ansonsten waren beide Flugzeuge aus dem Hause Douglas sehr ähnlich aufgebaut. Der runde Rumpf erbrachte mehr Totraum als der truhenförmige der Ju 290.

teure (wenn sie mit den Facharbeitern gut konnten) viel mehr Hinweise für Verbesserungen bekamen als ihre amerikanischen Kollegen. Nur dadurch erlangte Junkers schnell wieder die Führungsposition in der Welt.

Weder das Flugzeug von Douglas noch das von Lockheed reichten an die Junkersmuster 290 heran. Das gilt aber nur für die Zeit der Jahre zwischen 1942 und 1946. Danach entstanden aus der DC-4 die gleich große, aber deutlich bessere DC-6, aus der L-49 die ebenso deutlich verbesserte L-749, nur die Ju 290 war politisch bedingt am Ende. Alle drei Flugzeuge hatten den Vorteil, daß sie über viele Jahre hinweg weiterentwicklungsfähig waren. Die Amerikaner haben dies genutzt, die Deutschen durften nicht mehr dürfen (weil die Engländer, Amerikaner und Franzosen etwas dagegen hatten). Deshalb lassen sich in diesem Fall ganz schwer Vergleiche ziehen. Man müßte hier wirklich Zugang zu den Entwurfsunterlagen, den Windkanalmessungen und den Flugmessungen bekommen, um nicht Äpfel mit Birnen zu vergleichen.

Fakt ist aber eins: Die Transporträume der Ju 290 waren größer als die der DC-4 und L-49. Sie konnte mehr befördern und sie konnte schneller be- und entladen werden. Allein das bringt jedem Halter schon mehr Gewinn.

Bei der Reichweite, der Geschwindigkeit, der Steigzeit usw. waren die Unterschiede nur marginal. Da konnten die Ingenieure nur das verwirklichen, was physikalisch mit dem gegebenen technologischen Stand machbar war. Und der war dieseits wie jenseits des Atlantiks gleich: Kolbenmotor, Druckaufladung, Benzineinspritzung, Laminarprofile, einziehbares Fahrwerk, mittragende Haut, Glattblechbeplankung, automatische Dreiachsensteuerung.

Atlantikquerer Ju 100 fliegt vor allem höher und damit schneller und weiter

Den Atlantik in 2 km Höhe überqueren zu wollen, kommt einem Abenteuer gleich, dem man unbedarfte Fluggäste niemals aussetzen darf. Dies war die einhellige Meinung im Junkers-Entwurfsbüro. Aus den zahlreichen Atlantiküberquerungen der Luftschiffe LZ-127 „Graf Zeppelin" und des aerodynamisch weiter optimierten LZ-129 „Hindenburg" waren die Wetterunbilden überm „großen Teich" zwar wesentlich besser als noch vor zehn Jahren bekannt, aber im Wetter und in der geringen Höhe von 600 bis 1.000 m (wie die Zeppeline flogen) war das Fliegen über eine so riesige Wasserfläche (wo man visuell nicht einschätzen kann, ob man in 50 oder 500 m Höhe fliegt) nur durch größte Aufmerksamkeit, Erfahrung und durch weise Voraussicht (des Wetters wegen) recht und schlecht beherrschbar.

Und auch der Flug Berlin - New York nonstop der Focke-Wulf 200 vom Oktober 1938 in 23 Stunden hatte bewiesen, daß sowas mit Passagieren niemals zu machen gewesen wäre. Die Durchschnittsgeschwindigkeit der Fw 200 lag bei diesem Flug bei 321 km/h. Das sind nur 100 km/h schneller als beim Luftschiff, doch die Zeppelin-Reisenden genossen wie auf einem Schiff jeden erdenklichen Luxus. Für ein würdiges Nachfolgemuster der Ju 90/290 mußte man sich im Junkers-Entwurfsbüro schon mehr einfallen lassen.

Die Lösung für eine Atlantiküberquerung im Flugzeug konnte nur beim Flug in großen Höhen (8 bis 12 km Höhe) liegen. Das hat seinen Grund darin, daß mit wachsender Flughöhe die Luftdichte abnimmt, wodurch das Flugzeug bei gleicher Konstruktion schneller fliegt. So kann zum Beispiel ein Flugzeug, das in Bodennähe 300 km/h schnell ist, in 12 km Höhe die doppelte Geschwindigkeit, also 600 km/h, erreichen, weil die Luftdichte und damit der Staudruck auf ein Viertel des Druckes in Meereshöhe gefallen ist. Die so einfach erscheinende Sache hat nur zwei Haken. Erstens kann kein Mensch mehr in 12 km Höhe atmen, man muß die Passagiere und Besatzung also künstlich mit ausreichend Sauerstoff versorgen. Und zweitens geht auch den Motoren mit wachsender Höhe die „Puste" aus, sie müssen ebenfalls künstlich beatmet werden, wenn sie ihre volle Leistung bringen sollen. Es waren also für einen Atlantikquerer spezielle Höhenmotoren sowie eine Druckkabine mit höhenabhängiger Druckaufladung und einer leistungsfähigen Heizungsanlage (-50 °C) zu entwickeln. Eine Aufgabe, die 1940 praktisch nur bei der Firma Junkers lösbar war. Der Hauptgrund dafür war das hart erarbeitete Junkers-Monopol bei Flugdieselmotoren, zu deren Herstel-

Die JU/EF-100 mutet wie ein Turboprop-Riese aus den 60er Jahren an. Der dünne Flügel mit extrem hoher Streckung basiert auf dem der JU/EF-61 und sorgt für große Flughöhen und große Reichweite. Die Dieselmotoren mit Turbolader bilden jedoch den Grundstock für das gesamte Projekt. Denn nur mit ihnen konnten die projektierte Flughöhe und -geschwindigkeit erzielt werden. Eine Militärversion gab es auch.

Transozean-Flugzeug

Junkers JU/EF-100

Dessauer Projekt vom November 1941
für 50 bis 102 Passagiere

6 x Jumo-Diesel 223 mit je 2.500 PS

b = 65 m	Reichweite: max. 9.000 km
F = 380 m^2	Startmasse: 74,5 bis 81 t
Λ = 11,1	Reisegeschwkt.: 540 km/h in 9 km Höhe

lung sonst niemand in der Welt in der Lage war. Denn zu jener Zeit konnten nur Dieselmotoren (durch ihre relativ kalte Verbrennung) mit Abgasturboladern ausgerüstet werden, um auf derartige Höhen ohne Leistungsverluste (nur durch Abgaslader erreichbar) zu kommen.

Ein weiterer wichtiger Grund war die Erfahrung mit Höhenkammern bei Junkers. Darin hatte sich 1935 besonders Entwicklungschef Prof. Herbert Wagner versucht, der zusammen mit Konstrukteur Justus Muttray neue Wege bei der Höhenkabine der JU/EF-61 gegangen war. In die Ju/EF-100 flossen alle praktischen Erkenntnisse ein, die zuvor an der Druckkabine der Ju 288 gesammelt worden waren. Die Ju 288 stellt überhaupt einen entscheidenden Erkenntnisstand dar, auf dem die Projektierung der EF-100 wie auch der Ju 252 aufbaute. Das betraf genauso die Flügelkonstruktion, das Fahrwerk und das Heck-

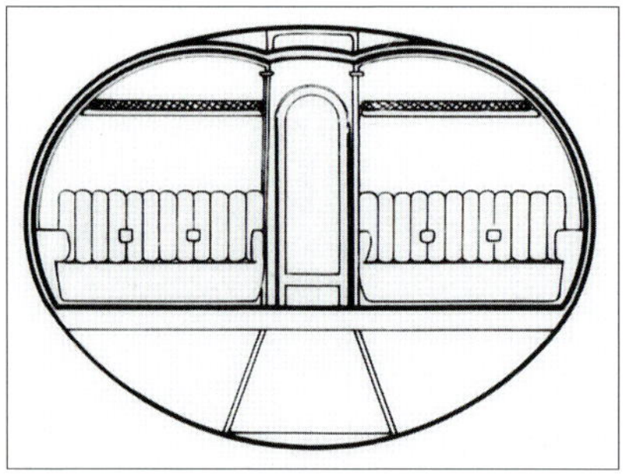

leitwerk. Und natürlich erst recht die aerodynamischen Erkenntnisse aus der Flugerprobung der Ju 288.

So war die Druckkabine der JU/EF-100 (bis auf den Unterflurladeraum) in doppelwandiger Ausführung projektiert. Der statische Verband lag innen, die äußere Verkleidung war auf beste Aerodynamik getrimmt. Der dazwischen liegende Luftraum diente (ähnlich einer Thermosflasche) als Isolierung. Der Fußboden schloß den druckdichten Teil

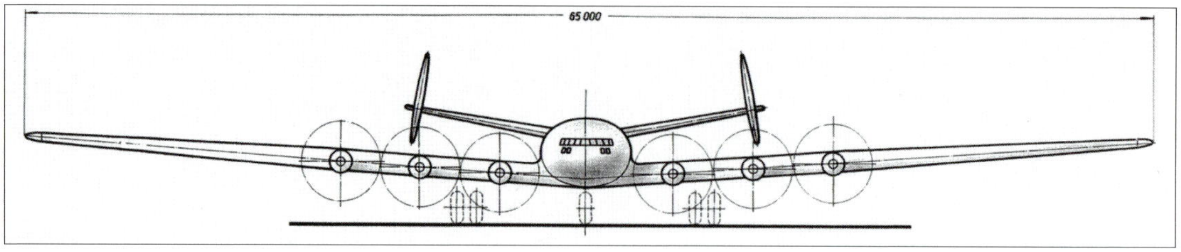

Mit 65 m Spannweite und 50 m Länge war die Ju 100 ein würdiger Nachfolger der Ju 90. Doch bei der Ju 100 ging es nicht um Größe, sondern um eine menschenwürdige Unterbringung der Passagiere für Flüge über 8.000 km in 16 Stunden.

Dipl.-Ing. Hans Wocke (2.8.1908) studierte in Breslau Schiffbau und kam 1934 zu Junkers. Dort wurde er als Projektingenieur mit dem Entwurf neuer Muster betraut. Sein umfangreiches Wissen und sein Durchsetzungsvermögen waren bei komplizierten Projekten gefragt. Im Sommer 1945 wurde er Leiter des Entwurfsbüros. Von 1946 - 1954 in UdSSR, danach bis 1957 in DDR Chefprojektant. 1957 nach Hamburg zu HFB, dort Techn. Direktor und ab 1967 bei Airbus Deutschland 1. Techn. Direktor. Ehrensenator der Stadt Hamburg.

ab, der sich mittels Zuganker gegen die obere und untere Rumpfschale abstützte. Ein Teil der Fracht konnte im druckdichten und beheizten Teil des vorderen Rumpfes untergebracht werden, der andere Teil in den ungeschützten Unterflurladeräumen. Die Passagiere betraten die Kabine (erstmals in der Luftfahrtgeschichte) über eine Treppenluke unterm Heck der Maschine (wie bei S.E. 210 „Caravelle" und Dresden „153 A").

Bei Junkers war man in der Flügelprojektierung (änlich wie Boeing und Consolidated in den USA) für hoch fliegende Langstreckenflugzeuge zu extrem

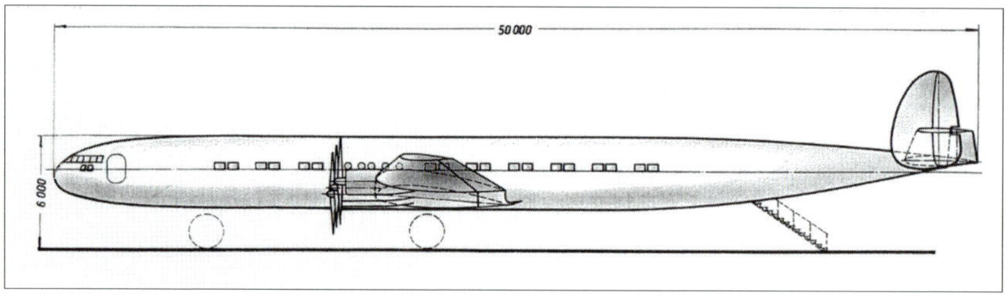

gestreckten aber einfachen geometrischen Formen gelangt. Diese Form war erstmals am Höhenbomber JU/EF-61 entwickelt worden. Doch dessen Schalenflügel war noch zu schwer für mittlere Geschwindigkeiten. Darum kam ein Holmflügel (wie Ju 252) mit einem durchgehenden Hauptholm und einem erst am Rumpf beginnenden Nebenholm (wie Ju 288 V6) zur Anwendung.

Dieser Flügel hatte einen sehr geringen Widerstand für maximale Reichweite und maximale Geschwindigkeit bei niedrigen Motordrehzahlen. Das v-förmige Höhenleitwerk basierte auf den Erkenntnissen mit der Ju 90 V7/V8. Beim Fahrwerk wurden mit der Einführung des Bugrades komlett neue Wege beschritten. Das Flugzeug stand nun waagerecht (Spötter würden sagen, daß die Bar an Bord gar keine andere Parkposition gestattete), was für die Passagiere eine deutliche Erleichterung darstellte, aber auch für die Beschickung des Flugzeuges mit Betriebsstoffen oder das Entleerren der sieben Toiletten. Neu war auch das Hauptfahrwerk mit Doppelrädern, wobei die Räder getrennt eingefahren werden sollten, und zwar nicht wie sonst üblich in eine hintere Motorenverkleidung, sondern flach in den Flügel zwischen die Holme.

Die gesamte Aerodynamik des Projektes war vorzüglich: Der Rumpf war bei 5,12 m Breite nur 3,90 m hoch, was den Stirnwiderstand um 25 % gegenüber einem kreisrunden Querschnitt verringerte. Der elliptische Anlauf war für die Reisegeschwindigkeit optimiert, das Rumpfheck mit einem langen Auslauf versehen. Großer Wert wurde auf den Flügel-Rumpf-Übergang und die Abrißkante in diesem Bereich gelegt. Die

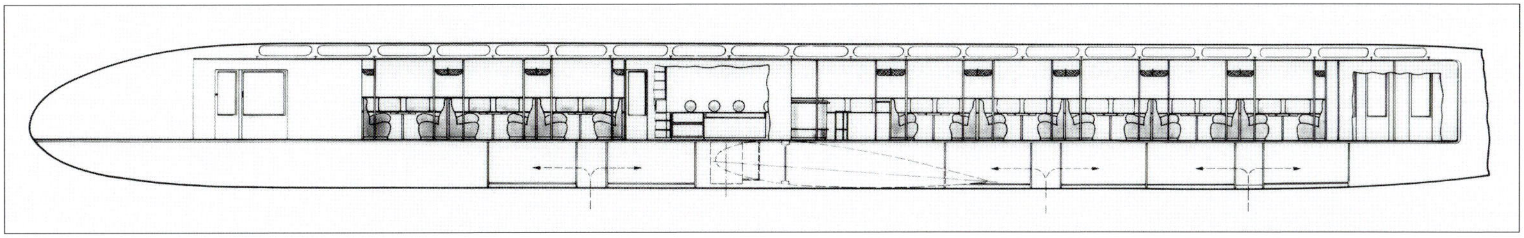

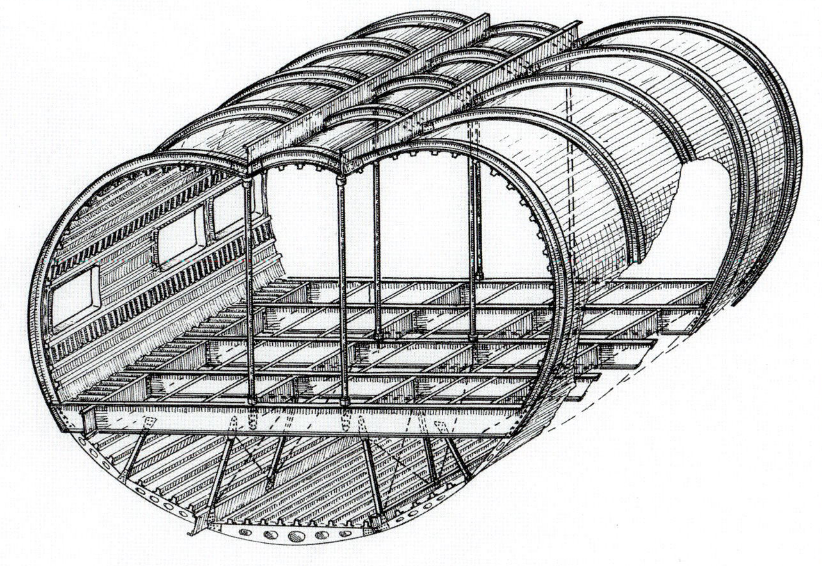

Statischer Aufbau des Rumpfes der E.F 100

Motorisierung mit 15.000 PS und damit die Leistungsbelastung war an der unteren Grenze gehalten, um zu 9.000 km langen Flugstrecken zu kommen. Dafür sorgte natürlich auch der um rund 28 % sparsamere Dieselmotor. Einer glatten Oberfläche widmete man ebenso viel Aufmerksamkeit (Spachtelversuche an Ju 88) wie der sauberen Abdeckung der Ruderspalte. Für die Luftfahrthistorie interessanter wäre allerdings zu erfahren, wie dieses Riesenflugzeug gesteuert werden sollte. Ohne Kraftverstärkung scheint das nicht möglich, obwohl der schmale Flügel und der große Hebelarm des Leitwerks vielleicht doch die

Dipl.-Ing. Justus Muttray (30.8.1898) studierte zus. mit seinem Zwillingsbruder Horst-Wilhelm M. an TH Dresden Flugzeugbau. Kriegsfreiwilliger im 1. Weltkrieg. In den 20er Jahren zu Junkers gekommen, befaßte er sich frühzeitig mit den Problemen des Stratosphärenflugs. Wurde Abteilungsleiter im Kobü Druckkabinen. Verantwortlich für Höhenkammern der Ju 49, Ju 61, Ju 86, Ju 288, Ju 287, Ju 132 bis Ju 150. Von 1946 bis 1950 in UdSSR. 1951 in Dessau von der SMAD verhaftet, bis 1956 in UdSSR Zwangsarbeit. Bruder mit Heinrich Singer im Juni 1952 in Moskau hingerichtet.

Der Unterflurladeraum des A 340 von Airbus zeigt eine gewisse Ähnlichkeit mit dem der JU/EF-100.

Kräfte in der Größenordnung der Ju 290 gehalten haben mögen.

Die errechneten Flugleistungen waren für das Jahr 1940 beeindruckend. Eine Höchstgeschwindigkeit von 570 km/h in 9 km Höhe, eine Dienstgipfelhöhe von 12 km und eine technische Reichweite von 5.000 km bei einer Nutzlast (Transporter) von 21,5 Tonnen. Bei einem eventuellen Ausfall von allen drei Motoren auf einer Seite war die JU/EF-100 voll manövrierfähig und konnte noch bis 5 km Höhe steigen.

Kabinenaufteilung: Transozean-Ausführung für 50 Passagiere und mit auf Schlafkojen umrüstbaren Abteilen

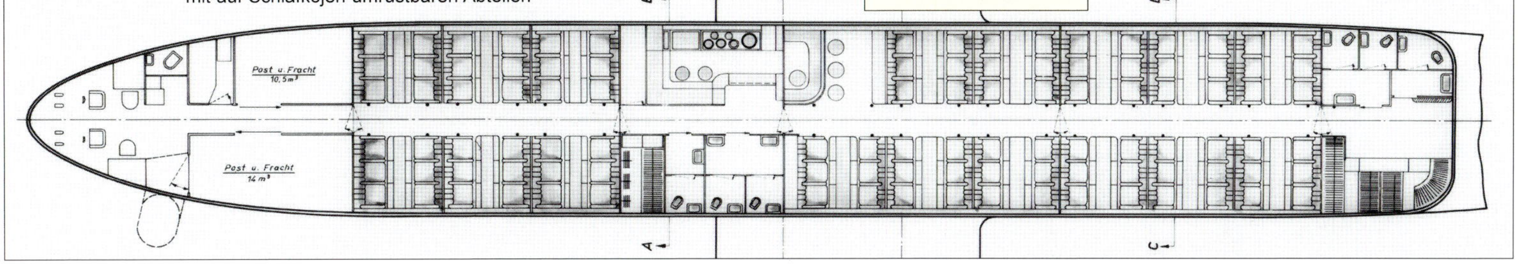

Die Ju 100 soll den Jumo 223 erhalten

Um die Motorenentwicklung bei Junkers verstehen zu können, müssen zwei spezifische Junkers-Begriffe erklärt werden, nämlich Zünderflugmotor und Schwerölmotor. Heute sind dafür die Begriffe Benzinmotor und Dieselmotor geläufiger, obwohl bei letzterem noch eine Erklärung hinzugefügt werden muß. In der Zeit, als Rudolf Diesel seinen Motor zur Reife führte, werkelte auch Hugo Junkers an seinem ersten Motor. Das war im Jahre 1883. Dieser Gegenkolbenmotor wurde mit Gas betrieben. Junkers entwickelte diesen Motor zu einer Schwerölverbrennungsmaschine weiter, wofür er 1907 ein Patent erhielt. Die Motoren von Hugo Junkers und Rudolf Diesel arbeiteten beide mit schwer entflammbarem Öl, damit die Selbstzündung (also ohne Zündkerze - deshalb zur Unterscheidung der Junkerssche Begriff „Zünderflugmotor") nicht zu früh einsetzte. Im Gegensatz zum Dieselmotor arbeitete der Junkers-Schwerölmotor im effektiveren 2-Takt-Verfahren und mit Zylinderlaufbuchsen, in der sich zwei Kolben boxend aufeinander zu bewegten. Junkers baute nach diesem Verfahren große Schiffsmotoren und leichte Flugmotoren (im Bild Jumo 223).

Hugo Junkers hatte Ende des 1. Weltkrieges für einen höhentauglichen Motor den überbemessenen Motor vorgeschlagen und damit auch Versuche unternommen. Allerdings nimmt dabei das Motorgewicht überproportional zur Bodenleistung zu, wodurch schlechtere Starteigenschaften in Kauf genommen werden müssen.

Die Leistung eines Motors ist grundsätzlich vom Luftgewicht abhängig, das pro Zeiteinheit in einem Zylinder verbrannt werden kann. Mangel an Verbrennungsluft führt zum raschen Leistungsabfall des Bodenmotors in der Höhe. Die Aufgabe für die Konstruktion eines Höhenmotors besteht also darin, den Luftdurchsatz am Boden wie in der Höhe konstant zu halten. Das geschieht durch ein Ladegebläse.

Wenn der Lader vom Motor angetrieben wird, geht natürlich die dafür nötige Leistung dem Luftschraubenantrieb verloren (die Entwicklung der Ladermotoren hat bis 1955 zu den großen Verbundmotoren oder auf amerikanisch Compoundmotoren geführt, bei denen Lader und Motor zu einer Einheit verschmolzen sind). Die Ladegebläse sind bis in 6 km Höhe noch einigermaßen wirtschaftlich, aber in 9 km Höhe verbrauchen sie etwa 40 % (!) der Motorleistung. Einen anderen und viel eleganteren Weg bilden die durch die Abgase des Motors angetriebenen Abgasturbolader. Das Besondere an ihnen: Ihre Leistung nimmt mit der Höhe im gleichen Maß zu wie die Leistung des Flugmotors abnimmt. Und das hat folgenden Grund: Der Luftdruckunterschied zwischen Meereshöhe und steigender Flughöhe nimmt zwar dem Flugmotor die Puste, aber durch den Druckunterschied werden die Abgase viel stärker in der Höhe entspannt als am Boden. Der Abgasturbolader läuft also synchron mit der Höhe schneller. Die Drehzahl des Laders hat aber an der Festigkeit (absolut) und der Schallgeschwindigkeit (relativ) Grenzen. Die Festigkeit des Ladegebläses wird darüberhinaus ganz arg durch die Abgastemperatur zusätzlich belastet. Um 1938 bis 1945 konnte diesem Problem nur mit Hilfe

Dr. Johannes Gasterstädt (1888), war bei Junkers für die Schwerölmotorenentwicklung verantwortlich, nachdem er 1932 nach jahrelanger Entwicklung den Jumo 204 zur Serienreife gebracht hatte. Aus ihm entstand der kleiner und leichter gehaltene Jumo 205, der besser für den Einbau in Flugzeuge geeignet war. Leider verstarb Johannes Gasterstädt viel zu früh 1937. Manfred Gerlach übernahm danach einen Teil seiner Aufgaben.

des Dieselmotors begegnet werden, da dessen Abgastemperaturen nur bei 500 bis 600 °C liegen, während der Benzinmotor auf über 1.000 °C kommt. Die Jumo-Abteilung bei Junkers war also prädestiniert, einen leistungsfähigen Höhenmotor zu entwickeln.

Schon für den Höhenaufklärer Ju 86 P kam der Schwerölmotor Jumo 205 mit Abgasturbolader zum Einsatz, wo Flughöhen von 12 bis 16 km erreicht wurden. Der Jumo 223, der die dreifache Leistung des Jumo 205 erreichen sollte, durfte aber nicht gleich dreimal so groß werden. Aus dem 6-Zylinder-Reihen-Doppelkolbenmotor der Bauart Jumo 204, 205 und 207 entstand der 12-Zylinder-Viereck-Doppelkolbenmotor Jumo 223. Und so kompliziert wie die Bezeichnung klingt, so kompliziert war auch sein Aufbau. Zwei mal sechs mal zwei Kolben arbeiteten auf vier Kurbelwellen. Doch das schönste daran war, daß durch diese Bauweise die Aussenabmessungen (1,37 m Durchmesser) nicht größer waren als beim kompakten BMW 801, allerdings erbrachte der Junkersmotor 60 % mehr Leistung. Gegenüber dem Verbundmotor BMW 801 J erbrachte er in 12 km Höhe immerhin noch 38 % mehr PS bei 15 % weniger Kraftstoffverbrauch.

Die extrem hohe Leistung von 2.500 PS aus 29 l Hubraum wurde durch die hohe Drehzahl von 4.400 u/min erreicht, auf die selbst heutige Turbodiesel nur mit Mühe kommen. Auch hier wurden wieder zwei Fliegen mit einer Klappe geschlagen: Der Schnelläufer entstand durch Verkürzung des Hubes, was wiederum die Abmessungen reduzieren half. Dringende militärische Aufträge beendeten 1942 die Entwicklung.

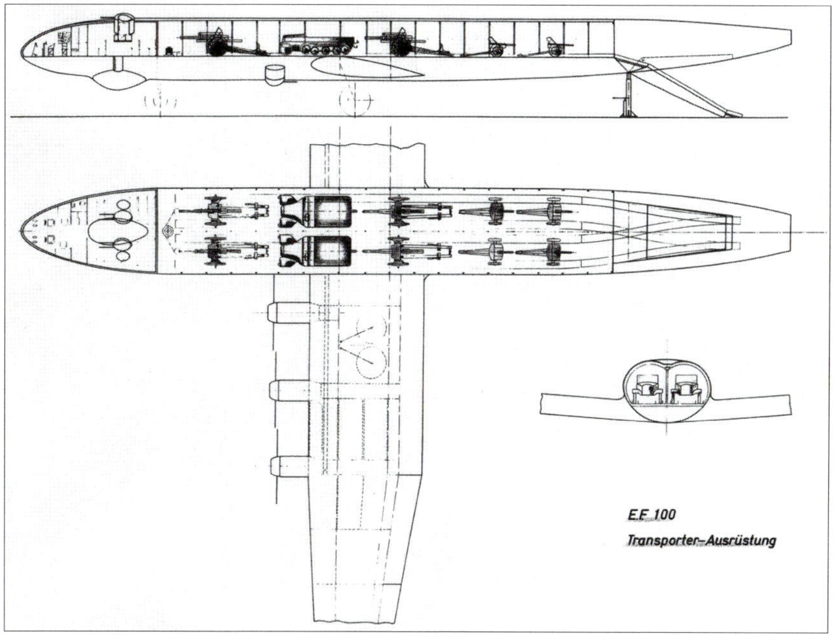

Der Jumo 223 am 23. Juli 1940 auf dem Prüfstand in Dessau. In der Mitte Diesel-Versuchsleiter Manfred Gerlach, rechts daneben Heinz Jacobs.

Die Entwicklung der JU/EF-100 und des Jumo 223 ist ein weiteres Beispiel für die gegenseitige Befruchtung der Zellen- und Triebwerksentwicklung. Außer bei Junkers gab's etwas derartiges nur in England bei den Firmen De Havilland und Bristol, jedoch bei weitem nicht in dem Umfang, wie das in Dessau der Fall war. Bei Flugdieselmotoren war Junkers sowieso der einzige Hersteller weltweit. Nach dem Krieg versuchte Manfred Gerlach in der Sowjetunion aus dem Jumo 223 den Jumo 224 mit 4.000 PS zu entwickeln. Der Jumo 224 wurde aber ziemlich schnell abgebrochen, weil die neuen Propellerturbinen weitaus

größere Leistungen bei geringerem Gewicht versprachen als die Dieselmotorentechnik.

In den Jahren zwischen 1939 und 1942 wurde am neuen Großraumflugzeug und dem Viereck-Dieselmotor gearbeitet. Der erste Jumo 223 kam im Sommer 1940 auf den Prüfstand. Da er auch als Antrieb für den Bomber Ju 288 vorgesehen war (um ihn auf eine Reichweite von 5.000 km zu bringen und ihn so zum Langstreckenbomber zu machen), liefen die Arbeiten am Motor recht zügig ab, weil genügend Geld und genügend Unterstützung staatlicher Stellen vorhanden war. Das änderte sich erst 1942, als der „überlegene" Bomber Ju 288 ins Straucheln geriet.

Die Zellenentwicklung der JU/EF-100 starb noch eher, wahrscheinlich schon 1941. Nachdem die Projektunterlagen ausgearbeitet und ziemlich umfangreiche Windkanalversuche durchgeführt waren und außerdem schon eine 1:1-Attrappe aus Holz existierte, erlahmte das Interesse der Lufthansa und des

Die drei Grafiken ganz oben, rechts und Seite 117 unten zeigen die großzügigen Platzverhältnisse in der JU/EF-100, die sehr an die im LZ-129 „Hindenburg" erinnern. In der heute üblichen Touristenklasse hätten sogar 210 Passagiere über 4.000 km befördert werden können. Die beiden Fotos oben sind in der 1:1-Attrappe aufgenommen worden.

RLM, obwohl letzterem auch eine sehr leistungsfähige Transporterversion mit 20 t Nutzmasse angeboten worden war. Die Kriegsereignisse (Ende der „Blitzsiege“) diktierten andere Prioritäten als die Atlantiküberquerung im Luxus und Glanz vermeintlicher Sieger. Das Nachfolgemuster der Ju 90 sollte sich erstmal gedulden, bis der Endsieg errungen sei. Danach hätte man alle Kapazitäten der unterjochten Völker zur Verfügung, und dann wäre es leichter, solch ein anspruchsvolles Flugzeug zu bauen.

Das 102-sitzige Langstreckenflugzeug Ju 100 hätte zusammen mit der Ju 90 und Ju 252 alle Transportaufgaben der Fluglinien erfüllen können. Der Ju 100 waren Einsatzmöglichkeiten im Atlantik-, Kontinental- und Kolonialverkehr für Flugstrecken von 3.100, 4.600 und 6.900 km zugedacht. Die Ju 90 und Ju 290 sollten dagegen die Strecken unter 3.100 km bis etwa 1.500 km abdek-

Bild links: Die EF 100 im Dessauer Windkanal 1940.

Farbfoto unten: In derselben Größe wie die Ju-100 rollte im Dezember 1948 im englischen Filton die Bristol 167 Brabazon aus der Halle. Erstflug war am 4.9.1949 (Bild). Der zu dicke Flügel ließ nur 402 km/h zu, also keine Konkurrenz zur 540 km/h schnellen Junkers EF-100.

Die Ju 90 im Überblick

Muster	Erstflug	Bemerkungen
Ju 90 **V1**	28.8.1937	Absturz 7.2.1938
„Der große Dessauer“ D-ALLU		
Ju 90 **V2**	2.12.1937	Absturz 26.11.1938
„Preußen“ D-AIVI		
Ju 90 **V3**	23.6.1938	Schnellwechsel-
„Bayern“ D-AURE		motoren
Ju 90 **V4**	12.9.1938	Prototyp Kleinserie
„Sachsen“ D-ADLH		
Ju 90 001	24.2.1939	
„Württemberg“ D-ABDG		
Ju 90 002	21.7.1939	für SAA gedacht
ZS-ANG/D-APZR, aber an Luftwaffe		
Ju 90 003	10.3.1939	
„Baden“ D-ADFJ		
Ju 90 004	2.11.1939	für SAA gedacht
ZS-ANH, aber an Luftwaffe		
Ju 90 005	3.4.1939	Ersatz für V2
„Preußen“ D-AEDS		
Ju 90 006	14.6.1939	
„Mecklenburg“ D- ASDN		
Ju 90 007	19.10.1939	Flugschwingvers.
„Oldenburg“ D- AFHG		
Ju 90 008	4.2.1940	1943 gesprengt
„Hessen“ D-ATDC		
Ju 90 009	6.3.1940	Erprobungsträger
„Thüringen“ D- AJHB		
Ju 90 010	25.4.1940	Absturz wg. Eisans.
„Brandenburg“ D-AVMF		
Ju 90 **V5**	5.12.1939	neuer dicker Flügel
D-ANBS		
Ju 90 **V6**	30.7.1940	Rumpf als Ju 390
D-AOKD		
Ju 90 **V7**	6.9.1941	Trapo-Klappe
D-APFH		
Ju 90 **V8**	28.3.1942	2 m verläng. Rumpf
D-AQJA		
Ju 90 V**11**	16.7.1942	= Ju 290 V1
BD+TX		
Ju 90 V**13**	2.12.1942	= Ju 290 0151

ken, während die Ju 252 auf den Strekken bis 1.500 km zum Einsatz kommen sollte. Auch in diesen Überlegungen spiegelten sich die Weltmachtsansprüche der Nazis wider, die ganz im Interesse des neuen Junkers-Managements standen. Denn eines ist Fakt: Die deutschen Flugzeugwerke waren für den „Bedarf nach dem Endsieg" viel zu sehr aufgebläht worden. Sie mußten entweder schrumpfen oder ihre Konkurrenten aus dem Feld schlagen. Junkers hatte für letzteres die besseren Karten.

In den Jahren von 1934 angefangen bis 1939 schritt die Flugzeugtechnik in großem Tempo in Deutschkand voran. Die Ju 52 und die Ju 290 trennen Welten. Noch krasser aber war der Unterschied bei Kriegsflugzeugen. 1933 gab es überhaupt kein geeignetes Bombenflugzeug, so daß die Ju 52 als Behelfsbomber auch diese Aufgabe erfüllen mußte. 1936 wurde die He 111 serienreif und 1939 die Ju 88. Beide Typen trugen die Hauptlast der Luftwaffenangriffe. Die zivile Luftfahrt spielte bald keine Rolle mehr. Sie war von Anfang an nur als Krücke gedacht, erst, um die Aufrüstung zu verdecken, später, um mit den Erfolgen in der Welt zu glänzen. Ab dem 1. September 1939 zeigte die deutsche Politik ihr wahres Gesicht. Das Land, mit dem Hitler 1934 als erstes einen Friedensvertrag abgeschlossen hatte, nämlich Polen, war auch das erste Land, das er heimtückisch überfallen ließ, um mit der deutschen Streitmacht seinem Hauptfeind im Osten näher zu kommen - der Sowjetunion.

Das deutsche Volk hatte keinen Feind, außer Hitler und seine Steigbügelhalter. Die deutschen Ingenieure machten - die einen mehr, die anderen weniger, aber alle zusammen doch mit. Konnten sie sich nicht wehren? Erwin Handke, Sonderkonstrukteur im Entwicklungsbüro von Junkers, wollte keine Kriegsflugzeuge bauen. Er ließ sich versetzen - gelandet ist er letztlich doch wieder in der Kriegsproduktion, nämlich in der für optische Visiere bei Carl Zeiss in Jena. Auf diese Weise konnte man der Kriegsproduktion also nicht entkommen. Sie wurde mit jedem weiteren Kriegsjahr auch allgegenwärtiger. Der einzig richtige Ausweg war nur aktiver Widerstand. Unter den Arbeitern bei Junkers gab es davon mehr, als bei den Ingenieuren. Wer der Kriegshölle entkommen wollte, mußte sich „unabkömmlich" machen, also gut arbeiten. Es gab zu diesem Zeitpunkt kein Entrinnen mehr. Es gilt immer, den Anfängen zu wehren, sonst bleibt man nur Spielball.

Technische Daten relevanter Flugzeuge im Vergleich

Hersteller	Junkers	Junkers	Douglas	Lockheed	Junkers	Bristol Aeroplan
Typ	Ju 90 001	Ju 290 A-9	DC-4 1009	L-1049 G	JU/EF-100	B 167 Brabazon
Erstflug	24.2.1939	(1943)	14.2.1942	7.12.1954	(1941)	4.9.1949
Bemerkungen	1. Serienmasch.	Seeflugzeug	1. Serie	Großserie	Techn. Projekt	Prototyp
Triebwerk	BMW 132H1	BMW 801G	P&W R-2000	Wright R-3350	Jumo 223	Bristol Centaurus
	4x 880 PS	4 x 1.700 PS	4 x 1.450 PS	4 x 3.250 PS	6 x 2.500 PS	8 x 2.535 PS
Gesamtleistung	3.520 PS	6.800 PS	5.800 PS	13.000 PS	15.000 PS	20.280 PS
Kraftstoffverbrauch	215 g/PSh	195 g/PSh	190g/PSh	170 g/PSh	160 g/PSh	190 g/PSh
Triebwerksmasse ges.	2.120 kg	4.040 kg	2.912 kg	6.668 kg	8.400 kg	12.336 kg
Besatzung/Pass.	4/44	5/35	6/42	6/47-94	8/48-102	10/50-180
Rumpfbreite	3,00 m	3,00 m	3,05 m		5,12 m	5,11 m
Spannweite	35,02 m	42,00 m	35,81 m	37,63 m	65,00 m	70,10 m
Länge	26,30 m	28,68 m	28,60 m	29,00 m	50,00 m	53,95 m
Höhe	7,50 m	7,02 m	8,38 m	7,00 m	9,70 m	15,24 m
Flügelfläche	184 m^2	203 m^2	136 m^2	153 m^2	380 m^2	494 m^2
Flügelstreckung Λ	6,7	8,7	9,4	9,27	11,1	9,9
Flächenbelastung	130 kg/m^2	219 kg/m^2	212 kg/m^2	413 kg/m^2	213 kg/m^2	266 kg/m^2
Leistungsbelastung	7,69 kg/PS	6,25 kg/PS	5,71 kg/PS	4,86 kg/PS	5,40 kg/PS	6,48 kg/PS
Rüstmasse	15.934 kg	23.175 kg	20.300 kg	37.400 kg	43.900 kg	65.816 kg
Kraftstoff norm.	2.490 kg	16.295 kg	7.800 kg	15.260 kg	19.260 kg	
Kraftstoff max.	3.130 kg			21.200 kg	25.660 kg	
Motorenöl	264 kg	930 kg			1.600 kg	
Nutzlast	4.032 kg	3.500 kg	4.200 kg	3,9-9,8 t	8,7-15,1 t	
Besatzung	320 kg	500 kg	480 kg	480 kg	640 kg	
Summe Zuladung	7.106 kg	21.225 kg	12.813 kg	25.800 kg	36.600 kg	65.726 kg
Startmasse	23.040 kg	44.400 kg	33.113 kg	63.200 kg	80.500 kg	131.542 kg
Höchstgeschwkt.	350 km/h	454 km/h	451 km/h	600 km/h	565 km/h	483 km/h
in Höhe	1,1 km	5,8 km		6 km	9,0 km	
Reisegeschwkt.	320 km/h	400 km/h	365 km/h	537 km/h	540 km/h	402 km/h
in Höhe	3,5 km	3,1 km	2,5 km	6,9 km	9,0 km	
Steiggeschwkt.	2,8 m/s	3,3 m/s	5,4 m/s	5,8 m/s	3,4 m/s	
Dienstgipfelhöhe	5.600 m	8.300 m		8.500 m	11.600 m	
Landegeschwkt.	109 km/h	125 km/h	160 km/h	160 km/h	117 km/h	
Reichweite:						
mit max. Nutzlast	1.540 km	5.000 km	3.600 km	5.500 km	5.000 km	
mit max. Kraftstoff	3.000 km	7.500 km	4.700 km	7.750 km	9.000 km	8.851 km
Startrollstrecke	600 m	785 m		1.650 m	430 m	
Landerollstrecke	800 m					

Die Silhouetten der Aufrisse verschiedener Flugzeuge zeigen am anschaulichsten die Herangehensweise der Entwurfsingenieure an die gegebene Aufgabenstellung. Auffällig bei Junkers: Es gibt keinen Hang zur Überzüchtung. Alles ist grundsolide.

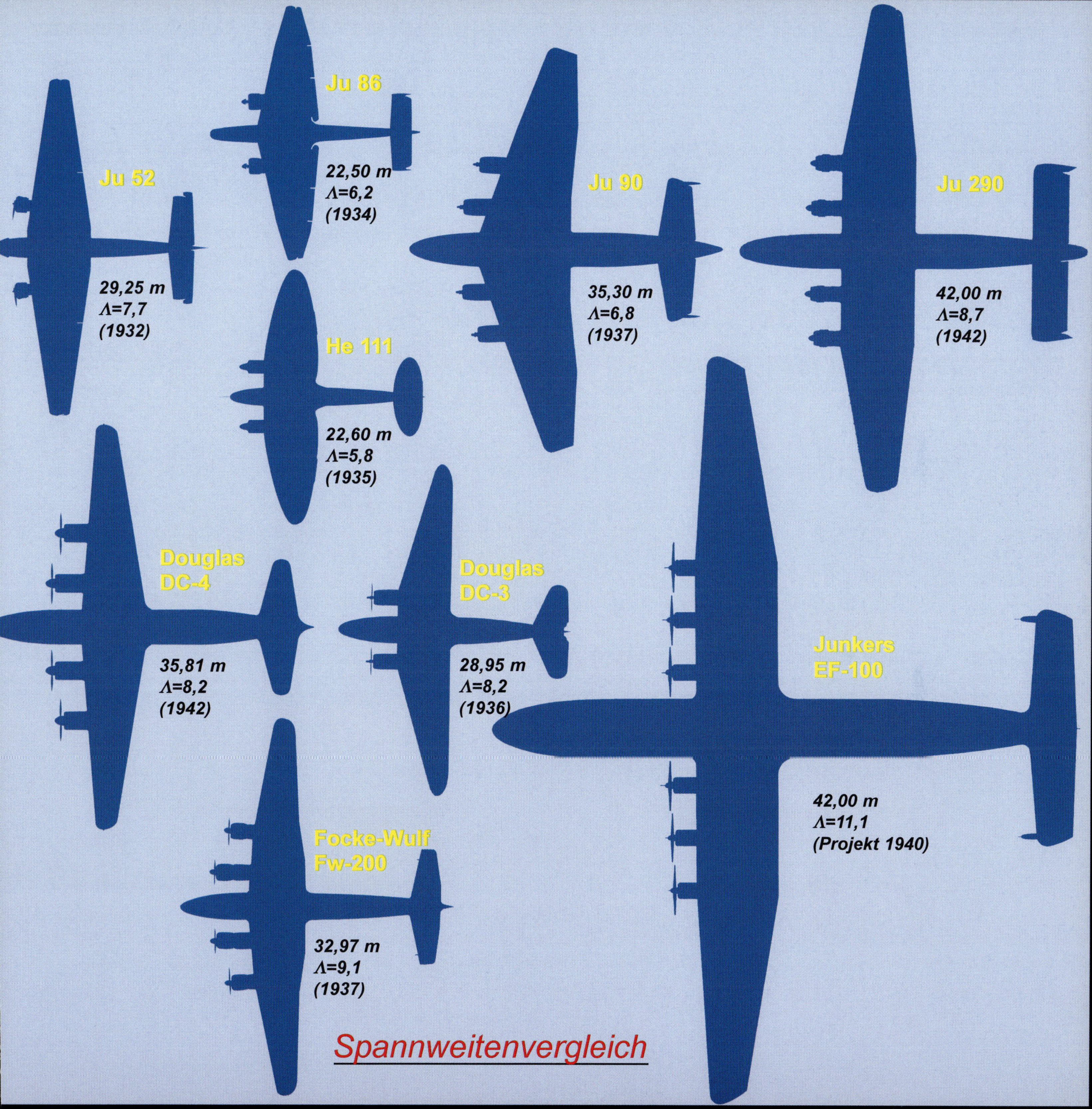
Ju 52
29,25 m
Λ=7,7
(1932)
Ju 86
22,50 m
Λ=6,2
(1934)
Ju 90
35,30 m
Λ=6,8
(1937)
Ju 290
42,00 m
Λ=8,7
(1942)
He 111
22,60 m
Λ=5,8
(1935)
Douglas DC-4
35,81 m
Λ=8,2
(1942)
Douglas DC-3
28,95 m
Λ=8,2
(1936)
Junkers EF-100
42,00 m
Λ=11,1
(Projekt 1940)
Focke-Wulf Fw-200
32,97 m
Λ=9,1
(1937)
Spannweitenvergleich

Hätte Galileo Galilei nicht vor der Inquisition widerrufen, hätten die Naturwissenschaftler so etwas wie den hippokratischen Eid der Ärzte entwickeln können - das Gelöbnis, ihr Wissen einzig zum Wohle der Menschheit anzuwenden.

Wie es nun steht, ist das Höchste ein Geschlecht erfinderischer Zwerge, die für alles gemietet werden können.

Bertolt Brecht
„Leben des Galilei" 1938/39

Geld hat keine Rolle zu spielen

Bei der Aufstellung und Aufrüstung der neuen Luftwaffe sollte laut Hermann Göring Geld keine Rolle spielen. Das einzige, was zählte, waren technische Überlegenheit und ausreichende Stückzahlen der Flugzeuge. Da das RLM, also der Steuerzahler, alle Entwicklungen bezahlte, ob fertige oder abgebrochene war egal, trugen die Flugzeugfirmen kein Risiko. Die Ingenieure bei Junkers erlebten eine Zeit des „Schöpfens aus dem vollen". Nun konnten Projekte angegangen werden, die das Potential des riesigen Werkes und seiner Angestellten ausnutzte.

Der Manager Dr. Heinrich Koppenberg verstand wenig vom Flugzeugbau, noch weniger von der Flugzeugkonstruktion und reineweg gar nichts von der Flugzeugentwicklung. Als er trotzdem auf die Position von Prof. Hugo Junkers gesetzt wurde, stützte sich Koppenberg in technischen Dingen allein auf Chefkonstrukteur Ernst Zindel, weil er ernsthaft glaubte, daß dieser „ganz allein" die G 38 und Ju 52 geschaffen habe. Zindel aber war in der Doppelrolle des Chefkonstrukteurs und Entwicklungschefs überfordert. Beim Vergleichsfliegen zwischen He 111 und Ju 86 kam es 1935 zum Fiasko bei Junkers: das RLM entschied sich für die He 111 und legte darüberhinaus fest, daß Junkers die He 111 in Lizenz produzieren müsse. Zwar konnte Koppenberg den Lizenzauftrag auf lächerliche 40 Stück He 111 herunterhandeln, aber der Ruf von Junkers war beschädigt.

Koppenberg machte Zindel für das Scheitern verantwortlich und stellte ihn für das Nachfolgemuster Ju 88 kalt. Zu diesem Zeitpunkt war die Ju 88 von der Auslegung her im großen und ganzen fertig. Entwurfschef August-Wilhelm Quick hatte zusammen mit den Projektingenieuren Fritz Freytag und Dr. Kurt Cramer mehrere zweimotorige kleine Schnellbomber entworfen, die 500 bis

Bild oben: Koppenbergs persönliche Ju 86, ausgestattet mit zwei 16,6-Liter-Dieselmotoren Jumo 205 von 600 PS. Die He 111 hatte zwei 35-Liter-Benzineinspritzmotoren Jumo 211 mit 1.200 PS.

Das Bild links zeigt einen typischen Heinrich Koppenberg beim Entwickeln großer Ideen. Ihm hören Direktor Ernst Zindel, der 1940 in die NSDAP eingetreten war, sowie mit einem spöttischen Lächeln Dr. Friedrich Bielitz, Jumo-Abteilungsleiter Festigkeit und Schwingungen, und Ferdinand Brandner (nur Nase zu sehen), Leiter Jumo 222, zu.

Die Bomberausführung der Ju 86 mit vertikalen Bombenschächten für 1.000 kg Bomben und drei Abwehrgeschützständen. Da das Fliegen in Verbänden und beim Angriff die Dieselmotoren Jumo 205 überstrapazierte, wurden die Motoren bald durch die luftgekühlten BMW 132 ersetzt, die zudem mehr Leistung erbrachten. Die Höchstgeschwindigkeit der Ju 86 mit Jumo 205 (Bild) lag bei 310 km/h, mit BMW 132 bei 380 km/h. Während beim Kriegsflugzeug Junkers von Heinkel geschlagen wurde, war es bei der Zivilausführung genau umgedreht.

1.000 kg Bomben über mittlere Entfernung mit einer Geschwindigkeit von mindestens 500 km/h tragen sollten.

Da Koppenberg die Organisation der amerikanische Massenfertigung bewunderte, versuchte er, von dort Fachleute abzuwerben. Bei der kleinen Firma Fairchild gelang ihm das auch. Die beiden deutschstämmigen Amerikaner Alfred Gassner und Heinrich Evers kamen nach Deutschland. Ernst Zindel beauftragte Alfred Gassner mit der Typenleitung für die Ju 88 V1 bis V3. Gassners „Laufbursche" Heinrich Evers ging ihm dabei zur Hand.

Kurz vor Gassners Erscheinen stellte Generaldirektor Koppenberg im September 1935 Prof. Herbert Wagner als eigenständigen Entwicklungschef ein. Er sollte quasi die Rolle von Hugo Junkers spielen, also frühzeitig Entwicklungen und Projekte anschieben, die einen langen Atem benötigten, aber andererseits Überlegenheit über die Konkurrenten versprachen.

1936 kam dann noch Brunolf Baade aus den USA. Er lebte dort seit sechs Jahren von Lizenzverkäufen für Deutz. Nach einem Besuch der Eltern in Deutschland ließ man ihn nicht wieder ausreisen. Er bekam eine Stellung bei Junkers angeboten. Er ersetzte Gassner und wurde Typenleiter der Ju 88 B.

Die Tabelle gibt einen Überblick über die Entwicklungskosten bei Junkers. Nicht enthalten sind die Kosten für die Jumo-Motoren.

Geschäftsjahr	30.9.34	30.9.35	30.9.36	30.9.37	30.9.38	30.9.39	30.9.40	30.9.41	30.9.42	30.6.43	Summe	
Flugzeugtyp	**RM**	**RM**	**RM**	**RM**	**RM**	**RM**	**RM**	**RM**	**RM**	**RM**	**RM**	Typ
Ju 160	841.000	444.000	75.000								**1.360.000**	Ju 160
Ju 86/86P/186	703.000	3.778.000	1.883.000	62.000	89.000	23.000	8.730.000	4.680.000	3.560.000	566.000	**24.074.000**	Ju 86
Ju 87	11.000	961.000	1.811.000	184.000	918.000	933.000	2.929.000	2.076.000	1.741.000	1.459.000	**13.023.000**	Ju 87
JU/EF-61			1.581.000	1.579.000	497.000	338.000					**3.995.000**	EF-61
Ju 89	57.000	136.000	2.804.000	2.570.000	496.000	70.000					**6.133.000**	Ju 89
Ju 88			797.000	3.564.000	5.004.000	5.870.000	2.405.000	1.360.000	9.482.000	4.244.000	**32.726.000**	Ju 88
Ju 90			308.000	3.831.000	3.958.000	6.901.000	5.206.000	3.083.000	1.002.000		**24.289.000**	Ju 90
Ju 88B/188							8.605.000	5.188.000	6.753.000	3.868.000	**24.414.000**	Ju 188
Ju 290/390							685.000	4.097.000	4.466.000	3.743.000	**12.991.000**	Ju 290
Ju 252/352						516.000	681.000	3.863.000	12.252.000	14.304.000	**31.616.000**	Ju 252
Ju 288						103.000	8.450.000	16.243.000	20.651.000	20.068.000	**65.515.000**	Ju 288
Summe	1.612.000	5.319.000	9.259.000	11.790.000	10.962.000	14.135.000	37.691.000	40.590.000	59.907.000	48.252.000	238.776.000	Σ
Umsatz JFM	26.500.000	84.000.000	74.900.000	123.500.000	172.600.000	225.100.000	383.200.00	631.400.00	677.300.000	808.400.000	3.207.000.000	Umsatz
Entw.-Aufwand	6,2 %	6,3 %	12,3 %	9,5 %	6,4 %	6,6 %	10,1%	11,8 %	9,1 %	6,2 %		Prozent

Deutsche! Wollt ihr den totalen Sieg!

Das deutsche Monopolkapital trachtete nach der Weltherrschaft. Dazu war jedes Mittel recht. Auch die völkerrechtswidrige Parteinahme für den Militärputsch in Spanien. General Franco hätte ohne Hitler und Mussolini keine Chance gegen die spanische Republik gehabt. Hitler bekam die einzigartige Möglichkeit, in Spanien aus seiner „Risiko-Luftwaffe" eine moderne und erfahrene Angriffswaffe zu formen. Der Junkers-Sturzkampfbomber Ju 87 errang in Guernica genau jene bluttriefenden Siege, die die feigen Braunhemden schon 1933 in den Folterkellern und KZ's in Deutschland „erkämpft" hatten.

Bevor Propagandaminister Goebbels 1943 den totalen Krieg ausrufen konnte, war 1932/33 durch die deutsche Großfinanz der totale Sieg ausgerufen worden. Daß dieser nur über Berge von Leichen zu erringen sein würde, war diesen Herren im Frack von vornherein klar. Diese selbsternannten Götter waren Herrscher über Leben und Tod. Sie nutzten den Patriotismus weiter Kreise des deutschen Volkes für ihre eigennützigen niederträchtigen Ziele aus und stürzten die ganze Welt ins Unglück. Sie errichteten einen Spitzel- und Denunziantenstaat, löschten systematisch alle humanistischen Traditionen aus, logen und betrogen in nie dagewesener Weise, benutzten den Polizeistaat als Selbstbedienungsladen, unterwarfen die Massenmedien ihrem Diktat und machten sie zum Werkzeug ihrer menschenverachtenden Politik. Und warum das al-

Dessau mauserte sich schnell zur 100.000-Einwohnerstadt. Hier die Kavalierstraße um 1938. Dessau bekam in diesem Jahr auch ein neues Theater.

Bild rechts oben: Hitler zu Besuch im Dessauer Junkerswerk bei Lehrlingen, die ihm ein Ju-86-Modell schenken.

Bild rechts: Die Ifa in Dessau entlang der Kühnauer Straße.

Dipl.-Ing. Hermann Pohlmann (26.6.1894) begann 1923 bei Junkers. Mit seinem Namen sind vor allem die Entwicklungen der Ju 60/160, Ju 87 und 88 verbunden. 1940 wechselte Pohlmann aus persönl. Gründen zum Flugzeubau von Blohm & Voss nach Hamburg. Nach 1945 kurzzeitig bei der spanischen CASA als Konstruktionschef beschäftigt, danach wieder im Hamburger Flugzeugbau technischer Direktor. Setzte 1958 Hans Wokke als seinen Nachfolger bei HFB ein.

les? Weil ihnen die Aussicht auf grenzenlosen Profit Schaum vors Maul trieb. Und das tägliche Bemühen der deutschen Arbeiter und Ingenieure nach Wertarbeit und neuen Produkten, das Erreichen von Vorsprüngen gegenüber der ausländischen Konkurrenz, steigerte wiederum das Verlangen nach Vorherrschaft. Das war wie eine Seuche: Je mehr vom Vorherrschaftsdenken erfaßt wurden, desto mehr Herrschaft und Unterwerfung gab es, bis die Masse davon überzeugt war, daß Kriege in der Menschheitsgeschichte etwas völlig Natürliches sind.

Leider beteiligt sich die Intelligenz immer am meisten an dieser Hatz. Ohne die vielen kleinen Helfer aber in der Wirtschaft und im Staat wäre das faschistische Deutschland nie so effektiv in seinen Vernichtungsmethoden geworden. Fakt ist jedoch: Keiner wurde gezwungen, seine Intelligenz diesem System zu widmen.

Das Brechtsche Kainsmal der „erfinderischen Zwerge“ hat auch Albert Einstein getroffen. Er baute auf der Gegenseite „im guten Glauben“ an der Atombombe mit, obwohl er wissen mußte, daß, was einmal erfunden ist, auch irgendwann eingesetzt werden würde.

Technische Revolution stückchenweise

Als das neue Hauptverwaltungsgebäude mit dem Konstruktionsbüro im Spätsommer 1935 bezugsfertig war, begann bei Junkers eine beispiellose Entwicklungstätigkeit. Im August 1935 waren die Entwürfe zur Ju 88 fertig, im September kam Prof. Wagner und nahm sich des Höhenbomber-Projektes JU/EF-61 an. Im Dezember 1935 lief die Neukonstruktion des breiteren Rumpfes der Ju 90 an. Im Windkanal und den Forschungsabteilungen liefen allgemeine Untersuchungen für große Höhen und hohe Geschwindigkeiten. Im Alleingang entwickelte die Firma für den Stuka Ju 87 eine sichere Abfangautomatik. Für diesen Foschungsaufwand mußte entsprechend qualifiziertes Personal eingestellt oder ausgebildet werden. Weil Geld im Zyklus der offenen Aufrüstung keine Rolle zu spielen hatte, konnten gute Gehälter gezahlt und Investitionen in Labore, hochwertige Maschinen und Meßmittel vorgenommen werden.

Die vielversprechenden Entwürfe von August Quick zur Ju 88 führten in der Anfang 1936 anlaufenden Detailkonstruktion zu einem Flugzeug, das die He 111 und die bekannte ausländische Konkurrenz deutlich distanzierte. Koppenberg konnte die verantwortlichen Stellen im RLM und Hitler persönlich von der Schlagkraft der Ju 88 überzeugen, so daß er zu einer von Hitler unterzeichneten Sondervollmacht kam, die dem Ju-88-Programm 1938 absoluten Vorrang vor allen anderen Firmen und Projekten einräumte. Bis zu dieser Vollmacht war es aber ein dornenreicher Weg, denn die Ju 88 war zunächst nur als Schnellbomber konzipiert, also klein

Im Konstruktionsbüro arbeiteten 2.000 bis 2.500 Leute, im Verwaltungstrakt (links) etwa 500.

Gemeinsamer Sonntagsausflug der Gruppenleiter der Detailkonstruktion Ju 88 V1 bis V3 (v.l.n.r.): Kurt Cyron (Flügelmittelstück), Erich Wessel (Führerraum), Herbert Scheller (Flügel), Erich Heinelt (Fahrwerk), Hans Hoch (Triebwerk) und Ernst Babrawski (Steuerung). Etwa 200 bis 250 Detail-Konstrukteure einschließlich Elektrik arbeiteten 1936 unter Typenleiter Alfred Gassner am Schnellbomber Ju 88.

Bild oben: Geschwindigkeitsweltrekord (517 km/h) der Ju 88 V5 mit zwei Einspritzmotoren Jumo 211 B (1.200 PS) und 2.000 kg Nutzlast über 1.000 km am 19. März 1939, erflogen von Pilot Ernst Seibert (links) und Bordwart Kurt Heintz.

Bild unten: Ju 88 V1 beim Probelauf des rechten Motors vom Typ DB 600 C (eingebaut, weil Jumo 211 noch nicht flugfähig) vor dem Erstflug, den Pilot Kindermann am 21.12. 1936 ausführte.

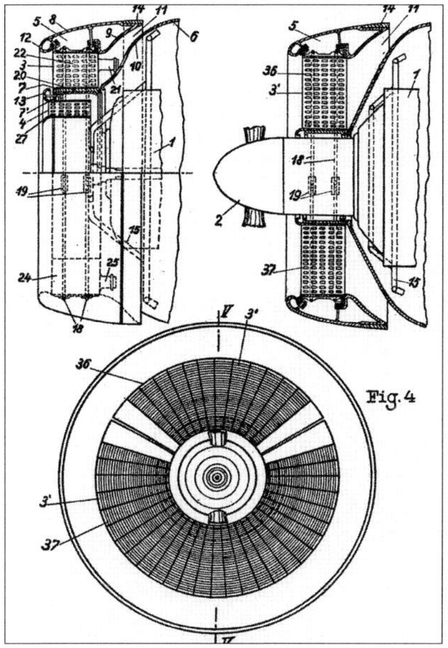

Junkers-Patent Stirnkühler vom 23.12. 1936 (Prof. Wagner/Ludwig Meyer).

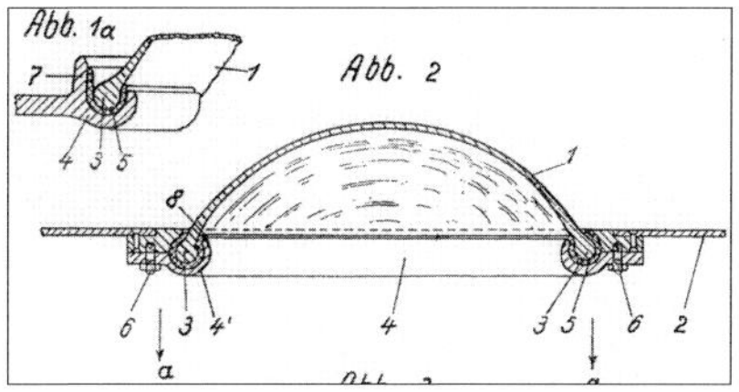

Patent Kuppelartige Scheibe (Wagner, Muttray, Wagenseil) vom 8.5.1937.

in den Abmessungen, ohne Abwehrbewaffnung und mit relativ kleinem Lastvielfachem.

Was das Flugzeug zu diesem Zeitpunkt auszeichnete, war sein geringes Gewicht (7,5 t Startmasse), der gedrungene Rumpf (schwer zu treffen), der hohe Leistungsüberschuß und der geringe Stirnwiderstand. Eigentlich hätte die Ju 88 schon so in die Serie gehen können, vielleicht wäre es dann auch zur Serienproduktion der Ju 288 gekommen. Aber Ernst Udet forderte eine sturzflugfähige Ju 88, was erneut zwei Jahre intensivster Konstruktionsarbeit erfordete. Die ersten Serienflugzeuge vom Typ Ju 88 rollten im Oktober 1939 aus der Endmontage in Bernburg. In großen Stückzahlen kam sie erst im Frühjahr 1940 zur Truppe. Dann allerdings als kampfstarkes und durch keinen anderen Typ zu ersetzendes Flugzeug.

Ein noch viel größerer Entwicklungsaufwand als für die Ju 88 wurde zur selben Zeit für das Entwicklungsflugzeug EF-61 betrieben, das zum Standardhöhenbomber der Luftwaffe entwickelt werden sollte. Daß es letztlich beim Versuch geblieben ist, dürfte zum einen am durchschlagenden Erfolg der Ju 88 gelegen haben, aber auch an den damals noch nicht voll beherrschten Problemen des Höhenfluges (Lader für Motoren, Luftschrauben, Druckkabinenverglasung, Flugeigenschaften in dünner Luft, hohe Festigkeiten für große Zuladungen beim Treibstoff und höhentauglicher Flügelgeometrie).

Um all das Neuland zu erforschen, waren neue Methoden in der Entwicklung und der interdisziplinären Zusammenarbeit der Forschungsabteilungen mit der Konstruktion und der Flugerprobung zu finden. Prof. Herbert Wagner übernahm die Leitung und zog für die Entwicklung der Junkers EF-61 die

Dipl.-Ing. Boris von Schlippe (12.6.1903) in Lettland geboren und aufgewachsen. Nach Studium und Arbeit beim Flugzeugbau Rohrbach wechselte er 1930 zu Junkers. Leitete ab 1935 die Konstruktionsarbeiten am Höhenforschungsflugzeug JU/EF-61. Nach Beendigung der Arbeiten leitete er eine eigene Forschungsabteilung, die strahlgetriebene Flugzeuge projektierte (EFo-Typen), aber auch Schwingungen an Flugzeugen und dergleichen untersuchte. Mit B. Baade in UdSSR. Konnte bereits 1950 nach Deutschland zurückkehren.

besten Leute aus allen Abteilungen für diese große Aufgabe ab. Die Konstruktion der EF-61 selbst lief unter der Leitung von Boris von Schlippe.

Da Prof. Wagner direkt von der Lehrtätigkeit einer Hochschule kam, waren seine praktischen Erfahrungen zu diesem Zeitpunkt noch sehr beschränkt. Er packte in das neue Flugzeug zu viele Probleme auf einmal: Höhenkabine mit Vollsichtkanzel aus einer Glaskuppel, geringste Abmessungen, neue Flügelgeometrie, Schalenbauweise von Flügel und Rumpf, Vorflügel, neuartige Fowlerklappen, revolutionärer Düsenkühler für Motorenöl und Wasser vor dem Motor, neue voll verstellbare Vierblattluftschraube, automatische Abwehrbewaffnung, von den Problemen des Höhenmotors, des Laders und der Ladeluftkühlung ganz zu schweigen.

Der Anspruch war also enorm. Das Ergebnis letztlich bescheiden. Dennoch erlangte die Junkersmannschaft hier Erkenntnisse, die für die Ju 88, die Ju 252 und die Ju 287 große Bedeutung erlangten. Ganz besonders betraf dies die Druckkabine. Eine Druckkabine zu bauen, die leicht war, durch Türen und Fenster unterbrochen werden konnte, die eine gute Sicht bot und hermetisch gut abschloß, war alles andere als einfach. Die Druckdifferenz, die zwischen dem Boden und 11 km Höhe 0,54 atü beträgt, beinhaltet eine derat große Energiemenge, daß eine solche Kabine bei einem Anriß explosionsartig zerrissen wird. Hier leicht und trotzdem sicher bauen zu können, erfordert viel Erfah-

Der neue deutsche Höhenbomber mit automatischen Waffen sollte das werden. Am Ende blieb es beim Höhenforschungsflugzeug, das nie sein EF-Kürzel verlor. Die JU/EF-61 V1 beim Auffüllen von Kraftstoff vor der Einflughalle in Dessau. Auffällig ist der Flügel großen Streckungsverhältnisses, wie er später für die JU/EF-100 konzipiert und an der Ju 252 verwirklicht worden ist.

rung, die man Schritt für Schritt sammeln muß, so daß es unmöglich ist, sie sofort am ersten Muster zu verwirklichen. Trotz der Erfahrungen mit dem Höhenflugzeug Ju 49 konnte eine vernünftige Lösung für eine Druckkabine an der EF-61 nicht gefunden werden. Es war am Anfang an eine Kanzel vollständig aus Kunstglas gedacht, die aber auf Grund der Nichtbeherrschung des Materials als auch aus konstruktiven Gründen nicht ausgeführt werden konnte. So behalf man sich mit einer Metallkonstruktion, die mit kleinen Bullaugen versehen, genau das Gegenteil von dem darstellte, was Prof. Wagner vorschwebte. Hinzu kam, daß die Kanzel nur mühsam betreten und verlassen werden konnte, für ein neu zu erprobendes Flugzeug also eine Zumutung für die Besatzung darstellte.

Bild unten: Patent von Josef Schroeder, Leiter des Kobü Bauelemente, für leichtbauende Schalen, eingereicht am 8. Mai 1937. Auf Wellblech wird glatter Stoff gespannt.

Bild rechts: Schalenflügel der EF-61 V1 (ohne Stoffbespannung), so wie das Schroeder-Patent verwirklicht worden ist.

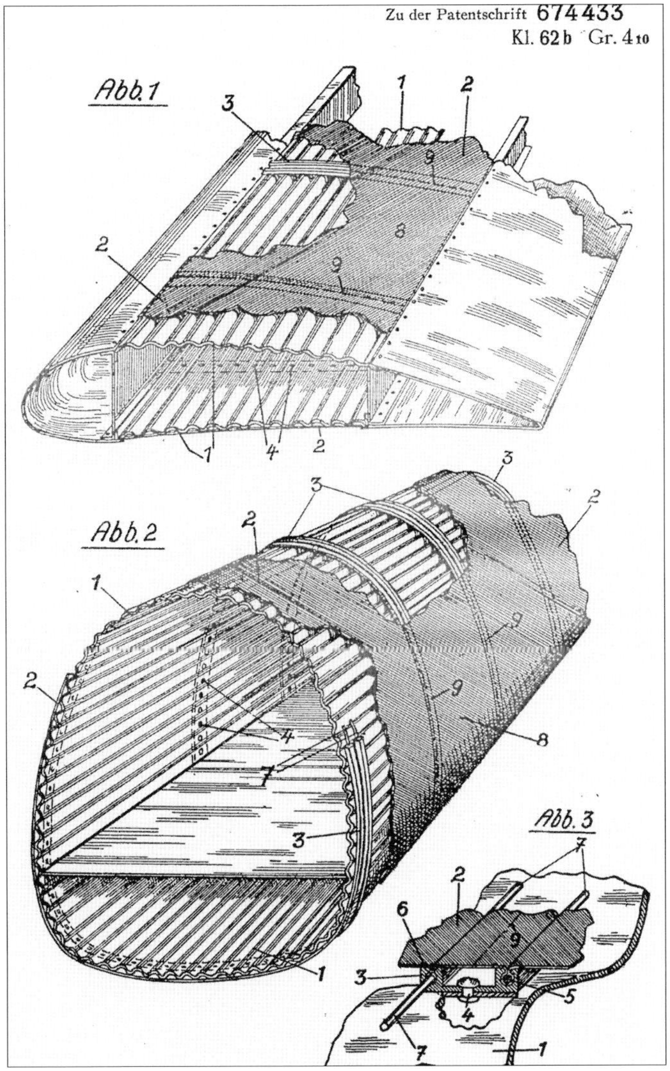

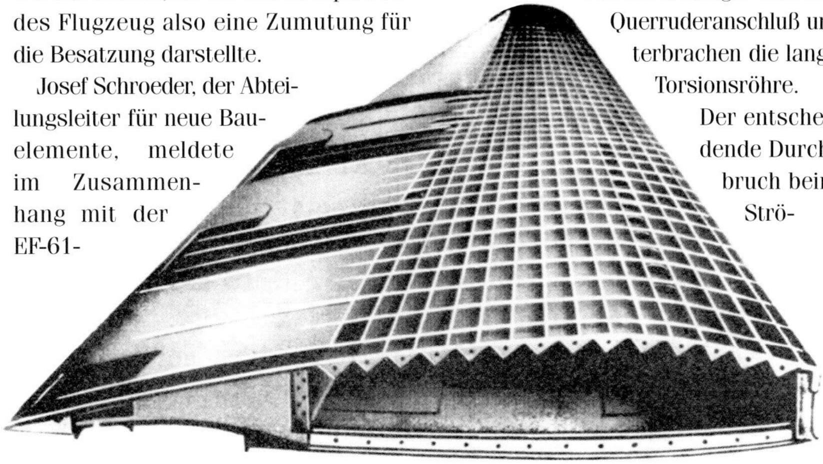

Josef Schroeder, der Abteilungsleiter für neue Bauelemente, meldete im Zusammenhang mit der EF-61-Entwicklung ein Patent für eine Schalenkonstruktion auf Wellblechbasis für Rumpf und Flügel an. Beim Rumpf verlief das Wellblech in Flugrichtung, beim Flügel quer zur Flugrichtung, um die Biegemomente aufnehmen zu können. Beim Bau des EF-61-Flügels, wo erstmals wieder seit der J.1 und J.2 von 1916 eine Schalenkonstruktion bei Junkers ausgeführt wurde, kam über die Spannweite sich verjüngendes Wellblech zur Anwendung. Dazu wurde das 3 mm dicke Blech nicht in einer Maschine gewellt, sondern gezackt über die gesamte Länge genietet. Wellenbreiten und Wellentiefen nahmen längst der Spannweite ab. Innen stütze sich das Wellblech zusätzlich gegen Glattblech. Außen wurde mit Stoff bespannt.

Der Flügel erwies sich gegenüber einem Holmflügel als zu schwer bei der gegebenen Staudruckgeschwindigkeit von 350 km/h. Die Erkenntnis war bitter und hatte zur Folge, daß selbst beim deutlich schnelleren Düsenbomber Ju 287 nochmals der Holmflügel zur Auswahl kam. Der Schalenflügel der EF-61 hatte aber den großen Vorteil, daß in ihm große Mengen Kraftstoff untergebracht werden konnten. Nur die Stege am Motorträger und am Querruderanschluß unterbrachen die lange Torsionsröhre.

Der entscheidende Durchbruch beim Strömungswiderstand von Motorengondeln konnte indes an der JU/EF-61 gelöst werden. Auf das Junkers-Patent vom Düsenkühler aufbauend, entwickelten Wagner und Ludwig Meyer für das Flugzeug eine neue Kühlerart, die von weitem wie die aerodynamische Verkleidung eines luftgekühlten Sternmotors wirkt. Wasserkühler und Ölkühler sind in Lamellensegmenten zu einem Ring zusammengefaßt, der sich um die Propellerwelle schlingt. Die Strömung wird dabei verwirbelungsarm außen um die Verkleidung geführt, während sie innen zusammengefaßt und verzögert durch die Kühllamellen gedrückt wird. Der Effekt war eine bessere Kühlung bei gleichzeitig deutlich verringertem Luftwiderstand. Diese Entwicklung kam der Ju 88 sehr gelegen. Auch sie wurde mit diesen Kühlern ausgestattet. Und der durchschlagende Erfolg des Einspritzmotors Jumo 211 beruhte zum großen Teil ebenfalls auf diesem Patent.

Meistgebauter deutscher Flugmotor Jumo 211 rettet Junkers vor dem Ruin

Die 1937 bis 1939 erfolgte Umkonstruktion der Ju 88 zu einem Sturzkampfbomber verhinderte dessen frühzeitige Serienproduktion, so daß die Junkerswerke in eine prekäre Finanzlage gerieten. Der Kapitalumschlag sank bei Junkers von acht (1933) auf zwei (1938). Die Millioneninvestitionen in die Erneuerung und Erweiterung der Betriebsflächen standen also in keinem ökonomischen Verhältnis zum viel zu langsam wachsenden Umsatz. Das Kapital fraß sich selbst auf.

Der Umschwung setzte 1939 ein, als in die laufende Serie „E" der He 111 der Hochleistungsmotor Jumo 211 B eingebaut wurde. Auch der Stuka Ju 87 erhielt den Jumo 211 B. So konnten bereits 1939 die Kapazitäten der Junkers-Motorenfertigung in Köthen auf den Jumo 211 umgestellt werden, ohne daß eine Serienproduktion der Ju 88 lief, für die der Motor ja vorgesehen war.

Der Jumo 211 avancierte schnell zum erfolgreichsten deutschen Flugmotor. Insgesamt sind 68.248 Motoren des Typs Jumo 211 gebaut worden. Damit verweist er die Motoren DB-605 mit 42.405 Exemplaren und BMW 801 mit etwas über 21.000 gebauten Exemplaren klar auf die Plätze. Die Jumo GmbH nahm im deutschen Flugmotorenbau auch insgesamt den Spitzenplatz ein. Von den Junkersmotoren Jumo 210, 211 und 213 verließen in der Summe rund 84.000 Motoren die Montagebänder, während bei Daimler-Benz nur etwa 74.000 Motoren der Typen DB-600, 601, 603, 605 und 610 gebaut wurden.

Der Jumo 211 kam nicht nur in der Ju 87 Stuka zum Einbau, sondern vor allem in der Ju 88 und He 111. Er war der erste Motor des sogenannten Einheitstriebwerks für schnelle Motorwechsel. Der Jumo 211 arbeitete darüberhinaus auch in verschiedenen V-Maschinen. So in der Ju 90 V4 und in den ersten Mustern der Ju 252.

Bild rechts und rechts unten. Die Großserienfertigung des Jumo 211 lief in den Junkers-Werken Köthen, Magdeburg und Leipzig sowie in Lizenz in den Werken Muldenstein und Stettin.

Bild unten: Sichtkontrolle der Nockenwellenlagerung im Zylinderkopf des Jumo 211. Sämtliche Teile des 35-Liter-Motors waren bei der Jumo entwickelt und gebaut worden, also auch Regler, Einspritzdüsen, Einspritzpumpe, Lader, Luftschraube, die Verstellantriebe der Luftschraube (nitriertes Schneckengetriebe), Zuganker mit gerolltem Gewinde. Die Leistung des Motors stieg von 1.000 PS beim Typ A auf 1.500 bis 1.600 PS bei den Typen J und N.

Der Grund für diesen Erfolg liegt in der über Jahrzehnte betriebenen Motorenforschung bei Junkers. Um die Leistung zu steigern, das Gewicht und den Stirnwiderstand zu senken, ging man bei Junkers schon frühzeitig weg von solchen Begriffen wie Starrheit und Genauigkeit. Wie sollte ein leistungsfähiger Motor auch starr und genau sein, wenn in seinem Innern während des Betriebes die Temperatur auf 1.500 °C anstieg, die sich drehenden Teile Schwin-

Dipl.-Ing. Kurt Erfurth (23.6.1898), seit 1913 bei Junkers tätig. Beteiligt an der Konstruktion der J.1 und F 13. Nach dem 1. Weltkrieg Ingenieurstudium. Anschließend in der neu gegründeten Junkers-Motorenentwicklung, wird nach und nach mit der Leitung von Forschungsaufgaben durch Otto Mader beauftragt. Ab Mitte der 30-er Jahre Chef der Abteilung Zünderflugmotoren. Verantwortlich für die Jumo-210 und Jumo-211-Entwicklung. Ab 1945 bis 1965 in den USA.

gungen im gesamten Gehäuse verursachten, die Teile unter diesen Bedingungen weder ihre Maße noch ihre Formen beibehalten konnten. Man mußte in der Konstruktion also weg von der Starrheit und hin zur Elastizität. Die Werkstoffe mußten auf genügende Warmfestigkeit an ihren äußersten Grenzen untersucht werden. Das Spiel zwischen sich bewegenden Teilen war als sich mit der Betriebstemperatur und der Belastung auf einen Sollwert einpendelnder veränderlicher Wert von vornherein in die Berechnungen einzubeziehen. Dem Streben nach höheren Drehzahlen mußte von Anfang auch ein Dämpfen der Schwingungen gleichberechtigt nebenangestellt werden. All das leistete die Junkersforschung in den Jahren vor 1937, bis der Jumo 211 A in Serie gehen konnte.

Die Sparte Zünderflugmotoren (Benzinmotoren) leitete Kurt Erfurth bei der Jumo. Der erste Jumo 211 war nichts weiter als eine um 75 % vergrößerte Konstruktion des Jumo 210. Der 20-Liter-Motor Jumo 210 hatte es allerdings in sich. Der weit vorausschauende Otto Mader hatte 1930 die Entwicklung eines „elastischen" Motors angeregt, der alle neuen Erkenntnisse wie automatische Gemischregulierung, Heißkühlung, Schwingungsdämpfung, Aufladung mit automatischem Schaltgetriebe und einem Untersetzungsgetriebe für die Luftschraube in sich vereinen sollte.

Das Ergebnis lief am 24. Oktober 1932 als erster Versuchsmotor des Jumo 210 auf dem Prüfstand. Es war ein hängender 12-Zylinder-Motor von 19,7 Litern Hubraum mit im Winkel von 60 ° angeordneten Zylinderreihen. Dieser Einfachvergasermotor erreichte aber nur 450 PS. Als Jumo 210 A mit Bodenlader und mit Doppelvergaser kam der Motor auf 680 PS. Er trieb 1937 die er-

sten Versionen des Jagdflugzeuges Bf 109 und die Arado Ar 68 an. Als Typ Jumo 210 G war der Motor der erste Serienflugmotor der Welt, der mit direkter Benzineinspritzung (strengste Geheimhaltung) und automatischer Gemischregulierung flog. Auf diesem Entwicklungsstand aufbauend, entstand 1935 durch die einfache Vergrößerung des Motors von 20 auf 35 Liter Hubraum der Jumo 211. Entsprechend wuchs die Nennleistung von 700 auf 1.200 PS.

Diese 1.200 PS waren genau die Leistung, für die die Flugzeuge Ju 88 und He 111 berechnet waren. Auch die Ju 87 profitierte von dem neuen Motor. Daß er nicht wie der Jumo 210 weiter für den Jäger Me 109 Verwendung fand, lag zuerst an der vom RLM geforderten Spezialisierung und Typenteilung. Effektiver wäre es gewesen, nur eine Type zu produzieren, aber es war auch gefahrvoller, wenn die Type sich als Fehlentwicklung herausgestellt hätte. Gerade im Entwicklungsbereich kann man sich schnell verkalkulieren. Außerdem bietet die Existenz von drei guten Motorenproduzenten nicht nur die Gewähr, daß ein oder zwei Typen die Serienreife erreichen, sondern auch, daß sich die Entwicklungen gegenseitig befruchten. Allerdings wäre das auch in einem Monopol zu erreichen, nämlich dann, wenn drei eigenständige Entwicklungsabteilungen nebeneinander existieren dürften, was betrieblich zwar teurer, gesamtgesellschaftlich jedoch wesentlich vernünftiger wäre (nebenbei bemerkt: Der Kapitalismus hat zwei vernünftige Dinge hervorgebracht, das eine ist die Kostenrechnung und das andere ist das Monopol).

Der Flugmotor Jumo 211 weist noch eine Besonderheit auf, nämlich die Preßwasserkühlung und die damit verbundene Anordnung des Kühlers als Ringsegment vor dem Motor. Die Preßwasserkühlung erlaubte Wassertemperaturen von 115 °C, später sogar von 120 °C, was einen kleineren Kühler ermöglichte, weil in gleicher Zeiteinheit eine größere Wärmemenge dadurch an die Außenluft abgegeben werden konnte. Die Integrierung des Ölkühlers in den Kühlerring vor dem Motor und die glatte kreisrunde Außenkontur des Kühlers erbrachte einen besseren c_W-Wert und damit einen kleineren absoluten Stirnwiderstand.

Diesen vielen Vorteilen des Jumo 211 standen eigentlich nur zwei Nachteile gegenüber. Der eine war der, daß in die Nabenwelle keine Waffe eingebaut werden konnte (die Welle war zwar hohl, aber der Lader hinten versperrte den Einbau), der zweite Nachteil war die etwas geringe Lebensdauer, die oft keine 200 Stunden erreichte. Der Grund waren Sparstoffe und die enorme Leistungssteigerung, die von anfänglichen 1.000 PS bei der Version A zu 1.600 PS bei der Version J führte.

Die Weiterentwicklung Jumo 213 läßt jedes Techniker-Auge glänzen. Bei gleichem Grundaufbau und gleichen Abmessungen konnte die Drehzahl von 2.600 u/min auf 3.250 u/min angehoben werden, was eine Startleistung mit MW-50-Einspritzung (Wasser-Methanol-Gemisch) von 2.100 PS ergab. Der Jäger Ta 152, genannt Langnase, wurde mit diesem Motor zum besten Jagdflugzeug der deutschen Luftwaffe. Der Motor 213 kam auch in der Ju 188 zur Anwendung. Gebaut wurden davon mehr als 9.000 Stück.

Bild links: Eindrehen der Zuganker für die Zylinderreihe. Hinten im Bild liegen die Zylinderköpfe mit eingebautem Nockenwellentrieb und den Ventilen. Bild rechts: Fertige Jumo 211 verlassen in Dessau die Prüfstände.

OPEL

Die leistungsstarken Junkers-Propeller

Dipl.-Ing. Hermann Bokkermann (20.3.1907) kam 1936 zu Junkers als Getriebespezialist. Er schuf unter Bruno Lorenzen für die vollautomatischen Verstellluftschrauben die Verstellgetriebe (Schnekkengetriebe). In Kuibyschew (UdSSR) machte er sich einen Namen, indem er für die stärkste Propellerturbine der Welt, das NK-12, das Untersetzungsgetriebe als Planetengetriebe ausführte. Das Getriebe trug fortan seinen Namen. In DDR-Luftfahrt Abteilungsleiter Getriebekonstruk.

Die Propellerrechnung ist eine Wissenschaft für sich. Im Prinzip kann man ein Propellerblatt zwar mit einem Flügelprofil vergleichen, aber durch die Überlagerung von Umfangsgeschwindigkeit und Fluggeschwindigkeit entsteht eine resultierende Anblaseströmung, die anders als eine Flügelumströmung ist. Für die Propellerrechnung war bei Junkers eine kleine Gruppe um Dr. Gerhard Cordes verantwortlich. Ein Problem, das sich mit den wachsenden Fluggeschwindigkeiten ergab, war die wachsende Differenz zwischen der Normalstellung der Blätter für den Reiseflug und der Stellung für den Start. Da die Propeller für den Reiseflug berechnet wurden, konnte die Motorleistung beim Start immer weniger ausgenutzt werden.

Die gegebene Leistung eines Motors ergibt für einen maximalen Massenluftstrom einen bestimmten maximalen Durchmesserkreis des Propellers. Der Schraubenkreis kann und muß (ab einer bestimmten Leistung) verkleinert werden durch eine größere Anzahl Blätter oder durch breitere Blätter. Eine natürlich Grenze für die Drehzahl des Propellers ist die Schallgeschwindigkeit. Sie wird an den Blattspitzen zuerst erreicht. Eine zweite Grenze ist der Anstellwinkel der Blätter. Ist er zu klein, ist der Propellerschub zu klein und damit der Wirkungsgrad schlecht. Ist der Anstellwinkel zu groß, reißt die Strömung ab und der Wirkungsgrad sinkt ebenfalls. Man kommt bei schnell fliegenden Flugzeugen also um eine kontinuierliche Blattverstellung nicht herum. Diese Blattverstellung hat außerdem die Wirkung wie bei einem Auto das Getriebe. Mit ihr kann man die Drehzahl des Motors auf maximale Leistung beim Start (kleine Steigung) und maximale Reiseleistung (große Steigung) leicht einregulieren.

Die Schaffung einer sicheren vollautomatischen Verstelluftschraube war also die Aufgabe der frühen 30er Jahre. Und wieder war es die Firma Junkers, die diese Aufgabe bravourös meisterte. Prof. Junkers hatte schon 1925 eine automatisch verstellbare Luftschraube gebaut, bei der die Blätter durch Magnete verstellt wurden. Der Reichseingriff in die Ifa verhinderte die Weiterentwicklung. Mit dem Aufkommen der NACA-Hauben für luftgekühlte Sternmotoren gab es beim Fluge mit bestimmten Anstellwinkeln große Kühlprobleme. Bei Junkers entstand daraufhin das sogenannte Kühlblatt, bei dem das Blatt im Nabenbereich verbreitert war, um mehr Kühlluft zu fördern. Erste

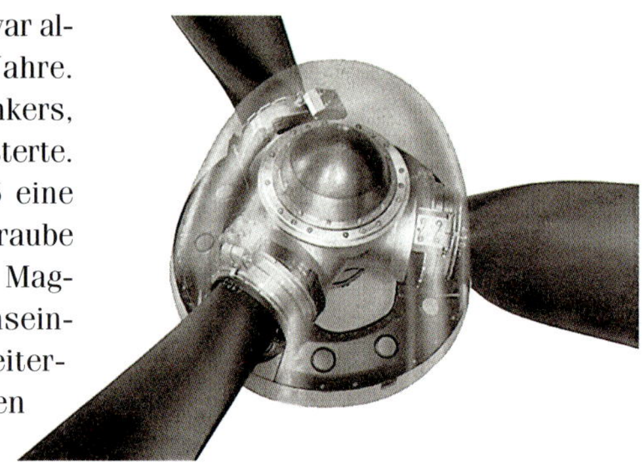

Bild links: Die Motorenwerke hatten bei Junkers eine eigene Flugversuchsgruppe. Sie stand unter der Leitung von Flugkapitän Pohl, der übrigens ein exzellentes Russisch sprach, so daß er 1946 bis 1954 in der UdSSR bei allen wichtigen Unterredungen mit den sowjetischen Behörden hinzugezogen wurde.

Darunter: Die vollautomatische Verstelluftschraube VS 5.

Bild unten: In der Luftfahrtliteratur wird der Jumo 205 mit 600 und 880 PS geführt. Hier sieht man, daß er in der Versuchspraxis schon 1936 mit 1.000 PS gefahren wurde (li. n. Motor M. Gerlach, g. re. Karl Schmarje).

Dr. Gerhard Cordes (11.7.1912) begann bei Junkers in den 20er Jahren als Aerodynamik-Ingenieur. In der Jumo später Leiter der Propellerrechnung. Erst im Sommer 1945 befaßt sich Cordes mit der Berechnung von Strahltriebwerken. Neuauflage des 3.000 kp starken Jumo 012 A. Maßgeblich beteiligt an Jumo 012 B, PTL Jumo 022 (TW-2), NK-12 und Jumo 014 (Pirna 014). In Pirna (DDR) Hauptabteilungsleiter Vorentwicklung Kreiselrad sowie Professor an der TH Dresden.

Bereitstellungshalle für die Luftschrauben. Die drei- und vierflügligen Propeller waren ziemlich sperrig. Da war es gut, daß sie leicht auseinanderzuschrauben gingen.

Entwürfe für eine vollautomatische hydraulische Verstellung der Blätter entstanden 1931. Da abzusehen war, daß diese Entwicklung Zeit benötigte, entschloß sich Hugo Junkers zunächst die Hamilton-Verstelluftschraube zu übernehmen. Diese hatte allerdings den Nachteil, daß der Öldruck ständig die Blätter in der richtigen Stellung halten mußte. Der Junkers-Forschung gelang es in kurzer Zeit, die Hamilton-Schraube zu verbessern und eine vollautomatische Ausführung mit 20 ° Verstellbereich herauszubringen, die dann als JU HA PAK-Schraube bezeichnet und in den Flugzeugen Ju 60, Ju 86 und Ju 87 verwendet wurde.

Über die Entwicklung der vollautomatischen Junkers-Verstelluftschraube äußerte sich der Entwicklungsingenieur des Jumo 213, Dr. August Lichte, folgendermaßen:

Die großen Zentrifugalmomente von drei- und vierflügligen Luftschrauben, die zu erwartenden hohen Verstellgeschwindigkeiten und die damit wachsenden Fliehgewichte erforderten eine grundsätzlich neue Lösung. Nach mehreren Entwürfen und vielen Vorversuchen bis 1933 kam nach typischer Junkersart am 26. Februar 1934 eine Studien-Verstelluftschraube zur Ausführung, die große Möglichkeiten in der Variierung der notwendigen Bauelemente hatte (VC = VS 1). Ölpumpe und Regler waren am Motor-Apparateteil untergebracht und verstellten durch eine Fernwelle ein in der Propellernabe befindliches Differential zur Flügelverdrehung. Unter einer Erhöhung der Verstellgeschwindigkeit kam bald darauf eine Weiterentwicklung mit Hydraulikmotor und Schneckengetriebe als Untersetzungsgetriebe zur Ausführung, die im Aufbau die Endlösung für alle Junkers-Verstelluftschrauben darstellte (VS 2). Mit etwa 15 °/s Verdrehgeschwindigkeit, mit Segelstellung und Drehzahlwähler bewährten sich die VS-Schrauben als VS 5 und VS 11 in der Ju 87, He 111, Ju 188 und Fw 190.

Die Tage des Friedens sind gezählt

Die weltpolitische Lage war durch den Rüstungswahnsinn des deutschen Faschismus zu einem Pulverfaß geworden. Von 1935 bis 1939 hatte Deutschland Rüstungsgüter im Wert von zwölf Milliarden US-Dollar produziert, genauso viel wie England, die USA und die UdSSR zusammengenommen. England hatte von 1933 bis 1937 sogar alljährlich seine Rüstungsausgaben gesenkt. Erst ab 1937, in Anbetracht der immer bedrohlicher werdenden Weltlage, begann auch England mit einer langsamen Aufrüstung.

Deutschland war im Grunde genommen schon 1938 ökonomisch am Ende. Der private Konsum war staatlich verordnet eingeschränkt. Die Leute hatten Geld, es gab aber nicht viel zu kaufen. Die Parole hieß wieder einmal „Kanonen statt Butter“. Und die Kanonen waren in der Tat reichlich vorhanden. Sie mußten schießen, wenn Deutschland nicht den Offenbarungseid leisten wollte. Ein Zurück gab es (für die deutschen Kriegstreiber) nicht mehr. Es wäre gleichbedeutend mit dem Zusammenbruch des sich nationalsozialistisch nennenden Systems gewesen.

Die sieben Millionen Arbeitslosen, die 1932 überzählig waren, und vom Standpunkt des Weltmarktes auch immer noch überzählig waren, sollten nun in einem Krieg verheizt werden. „Derr deutsche Arrbeitsmann“, den Hitler in seinen Reden immer so martialisch beschwor, war ihm genauso viel wert, wie seine verhaßten Juden, sofern er nicht siegreich heimkehrte.

In der deutschen Luftfahrtindustrie war die Zahl der Beschäftigten von etwa 3.500 im Jahre 1932 auf 325.000 kurz vor Beginn des 2. Weltkrieges gestiegen. Bis 1939 produzierte sie 2.695 Flugzeuge. Zusammen mit dem Altbestand verfügte die Luftwaffe über 3.298 Maschinen. Das war eine Streitmacht, wie sie 1939 kein anderes Land aufzuweisen hatte. Sie war groß, sie war modern, sie mußte demzufolge so schnell

Propaganda für die Heimat: Pilot Heinz Lehmann fliegt eine neue Ju 88 in Bernburg ein. Die junge Frau neben ihm ist Staffage und soll eine Verwandte von Göring gewesen sein.

Bild Seite 135. Nach dem Besuch von Göring am 5. August 1939 begleitet Prof. Heinrich Hertel den Reichsmarschall zu seinem Flugzeug, das ihn zurück nach Berlin bringen soll (hinten Ju 90 V3 ohne Motoren).

Koppenberg führt Göring durchs Junkerswerk. Im Zweigwerk Aschersleben läuft 1939 die Großserienproduktion der Ju-88-Rümpfe an. Die Ju 88 war mit 15.000 Stück das meistgebaute deutsche Kampfflugzeug.

wie möglich losschlagen. Nach den Planungen des Generalstabes sollte das schon 1938 sein. Aber die extrem nachgiebige und nachsichtige Politik Chamberlains hatte Hitler auch ohne Krieg die Tschechoslowakei ausgeliefert.

Da es den deutschen Machthabern und Großkonzernen um die Eroberung der ganzen Welt ging, sie aber einen Mehrfrontenkrieg scheuten, mußten sie die Engländer und Franzosen täuschen und einen Feldzug gen Osten vortäuschen. Besonders die englische Elite glaubte daran, daß sich Deutschland in der Sowjetunion so aufreiben würde, daß an einen Kampf im Westen nicht mehr zu denken wäre, ja sogar, daß die Deutschen auf Jahrzehnte hinaus keinen wirtschaftlichen und außenpolitischen Einfluß mehr haben würden.

Diese bourgeoise Sicht der Dinge sah indes die Tatbestände vernebelt. Für die deutsche Großbourgeoisie war Frankreich der Erbfeind, aber England das leuchtende Beispiel, wie man einfach durch Couponschneiden die gesamte Welt ausbeuten kann. Die deutsche Großbourgeoisie wollte die englische beerben, dafür mußte sie sie vernichten. Der Überfall auf Polen war ein Ablenkungsmanöver und ein Trainingsfeld für die eigentlichen Kämpfe im Westen. Und Rußland war der „Koloß auf tönernen Füßen", den man schnell besiegen und dann für seine Zwecke (Rohstoffe, Sklavenarbeit) schonungslos ausnutzen wollte.

Die Junkerswerke waren gerade noch rechtzeitig durch die Ju 88 und den Jumo 211 zum Hauptlieferanten der Luftwaffe aufgestiegen. Reichsmarschall Hermann Göring inspizierte am 5. August 1939 kurz vor dem bereits beschlossenen Krieg die Junkerswerke. Der nationalsozialistische Musterbetrieb zeigte sich gerüstet für den Krieg.

... bis alles in Scherben fällt!

Die Menschheit ist Jahrtausende ohne Kriege ausgekommen. Sie traten erst in die Welt, als Unterschiede in der Entwicklung die einen etwas reicher machten als die anderen. Plötzlich gab es etwas zu rauben, und man konnte ohne harte Arbeit gut leben. In manchen Kriegen wurden Zehntausende dahingemetzelt. Doch Weltkriege mit Millionen von Toten sind erst mit und durch den Monopolkapitalismus möglich geworden. Aber selbst in diesen großen Kriege dreht es sich wie vor fünftausend Jahren in Babylon oder vor 900 bei den Kreuzzügen um gemeinen Raub.

Kein Kriegsfoto kann die Atmosphäre so scharf wiedergeben wie die erlebten Bilder eines Zeichentalents. Hans Liska zeichnete diese Bilder und die auf den folgenden Seiten zu Beginn des „Ostfeldzuges“, wie der Überfall auf die UdSSR oft im Soldatenjargon genannt wird.
Eine ganze Grafikmappe stellte Hans Liska der Propagandaabteilung der Junkerswerke zur Verfügung, die sie kunstvoll vervielfältigte und ihren an der Front weilenden ehemaligen Mitarbeitern zukommen ließ.
Da die Zeichnungen und Aquarelle für sich sprechen, die dargestellten Akteure namenlos blieben und die Bilder an allen Frontabschnitten die gleichen waren (Krieg ist eben Krieg, er sieht überall gleich schrecklich aus), sollen sie auch hier unkommentiert stehen bleiben. Die Wiedergabe der Farben ist mit Absicht etwas kräftiger ausgefallen, weil der Stil der Zeichenmappe ein anderer ist.

Am 1. September 1939 war er endlich da, der Krieg, den Hitler und seine Helfershelfer so lange herbeigesehnt hatten. Er war nicht einfach so gekommen - also ausgebrochen, wie das von den kriegstreibenden Regierungen so gern umschrieben wird, nein, er war von deutscher Seite sorgfältig geplant und sehr, sehr lange ökonomisch vorbereitet worden. Deutschland war gut gerüstet. Die deutsche Großbourgeoisie wollte schließlich alles wiederhaben, was ihr die französische, englische und zum Teil auch amerikanische Bourgeoisie nach dem 1. Weltkrieg abgenommen hatte. Das (bürgerliche) Leben ist Kampf. Kampf um die besten Rohstoffe, um die billigsten Arbeitskräfte, um die reichsten Absatzmärkte, kurz ein Kampf gegen den Lohnarbeiter und gegen die Natur. In diesem Existenzkampf kann nur die am rabiatesten vorgehende Nation siegen. Der deutsche Generalstab war deshalb von Anfang an

Kurt Cyron und Brunolf Baade im „Urlaub" in Rotterdam, Ende Mai 1940. Sie schauen sich die Wirkungen der He-111-Angriffe auf die Stadt vom 10. Mai an. Das Ziel ihrer Reise war die Sichtung der Amsterdamer Fokker-Konstruktionsbüros und ihre Eingliederung bei Junkers.

gewillt, alle Bedenken über Staatsverträge, Völkerrecht, Zivilrecht und auch Kriegsrecht beiseite zu schieben und sie ausschließlich als Mittel zum Zweck oder bloße Makulatur anzusehen.

Der Friedensvertrag mit Polen wurde gebrochen, die Neutralität von Belgien übergangen, Dänemark und Norwegen ohne Kriegserklärung überfallen und besetzt. Der sogenannte Blitzkrieg bestand zum größten Teil aus Heimtücke und Hinterlist. Erst von Frieden reden, dann Friedensverträge abschließen, und danach plötzlich und ohne Ankündigung in das Land einfallen. In den meisten Fällen noch dazu mit einer mehrfachen Übermacht. In den deutschen Medien war dann nach solchen „Blitzsiegen" von der Vorsehung des Führers, seiner Genialität und der des Generalstabes die Rede. Keine Rede war davon, daß weder Polen, noch Belgien oder Norwegen, ja, nicht mal Frankreich oder die Sowjetunion vorhatten, Deutschland zu überfallen.

Dem deutschen Volk wäre vieles erspart geblieben, wenn die Franzosen verstanden hätten, sich mannhaft zu wehren. Doch 1940 war es wieder wie 1871, als Bismarck auf Paris zu marschierte. Die französische Bourgeoisie hatte mehr Angst vor ihrer eigenen Arbeiterklasse, als vor den deutschen Besatzern. So kam es zum „komischen Krieg" im Westen, den selbst die französischen Soldaten nicht verstehen konnten. Und daß die deutsche Generalität den Schlieffen-Plan nicht ganz vergessen hatte, das hätte sich auch der beschränkte französische Generalstab abfingern können. Aber klar, jede Nation ist kampfunfähig, wenn sie derart scharf wie die französische in Bourgeoisie und Proletariat gespalten ist.

Für die deutsche Luftwaffe mit ihren modernen kampfstarken Verbänden war vielleicht Polen noch die härteste Nuß. Auch mit unterlegenem Material kämpften die Polen verbissen. Nur die zahlenmäßige Überlegenheit und der Verrat Englands sicherten den Deutschen den schnellen Sieg. Erst bei der im Sommer 1940 aufgenommenen Luftschlacht um England zeichneten sich die Defizite der deutschen Luftwaffe ab. Qualitativ gemacht war sie für die unmittelbare Unterstützung der Bodentruppen von Flugplätzen aus, die nicht allzu weit hinter der Front liegen sollten. Die Kampfflugzeuge waren klein und wendig, sie

konnten ein bis zwei Tonnen Bomben tragen bei einem Aktionsradius von maximal 1.000 km. Für besonders genaue Angriffe stand der Stuka Ju 87 bereit. Die schnellen deutschen Jagdflugzeuge hatten vor allem die Aufgabe, die Luftherrschaft zu erringen und zu behaupten. Dazu mußten sie die gegnerischen Jagdflugzeuge in der Luft oder schon am Boden bekämpfen, die eigenen Bomberverbände absichern und Patrouillenflüge zur Reinhaltung des Luftraums fliegen. Die gesamte deutsche Luftwaffe eignete sich im Grunde genommen nur für Angriffshandlungen über festem Boden bei relativ beschränktem Aktionsradius. Das war keineswegs verwunderlich, weil doch die deutsche Industrie die Welt erst erobern wollte, um an Erdöl, Kautschuk und Aluminium heranzukommen. Deshalb setzte ja die Führung auf kleine Flugzeuge und den Blitzkrieg. Erst wenn man die Rohstoffressourcen der überfallenen Länder in Händen hielt, konnte man nach und nach sich auch Größeres leisten, zum Beispiel die Junkers EF-100.

Ernst Udet bei seinem „Stuka-Rundgang" in den Junkerswerken 1937. Der präzise Stuka-Angriff spart viel Material, was immer knapp war.

In der Luftschlacht um England ließ die sieggewohnte deutsche Luftwaffe erstmals ordentlich Federn. Ohne dauernde eigene Luftherrschaft zeigten sich weder die Ju 87 noch die He 111 den Angriffen der englischen Jäger gewachsen. Obwohl die Ju 87 mit ihren Präzisionsangriffen auf die Radarabwehr der Engländer in den ersten Wochen recht gute Erfolge verbuchen konnte und in England schnell das Geschrei nach einem eigenen Sturzkampfbomber einsetzte, war sie über dem Kanal leicht abzuschießen (was den sicheren Tod der Besatzung bedeutete). Nach dem Verlust von 41 Stukas vom 13. bis 18. August 1940 wurde das Flugzeug zurückgezogen. Aber auch die am Tage nach London einfliegenden He 111 hat-

ten sich schwerster Attacken zu erwehren. Die gesamte Strategie der deutschen Seite war auf Luftherrschaft aufgebaut, die in England wegen fehlender Jägerunterstützung nicht errungen werden konnte. So mußte der Angriff im Herbst wieder abgeblasen werden. Bei den Luftangriffen deutscher Bomber kamen 40.000 englische Zivilisten ums Leben. Zu oft wird das vergessen, wenn über die sinnlosen Bombenangriffe in Deutschland geredet wird.

Beim Überfall auf die Sowjetunion am 22. Juni 1941 spielte die Luftwaffe in den Weiten des Landes eine wichtige Rolle. Der Landgewinn in den ersten Wochen war enorm. Der heimtückische Überfall, die sofortige Vernichtung der gegnerischen Flugzeuge schon am Boden, die schnellen Vorstöße der Panzerspitzen mit den großen Einkesselungsschlachten auf der einen Seite, die Vernichtung der sowjetischen Generalität durch Stalin und seine Borniertheit gegenüber den Meldungen über einen bevorstehenden deutschen Angriff auf der anderen Seite, rückten einen raschen deutschen Sieg in den Bereich des Möglichen. Womit jedoch die deutsche Seite nicht gerechnet hatte, war der Kampfeswillen der russischen Völker, die schnell erkannten, daß sie versklavt werden sollten.

Der Kampf im Osten stand von Anfang an unter einem besonderen Zeichen, nämlich der Ausrottung des Marxismus. Die Slawen wurden zudem als Untermenschen angesehen, die wie Kakalaken zu zertreten waren. Die Herren im Führerhauptquartier trieben die Grausamkeiten in diesem Land auf die Spitze. Der Kampf zwischen deutschem Faschismus und russischem Kommunismus geriet in der Propaganda zum Endkampf des Guten gegen das Böse und umgedreht, in der Wirklichkeit aber war es ein Kampf der menschlichen Zukunft gegen die menschliche Vergangenheit. Den Sieg konnte nur die Zukunft davontragen, weil sie junge Ideale in sich trägt, die mehr Kraft haben, als die verstaubten der Vergangenheit.

Diese neuen Ideale waren es auch, die nicht nur die Kämpfer antrieb, sondern auch die Techniker in den Konstruktionsbüros, den Forschungsanstalten und Fabriken. Flugzeugkonstrukteur Iljushin schuf mit seinem Kollektiv ein Flugzeug, das mit 36.136 Stück das meistgebaute des 2. Weltkrieges wurde, das stark, aber intelligent gepanzert, einzigartige Erfolge im Schlachtengetümmel verzeichnen konnte. Die Rede ist vom Schlachtflugzeug IL-2m3, einem Zweisitzer, nicht viel größer als ein Jäger, im Tiefflug pfeilschnell, mit einem Rumpfheck aus beschußsicherem Holz und einer Feuerkraft wie ein Panzer.

Ein solches Flugzeug entsteht nicht am Reißbrett. Ein solches Flugzeug entsteht aus den Bedürfnissen der kämpfenden Truppe selbst. Ein solches Flugzeug ist zweimal so effektiv wie eine Ju 88 und zwanzigmal so effektiv wie eine Boeing B-17. Große Kriege werden nämlich immer am Boden entschieden.

JUNKERS

Ju 252

Bereits an der Ju 252 hatte Junkers den heute geltenden technologischen Stand erreicht: Halbschalenbauweise mit Holmen und Spanten für den Rumpf. Für den schlanken Flügel kamen sich verjüngende T-Holme zur Anwendung.

Die Ju 252 kam nie aus den Startlöchern, weil der Kriegsverlauf mit seinen zunehmenden Engpässen bei Motoren, Material und Arbeitskräften den Serienbau verhinderte.

Lebensgefahr!

Kurzer Höhenflug der Ju 252

Junkers war federführend bei der Entwicklung von Höhenkabinen. Das führte um 1938 zu dem Entschluß, aus den Erfahrungen mit der Ju 49 und dem mißglückten Höhenbomber JU/EF-61 als erste in Deutschland ein modernes Verkehrsflugzeug für große Höhen und damit größerer Geschwindigkeit in Angriff zu nehmen. Als Grundlage sollte die wirtschaftliche Ju 52 dienen, wobei auch die gutmütigen Flugeigenschaften weitgehend erhalten bleiben sollten.

Mit dem Erscheinen der amerikanischen DC-3 im Jahre 1936 war die Ju 52 mit einem Schlag veraltet. Die Ju 52 verkörperte den letzten Schritt einer langen Entwicklungsreihe, die mit der J.12 und F 13 ab 1918 begonnen hatte, die aber mit Fluggeschwindigkeiten über 300 km/h nicht mehr zu vereinen war. Die DC-3 dagegen war der Beginn einer neuen Bauweise, die aus einem Schalenrumpf und einem Vielzellenflügel bestand, vereint mit einem einziehbaren Fahrwerk und einer Glattblechbeplankung. Das war der Stand der Technik 1936, und daran führte kein Weg mehr vorbei.

Das einzige, was die Ju 52 rettete, waren die einzigartigen Start- und Landeeigenschaften sowie ihre hervorragenden Blindflugeigenschaften. Darauf aufbauend entstanden schon 1936 mehrere Projektstudien für ein Nachfolgemuster der Ju 52 im Dessauer Projektbüro unter Hans Wocke.

Aber ein Nachfolgemodell für ein derart erfolgreiches Flugzeug wie die Ju 52 projektieren zu wollen, hat in der Luftfahrtgeschichte noch nie funktioniert. Wahrscheinlich ist sowas auch unmöglich, denn das würde ja bedeuten, daß das Vorläufermodell unausgereift gewesen sein muß. Egal, die Ju 52 konnte man nicht einfach vergrößern oder mit einem Einziehfahrwerk versehen oder einen schlankeren Flügel einführen. Das Nachfolgemodell durfte mit der Ju 52 nichts mehr gemein haben, außer daß die Begriffe Sicherheit, Zuverlässigkeit und Wirtschaftlichkeit erneut Pate stehen sollten. Die Projekte, die daraufhin entstanden, taten sich schwer in der Vereinigung dieser Begriffe mit der Tradition der Ju 52.

Die Ju 252 V1 flog am 5. Juni 1942 mit Pilot Hans-Joachim Matthies zum ersten Mal. Die Maschine hatte drei wassergekühlte Jumo 211 F von 1.350 PS, womit sie in 5 km Höhe eine Höchstgeschwindigkeit von 430 km/h erzielte.

Ein Modell, das 1936/37 entstanden ist, trug die Bezeichnung JU/EF-67. Dieses Entwicklungsflugzeug hatte drei Motoren BMW 132 H mit 820 PS, eine Flügelfläche von 115 m^2 (Ju 52: 110 m^2), eine Spannweite von 30,3 m, ein Rüst-

Das weltweit erste Flugzeug mit einer Druckkabine für die Passagiere war die am 31. Dezember 1938 erstmals geflogene Boeing 307 Stratoliner, die auf der Boeing B 17 aufbaute. Das Flugzeug verkaufte sich mit neun Exemplaren fast gar nicht.

gewicht von 9.718 kg, ein Startgewicht von 14.488 kg (Ju 52: 10.500 kg). Es sollte 21 bis 31 Passagiere über eine Entfernung von 1.500 km befördern können. Die Besatzung sollte aus vier Personen bestehen, einschließlich Stewardessen.

Dieses Projekt war zwar als Passagierflugzeug ganz gut brauchbar und schlug auch in technischer Hinsicht die DC-3, aber es war als Transporter wegen seine Rumpfform nicht der Weisheit letzter Schluß.

Eine weitere Verfeinerung führte wenig später zur EF-77, die einen dickeren kreisförmigen Rumpf von 2,70 m aufwies und einen neuen Flügel, der ohne jegliche Zuspitzung auf 24,25 m in der Spannweite verkleinert war, wodurch sich die Start- und Landeeigenschaften günstiger gestalteten. Die EF-77 stellte im Grunde eher eine Konkurrenz zur Fw-200, als zur DC-3 dar. Auch dieses Projekt mußte aufgegeben werden.

In der Zwischenzeit war in Amerika das erste Passagierflugzeug für den Höhenflug mit Druckkabine herausgekommen. Am 31. Dezember 1938 flog die Boeing 307, genannt Stratoliner, weil sie an der Grenze zur Stratosphäre operieren sollte, zum ersten Mal. Das Boeing-Modell war eine B-17 Stratofortress mit großem Rumpf und einem eindrucksvollen Flugdeck mit Panoramaverglasung. Die B 307 flog in 6 bis 7 km Höhe mit einer Reisegeschwindigkeit von 350 km/h, die Maximalgeschwindigkeit lag bei knapp 400 km/h. Das Flugzeug hatte eine Reichweite von bis zu 3.500 km. Das war für Junkers natürlich eine echte Herausforderung. Doch es sei vorweggenommen: Die usamerikanische B 307 wurde nur zehn Mal (mit V1) gebaut (bei der Ju 252 waren es immerhin schon 15 V-Muster). Der Grund mag in dem aufkommenden Krieg gelegen haben. Wahrscheinlicher jedoch ist, daß die Fluggesellschaften an einem Flugzeug mit Druckkabine eigentlich kein Interesse hatten. Das Flugzeug war nur teurer in der Anschaffung, teurer in der Unterhaltung und unerprobt im harten Linienbetrieb.

Bei Junkers war man sich indes seit langem sicher, daß dem Stratosphärenflug die Zukunft gehört. Die hauptsächlichen Wettererscheinungen spielen sich in Höhen bis 4 km ab. Darüber ist der Himmel blau und die Luft ruhiger. Für das Einhalten von Flugplänen also ein wichtiger Faktor. Weitere Gründe sind die mögliche höhere Geschwindigkeit und der damit verbundene geringere Kraftstoffverbrauch. Aber auch von der Flugmechanik her, war der Höhenflug anzustreben. Die neuen dünnen Profile für große Geschwindigkeit vertrugen nämlich die erdnahen Böen schlechter als die klobigen Flügel der F 13 oder Ju 52. Das Gleiche galt für die Leitwerke.

Die Projektierung der neuen Ju 252 mit Druckkabine begann im Herbst 1938. Die Vorkonstruktion leitete Konrad Eichholtz, die Typenleitung hatte Kurt Cyron. Nachdem man sich im Projektbüro nur noch den Anweisungen des RLM gegenübersah, die zivilen Belange

also ganz kraß in den Hintergrund traten, entstand 1939 ein komplett neues Flugzeug, das mit der Ju 52 und den vorhergehenden Projekten nur noch die Dreimotorigkeit gemein hatte. Diese Dreimotorigkeit war der Kristallisationspunkt, der alle Interessen sowohl der Auftraggeber als auch des Projektantenkollektivs vereinte.

Warum die Dreimotorigkeit? Die DC-3 war genauso wenig zu verbessern wie die Ju 52. Wenn Junkers die DC-3 schlagen wollte, mußten die Schwächen dieses Musters schonungslos aufgegriffen und abgeschafft werden. Projektseitig betraf das zuallererst die durch die zwei Motoren bedingten schlechteren Starteigenschaften der DC-3. Am wirtschaftlichsten ist immer das einmotorige Flugzeug. Bei kleinen Flugzeugen mit einem Motor ist ein Startabbruch wenig problematisch, ein Motorausfall während des Fluges durch die (sicherheitsbedingt) ausreichenden Segelflugeigenschaften und die extrem kurzen Ausrollstrecken vertretbar. Bei den größeren zweimotorigen Maschinen allerdings, wo noch dazu wie bei der DC-3 bis an die Grenzen der Leistungsbelastung gegangen wurde, stellt ein Startabbruch schon ein großes Risiko dar. Wenn die Kunden also die Auswahl zwischen zwei- oder dreimotorigem Flugzeug hätten, würden sie sich für die dreimotorige Variante entscheiden. Besonders dann, wenn der Hersteller einen solch renommierten Namen wie Junkers hat.

Weiterhin sollten in dem Projekt die aerodynamischen Abmessungen der Ju 52 erhalten bleiben. Das hieß, in etwa die gleiche Flügelfläche, das gleiche zentrale Leitwerk, bei weitaus größerer Nutzlast, Geschwindigkeit und Reichweite, aber gleich geringer Landegeschwindigkeit. Die militärischen Dienststellen forderten beste Beladbarkeit auch unter Feldbedingungen und einen wesentlich größeren Nutzraum als bei der Ju 52. Darüberhinaus sollte die Fertigung nicht mehr Aufwand erfordern als bei der Ju 52 (Material und Produktionsarbeiter waren schließlich knapp).

Das waren die Überlegungen im Projektierungsbüro. Fertigungsseitig bestand die Herausforderung darin, ein Flugzeug von hoher Oberflächengüte bei gleichzeitiger Gewähr der Drucksicherheit der Kabine unter allen Belastungen zu schaffen. Dazu waren eine neue Bauweise und verbesserte Methoden für die Bruchversuche nötig, um mögliche Anrisse weit vor einem Unfallflug feststellen zu können.

Das Projekt der Ju 252 wurde daraufhin als ein dreimotoriger Tiefdecker mit

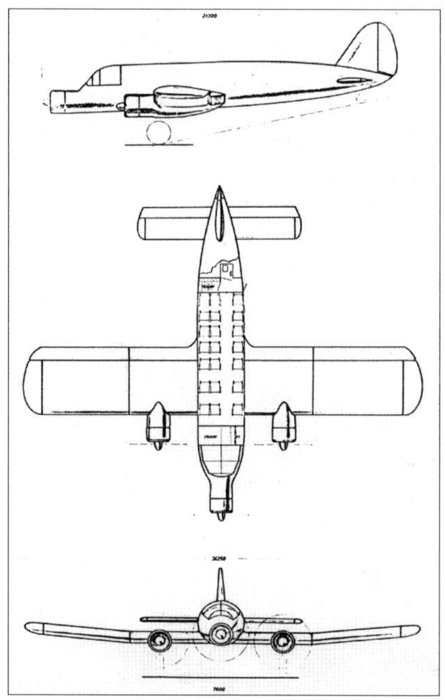

Die JU/EF-77 im Dessauer Windkanal und als Projektzeichnung. Diese Auslegung ergab ein deutlich kleineres Flugzeug als die DC-3. Bei engster Bestuhlung fanden max. 25 Passagiere darin Platz. Die JU/EF-77 war ein ausgesprochenes Kurzstartflugzeug durch Grenzschichtabsaugung in einem Profil ohne Verjüngung.

Seite 135 oben: Die linke Zeichnung zeigt die JU/EF-77 im Vergleich zur Ju 52. Die rechte Zeichnung stellt den Erstentwurf der Ju 252 dar.

Grafik rechts: Die neuen Transporter mit Trapo-Klappe.

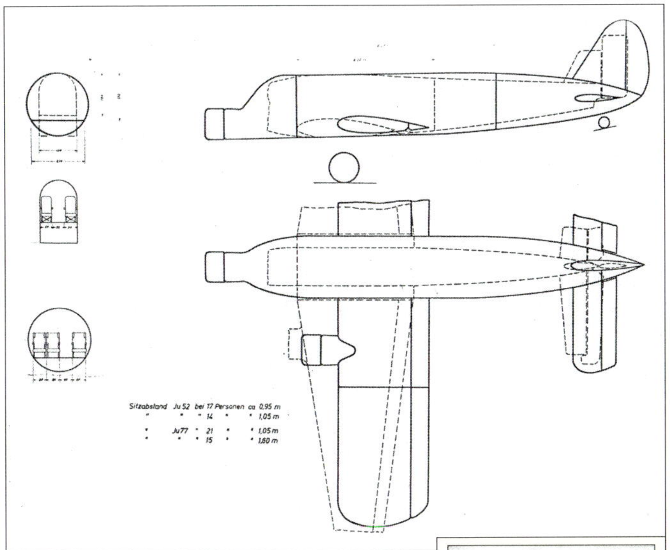

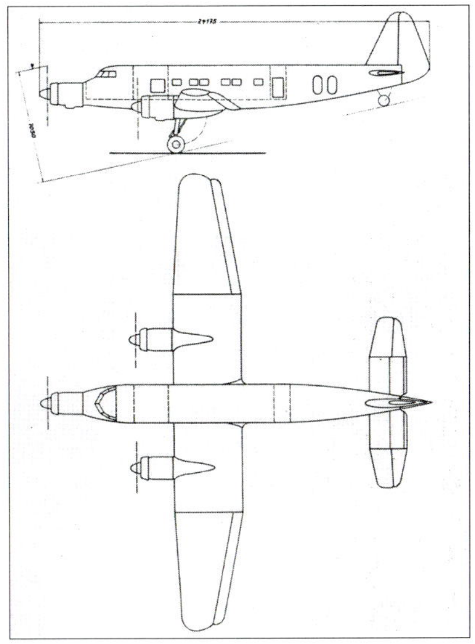

einem Flügel für schnellen Höhenflug und einer Nutzlast von zwei bis fünf Tonnen ausgelegt. Bei einer Reisegeschwindigkeit von 340 km/h sollte die Reichweite zwischen 1.100 und 2.750 km liegen. Als Höchstgeschwindigkeit wurden 425 km/h zugrunde gelegt. Bei der Motorisierung berücksichtigte man zum Einbau mehrere Typen. Am wirtschaftlichsten war der Junkers-Dieselmotor Jumo 207 B (höhentauglicher und leistungsgesteigerter Jumo 205). Weiterhin konnten der Einspritzmotor BMW 800 mit 1.200 PS als 9-Zylinder-Sternmotor und der wassergekühlte 16-Zylinder-V-Motor Jumo 211 L eingebaut werden. Mit diesen Leistungen und dem enormen Ladevolumen, das dem Dreifachen der Ju 52 entsprach, war die neue Ju 252 in allen Belangen der amerikanischen DC-3 überlegen. Die Passagierkabine der DC-3 hatte die Maße 2,34 x 7,92 x 1,98 m (BxLxH) entsprechend 36,7 m³. Die Passagierkabine der Ju 252 wies eine Größe von 2,40 x 9,20 x 2,05 m auf, was 45,3 m³ entspricht, wozu aber noch einmal 18 m³ über der Trapo-Klappe kommen, die in der Zivilvariante nicht eingebaut ist. Dieser Raum wurde für Toiletten, Gepäck sowie als Kleiderablage vorgesehen.

Auch die Flugleistungen waren prächtig. Das lag vor allem an dem schlanken Flügel (trotzdem 17 % relative Dicke) und der Halbschalenbauweise, die eine sehr glatte Oberfläche ergab. Mit 340 km/h Reisegeschwindigkeit bei allen drei Motorvarianten lag die Ju 252 mindestens 30 km/h besser als die DC-3. Die Reichweite konnte bei der Ju 252 bis 4.000 km betragen (im Höhenflug),

Dipl.-Ing. Kurt Cyron (29.10.1907) studierte in Breslau Maschinenbau (zus. mit Hans Wokke), kam im März 1935 zu Junkers. Dort zuerst an Ju 160, dann an Ju 88 unter Typenleiter Alfred Gassner gearbeitet. Konstruierte das Flügelmittelstück der Ju 88 in Stahl (Patent). Erarbeitete ähnlichen Entwurf für Ju 290. Ab 1940 Typenleiter für Ju 252/352. Für Jägerprogramm 1944 Typenleiter der Me 262 (Ju 248), Prototyp nur zu 60 % fertig geworden. Nach 1945 in versch. Firmen tätig. 1959 in Dresdner Flugzeugindustrie Leiter für Wirtschaftlichkeitsberechnungen und -vergleiche.

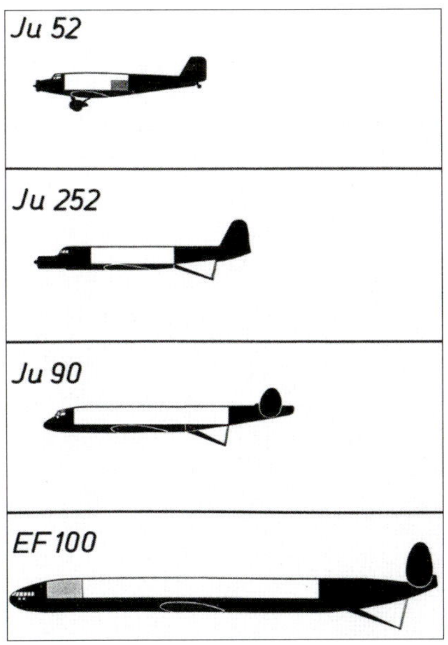

Typenleiter Kurt Cyron (li.) im Gespräch mit den Statikern vor dem Festigkeitslabor, in dem die Ju-252-Bruchzelle getestet wird.

bei der DC-3 maximal 2.170 km. Aber die DC-3 war ja auch sechs Jahre älter.

Der Flügel der Ju 252 war in seiner Geometrie etwas besonderes, in seinem konstruktiven Aufbau jedoch „altbewährt". Für den Höhenflug mußte der Flügel eine große Spannweite bei einer geringen Tiefe haben, ähnlich dem eines Hochleistungssegelflugzeuges. Denkt man sich den Flügel als eine angestellte, unprofilierte, gerade Fläche, dann wird sofort klar, daß die anströmende Luft durch die mit dem Winkel α angestellte Tragfläche nach unten abgelenkt werden muß. Dieser Luftstrom erzeugt durch seine Geschwindigkeit und Richtung einen Auftrieb. Die Fläche unter dem Flügel und die Fluggeschwindigkeit bestimmen also die Größe des Auftriebs. Dabei ist es jedoch so, daß es nicht egal ist, ob die Spannweite größer ist als die Flügeltiefe oder umgedreht. Denn der Umlenkpunkt des Luftstroms liegt nicht hinten am Flügel, sondern ungefähr in der 25-Prozent-Linie der Flügeltiefe. Alle Luft hinter der Linie wird kaum noch umgelenkt und nimmt deshalb nicht am Auftrieb teil. Erst jenseits der Schallgeschwindigkeit verschiebt sich die Umlenklinie weiter nach hinten, so daß hier wieder Flügel mit geringerer Streckung günstiger werden.

Beim Flugzeug Ju 252 indes lag die Reisegeschwindigkeit bei 340 km/h. Da herrschten also noch fast Strömungsverhältnisse wie beim Segelflugzeug. Die schon bei der JU/EF-61 entwickelte Flügelgeometrie wurde auf die Belange der Ju 252 übertragen. Das hohe Streckungsverhältnis von Λ=9,5 ergab trotz der großen Spannweite einen absolut niedrig bauenden Flügel, so daß er ohne Schwierigkeiten unter der Passagierkabine hindurchgeführt werden konnte. Die relative Dicke von 17 % war übrigens die gleiche wie beim „klobigen"

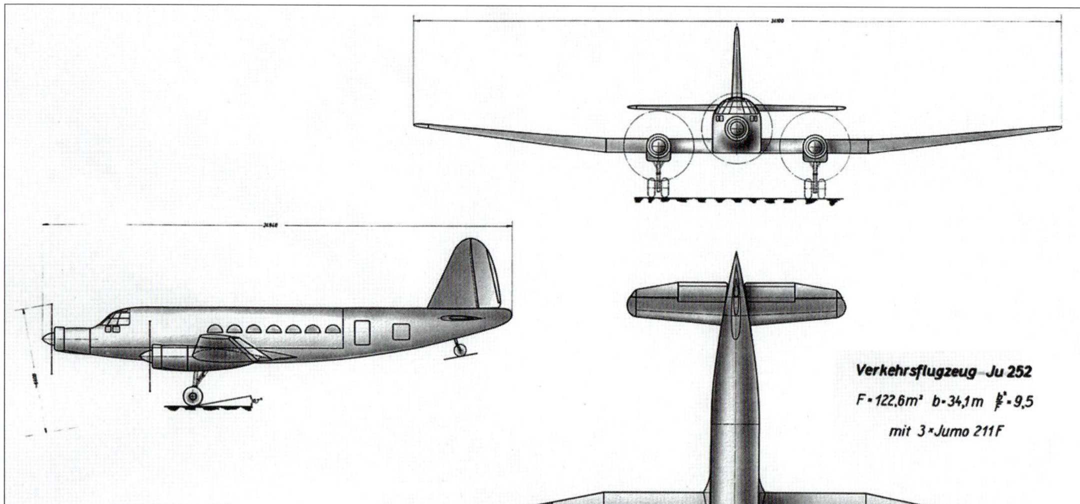
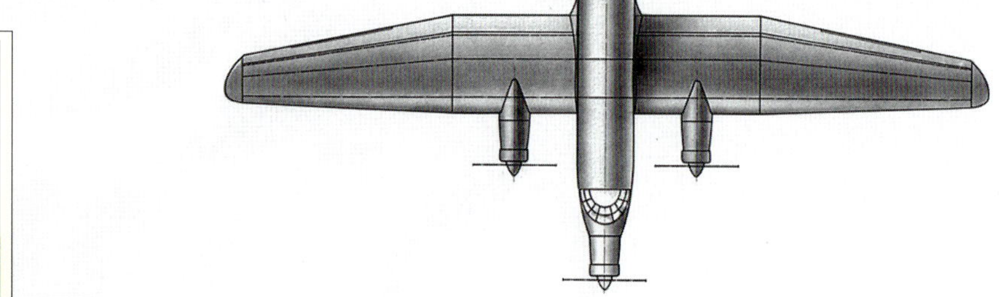

Dr. Walter Lehmann (15.5.1915) studierte in Göttingen, seit Anfang der 40-er Jahre bei Junkers in der Entwurfsabteilung Flugmechanik. Hier war er für die Berechnungen der Steuermanöver sowie des Start- und Landeverhaltens zuständig. Sein umfangreiches praktisches Wissen brachte ihm hohe Anerkennung ein. Lehmann war praktisch an den Auslegungen der Steuerorgane aller Typen seit 1940 beteiligt. Von 1946-1954 in UdSSR. Dort entwickelte er für die JU/EF-150 das neuartige Tandemfahrwerk mit hinterer Absenkung beim Start. In DDR unter Prof. Backhaus Abt.-Leiter Aerodynamik.

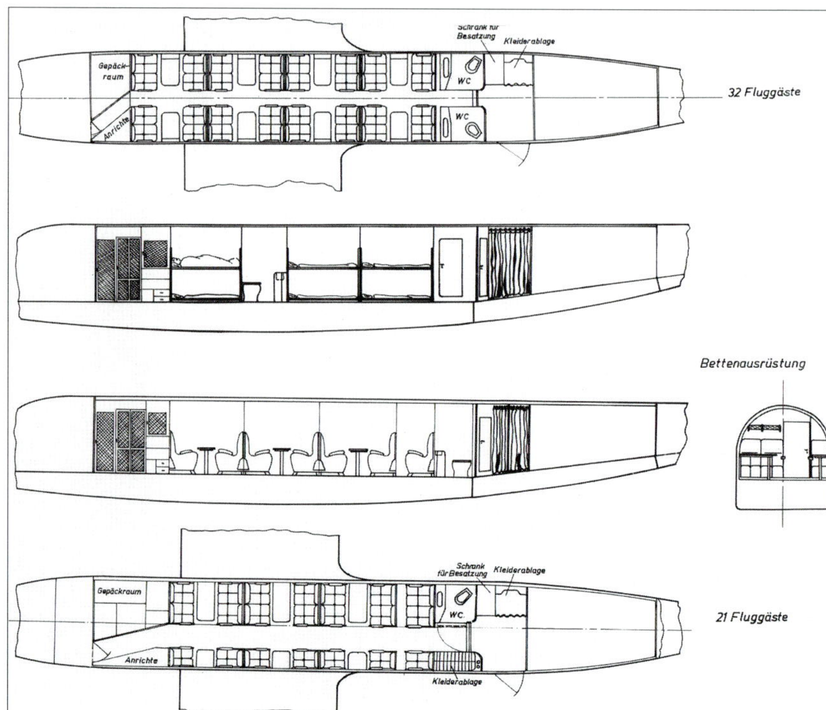

Im Innern war der Rumpf der Ju 252 mit 2,40 m ganze 6 cm breiter als die DC-3-Kabine. Zugleich war der Rumpf druckfest ausgeführt, genau wie bei der DC-4. Beide Flugzeuge flogen aber nicht mit Überdruck.

Flügel der Ju 52 (so kann man sich täuschen). Das noch im Projekt EF-77 enthaltene Absaugen der Flügelgrenzschicht wurde aufgegeben, wodurch der Flügel in seiner Dicke auch wieder zu den Enden hin abnehmen konnte. Das Flügelmittelstück bestand aus einem Stück, das an seinen Enden die Motorenträger aufnahm. Die angesetzten Tragflügelenden waren in einem positiven V-Winkel von 5 Grad angesetzt.

In seinem Innern baute der Flügel auf der Konstruktion des Ju-87-Flügels auf (wie übrigens auch der Ju-88- und Ju-288-Flügel). Zwei Holme, die wiederum aus zwei durch einen verstärkten Blechsteg verbundene Dural-Profile bestanden, trugen eine geringe Anzahl von Querstegen, die die Form des Flügelprofils hatten. Am Vorderholm war der Nasenkasten und am Hinterholm der Endkasten mit den Klappen angebracht. Beplankt war der Flügel mit vorgefertigten Glattblechschalen. Um gute Zugänglichkeit zu den Behältern und Armaturen zu erreichen, waren große Hautfelder herausnehmbar befestigt. Dieses Kennzeichen verband alle modernen Junkersflügel, die in der Ju 87, Ju 88, Ju 288, Ju 290, Ju 252 und auch noch bei der Ju 287 zur Anwendung kamen.

Das Höhenleitwerk war dem Flügel sehr ähnlich, hier war die Geometrie nur noch dünner und zugespitzter. Das Seitenleitwerk war komplett neu und von recht hoher Zuspitzung. Es hat sich bei späteren Flugversuchen bestens bewährt und wurde, leicht abgewandelt, auch für den Strahlbomber Ju 287 verwendet. Erstmals kamen in Sektionen geteilte Höhenruder zur Anwendung. Alle Ruder waren massenausgeglichen und wiesen eine aerodynamische Kraftverstärkung auf. Mit dem Einheitsführerstand und dem Einheitsmotor wurden auch hier neue Wege beschritten.

Druckkabine erfordert den Übergang zu vorgefertigten Rumpf-Halbschalen

Das Entwicklungsrisiko war bei der Ju 252 allein schon durch den Anspruch, eine bessere Ju 52 schaffen zu wollen, sehr hoch. Die Entscheidung für eine zusätzliche Höhendruckkammer verschärfte das Risiko weiter. Hier mußten neue Fertigungstechnologien gefunden werden, die eine druckfeste Hülle garantierten.

Die Erfahrungen aus dem Dampfkesselbau oder dem U-Boot-Bau waren auf den Flugzeugbau nicht übertragbar. Dampfkessel sind aus Stahl, der aber kann geschweißt werden, was dichte Nähte fast von selbst ergibt. Die Qualität und Festigkeit der Schweißnähte konnte durch Röntgen oder Schalluntersuchungen ermittelt werden. Beim Flugzeugrumpf aber werden Millionen Niete verwendet. Normalerweise sind die so „dicht" wie ein Sieb. Hinzu kommen die Schwierigkeiten mit dem sehr dünnen Blech. Rein von der Zugfestigkeit her hält zwar ein kreisrunder Körper aus 1 mm dickem Dural 1 atü Überdruck ohne weiteres aus, aber die Rumpfschale muß ja nicht nur den Druck aushalten, sondern zuerst die Zug- und Druckspannungen aus den Luftkräften. Der Überdruck kommt darüberhinaus noch verschärfend hinzu.

Bei Junkers wollte man auch nicht den etwas primitiven Weg der Boeing-Companie gehen, die die B 307 auf herkömmliche Weise produzierte, indem nur ein paar Dichtbinden untergelegt wurden. Bei Flughöhen bis 6 km war das vielleicht noch vertretbar, aber wenn 8 bis 11 km geplant waren, ging das nicht mehr. Bei Junkers ging man deshalb von der Handnietung ab. Die Rumpfhaut sollte in möglichst großen Stücken von Automaten sauber dichtgenietet werden. Dazu mußte die Haut in Felder zerlegt werden, die einerseits groß genug waren, um wenige Stöße zu verursachen, andererseits klein genug, um noch unter den Nietautomaten zu passen.

Insgesamt änderte sich mit dem Übergang zur Halbschalenbauweise auch der Arbeitsablauf in der Endmontage. Jetzt konnte nicht mehr auf ein Rumpfgerüst durch Dutzende von Arbeitern die Haut aus lauter kleinen Blechstreifen aufgelegt und festgenietet werden. Jetzt mußte die dünne Haut zuvor in ihre Form gebracht werden, mit Längs- oder Querprofilen versteift und fertig ausgenietet werden, um dann als Segment die Rumpfform selbst zu ergeben. Doch eine weitere Schwierigkeit stellt sich da sofort ein. Früher ergaben die Spanten das Rumpfgerüst, nun mußten die vielen kleinen Hilfsspanten gleich mit in die Halbschale irgendwie eingearbeitet werden. Das bedeutete

Auf diesem Bild vom Bau der Ju 252 V2 kann man die neue Halbschalenbauweise sehr schön erkennen. Während bei der Ju 90 noch unzählige Arbeiter auf dem Rumpf lagen und das Blech ans Rumpfgerüst nieteten, wird bei der Ju 252 die fertige Halbschale aufgesetzt und nur noch an den Stößen mit den Spanten vernietet. Die Hilfsspante allerdings müssen an den Fügestellen übereinandergeschäftet werden.

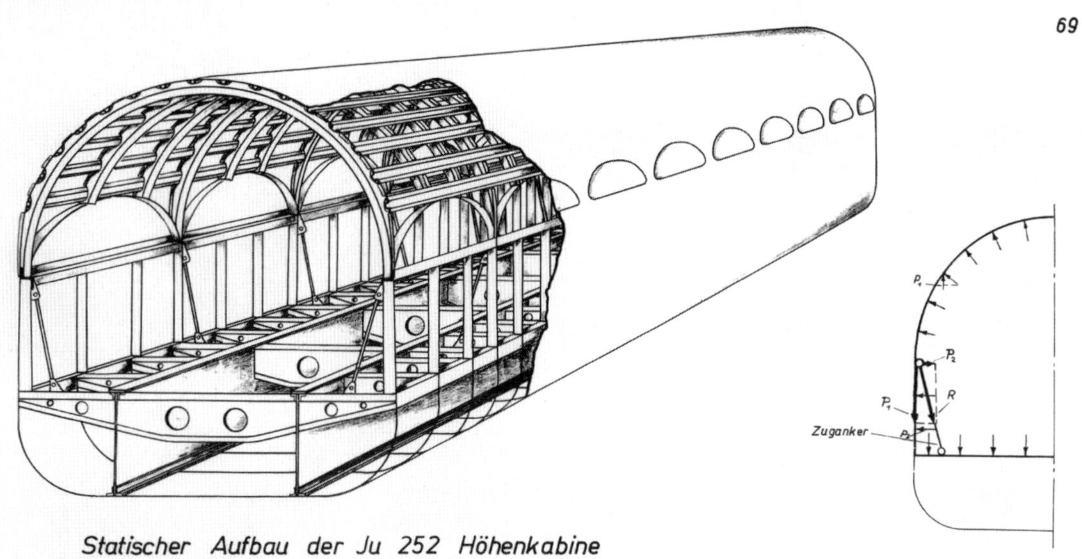

Statischer Aufbau der Ju 252 Höhenkabine

Dichtgenietete Rumpfschale mit Längspfetten und Spantabstützung in etwa 1 m Abstand. Spante am Fensterholm durch Zuganker gegen Fußboden abgefangen. Fußboden auf zwei Längsträger und Querträger in den Hauptspantebenen aufgebaut.
Aus Gründen statischer Vereinfachung neuartige Fensterform. Fensteroberteil als Seillinie ausgebildet zur Weiterleitung der aus dem Jnnendruck sich ergebenden Hautzugkräfte auf die Spante.

Zuganker in Richtung der Resultierenden der Kräfte aus dem inneren Überdruck

zugleich, daß diese Hilfsspanten an den Anschlußstellen geschäftet werden mußten, denn ein Spant geht ja rings um den ganzen Rumpf herum.

Die Rumpfkonstruktion ist ziemlich kompliziert. Das hängt mit ihrem Doppelleben als Militärtransporter mit Trapo-Klappe und nicht aufgeladener Kabine und als Passagierflugzeug ohne Trapo-Klappe aber mit Druckaufladung zusammen. Diesen Widerspruch zu vereinen hat zu der Zuganker-Konstruktion mit dichtgenietetem Fußboden geführt. Als reines Passagierflugzeug ohne Trapo-Klappe hätte das Flugzeug einfach einen kreisrunden (oder ovalen) Rumpf bekommen, bei dem die Außenhaut vollständig den Druck aufnehmen kann. Da Druck sich gleichmäßig ausbreitet, sind an einem geradlinigen Rumpfabschnitt (Ju-252-Seitenwände, Fußboden) die Druckspitzen am größten. Bei einer Druckkabine würde also ein Konstrukteur gerade Wände vermeiden. Aber die größten Schwierigkeiten ma-

Bild rechts: Eine auf Nietautomaten vorgefertigte rechte Rumpfoberschale der Ju 252 V2. Das dünne Blech, das in keiner Form selbständig verharren würde, muß maschinell vorgebogen werden und kommt anschließend in ein sogenanntes Holzmalle-Bett, wo die Längsprofile geheftet werden können. Danach kommen die Halbspanten in das Bett. Sobald es durch die Heftung einigermaßen steif geworden ist, kann die Halbschale automatisch ausgenietet werden. Ein wichtiger Nebeneffekt dieser Bauweise: Die Oberfläche wird wesentlich glatter.

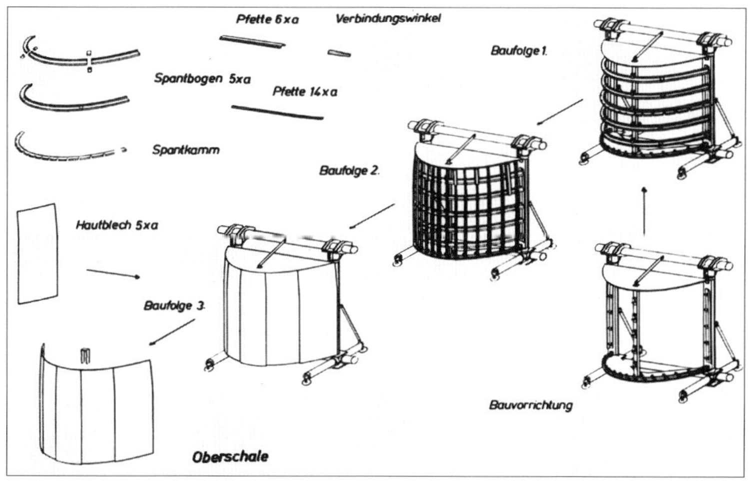

Auch die frei bewegliche Bauvorrichtung ist bei Junkers wahrscheinlich zuerst entwickelt worden (selbst wenn die Firma Henschel das für sich reklamiert). Bis dahin waren Flugzeugbauvorrichtungen einbetoniert. Das Bild zeigt den Bau einer Rumpfoberschale für die Ju 252. Wie man sieht, konnten auch Blechstreifen druckdicht verarbeitet werden. Für den Fertigungsablauf bringt diese Bauweise ebenfalls Vorteile. Nur zwei Arbeiter sind dafür notwendig, früher behinderten sich die vielen Arbeiter oft selbst.

Ansetzen der Bu
sektion an das
Rumpfmittelstüc

länder noch Amerikaner verstanden nach dem Krieg die Bedeutung dieses Patents. Doch an den „dreieckigen" Ellipsen der Ju-252-Fenster war es 1941 bereits in die Welt getreten. Die Franzosen haben es nach dem Krieg an der Caravelle verwirklicht. Die Junkers-Deutschen in der DDR haben sich am Passagierjet Ju 152 für die elliptische Fensterform entschieden.

Für die Verglasung des Cockpits entstanden in der Junkers-Forschung eigens entwickelte doppellippige Gummis, die eine dicke Scheibe (Druckscheibe) und eine dünne Scheibe (gegen Beschlagen durch Temperaturgefälle) gegeneinander abstützten. Das Problem war schon bei der Entwicklung des Bombers „B" aufgetreten und an der Ju 288 gelöst worden. Diese Verglasung fand dann auch wieder beim DDR-Jet 152 Anwendung.

Im Gegensatz zur Ju 290, die ja ebenfalls mit einer leichten Druckkabine

Bilder vom Bau der Ju-252-Rümpfe. Auf dem obigen Bild sind die Zuganker eingeschraubt, die die Druckaufladung der Kabine ermöglichen. Das Bild ganz rechts zeigt die saubere Kräfteumleitung um die Fenster. Die Comet wäre mit solchen Fenstern nicht abgestürzt.

chen die Fenster und Türen. Wenn sich bei einer Wellblech-Ju die Wände während des Fluges etwas bewegen und an den Fugen aufgehen, gehört das zum Konstruktionsprinzip. Bei einer Druckkabine dürfen weder die Fugen, noch die Türen, Fenster oder Nieten nachgeben. Der Rumpf darf sich unter den Luftkräften auch bewegen und dehnen, aber in sich muß er fest und dicht bleiben. Der kleinste Anriß hätte katastrophale Folgen. Prof. Heinrich Hertel hatte am 26. Oktober 1940 ein Patent eingereicht, daß für Junkers und die Luftfahrt große Bedeutung erlangen sollte. Prof. Hertel meldete Fenster- und Türausschnitte als Ellipsen oder angenäherte biegungsfreie Einfassungen an. Damit war Hertel und somit Junkers der damaligen Zeit weit voraus. Weder Eng-

konstruiert worden war, ist an der Ju 252 die Bauweise aus kombinierten Längs- und Querpfetten verwirklicht worden, während bei der Ju 290 die Spanten und Querpfetten durchgängig waren. Die Ju 252 stellt somit einen fertigungstechnisch komplizierten Sonderfall dar, der aber eine hohe Sicherheit für die Druckkabine versprach. Später bestand nur das Heck aus Längspfetten.

Neue Form von spartanischem Luxus

Intelligenz im umfassenden Sinne war schon immer im Flugzeugbau gefragt. Alle anderen Industriezweige waren entweder nur „Dreck“ im Vergleich zum Flugzeugbau, oder aber ein Teilgebiet von ihm. Weil man Gewicht in der Regel nicht durch Gewicht einsparen kann, sondern durch die Verknüpfung mehrerer Funktionen in einer einzigen, muß der Luxus, den die Fluggesellschaften für ihre Passagiere einfordern, von den Flugzeugherstellern in Form neuer Verbindungen bewährter Elemente oder in völlig neuen Methoden zur Verfügung gestellt werden.

Der Rumpf der Ju 252 ist das beste Beispiel dafür, wie man sinnvoll verschiedene Funktionen zu einem neuen Bauelement verbinden kann, wodurch Gewicht und Bauaufwand sinken, die Transportleistung aber absolut steigt.

Die Schalenkonstruktion hatte in den 30er Jahren ihren Siegeszug gefeiert. Die Junkers-Ingenieure im Musterbau merkten jedoch bald, daß die Vorteile der bisherigen Schale, die in der Verbindung von formgebender und festigkeitsgebender Gestaltung lag, die Entwicklung einengte. Denn diese Verbindung zweier Gegensätze war starr. Die Aerodynamik gab die Form vor, die Statik mußte daraus eine Schale formen, die alle Kräfte aufzunehmen imstande war. Der Schalenbau bot aber darüberhinaus den Vorteil, daß sich die als Schale gestalteten Bauelemente selber tragen. Wenn man also ein statisches Gerüst konstruieren würde, daß mit entsprechend geformten Schalen aerodynamisch verkleidet würde, könnte die aerodynamische Form freier gewählt werden, ohne den statischen Aufbau jedesmal komplett neu konstruieren und berechnen zu müssen. Darüberhinaus konnten die statischen Verbände im Innern Haltefunktionen übernehmen. Bei der Ju 288 und der Ju 252 wurde dieses Prinzip erstmals angewendet.

Auf dem obigen Foto läßt sich dieses Prinzip am Aufbau der Rumpfunterseite sehr schön erkennen. Während die Rumpfoberseite als druckdichte Schalenröhre ausgebildet ist, ist alles, was sich unter dem Fußboden befindet, als ein statischer Verband konstruiert, der durch formgebende eigensteife Bleche und Deckel verkleidet wird (so baut man heute Ultraleichtjäger mit Verkleidun-

Ing. Fritz Riedel (7.6.1897) studierte in Aachen Maschinenbau. 1933/34 zu Junkers gekommen, dort Konstrukteur im Musterbau Rumpf. Unter Johannes Haseloff Aufstieg zum Gruppenleiter für die Flügel-Rumpf-Verbindung. Konstruktion der Ju-287-“Brücke“, die auf 30.000-Tonnen-Presse in Bitterfeld hergestellt wurde. 1946 bis 1954 in UdSSR. Bis 1961 in DDR Konstruktionsleiter Rm+Tfm.

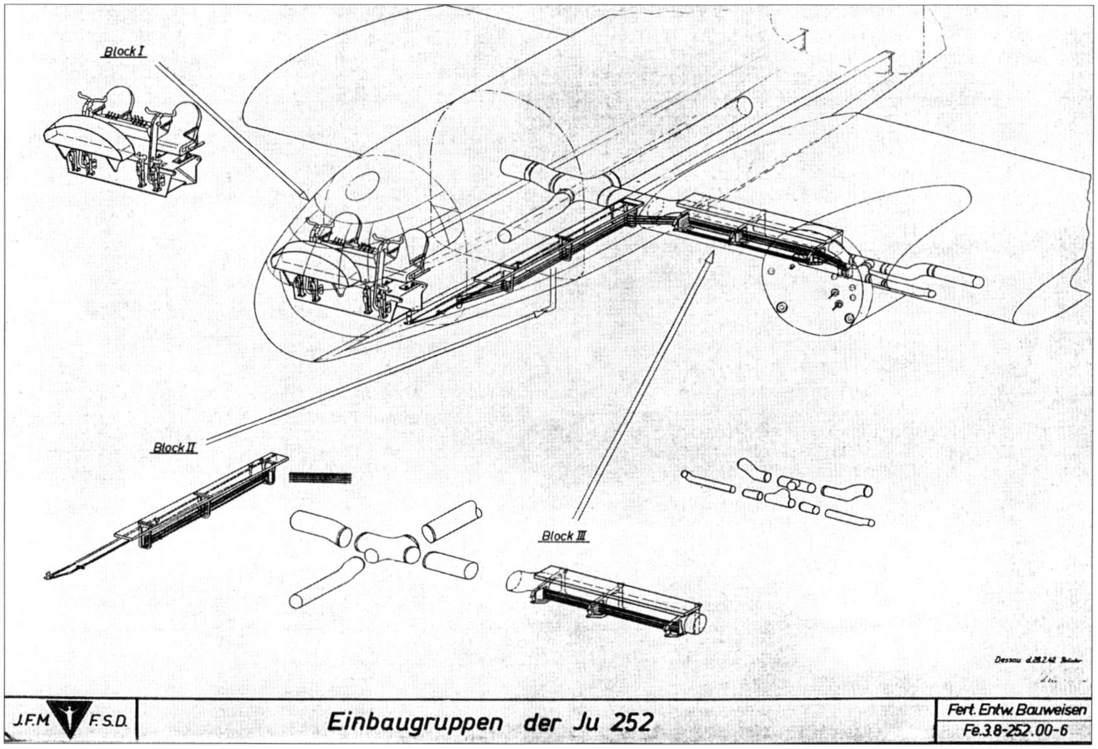

gen aus Verbundwerkstoffen). Dieser Aufbau bringt für die Ju 252 eine neue Art der Wartungsfreundlichkeit. Die Kabel und Steuergestänge sind in den über die gesamte Länge zugänglichen links und rechts verlaufenden Kanälen untergebracht. Der mittige Kanal schafft Unterbringungsmöglichkeiten für weitere Ausrüstungen oder Post o.ä. mehr.

Erstmals bei Junkers wurde der komplettierte Rumpf auf den fertigen Flügel aufgesetzt. Zuvor war das Tragflügelmittelstück immer gleich in die Rumpfkonstruktion einbezogen und die Aussenflügel an den Rumpf angesetzt worden. Für die Transporterversion der Ju 252 hatte der längs unter dem Rumpfboden verlaufende Kastenträger den Vorteil, daß auf elegante Weise ein Fußboden mit hoher Traglast zustande kam, so daß über die große Transporter-Klappe am Heck schwere und sperrige Lasten eingezogen werden konnten.

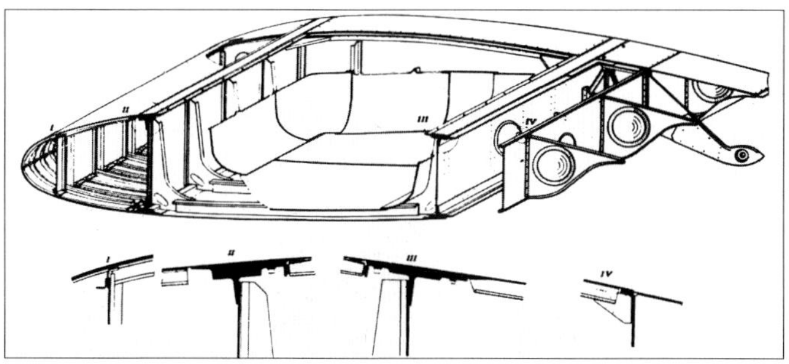

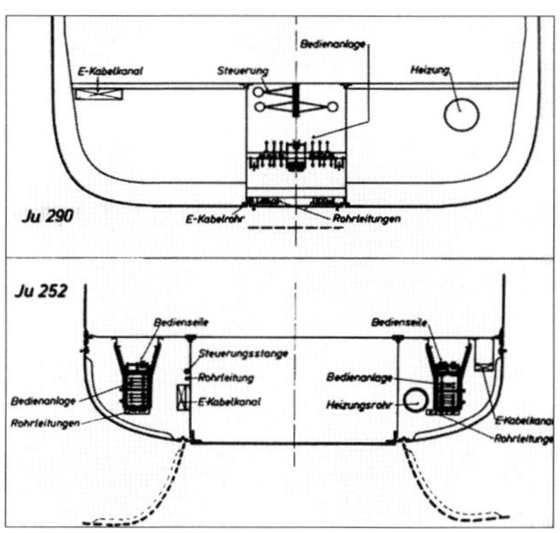

Bild oben: Von der Ju 288 übernommen - die Tankkonstruktion.

Bild links: Der Übergang vom zentralen Gestängekanal bei der Ju 90/290 zum besser zugänglichen geteilten Kanal bei der Ju 252. Das war Schalenbau auf einem höheren Niveau. Die beiden Mittelstege in Doppel-T-Form stützten den Fußboden besser ab.

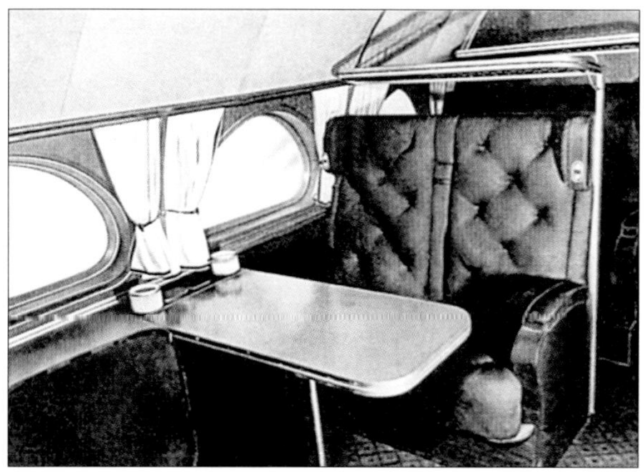

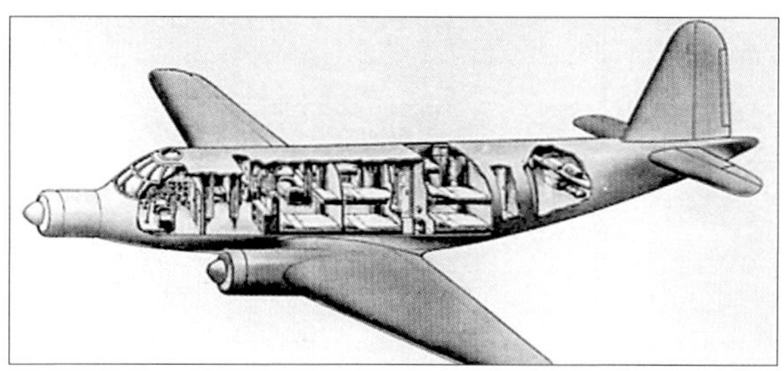

Der Reisekomfort in der Ju 252 war deutlich besser als in der Ju 52, aber nicht so luxuriös wie in der Ju 90/290. Das lag zum einen am 0,60 m schmaleren Rumpf als auch an der Konzeption der Ju 252, die für mittlere Strecken bis 1.500 km gedacht war. Als Transporter mit ausgebauter Kabineneinrichtung konnten 3,5 t über 4.000 km transportiert werden. Als Passagierflugzeug konnte es für kleinere Fluglinien auch auf Langstrekken (damals alles über 3.000 km) eingesetzt werden. Da es über dem Wetter in 8 km Höhe flog, war beim Einbau von Schlafkabinen mehr Komfort vorhanden als in DC-3.

Die Ju 252 entstand mit ihrem fortschrittlichen Entwurfsprinzip zu einer Zeit, als Deutschland auf dem Höhepunkt seiner Machtentfaltung angelangt war. Der Beginn der Fertigung hingegen fiel schon in jene Zeit, wo die Industrieproduktion unter höchster Anspannung litt und schon sichtbar wurde, daß die Industrie auf Verschleiß fuhr.

Kaum daß die Ju 252 V1 ihren Erstflug im Sommer 1942 absolviert hatte, kamen vom RLM Anfragen, ob man das Muster auch aus Holz fertigen könne, natürlich in etwas vereinfachter Ausführung und Abstrichen bei den „sehr beachtlichen Flugleistungen", und ob man bei Junkers nicht gleich noch den leistungsschwächeren Bramo-Motor 323 für dieses Flugzeug vorsehen könne, da dieser Motor in genügend großer Stückzahl zur Verfügung stehe. Damit war die Ju 352 geboren. Ein Flugzeug, das einen Flügel aus Holz bekam, ein Rumpfmittelstück aus Stahlrohrgerüst mit aufgesetzten formgebenden Holzspanten und Stoffbespannung. Nur das Cockpit und das Rumpfende aus Dural stammten noch von der Ju 252.

Der alten Tante Ju 52 ging es übrigens nicht anders. Im Junkers-Zweigwerk Toulouse saßen unter Leitung von Gruppenleiter Martin Pansegrau deutsche und französische Konstrukteure daran, aus der Wellblech-Ju eine Stahlrohr-Ju zu machen. Die deutschen Stahlbarone hatten nämlich den Vorschlag gemacht, Aluminium durch Stahl ersetzen zu wollen, um der Duralumin-Knappheit zu entgehen. Sie hatten allerdings dabei „übersehen", daß Dural bei gleicher Festigkeit wie Baustahl nur ein Drittel wiegt. Um Dural durch Stahl ersetzen zu wollen, muß also bei gleichem Baugewicht ein dreifach festerer Stahl genommen werden. Aber solch hochwertigen Stahl konnten die auf Massenfabrikation und massenhaften Gewinn ausgerichteten Manager natürlich nicht liefern. Den „Leukoplast-Bomber" Ju 52 aus Stahlrohr mit Gummibespannung gab es nur auf dem Papier.

Die Ju 352 indes sollte in einer Stückzahl von 300 Flugzeugen monatlich gebaut werden, also in einer ähnlichen Stückzahl wie die Ju 52. Nur etwas mehr als 30 Stück sind dann tatsächlich

Ob bei eingebauter Trapo-Klappe eine Druckaufladung des Rumpfes möglich war, ist nicht zu belegen. Da aber für die großen Reichweiten ein Höhenflug notwendig war, muß es konstruktive Bestrebungen gegeben haben, die Klappe hermetisch dicht zu bekommen.

Dr.-Ing. Hermann Schmidt-Stiebitz (24.5.1911) studierte in seiner Heimatstadt Berlin Flugzeugbau bis 1936. Anschließend Fliegerausbildung. Ab 1937 bei Junkers im Konstruktionsbüro für die konstruktive Verfolgung der einzelnen Flugzeugtypen zuständig. Von 1946 bis 1954 in UdSSR. 1953-54 in Schiffswerft Roßlau bei Dessau. Ab 1955 in Aachen Oberingenieur am Lehrstuhl Schiffbau.

Unten: Die Ju 252 V1 Ende 1941 in der Versuchsbauhalle im Dessauer Junkerswerk. Insgesamt sind 15 V-Maschinen von 1941 bis 1943 gebaut worden. Einige Maschinen dienten bei der Luftwaffe.

Der trapezförmige Rumpfspant über der Trapo-Klappe stellte das Nadelöhr der Rumpfkonstruktion dar. Er behinderte das Beladen jedoch nicht.

bis Kriegsende von der Holz-Ju gebaut worden. Die Junkers-Ingenieure, die den Werkstoff Holz nicht kannten, haben auf diesem für sie neuen Gebiet Hervorragendes geleistet. Vom früheren Naßleimen, Schrauben und Nageln vollzogen sie den Übergang zur Kunstharzleimung ohne Nageln und Schrauben. Von lamellierten Vollholzgurten gingen sie zum Preßschichtholzgurt über. In einer aufgelösten Bauweise aus Preßschichtholz, Diagonal-Sperrholz, Formholzauslegern und einer Metallnase schraubten sie das Flügelgewicht von 3.085 kg bei der Ju 252 auf 2.330 kg bei der Ju 352 herunter. Für die kurzlebigen Kriegsflugzeuge war Holz ein idealer Werkstoff.

Die Trapo-Klappe kam auch bei der Ju 252 zur Anwendung. Die Klappe war im Prinzip die gleiche wie bei der Ju 90, nur schmaler. Panzer wie die Ju 90 konnte die Ju 252 zwar nicht befördern, aber Kübelwagen und kleine Lkw paßten anstandslos rein. Das Ladevolumen war bezogen auf die Startmasse sogar 8 % größer als bei der Ju 90.

Das Flugzeug kam genauso wie die Ju 288 zwei Jahre zu spät. Deutschland war 1942 schon lange nicht mehr in der Lage, von komplett neuen Flugzeugen eine Großserienproduktion aufzuziehen. Wenn der Krieg einmal da ist, zählt nur noch Masse statt Klasse. Es war einfacher, die Ju 52 weiter zu produzieren, als eine so tiefgreifende Produktionsumstellung vorzunehmen. Der Haken bei dieser Art der „Produktionssteigerung“ war aber, daß sich Flugzeuge leichter ersetzten lassen, als gut ausgebildete und fronterfahrene Besatzungen. Eine Ju 252 konnte drei Ju 52 ersetzen. Man sparte also auch zwei komplette Mannschaften ein. Da 1942 der Krieg bereits verloren war, blieben strategischen Entscheidungen versagt.

Keine Tante Ju, aber trotzdem klasse

Eine bessere Tante Ju sollte es werden. Eine neue, andere Tante ist es geworden. Denn die gewohnten gutmütigen (idiotensicheren) Flugeigenschaften der Ju 52 waren bei einer Verdopplung der Flächenbelastung an der Ju 252 beim besten Willen nicht zu erzielen. Trotzdem waren Entwickler und Versuchspiloten mit der Neuen zufrieden.

Mit der Ju 252 hatten die Junkers-Ingenieure eine echte Konkurrenz zur DC-3 geschaffen, die bei den Start- und Landeeigenschaften deutlich besser abschnitt, als ihre amerikanische Konkurrentin. In der Klasse zwischen 21 und 32 Passagieren gab es in der Welt nichts vergleichbar effektives. Erst mit der IL-12 kam 1947 ein annähernd gleichwertiges Muster auf den Markt, das aber bei den Flugeigenschaften weiter verbesserungswürdig blieb.

Die Ju 252 war rund 30 % größer als die DC-3, konnte dafür aber 180 % mehr transportieren und mindestens 200 % weiter fliegen, bei gleichzeitig 25 % höherer Reisegeschwindigkeit. In Bezug zur Ju 52 hatte sich die Transportleistung versechsfacht, die Reichweite verdreifacht, die Reisegeschwindigkeit um 60 % erhöht. Die Landegeschwindigkeit lag nur 15 km/h über der Ju 52 und etwa gleich mit der DC-3. Durch die Verdopplung der Bereifung konnte die Ju 252 die gleichen Flugplatzkategorien benutzen wie Ju 52 und DC-3. Die Startstrecke war beim normalen Passagierflugzeug nur 30 m länger als bei der Ju 52. Kurz, die Ju 252 war in der Tat ein würdiger Nachfolger sowohl für die Ju 52 als auch für die DC-3. In der Flugerprobung zeigten sich auch kaum ein

Der Fertigungsablauf der Ju 252 war durch einen hohen Mechanisierungs- und Automatisierungsgrad gekennzeichnet. Junkers hatte hier ganze Arbeit geleistet. Das war auch verständlich, sollte doch das Muster nach dem Krieg die wirtschaftliche Basis für den Konzern bilden.

Bild unten und rechts oben: Die Ju 252 V1 D-ADCC in der Flugerprobung (Juni 1942).

Bild rechts: Kleinserienproduktion der Ju 290 und Versuchsbau der Ju 252 in Dessau.

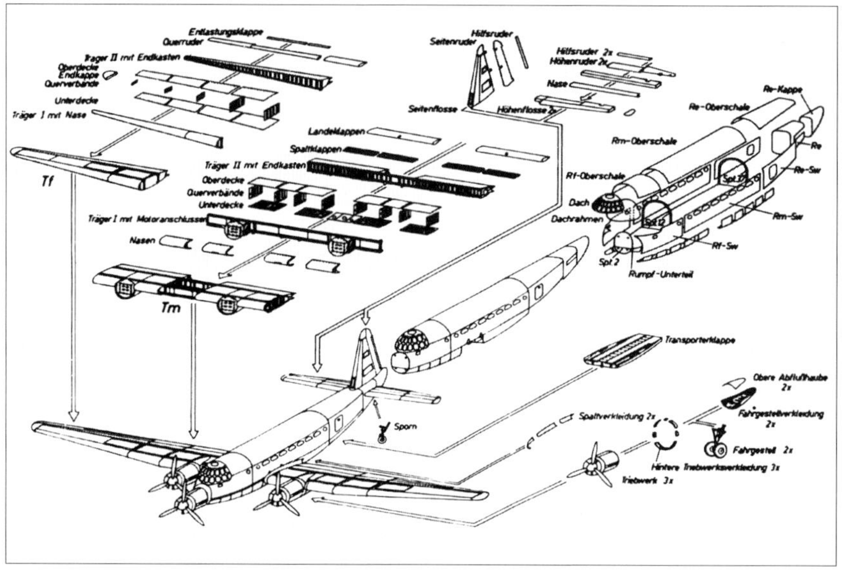

paar Schwächen. Besonders das neue Seitenleitwerk erwies sich als sehr effektiv. Auf die Schrägstellung der Außenbordmotoren wie bei der Ju 52 und Ju 90 konnte deshalb verzichtet werden. Der schlankere Flügel erforderte ebenfalls weniger Leitwerksfläche. Die Ruder sprachen gut an und waren auch für den Einmotoren- und Langsamflug ausreichend dimensioniert. Der scharfe Kiel am Heck sorgte für mehr Stabilität, sparte Gewicht und verkleinerte den Ablösewirbel.

Die Flugleistungen waren mit verbesserten Motoren weiter steigerbar. Mit dem Einheitstriebwerk Jumo 211 L, das gut zur Zelle paßte, konnte bei den Hochgeschwindigkeitsflügen der 252 V1 fast auf Anhieb 435 km/h erreicht werden. Viel wichtiger war natürlich eine hohe durchschnittliche Reisegeschwindigkeit. Für die gesamte Auslegung der Ju 252 sprach, daß diese mit 390 km/h nur unwesentlich unter der Höchstge-

Technische Daten Ju 252 und 352

Typ	Ju 252	Ju 252 Diesel	Ju 352 V1
Erstflug	5.6.1942		Juli 1943
Bemerkungen	später Bramo 323	Projekt	
Triebwerk	Jumo 211 F	Jumo 207 B	Bramo 323 R
	3x 1.350 PS	3 x 1.000 PS	3 x 1.000 PS
Gesamtleistung	4.050 PS	3.000 PS	3.000 kp
Kraftstoffverbrauch	633 kg/h	371 kg/h	516 kg/h
Triebwerksmasse ges.	2.160 kg	2.415 kg	
Besatzung/Pass.	3/21-32	3/21-32	3/21
Rumpfbreite	2,56 m	2,56 m	2,55 m
Spannweite	34,10 m	34,10 m	34,10 m
Länge	24,49 m	24,49 m	24,60 m
Höhe	6,60 m	6,60 m	5,60 m
Flügelfläche	122 m²	122 m²	122 m²
Flügelstreckung Λ	9,6	9,6	9,6
Flächenbelastung	178 kg/m²	156 kg/m²	155 kg/m²
Leistungsbelastung	5,30 kg/PS	6,33 kg/PS	6,30 kg/PS
Rüstmasse	12.305 kg	11.700 kg	12.500 kg
Kraftstoff norm.	3.415 kg	1.900 kg	2.150 kg
Motorenöl	290 kg	300 kg	150 kg
Nutzlast	5.300 kg	4.800 kg	3.800 kg
Besatzung	300 kg	300 kg	300 kg
Summe Zuladung	9.305 kg	7.300 kg	6.400 kg
Startmasse	21.610 kg	19.000 kg	18.900 kg
Höchstgeschwkt.	430 km/h	370 km/h	370 km/h
in Höhe	5,9 km	5,5 km	0 km
Reisegeschwkt.	390 km/h	365 km/h	300 km/h
in Höhe	4,5 km	5,5 km	2,5 km
Steiggeschwkt.	4,1 m/s	1,6 m/s	3,0 m/s
Dienstgipfelhöhe	6.850 m	6.800 m	6.000 m
Landegeschwkt.	117 km/h	113 km/h	125 km/h
Reichweite:			
mit max. Nutzlast	1.500 km	1.500 km	1.700 km
mit max. Kraftstoff	4.000 km	4.000 km	
Startrollstrecke	535 m	480 m	650 m
Landerollstrecke	450 m		500 m

Die technischen Daten der V-Maschinen waren unterschiedlich. Da von der Ju 252 keine Serienproduktion stattgefunden hat, können verläßliche Daten kaum angegeben werden. Besonders die Kraftstoffzuladungen sind mit Vorsicht zu genießen. Die Ju 252 sollte Reichweiten von 5.000 km erreichen.

schwindigkeit lag. Trotz aller positiven Fakten läßt sich der Eindruck nicht verwischen, daß das Flugzeug bei Verzicht auf den Mittelmotor eleganter ausgesehen hätte und trotzdem leistungsfähig genug gewesen wäre. Zwei Jumo-Diesel-223 hätten die Ju 252 auch effektiver gemacht. Für die Dreimotorigkeit spricht allerdings die höhere Sicherheit. Und wie die Luftfahrtgeschichte mehrfach bewiesen hat, kommt es nicht

Der neue, von Junkers konzipierte „Einheitsführerstand“ für die Ju 252. Er sollte eine weitgehende Angleichung der Bedienelemente, Sichtverhältnisse, der Funk- und Navigationsausrüstung gewährleisten, um die Pilotenschulung zu vereinfachen und um überhaupt mehr Effizienz ins Flugwesen zu bringen. Platz und gute Sicht auf die Instrumente wie nach draußen waren bei der Ju 252 verwirklicht. Die Winkel- und Kraftmesser an den Steuersäulen sind in V-Maschinen obligatorisch, um eine quantitative Erfassung der Flugeigenschaften sicherzustellen. So wird gewährleistet, daß später Piloten unterschiedlichster Konstitution mit den Bedienkräften zurechtkommen.

Die Ju 252 V1, gesteuert von Hans-Joachim Matthies in Dessau über der Elbe. Der linke Motor ist dabei abgestellt, der Propeller auf Segelflugstellung gefahren.

Unten: Die V1 mit Matthies am Steuer vor der Halle 204, in der sie gebaut worden ist. Im Hintergrund die Halle 201. Matthies verunglückte 1946 bei einem Schauflug vor den Sowjets mit einer JU/EF-126 tötlich.

immer auf Schönheit an (Vickers Viscount, Boeing 737).

Die 15 gebauten Ju 252 wichen fast alle voneinander ab. Die V1 hatte bereits die Trapo-Klappe und das Einheitstriebwerk. Die V2 hatte einen verstärkten Rumpf, ein niedrigeres Seitenleitwerk und vergrößertes Höhenleitwerk. Die V5 wiederum besaß einen gewichtserleichterten Flügel und veränderte Massenausgleiche an den Rudern. Bei der V8, die mit der V5 identisch war, wurde mit eingebauter Flugschwinganlage geflogen. Aus der Ju 252 V1 entstand gleich nach der Flugerprobung das Vorversuchsflugzeug für die 352, nämlich die 252 V1/1, wo die Jumo 211 gegen Bramo 323 ausgetauscht waren sowie mit neuem Seitenleitwerk. Die Ju 352 V1 war dann dieses Konglomerat aus Holz und Stahl und schwächeren Motoren. Von diesem Flugzeug sollen etwa 40 Serienmaschinen gebaut worden sein. Nach dem Krieg hätte die Ju 252 sicher eine ordentliche Karriere machen können, aber an deutscher ziviler Flugtechnik zeigte sich niemand mehr interessiert.

Das Leben geht auch im Kriege weiter

Während hunderttausende Antifaschisten in den KZ's tagtäglich erst erniedrigt und dann abgeschlachtet wurden, ging das normale Leben auf den deutschen Straßen, in den deutschen Fabriken und in den deutschen Wohnzimmern weiter. Die Jahre der Aufrüstung hatten allen Arbeitslosen wieder Lohn und Brot gegeben, so daß ihre Familien nicht mehr von der kärglichen Stütze der Arbeitsämter leben mußten. Aber das Deutschland des Bildungsbürgertums, der Weltoffenheit, der künstlerischen Glanzleistungen war nicht mehr. Aber auch das Deutschland, das einmal die stärkste Arbeiterbewegung der Welt vorweisen konnte, war 1939 ausgelöscht.

Die Nazis hatten es mit brutaler Gewalt, Großmannsucht und feinsinniger Demagogie geschafft, die junge Generation in ihren Bann zu ziehen und sie zum Teil gegen ihre eigenen Eltern aufzuwiegeln. Der tiefe ideologische Riß in Deutschland ging quer durch alle Familien. Was ist das auch für ein Land, in dem man statt Guten Morgen zu wünschen sich gegenseitig mit Heil Hitler anbrüllt? Sechs Jahre hatten den Nazis gereicht, um nicht nur mit der deutschen Arbeiterbewegung tabula rasa zu machen, sondern die Jugend dahin zu bringen, mit einem Hurra in Panzer und Flugzeuge zu steigen. Es ist eben immer mühsamer, eine menschliche Gesellschaft aufzubauen, als sie niederzureißen.

Im ersten Jahr nach Kriegsbeginn merkte die deutsche Bevölkerung nicht allzu viel vom Krieg. Die anfangs durchgesetzten Beschränkungen bei bestimmten Luxusartikeln und Bekleidung

Holger Lorenz: Kennzeichen «Junkers», Ingenieure zwischen Faust-A
Technische Entwicklungen und politische Wandlungen in den Junkers 1961

Bordmonteur Paul Heerling und Pilot Heinz Lehmann fliegen 1940 im Junkers-Serienwerk Bernburg eine He 111 ein. Am 4. März 1959 kam Paul Heerling beim Absturz der 152 V1 bei Dresden ums Leben: Heinz Lehmann flog am 26. August 1960 erstmals die verbesserte 152/II V4 mit seinem Co-Piloten Gerhard Güttel.

konnte teilweise durch die Kriegsbeute der unterworfenen Länder kompensiert werden. Die Veröffentlichung der Gefallenenlisten beunruhigte die Bevölkerung nur wenig, denn bis 1941 hielten sich die Zahlen in Grenzen.

Bei Junkers in Bernburg lief die Serienproduktion der Ju 52, Ju 87 und Ju 88 auf vollen Touren, dasselbe in den Lizenzwerken überall in Deutschland. Das Werk in Dessau wurde noch 1939 in ein reines Entwicklungswerk umprofiliert. 1940 entstand hier die Ju 288, 1941 die Ju 252, 1942 die Ju 290, 1942 die zur Ju 188 weiterentwickelte Ju 88, und 1943 der erste Pfeilflügelbomber mit Jumo-Strahltriebwerken, die Ju 287. Entwicklung und Produktion arbeiteten wie besessen für den Sieg. Die Beschäftigtenzahl stieg von 58.000 im Herbst 1939 auf 135.000 im Sommer 1944. Für Junkers arbeiteten somit fast 36 % aller Beschäftigten der Luftfahrtindustrie. Zählt man die ganzen Unterlieferanten hinzu, so waren es 470.000 bei Junkers zu 1,3 Millionen im gesamten Industriezweig 1941 (Ein Siebtel aller Industriearbeiter). Ihre militärische Bedeutung nahm indes weiter ab.

Extra für die Nazi- Wochenschau gestellt: Meister Paul Schrödter weist in den Jumo-Werken 1942 neu eingestellte Frauen in ihre Arbeit bei der betrieblichen Kontrollabteilung ein. Sie mußten die an die Front abgezogenen Männer am Jumo 211 ersetzen.

Das Junkerswerk hatte von 1938 bis 1940 eine neue 45 m breite und 1.000 m lange Startbahn bekommen. KZ-Häftlinge bauten die Bahn bis zum Ende des Krieges auf 2.100 Länge weiter aus.

Brunolf Baade, der Haupttypenleiter der Junkerswerke, schrieb nach dem Krieg zu dieser Zeit:

> Nein, ich habe nicht sabotiert, gewühlt oder feindliche Propaganda betrieben. Ich habe wie Millionen ehrliche Deutsche fleißig gearbeitet. Ich habe geschimpft, aber das war keine Heldentat, denn ich wußte, daß mir nichts passieren würde, weil man mich brauchte. Tatsache ist, daß wir die ganzen Jahre für Hitler gearbeitet haben, gegen den wir im Prinzip waren, dessen braune Horden uns unsympatisch waren und mit denen wir uns nicht identifiziert wissen wollten.

J U N K E R S

Ju 288

Der Kampfmaschine Ju 288 sieht man sofort ihre Kraft und Wendigkeit an. Wie eine Libelle fliegt sie mit Hilfe ihrer einzigartigen Jumo-222-Reihen-Stern-Motore übers Schlachtfeld. Nichts vergleichbares existierte in der Welt.

Ein derart überlegenes Bombenflugzeug hätte den barbarischsten aller Kriege nur verlängern helfen. Gut, daß dieses Kampfflugzeug niemals in die Serienproduktion ging.

Vorsicht !
Fahrbahn

Motor und Zelle in Symbiose

Die Junkerswerke schufen 1936-1939 mit der Ju 88 das kampfstärkste Flugzeug der westlichen Hemisphäre (effektiver war nur das sowjetische Schlachtflugzeug IL-2m3). Doch die Auslegung der Ju 88 hatte unter dem Zwang nach maximaler Geschwindigkeit gelitten. Das sollte mit dem Neuentwurf Ju 288 anders werden. Entscheidende Verbesserungen waren aber nur mit einer völlig neuen Motorenkonzeption möglich. So wie die Ju 88 mit dem Jumo 211 bestens harmonierte, so sollte es bei der Ju 288 mit dem Jumo 222 auch wieder werden.

Ab 1935/36 zeichneten sich in der Motorenentwicklung bei Junkers praktische Möglichkeiten ab, die Leistungen der Motoren zu verdoppeln bei einer nur mäßigen Erhöhung des Gewichts. Die Grundlage dafür war der Jumo 210, der auf eine Literleistung von knapp über 30 PS gekommen war. Durch mehr Zylinder und den Übergang zur Schnelläufigkeit sollten nun Literleistungen von 50 PS erreicht werden, die zu Motoren von 2.000 bis 3.000 PS führen sollten.

Auf der Basis eines solchen Motors ließe sich ein der Ju 88 ähnliches Flugzeug schaffen, das dessen Kampfkraft verdoppeln, ja verdreifachen könnte. Entwurfsleiter August-Wilhelm Quick gab deshalb schon 1936 seiner Abteilung grünes Licht, um solch ein Kampfflugzeug zu projektieren. Dabei sollten auch die neuesten Entwicklungen im Zellenbau, in der Aerodynamik und in der Fertigung Berücksichtigung finden. 1937 reichte Koppenberg beim RLM einen gut durchgearbeiteten Entwurf ein, der mit einer Bombenlast von drei Tonnen eine Höchstgeschwindigkeit von 670 km/h und eine Reichweite von 2.750 km erzielen sollte.

Der Entwurf zur späteren Ju 288 war so breit in seiner taktischen Auslegung angelegt, daß er ohne Übertreibung als „eierlegende Wollmilchsau" bezeichnet werden darf. Es waren nicht einfach nur die überragenden Flugleistungen, die sogar Jagdflugzeuge in den Schatten stellten, sondern das Gesamtkonzept, das taktisch vom schweren Jagdflugzeug über den leichten Schnellbomber, den Höhenbomber, das Sturzkampfflugzeug, den Zerstörer, das U-Boot-Jagdflugzeug, den Langstreckenbomber bis zum überschweren Bomber reichte; fertigungstechnisch durch den Einsatz von Pressen und einem neuen Maßbezugssystem gekennzeichnet war und in einer großangelegten Massenfertigung her-

Junkers-Chefkonstrukteur Ernst Zindel (re.) bei einer Besprechung mit Haupttypenleiter Brunolf Baade (Mitte) und dem Leiter Reihenbau, Karl-Ernst Schilling, am 14. Juni 1941, eine Woche vor dem Überfall auf die Sowjetunion.

stellbar sein würde, so daß alle anderen deutschen Flugzeugbau-Firmen zu Lizenznehmern und Subauftragnehmern von Junkers herabgewürdigt werden würden. Der Angriff Koppenbergs auf die konkurrierende deutsche Flugzeugindustrie war allumfassend. Zugleich war das Angebot für das RLM sehr verlockend, stellte es doch die Lösung all jener Probleme in Aussicht, vor denen das RLM stand: die Herstellung nur noch eines einzigen Musters, die Ausbringung in ungeahnten Stückzahlen, technische und damit strategische Überlegenheit für einen Zeitraum von mindestens fünf Jahren.

Damit war das Projekt des „Bombers B" geboren. Das RLM gab eine Ausschreibung für einen solchen Bomber heraus, die Junkers mit Abstand gewann. Im Mai 1939 kam Prof. Hertel zu Junkers. Er wurde Aufsichtsratmitglied und neuer Entwicklungschef. Generaldirektor Koppenberg setzte Hertel sofort auf den Bomber B an. Hertel wiederum erkannte das Potential, das in dem Quickschen Entwurf steckte, denn die Ju 288 war nur reichlich halb so groß

Die Ju 288 mit Viermannkanzel und auf 2.500 PS gebrachten Jumo-222-A/B-Motoren. Die V14 war die letzte Maschine der B-Reihe. Danach wurde die Ju 288-Symbiose systematisch vom RLM zerstört, um Koppenberg loszuwerden.

Der beste Flugmotor aller Zeiten: Jumo 222

wie seine He 177, bei vielfach höherem Vernichtungspotential (weil Stuka). Die nächsten Monate sollten Hertels ganzes Geschick erfordern, um aus dem Entwurf „Bomber B" das Flugzeug Ju 288 zu machen. Der Statiker Dr. Heinrich Hertel, der in den 20er Jahren bei der DVL die ersten Lebensdaueruntersuchungen an Flugzeugteilen initiiert hatte, der 1934 zu Heinkel gekommen war, im selben Jahr der NSDAP beitrat, bei der He 111 den neuen hochbelastbaren Flügelholm einführte, mit der He 177 aber scheiterte (angeblich wegen Überzüchtung der Leistungen), der ein fröhlicher und geselliger Mensch war, stand 37-jährig wohl vor der größten Herausforderung seines Lebens. Ein derartiges Flugzeug schafft man nicht im Alleingang. Dazu muß alles Wissen, alle Erfahrung, alle Gegensätze auf ein Ziel projiziert und in fachkundiger Hand vereint werden. Hertel nahm die Aufgabe an, meisterte sie, konnte sie aber aus Gründen, die nicht bei ihm oder bei Junkers lagen, zwar zu Ende, aber nicht zum Erfolg führen.

„Meine Herren", beginnt Prof. Hertel seine erste Sitzung bei Junkers, nachdem alle Platz genommen haben, „die Ju 288 könnte in zwei Jahren die Nachfolge der Ju 88 antreten. Damit das Wirklichkeit wird, schlage ich folgendes vor: 1.) Bildung eines Sonderstabes Ju 288. 2.) Zusammenziehen der besten Entwurfsingenieure und Konstrukteure. 3.) Forcierung der aerodynamischen und anderweitigen Voruntersuchungen.

Zellenseitig geht es darum, um den Bombenraum herum eine so klein wie möglich gehaltene Zelle zu bauen, die aber immer noch genügend Entwicklungspotential zu höheren Zuladungen besonders in Bezug auf Abwehrbewaffnung haben muß. Zu den Prioritäten der Entwicklung: 1.) Geschwindigkeit 2.) Abwehrbewaffnung 3.) Flexibilität im Einsatz 4.) Wartungsaufwand unter Feldbedingungen. Für die Produktion muß in erster Linie auf eine weitere Vereinfachung orientiert werden."

Da alle Anwesenden wissen, daß die Ju 288 mit dem Motor Jumo 222 steht und fällt, die Entwicklungsreife zu diesem Zeitpunkt aber noch nicht genau abgeschätzt werden kann, wird von den Jumo-Vertretern vorgeschlagen, den neuen Dieselmotor Jumo 223 von Anfang an für die Ju 288 als Ausweichlösung zu berücksichtigen. Zwar könne die Ju 288 nur mit dem Jumo 222 ihre volle Leistungsfähigkeit erreichen und man wisse auch, daß der Jumo 222 sich genauso hervorragend für andere Flugzeugmuster eignen würde, aber Motorenentwicklungen seien langwierig und der Jumo 223 verspreche bei gleicher Leistung aufgrund des Dieselprinzip deutlich weniger Kraftstoffverbrauch, was für die Ju 288 als Torpedojäger oder Langstreckenaufklärer von entscheidender Bedeutung sein könne. Und da die beiden Motoren von verschiedenen Abteilungen bei Jumo bearbeitet werden, würde das Risiko halbiert.

Ferdinand Brandner, der Leiter der Jumo-222-Entwicklung, meldet sich zu Wort und sagt: „Der Motor 222 befindet sich derzeit in einem Stadium, wo man nur schwer abschätzen kann, wie lange es dauern wird, bis er seine erwartete Dauerleistung von 2.000 PS erreicht. Wir haben den ersten Versuchsmotor am 24. April 1939 laufen lassen. Bei

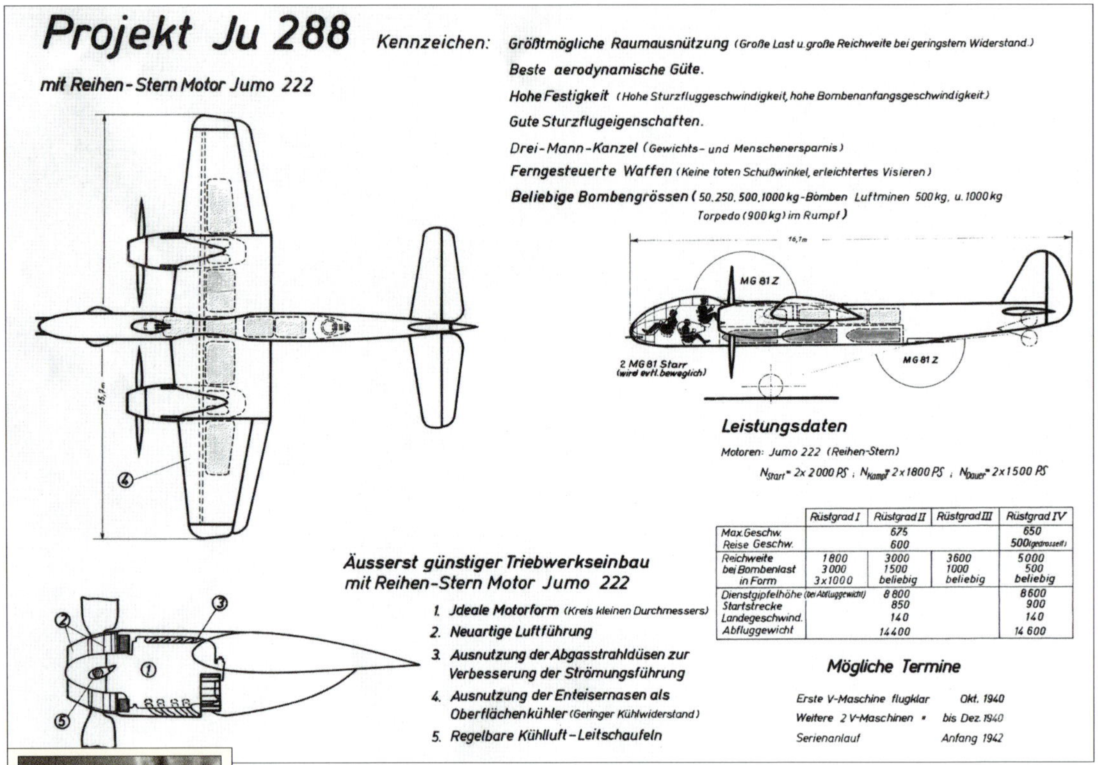

	Rüstgrad I	Rüstgrad II	Rüstgrad III	Rüstgrad IV
Max. Geschw.		675		650
Reise Geschw.		600		500 (gedrosselt)
Reichweite	1800	3000	3600	5000
bei Bombenlast	3000	1500	1000	500
in Form	3x1000	beliebig	beliebig	beliebig
Dienstgipfelhöhe (bei Abfluggewicht)		8800		8600
Startstrecke		850		900
Landegeschwind.		140		140
Abfluggewicht		14400		14 600

Dipl.-Ing. Paul Szyszka (1903) konstruierte das Fahrwerk der Ju 88 in kleinste Abmessungen um. Für die Ju 288 schuf er für das Fahrwerk eine selten gute Einklappkinematik, damit es hinter dem kleinen Jumo 222 verschwand. Von 1946 bis 1954 in UdSSR. Tandemfahrwerk für JU/EF-150. Im Dresdner Flugzeugbau ab 1955 Chef der Fahrwerkskonstruktion.

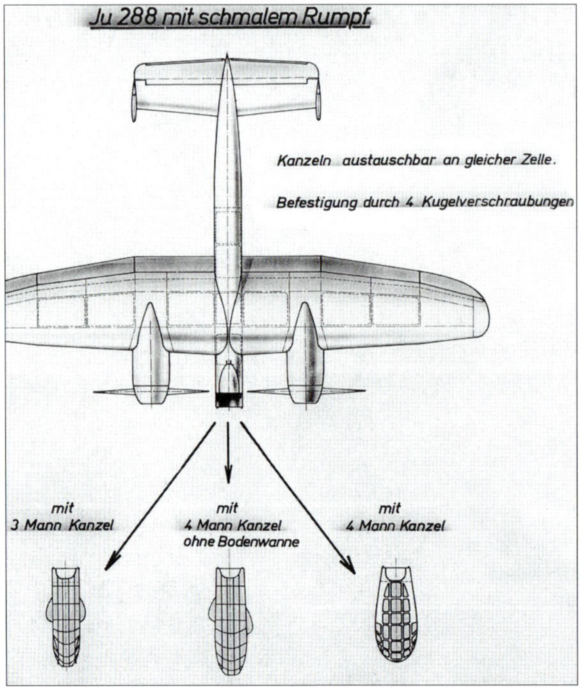

In obiger Projektstudie wird deutlich, wie sehr die Ju 288 auf den Motor Jumo 222 angewiesen war. Das gesamte Leistungspotential war nur mit diesem Motor abrufbar. Die zellenseitigen Neuerungen räumten vor allem mit den Nachteilen der Ju 88, wie zu kleiner Bombenraum, zu großer Rumpf und verbesserungsfähige Sichtverhältnisse auf. Abwehrbewaffnung wurde auch gleich von vornherein vorgesehen.

Das fertig ausgearbeitete Projekt mit im Feld auswechselbaren Kanzeln war an der Ju 288 V5 verwirklicht. Doch die Variante A war dem RLM zu abwehrschwach.

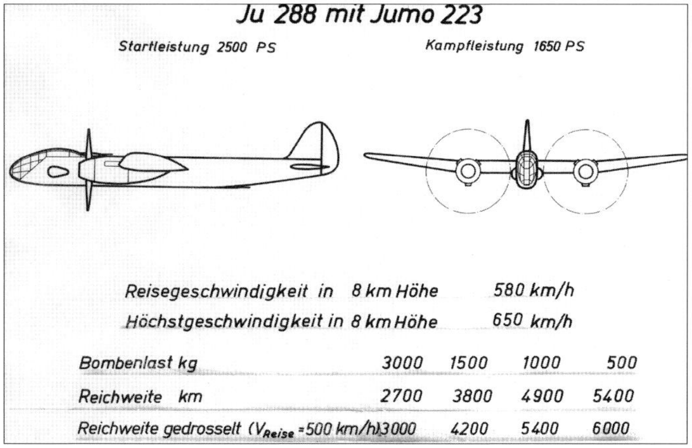

Die ursprüngliche Variante der 288 im großen Windkanal. Für ausgesprochene Langstreckeneinsätze sollte die 288 mit dem Schwerölmotor 223 bestückt werden.

weiteren Läufen im Sommer traten nicht erwartete Dampfblasenbildungen auf, die zu örtlichen Überhitzungen führten. Wir haben daraufhin die Durchströmung geändert und das Problem damit beseitigt. An den Nebenpleueln treten Dauerbrüche auf, die wir ohne Gewichtserhöhung in den Griff zu bekommen versuchen. Alles in allem denke ich, den Jumo 222 bis zum Februar 1940 mit 2.000 PS betriebsreif zu bekommen.“

Bruno Lorenzen, Chef der Luftschraubenentwicklung, gibt bekannt, daß die neue vierflüglige vollautomatische Verstellluftschraube VS-7 bereits in der Flugerprobung ist. Die Schraube könne auch zur Verkürzung der Landestrecke auf Gegenschub gestellt werden. Schwierigkeiten sehe er für die vier Meter große Schraube nicht mehr.

Brunolf Baade, der die Typenleitung inne hat, notiert gewissenhaft alle Redebeiträge.

Aerodynamik-Chef Dr. Sighard Hoerner nimmt zur geplanten Oberflächenkühlung Stellung: „Die Oberflächenkühlung in der Flügelnase ergibt zwar kleinsten Kühlwiderstand, hat aber bei Lastwechseln eine zu große Trägheit, die nur durch weitere Unterteilung der Kühler und ihre einzelne Ansteuerung in den Griff zu bekommen ist. Dazu brauchen wir aber schnellstens Zahlenmaterial, wie sich der Motor in den einzelnen Laststufen verhält.“

Prof. Hertel hat nach dieser umfassenden Diskussionsrunde endlich den Überblick über den Entwicklungsstand in den einzelnen Abteilungen, um für die nächsten Wochen die Kräfte und Mittel zielgerichtet verteilen zu können. Im anschließenden Vier-Augen-Gespräch mit Prof. Mader erfährt Hertel, daß durch das Vorziehen des Jumo 222 vor den zuerst geplanten Jumo 213 ein Sprung im kontinuierlichen Entwicklungsprozeß bei der Jumo eingetreten sei, der noch zu Komplikationen führen könne. „Brandner ist zwar ein talentierter Mann“, sagt Otto Mader, „aber hexen kann er auch nicht. Uns fehlen die Erfahrungen mit dem 213, wohingegen uns die Erfahrungen mit dem schon laufenden 222 beim 213 nicht voranbringen. Man kann in der Technik keinen Schritt überspringen. Das begreifen weder Cambeis noch das RLM. Das Jumo 004 frißt Entwicklungskapazität en gros. Doch, weiß Gott, der Strahlantrieb wird für diesen Krieg keine Bedeutung mehr erlangen.“

Die Bilder der Angebotsmappe auf Basis der V6 mit Jumo 222.

Bester Flugmotor aller Zeiten

Hugo Junkers und Otto Mader hatten jahrzehntelang nach dem „zellengerechten" Flugmotor gesucht. Mit dem extrem flachen Schwerölmotor Jumo 204 und der Entwicklung der Fernwelle waren sie ihm ein großes Stück näher gekommen. Denn dieser Motor hätte liegend in einem Schalenflügel untergebracht werden können. Dem Österreicher Ferdinand Brandner gelang es schließlich 1937 bei Junkers, den ersten wirklich zellengerechten Flugmotor - den Jumo 222 - zu entwerfen. Bis Kriegsende sind aber nur 286 V+0-Serien-Motoren gebaut worden.

Der Aufbau des Jumo 222 war erstaunlich einfach: Ein geteiltes, zentral angeordnetes Kurbelgehäuse trug sechs Zylinderreihen, die sternförmig um das Kurbelgehäuse verliefen. Zwischen den Zylinderreihen befanden sich, immer paarweise gegenüberliegend, die Ansaugleitungen und die Abgaskrümmer. Alle notwendigen Anbaugeräte fanden zwischen den Zylindern oder hinter dem Motor Platz. Die Kurbelwelle trieb vorn die Luftschraube und hinten das Ladegebläse mit Ladeluftkühlung an. Die zwölf oben liegenden Nockenwellen eigneten sich in Zahl und Lage vorzüglich, um alle Arten von Nebenabtrieben für Pumpen, Generatoren usw. zu betreiben.

Da die Ju 288 die „kriegsentscheidende Kampfmaschine" (Brandner) werden sollte, kam ihrem Motor, dem Reihen-Stern-Motor Jumo 222, oberste Priorität bei Junkers und den militärischen Dienststellen zu. Extra für diesen Motor schob das RLM mit einer finanziellen Beteiligung von Junkers den Neubau des größten und modernsten Motorenwerkes des Deutschen Reiches in Wiener-Neustadt an. Dieses Werk bekam den Namen „Flugmotorenwerke Ostmark" (FMO), in dem monatlich 1.000 Motoren von 50.000 Beschäftigten ausgestoßen werden sollten. Am 25. Juli 1941 begannen 11.500 Bauarbeiter mit dem Aufbau von sechs Hallen zu je 21.000 m² Fläche, einem Heizkraftwerk auf Braunkohlenstaub-Basis sowie 15 Speisesälen. Am 28. Oktober desselben Jahres konnte Richtfest gefeiert werden, aber bereits am 24. Dezember wurde der Jumo 222 auf RLM-Beschluß vom Serienbau abgesetzt. Der Leiter des Technischen Amtes im RLM, Ernst Udet, hatte sich am 17. November 1941 erschossen. Und nun wehte unter dem neuen Chef und Emporkömmling, Er-

Blick auf das Ladegebläse des Jumo 222 A, der 1940 erstmals 2.000 PS, 1941 schon 2.500 und als Variante C/D am Boden 1944 3.000 PS abgab. Mit 6 Sternen wäre er auf 5.000 PS gekommen.

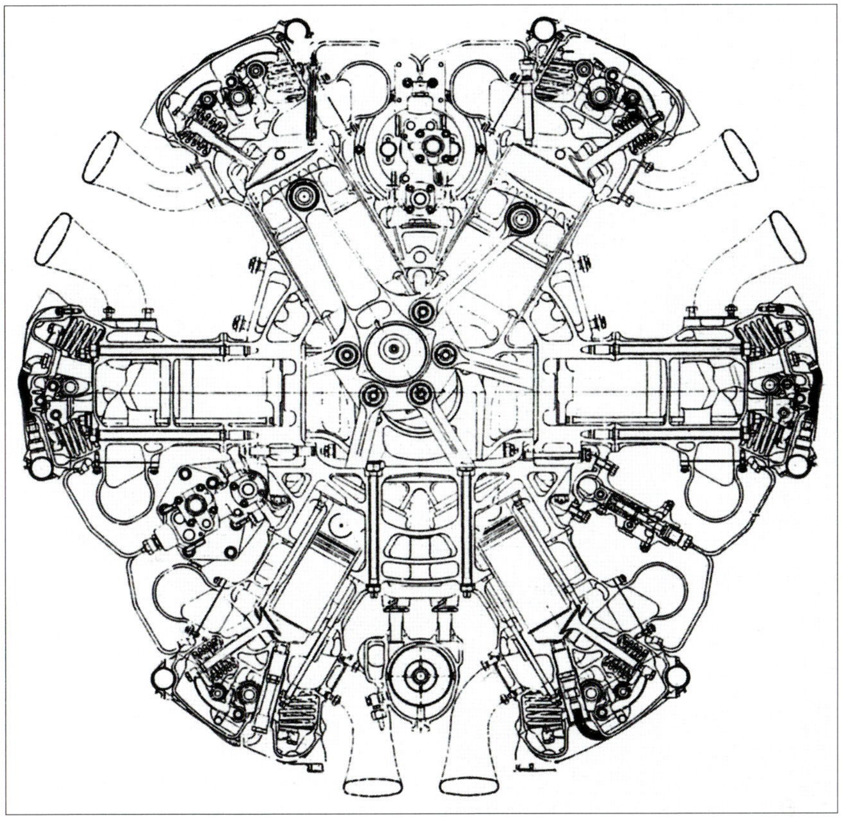

Im Schnitt zu sehen, das zentrale Pleuel mit 5 Nebenpleueln, das war einmalig im Flugmotorenbau.

Das rechte Bild zeigt den Vergleich zwischen dem Motorengehäuse der Ju 88 und dem der Ju 288. Aerodynamisch günstig, aber der Flügel beeinflußte die Einströmung in die Nabe nachteilig.

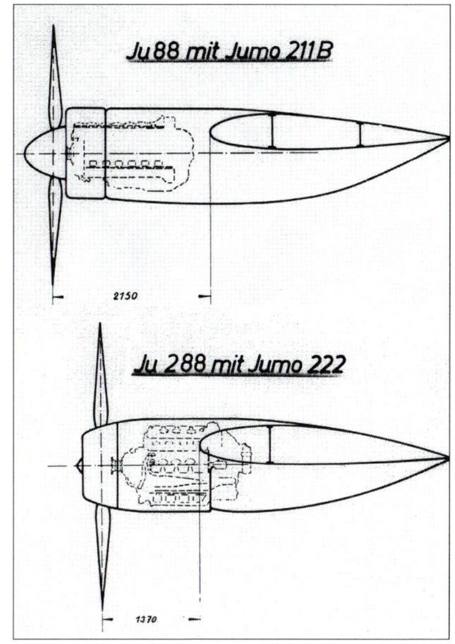

hard Milch, ein neuer, scharfer Wind, der gerichtet war gegen die Vormachtstellung von Junkers und dessen Generaldirektor Heinrich Koppenberg. Otto Mader und Walter Cambeis (Direktor der Jumo) hatten Udet und dem RLM den Serienanlauf des Jumo 222 für Januar 1943 im Köthener Motorenwerk zugesichert. Denn das Werk Ostmark war zwar fertig, stand aber fast leer, weil die nötigen Werkzeugmaschinen fehlten. (Der ganze Verlauf der Ju-288- und Jumo-222-Entwicklung erscheint als eine einzige Pannenserie und ein Intrigantenspiel allerhöchster Kreise. In Wirklichkeit aber war es so, daß alle nur das beste wollten, doch vom Wesen her die militärstrategische Lage gar keine andere Entwicklung mehr zuließ, wie sie sich dann tatsächlich vollzog.)

Doch zunächst sei aus der Dissertation von Lutz Budraß zitiert, die sich mit der deutschen Luftrüstung bis 1945 befaßt und zum Absetzen der Serienproduktion Jumo 222 folgendes anführt:
Was sich auf dieser Sitzung (Junkers und RLM) damit abzeichnete, war die Strategie, das Projekt der JFM an seiner empfindlichsten Stelle zu treffen, der Abstimmung zwischen dem Junkers-Motor und dem Junkers-Flugzeug. Obwohl weder das Flugzeug noch der Motor Schwächen aufwiesen, konnte auch durch eine nur kurzfristige Entkopplung der beiden Komponenten das gesamte Projekt zu Fall gebracht werden. Genau diese Entkopplung befahl Milch im Dezember 1941: die Ju 288 ... für den Einsatz des „Doppeltriebwerks" Daimler-Benz 610 vorzusehen. (Der Sinneswandel des unter Milch zum Generalingenieur beförderten Wolfram Eisenlohr ist von besonderer Bedeutung. Im November 1941 wies Eisenlohr selbst nach, daß der DB 603 in nahezu allen Belangen schlechtere Leistungen erbringen würde als die parallele Weiterentwicklung Jumo 213, im Juli 1942 verwarf er die ebenfalls von

Dipl.-Ing. Ferdinand Brandner (27.11.1903), studierte in Wien Maschinenbau. Konstrukteur bei Austro-Daimler, dann Dieselmotorenkonst. bei Simmering. 1935 Ingenieurtechnischer Berater der österr. NSDAP. Konstruiert bei Humboldt-Deutz in Köln luftgekühlten Zweitakt-Dieselflugmotor in Sternform. Am 1. April 1937 Wechsel zu Junkers. Entwicklung des Jumo 222 unter seiner Leitung. 1945 Verhaftung und Überstellung in Moskauer Gefängnis. Ab 1947 in Kuibyschew bei Jumo. Dort Entwicklung Jumo 012, 022, NK-12 und Jumo 014 für EF-152. 1954 wieder in Wien. 1960-64 in Ägypten Triebwerke E 300 und E 200 für Messerschmitt-Jäger.

Die Doppelhaube sollte eine aerodynamisch günstige Formgebung mit bester Kühlung verbinden. Das separat vorgefertigte Einheitstriebwerk brauchte nur noch an den Flügel angeschraubt und die Schnelltrennstellen der Kraftstoff-, Hydraulik- und Elektroleitungen verbunden werden.

Daimler-Benz betriebene Kopplung herkömmlicher Motoren als minderwertige „Schnelllösung" gegenüber dem Jumo 222 als „erstem organischen Motor der Leistungsklasse zwischen 2.000 und 3.000 PS".

Für die Entwicklung des Jumo 222 waren diese staatlichen Intrigen indes ohne Belang. Der Konstrukteur kann sich um derlei nicht kümmern, erfordert doch die Serienreifmachung eines so hoch beanspruchten Motors eine jah-

Dipl.-Ing. Alfred Gimm (5.7.1899) begann um 1925 bei Junkers als Versuchsingenieur. Mit Johannes Gasterstädt Entwicklung des ersten Junkers-Flugdieselmotors Jumo 204. Ab 1929 Leiter des Vorserienprüfstandes. Entscheidend an der Serienreifmachung des Jumo 222 beteiligt. Von 1946 bis 1954 in UdSSR und Mitarbeit am Jumo 012 B und vor allem am NK-12. Ab 1954 in Pirna Aufbau des Motoren-Entwicklungswerkes. Von 1955 bis 1961 wieder Prüfstandsleiter.

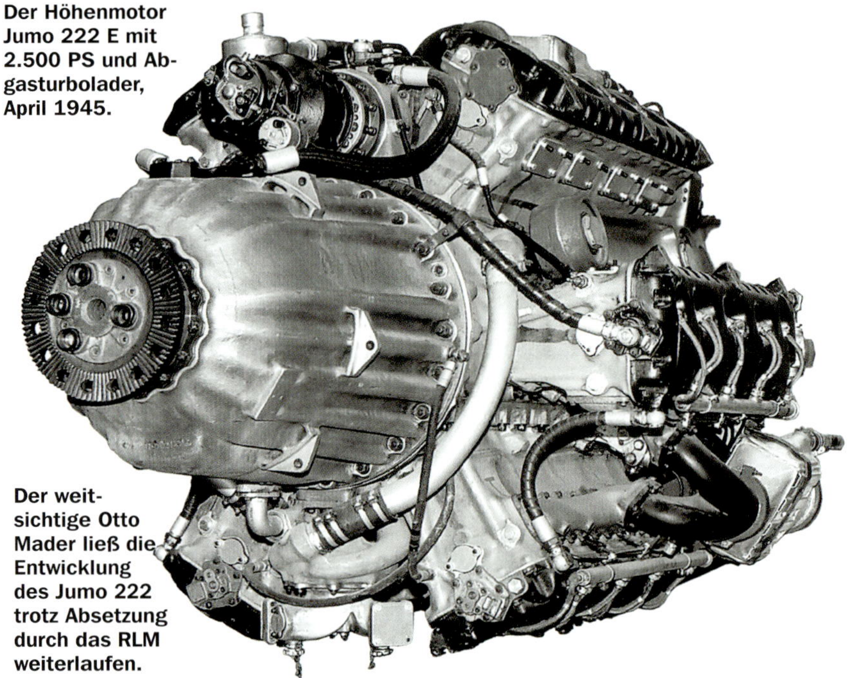

Der Höhenmotor Jumo 222 E mit 2.500 PS und Abgasturbolader, April 1945.

Ferdinand Brandner mit seinem besten Versuchsingenieur, Günther Lange, um 1939 bei Junkers.

Der weitsichtige Otto Mader ließ die Entwicklung des Jumo 222 trotz Absetzung durch das RLM weiterlaufen.

relange ungeteilte Aufmerksamkeit des gesamten Entwicklungskollektivs. Und so kam es dann wirklich. Die Absetzung des Motors zu einem Zeitpunkt, als die Kinderkrankheiten überwunden waren und es um die Erhöhung der Betriebssicherheit ging, was sowieso ein bis zwei Jahre dauert, beeinträchtigte die Entwicklung des Motors kaum, dafür aber die Vorbereitung der Serienproduktion selbst, die ja fertigungstechnisch und kadermäßig organisiert werden muß. Der Jumo 222 hätte auch 1943 oder 1944 oder 1945 sofort in die Serienproduktion gehen können, wenn es denn einen Ort, einen Maschinenpark und eine Belegschaft dafür gegeben hätte.

Das Konstruktionskonzept für den Jumo 222 war einzigartig. Das lag an den Forderungen, die zu erfüllen waren:

- geringes Leistungsgewicht
- kleiner Stirnwiderstand
- volle Zugänglichkeit für Wartung
- Benzineinspritzung mit vollautomatischer Regelung über der Höhe
- vollautomatische Verstellschraube
- Rechts- und Linkslauf

Nach zwei Monaten legte Ferdinand Brandner am 4. Juni 1937 die Konzeption für den neuen Motor vor. Für den Entwurf konnte Brandner die Jumo-Forschungsabteilungen Festigkeit und Schwingungen (Dr. Friedrich Bielitz), Werkstoffe (Hans Steudel), Prüfstände (Dr. Alfred Scheibe) und Vorserienprüfstand (Alfred Gimm) nutzen. Das Konzept für einen 4-fach-Reihen-Stern-Motor für 2.000 PS fand die Zustimmung von Prof. Mader und Kurt Erfurth. Brandner erhielt daraufhin als erster

Die Einbaufotos vom Jumo 222 V 08 bzw. V 09 in Ju 288 V5 zeigen ein kompaktes Triebwerk, das mit Abstand kleinste der 3.000-PS-Klasse. Es wurde auch in der Focke-Wulf Fw 191 und in der Heinkel He 219 im Fluge erprobt. Der Motor 222 war konkurrenzlos.

bei der Jumo eine eigenständige Konstruktionsabteilung (Dr. August Lichte bekam später als zweiter für seinen Jumo 213 ein eignes Kobü).

Nun begann die eigentliche „Arbeit", nämlich im Sinne von Fleiß, Ausdauer, Besessenheit und der Fähigkeit, eventuelle Rückschläge wegstecken zu können. Brandner hatte einen elastischen und deshalb thermisch hoch beanspruchbaren Mehrfach-Sternmotor mit geteiltem Kurbelgehäuse entworfen, in dem eine eigensteife und in einer Ebene geschmiedete Kurbelwelle arbeitete. Eine spezielle Zylinderlaufbuchse, die Otto Mader für den Jumo 210 entwikkelt und patentieren lassen hatte, bei der das Kühlwasser direkt die Stahl-Laufbüchse umspülte, kam in Verbindung mit elastischen Zugankern zur Anwendung. Im Zylinderkopf war ein leicht dachförmiger Brennraum eingearbeitet mit einem Auslaß- und zwei Einlaßventilen, so daß durch Ventilüberschneidung der Totraum zur Leistungssteigerung mit herangezogen werden konnte. Ein Verfahren, das bei Junkers üblich war und auch im Höhenflug beherrscht wurde. Die Zylinderköpfe zeichneten sich darüberhinaus durch ihre extreme Flachheit aus, die selbst die des Jumo 211 übertraf. Die geometrischen Abmessungen, insbesondere der aerodynamisch wichtige Stirnwiderstand, waren faszinierend. Die Stirnfläche lag bei 0,84 m². Der letztlich entscheidende Stirndurchmesser betrug nur 1,16 m (= 1,06 m²!). Damit war der Motor für Geschwindigkeiten jenseits der 700 km/h-Marke der einzig in Frage kommende Motor (der Luftwiderstand wächst ja im Quadrat zur Stirnfläche).

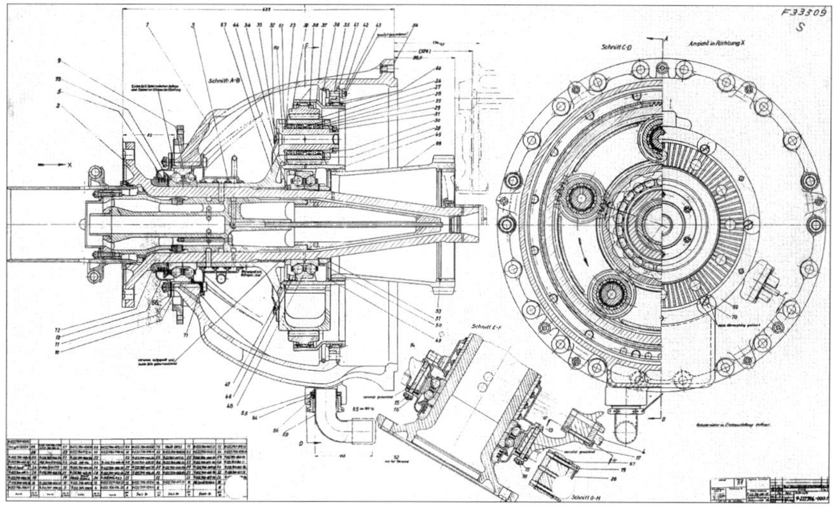

Das Stoekicht-Planeten-Untersetzungsgetriebe mit selbstzentrierendem Triebling sowie Links- und Rechtslauf (A/B) für die erste Ausführung des Jumo 222.

{Die Doppelmotoren DB-606 (zwei nebeneinander liegende DB-601) und DB-610 (zwei DB-605) hatten zwar 20 % mehr Leistung, aber auch 75 % mehr Stirnfläche als der Jumo 222. Der rasant mit der Geschwindigkeit zunehmende Stirnwiderstand fraß die Mehrleistung der Motoren wieder auf, so daß die Ju 288 mit DB-610 Motoren über 400 km/h zunehmend hinter der mit Jumo-222-Motoren zurückblieb. Hinzu kamen die enormen thermischen Probleme im Raum zwischen den Motoren. Die volle Kampfleistung abzufordern, führte schnell zu Triebwerksbränden. Die Doppelmotoren bildeten immer nur eine Notlösung.}

Vom Jumo 222 kam der Einzylinder-Versuchsmotor im März 1938 zum Laufen, im Juni 1938 der erste Stern. Am 24. April 1939 lief der erste Vollmotor auf dem Prüfstand.

Ferdinand Brandner: Der Motor zündete sofort und lief ruhig und friedlich, ohne jede Erschütterung. Er wurde langsam aus dem Leerlauf auf volle Drehzahl von 3.000 u/min gebracht. Nach dem Zerlegen, Kontrollieren und Zusammenbau lief der Motor dann mit zunehmender Belastung. Im März 1940 konnten dann erstmals 2.000 PS nachgewiesen werden. Das übertraf alle Erwartungen.

Doch die erste Euphorie legte sich schnell. Im August 1941 war inzwischen eine erste Nullserie von 60 Motoren gebaut. Für neun Ju 288, fünf Fw 191 und drei Do 317 waren insgesamt 43 Jumo 222 der Nullserie zur Verfügung zu stellen. Weitere 32 Motoren erforderte die fliegende Prüfstandserprobung in drei Ju 52. Das RLM stockte deshalb die erforderliche Stückzahl von 60 auf 96 Motoren auf.

Zur selben Zeit marschierte die Wehrmacht im Eiltempo auf Moskau zu. Die erstmals in großer Stückzahl eingesetzten Ju 88 hatten sich im Sommer 1941 bestens bewährt.

Bei der Jumo bereitete man sich indes auf den Anlauf der Serienproduktion des Jumo 222 im Werk Köthen vor. Prof. Mader versicherte am 30. August 1941 dem RLM, daß er „vom Entwicklungsstand aus den Anlauf der Großserie riskieren würde“. Eine definitive Aussage Maders, die bei seinem technischen Ansehen und seiner absoluten Seriösität als Beweis der Entwicklungsreife des

Die Kühlsegmente des Wasser- und Öl-Kühlers am Jumo 222 A, wahrscheinlich an Ju 288 V5, der ersten Maschine, die mit Jumo 222 ausgerüstet werden konnte.

Dipl.-Ing. Hellmut Stegbeck (1908) arbeitete in der Junkers-Forschungsabteilung. Sein Spezialgebiet war die Feuerlöschanlage. Er machte die JU/EF-140 (Ju 287 V2) flugsicher, nachdem sie 1948 mit brennfreudigen russischen Turbinen (AM-TKRD-01) ausgerüstet worden war. Am 16.8.1959 geriet in Westthüringen eine Erdgassonde in Brand, wo bei 200 atü 30 m hohe Flammen schlugen. Nur mit dem Stegbeck-Verfahren konnte dieser Erdgasbrand gelöscht werden.

Jumo 222 E mit dem längeren Untersetzungsgetriebe und zweistufigem Lader mit Volldruckhöhen von 11 km.

Motors genommen werden darf. Zu dieser Zeit waren die Restmängel des Motors erkannt, der Zeitraum also überschaubar, wann sie beseitigt sein würden. Jumo-Direktor Walter Cambeis schilderte den Stand am Jumo 222 so:

Von 20 angesetzten 100-Stunden-Läufen haben bis jetzt nur zwei das Ziel erreicht. Wassereinbrüche, Pleuelstörungen und Klopferscheinungen bedingten einen vorzeitigen Abbruch dieser Läufe. Jetzt aber sind Nullserienmotoren auf dem Prüfstand, bei denen durch andere Zylinderköpfe, Änderungen der Laufbuchsen, Verstärkung der Pleuellagerung, geänderte Zündung und Regelung wesentliche Verbesserungen durchgeführt sind. Der erste Motor dieser Ausführung ist am 10. August 1941 gelaufen. Bisher haben acht Motoren den Vorlauf beendet, ohne daß Klopferscheinungen festgestellt werden konnten. Der Lauf ist ruhiger, Wassereinbrüche bisher nicht aufgetreten, hingegen noch einige Pleuelstörungen. Die wieder angesetzten Dauerläufe verzögern sich aber noch durch kleinere Störungen.

Als allgemeine Prognose für den 222 stellte Cambeis fest, daß er entwicklungsseitig weiter sei als der Jumo 211 G-Motor und auch als der F-Motor bei der Einführung in die Großserie. Am 25. September 1941 werde, so Cambeis, die Ju 288 V4 zwei Jumo 222 O-Reihe-Motoren zum Einbau bekommen (die V4 wurde in Wirklichkeit nochmals mit BMW 801 ausgerüstet).

Auf dieser Sitzung vom 30. August 1941 unterbreiteet Oberst-Ingenieur Eisenlohr erstmals den Vorschlag (auf Betreiben Milchs?), darüber nachzudenken, wie „eine noch sichere Lösung erreicht werden kann. Vielleicht durch einen Doppelmotor auf Basis des Jumo 211“. Mader, Thiedemann und Cambeis

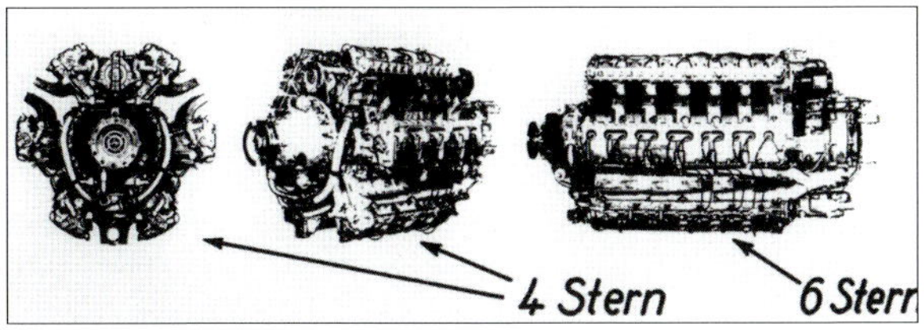

Die Weiterentwicklung zum 6-Stern-Motor versprach Leistungen von 4.000 bis 5.000 PS bei gleichem Stirnwiderstand. Damit stieß Junkers in den Bereich der PTL vor.

sagen daraufhin, daß eine Umstellung auf ein anderes Motorenmuster anderthalb bis zwei Jahre dauern würde, und, daß technisch gesehen, Doppelmotoren keine wirkliche Alternative zu einem echten Hochleistungsmotor seien. Daß Eisenlohr den Jumo 222 und die Ju 288 zu Fall bringen wollte, läßt sich daraus erkennen, daß es laut Mader und Thiedemann bei irgendwie auftretenden Problemen mit dem Jumo 222 während der Serienfertigung, „eben die Ju 88 einfach eine kurze Zeit weiterlaufen" müsse, außerdem sei „eine Risikoverringerung durch Beschränkung der Leistung auf 1.800 PS bei entsprechender Drehzahlverringerung immer noch möglich". Am 24. Dezember 1941 wurde der Motor auf RLM-Weisung vom Entwicklungsprogramm abgesetzt.

Jumo-222-Varianten und DB-610

teller	Junkers	Junkers	Junkers	Daimler-Benz	Junkers
	Jumo 222 A-1	Jumo 222 A-3	Jumo 222 E/F	DB-610 C	Jumo 225
ahr	3.1940	10.1943	7.1944	1944	Projekt 1944
	Bodenmotor	Zwischenmotor	Höhenmotor	Höhenmotor	Höhenmotor
ruckhöhe	5,2-5,5 km	6,4-7,2 km	11-11,6 km	8,5 km	11 km
rt	24-Zylinder	24-Zylinder	24-Zylinder	2x12-V-Zylinder	36-Zylinder
	Reihen-Stern	Reihen-Stern	Reihen-Stern	Doppelmotor	Reihen-Stern
ung	Druckwasser	Druckwasser	Druckwasser	Wasser	Druckwasser
aum	46,6 l	49,85 l	55,5 l	71,4 l	83,25 l
chtung (OZ)	6,5 (87)	6,5 (87)	8,5 (100)	8,3 (100)	8,5 (100)
eistung	2.000 PS	2.520 PS	2.500 PS	2.950 PS	4.500 PS
Drehzahl	3.000 u/min	3.000 u/min	3.000 u/min	2.800 u/min	3.000 u/min
pfleistung	1.750 PS	2.240 PS	2.195 PS		
Drehzahl	2.700 u/min	2.700 u/min	2.900 u/min	3.000 u/min	
eleistung	1.600 PS	1.450 PS	1.408 PS		
Drehzahl	2.400 u/min	2.300 u/min	2.400 u/min		
sschub max.	140 kp	180 kp	210 kp		
aumleistung	42,9 PS/l	54,1 PS/l	45 PS/l	41,3 PS/l	54,1 PS/l
hmesser	1,159 m	1,159 m	1,159 m	elliptisch	1,159 m
fläche	1,06 m²	1,06 m²	1,06 m²	1,86 m²	1,06 m²
e	1,90 m	2,065 m	2,75 m	2,08 m	>3,20 m
cenmasse	1.084 kg		1.345 kg	1.530 kg	~1.800 kg
wasser	46 kg		45 kg		
renöl	26 kg		26 kg		
ebsstoffreste	20 kg		25 kg		
hör	517 kg		604 kg		
chraube	(VS-7) 255 kg		(VS-19) 312 kg		
amtmasse	1.948kg		2.357 kg		
stoffverbr.	205 g/PSh		220 g/PSh		
r	Zweigang	Zweigang	2-stuf.Abgas-TL 35% Rückkühl.	Zweigang	
ung mit GM1		2.800 PS	2.795 PS		

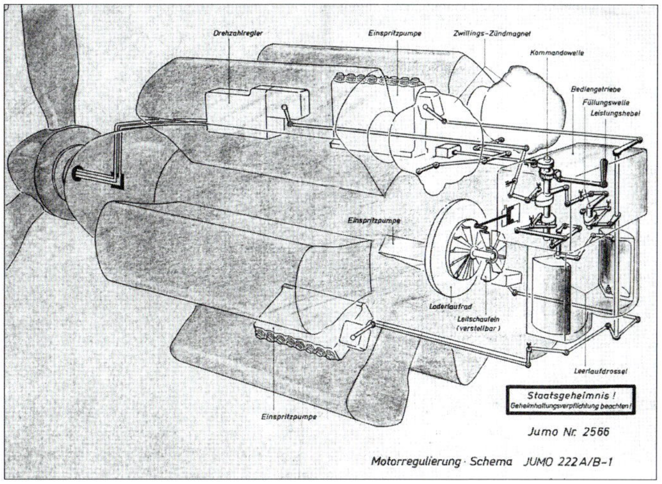

Die Regelung des Motors, insbesondere die Zündfolge, waren eine langwierig zu optimierende Aufgabe, um die Leistungsspitzen abzubauen, die am Motor immer wieder zu Lagerschäden und dergleichen führten.

Am 18. Oktober 1941 stand die erste Ju 288 mit Jumo-222-Motoren zum Erstflug bereit. Flugkapitän Hans-Joachim Matthies fragte Ferdinand Brandner, ob er mitfliegen wolle. Brandner konnte nicht widerstehen. Er holte sich einen Fallschirm und stieg ein. Die Motoren dröhnten und die Maschine setzte sich in Bewegung. Für Brandner war es ein einzigartiges Erlebnis, als Matthies eine Rückwärtsrolle flog. Wieder am Boden kamen sogleich Heinrich Hertel und Brunolf Baade persönlich angeeilt und gratulierten herzlichst. Nur Otto Mader war etwas böse wegen des Mitfluges.

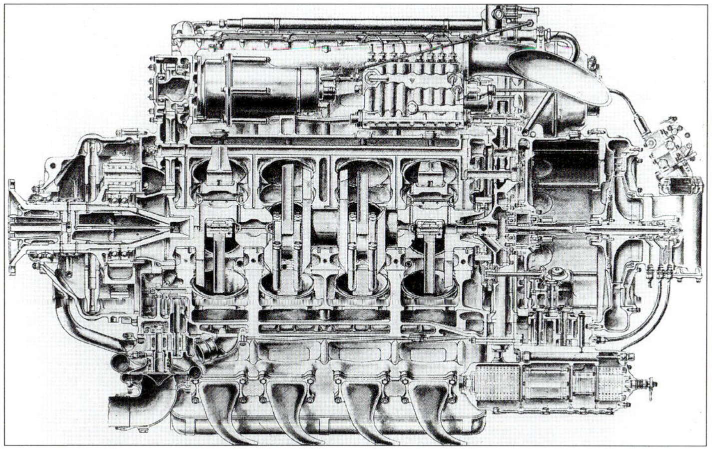

Der Längsschnitt durch den Jumo 222 A ist verwirrend. Er läßt aber die Wasserführung, die Pleuel und ihre Lagerung sowie das Untersetzungsgetriebe vorn und den doppelstufigen Lader hinten erkennen.

Der lange Weg von der Ju 86 zur Ju 288

Von den geschäfteten Rohrholmen der Ju 86 zu den Profilholmen der Ju 288, die in der äußersten Flügelfaser lagen, war es für Junkers ein weiter Weg, bei dem zugleich der aus einem Stück geschmiedete Holm eingeführt wurde.

Der erste große Schritt war der zur Ju 87. Dieser Sturzkampfbomber mußte die Rohrholme hinter sich lassen, wollte er beim Abfangen aus 550 km/h nicht auseinanderbrechen. An der Ju 87 führte die Flügelkonstruktion unter Fritz Freundel den T-Holm ein, der mit einem keilförmigen aufgenieteten Blechstreifen an die veränderlichen Lasten angepaßt worden war. Große herausnehmbare Blechtafeln an der Unterseite sorgten für gute Zugänglichkeit zum Flügelinnern. Die Flügelhaut war mit in Flugrichtung liegenden Omega-Profilen versteift. Die Flügelholme lagen auf den Omega-Profilen auf.

Für den Ju-88-Flügel wurden dieselben Konstruktionselemente, auch in ihrem Zusammenwirken, fast unverändert von der Ju 87 übernommen. Das ist der beste Beweis gegen die Behauptung, ohne die beiden Amerikaner Gassner und Evers hätte Junkers nie ein so gutes Flugzeug wie die Ju 88 zustande bekommen. Als Alfred Gassner Ende 1935 nach Dessau kam, stand nicht nur die Vorkonstruktion der Ju 88 bereits fest (die war unter Zindels Leitung vor allem von Quick, Pohlmann, Freundel, Hartmann, Haseloff und der Statik unter Aikele erarbeitet worden), Gassner als Typenleiter hat sich dann auch nie in dem einen Jahr, wo er bei Junkers war, in die Detailkonstruktion der Ju 88 eingemischt. Kurt Cyron, der unter Gassner am Flügelmittelstück der Ju 88 gearbeitet hat, erinnert sich, daß Gassner den rund 200 Konstrukteuren immer freie Hand gelassen und nur auf die strengste Einhaltung der vom Entwurf und Statik vorgegebenen Gewichte geachtet habe. Das gelang ihm dann ja auch ganz gut, zumindest besser als Typenleiter Brunolf Baade an der Ju 288.

Ing. **Herbert Scheller** (1.12.1899) begann 1925 bei Junkers. Seine erste große Aufgabe war die Leitung der Flügelkonstruktion für die Ju 88. Danach Leiter der Abteilung Vorkonstruktion und Versuche. Maßgeblich beteiligt an Entwicklung der Ju 288 und Ju 287. Ab 1946 in UdSSR. Schalenflügel JU/EF-132. Ab 1954 Aufbau der DDR-Luftfahrtindustrie in Dresden. Dort Hauptabteilungsleiter im Forschungszentrum.

Nach der Rückkehr Gassners in die USA kurz nach Weihnachten 1936 begann die Umkonstruktion der Ju 88 zu einem schnellen Sturzkampfbomber und (mit Einschränkungen) zum leicht gepanzerten Schlachtflugzeug. Diese neue Ju 88 hatte mit der vorhergehenden nicht mehr allzuviel gemein. Aber nur diese Umkonstruktion machte das Flugzeug vielseitiger und damit erst frontreif.

Auf diesem Erfahrungsschatz aufbauend schuf die Vorkonstruktion 1938 die konkrete Ju 288. Unter Hertels Leitung ab Mai 1939 begann dann nochmals eine Hochzüchtung des Projektes, um die im Entwurf errechneten Flugleistungen auch sicher zu erreichen. Dazu gehörten ein weniger tiefer Flügel, eine veränderte Kanzel und ein (vom RLM gefordertes) Doppelleitwerk.

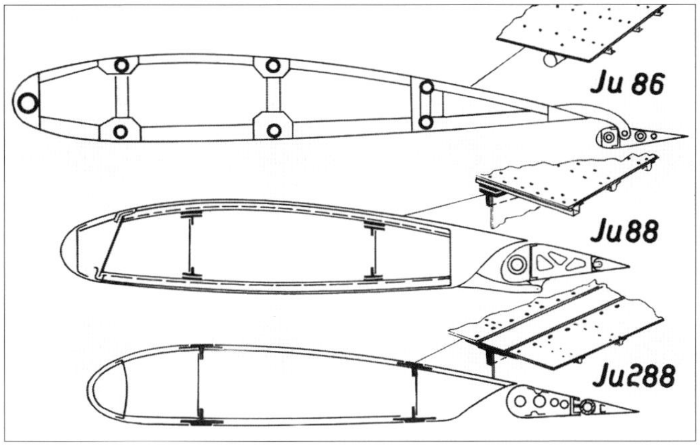

Die Flügel der Ju 87 (rechts), der Ju 88 (oben rechts) und der Ju 288 (unten) im Vergleich. Die Flügel der Ju 87/88 waren sehr ähnlich. Der 288-Flügel dagegen war komplett neu. Am Endkasten herabhängend - die Spaltverkleidung.

Beim Flügel mußte ein völlig neuer Aufbau gefunden werden, um die größeren Momente durch das höhere Gewicht bei fast gleichen äußeren Abmessungen wie Ju 88 abfangen zu können. Als erstes waren die Holme in die äußerste Kontur zu legen. Die Holme wurden deshalb aus einem Stück mit sogenannten Lappen konstruiert, an die die Haut genietet oder geschraubt (bei den Tankdeckeln) werden konnte. Die äußeren Lappen wiederum dienten zum Anschrauben des Nasenkastens und des Endkastens. Der Endkasten war übrigens auch ein neues Konstruktionselement, das sich wenig später an der Ju 252 und Ju 290 wiederfand.

Durch die in die äußersten Materialfasern gelegten Holme konnten diese auch weiter auseinandergelegt werden, so daß größere Kraftsstoffbehälter dazwischen paßten. Der vordere Hauptholm lag dabei im Bereich der größten Profildicke, der Nasenkasten davor bildete eine selbsttragende Einheit. Wichtig war eine gute Spaltabdeckung der Ruder, um die abfließenden Wirbel so klein wie möglich zu halten. Die Sturzflugbremsen kamen in die Unter- und Oberseite der äußeren Landeklappen, weil dort die örtlichen Strömungsverhältnisse am Flügel am langsamsten und am wenigsten störend für die Zirkulation sind (Wer schnell fliegen will, muß auf eine möglichst lange Laminarhaltung der Strömung achten. Die ist aber nur am Profilanfang zu erreichen). Die Tankraumauskleidung wiederum mußte glatt, leicht und relativ beschußsicher sein. Die Tanks waren so unterzubringen, daß sie nach Beschuß leicht auszuwechseln waren. Bei der Verbindung der Flügel mit dem Tragflügelmittelstück und dem Rumpf kamen die bewährten Kugelver-

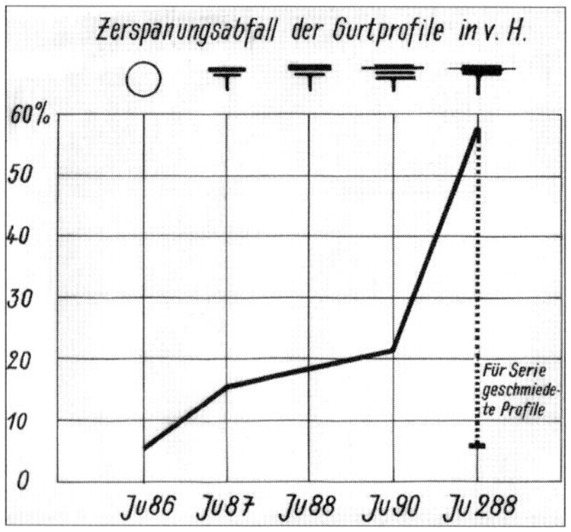

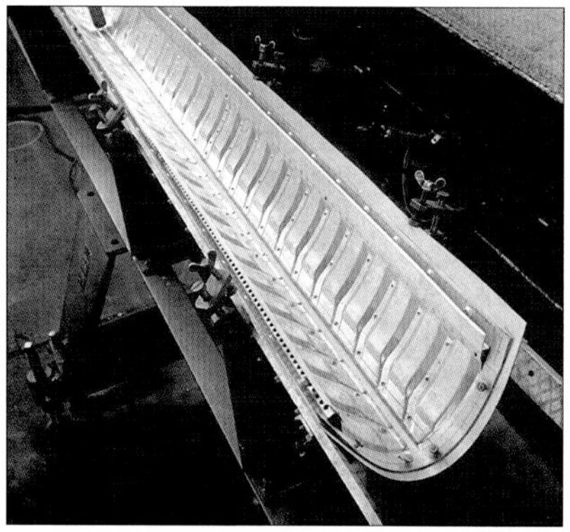

Prozentuale Gewichtsaufteilung der Ju 288 Fläche
ohne Leitwerke

Prozentuale Aufteilung	Benennung	Tm kg	2×Tf kg	kg
	Träger	707	444	1153
20%	Nasenkasten	97	203	300
	Endkasten	85	92	177
	Querverbände	107	43	150
40%	Haut und Deckel*)	125	167	292
	Fg.- u. Tw.-Anschl.	177	—	177
60%	Tankraumauskleidung	14	9	23
	Brandschott	35	—	35
	Endkappe	—	14	14
80%	Verbindungsteile	45	9	54
	Fg.-Verkleidung	228	—	228
100%	Panzerung	97	—	97
	*) nur vom Mittelkasten	1717	981	2700

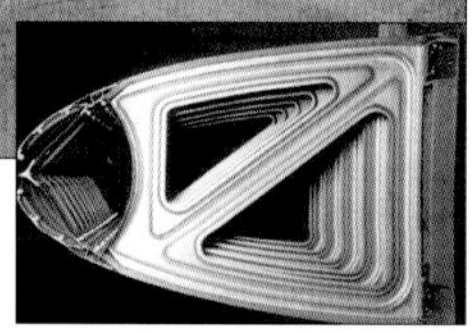

Die Fotos oben zeigen die Flügelnase der Ju 288 im Detail. Die Ausbildung der Warmluftleitbleche erforderte viele Versuche. Die auf einer Gummipresse hergestellten Rippen befriedigten restlos.

schraubungen zur Anwendung. Sie waren zwar recht kompliziert in der Fertigung, aber zugleich durchkonstruiert, genau zu dimensionieren und der Maschinenpark dafür vorhanden.

Die Flügelnase war ein hochmodernes Bauteil aus tragenden Nasenrippen, die Gummipreßteile waren, also in einem einzigen Arbeitsgang entstanden und deshalb von hoher Festigkeit waren, aus einer neuartigen Nasenenteisung mit integrierter Ballonschere, die gleichzeitig als tragendes Element diente, durch die die Warmluft hindurchströmen konnte, und aus einer sehr glatten Außenhaut zur Widerstandsminimierung der Strömung.

Die Flügelvorderkante stand zwischen den Motoren senkrecht zur Flugrichtung, nach den Motoren bekam sie eine leichte Zuspitzung im Verhältnis 1:2. An der Flügelhinterkante dagegen erfolgte eine akribische Anpassung an die Druckverteilung über der Spannweite, die sogar die Verdickung des Flügels durch die beiden Motoren berücksichtigte und so zu einer größeren Lauflänge in diesem Bereich führte. Das Einziehen der Hinterkante im Rumpfbereich glich den Flügel wieder stärker an die Ellipse an. Das Leitwerk war so einfach wie möglich gehalten, durch die Doppelausführung aber immer wieder Gegenstand aerodynamischer, festigkeitsmäßiger und schwingungsmäßiger Untersuchungen, die meist zusammen mit dem ähnlich aufgebauten Ju-290-Leitwerk erfolgten.

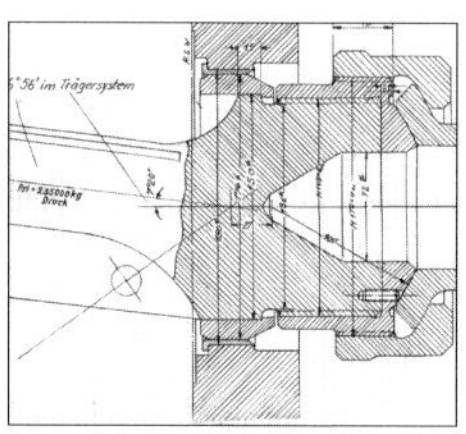

Die Junkers-Kugelverschraubung war etwas kompliziert, aber völlig durchkonstruiert.

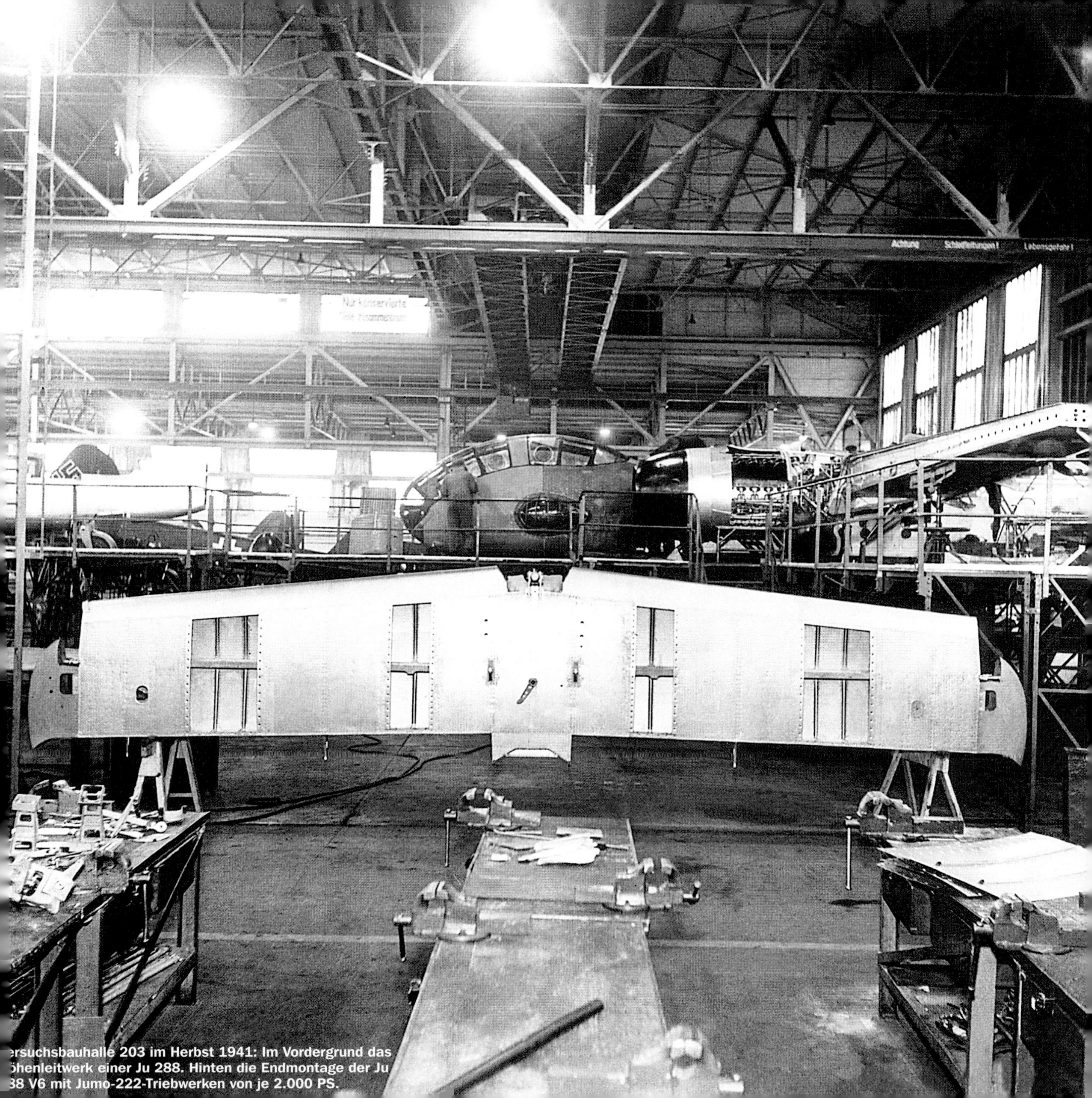

ersuchsbauhalle 203 im Herbst 1941: Im Vordergrund das öhenleitwerk einer Ju 288. Hinten die Endmontage der Ju 38 V6 mit Jumo-222-Triebwerken von je 2.000 PS.

Neue Kanzel und variable Kampftaktik

Ing. Max Busse (13.9.1900) studierte Maschinenbau. Kam am 29. Oktober 1928 zu Junkers ins Konstruktionsbüro. In der Hauptabteilung Triebwerk, die von Georg DuBois geleitet wurde, war er in der Abteilung Triebwerkeinbau/Kraftstoffanlage, die Hans Hoch leitete, beschäftigt. Verantwortlich für Kraftstoffanlage der Ju 86, Ju 87 und Ju 287. Vor der Deportation der Junkerswerker am 22.10.46 mit kleiner Gruppe wegen Ju-287-Flugerprobung in zwei IL-12 nach Moskau geflogen. 1954 zurück in DDR. Dort Abt.-Leiter Kraftstoffanlage.

Wenn die deutsche Luftwaffe auf lange Sicht siegreich sein wollte, mußte sie wesentlich effizienter im Materialeinsatz und im Einsatz der Besatzungen werden als der Gegner. Dieses Problem war so richtig nur im ganzen zu lösen. Effizient sein heißt bei einem Kriegsflugzeug, daß es so klein wie möglich sein muß, um wenig Material und Arbeitskraft zu binden und um ein möglichst kleines Ziel abzugeben, außerdem um mit weniger Betriebsstoffen als der Gegner auszukommen, und - das ist das wichtigste - nur eine kleine Besatzung zu benötigen.

Gerade die Besatzungsfrage konnte bei einem länger andauernden Krieg zur entscheidenden Frage werden. Bei Junkers war man deshalb entschlossen, die Besatzungsfrage neu zu durchdenken. Die strategische Kriegführung Deutschlands fußte auf qualitativer Überlegenheit in der Technik wie in der Ausbildung der Soldaten. Überraschende und mutige Vorstöße sollten dem Gegner keine Zeit lassen, seine materielle Überlegenheit entfalten zu können. Das war der Sinn des Blitzkrieges.

In der Entwicklung von Bombenflugzeugen mußten also Mittel und Wege gefunden werden, um auch der Knappheit an Besatzungen zu entgehen. Bei Junkers kam man nach eingehenden Untersuchungen zu dem Schluß, daß prinzipiell drei Besatzungsmitglieder ausreichend seien, um alle Gefechtsaufgaben zu lösen. Dabei mußte aber jedes Besatzungsmitglied mehrere Aufgaben lösen und auch fähig sein, seinen vielleicht getöteten Nachbarn zu ersetzen.

Ein Vergleich der Ju 288 mit ihren Gegenspielern, der amerikanischen Boeing B-17 „Stratofortress" und dem sowjetischen Schlachtflugzeug IL-2m3, zeigt sofort die unterschiedlichen Strategien Deutschlands, der Sowjetunion und Amerikas. Die Amerikaner konnten aus dem vollen schöpfen und bauten eine langsam fliegende Festung mit zehn Mann Besatzung und großem technischen wie materiellen Aufwand. Dieses Flugzeug war am Ergebnis seiner Bombenwürfe gemessen das mit Abstand uneffektivste der drei Typen. (Die usamerikanische Flugzeug- und Bombenindustrie wollte in erster Linie maximalen Profit einfahren. Das ging am besten mit großen Flugzeugen, die selten treffen.) Die sowjetische IL-2m3 dagegen war das genaue Gegenteil. Mit kleinstem Aufwand gebaut, mit nur zwei Mann Besatzung, in geringster Höhe überm Ziel fliegend und äußerst beschußsicher. Sie konnte ihr Ziel genau auswählen und dann bekämpfen. Die Besatzung sah, was sie vernichtet hatte. Für die sowjetische Führung war klar, daß der Krieg an den Fronten entschieden wird und nicht durch 1.000-Bomber-Angriffe auf wehrlose Zivilisten.

Die Deutschen steckten genau dazwischen. Die Flugzeugindustrie wollte teuer bauen, um richtig absahnen zu können, sie konnte aber nicht, weil die Kontingente staatlich beschränkt waren. Also blieb nur der Mittelweg.

Daß dieser Vergleich zwischen Amerika, Deutschland und der Sowjetunion nicht hinkt, sondern den einzig wahrhaften Vergleich darstellt, belegen am eindruckvollsten die gebauten Tonnagezahlen besagter Flugzeuge. Von der Boeing B-17 sind 12.700 Stück gebaut worden mit einer Gesamtrüstmasse von 317.000 Tonnen Material; von der Ju 88 waren es 15.000 Flugzeuge mit einer Gesamtrüstmasse von 129.000 Tonnen und von der IL-2m3 waren es 36.000 Stück mit einer Gesamtrüstmasse von 163.000 Tonnen. Auch wenn die IL-2 alles andere als ein sogenannter strategischer Bomber wie die B-17 war, war sie doch für die Sowjetunion und den Ausgang des Luftkrieges das strategisch entscheidende Flugzeug. Es kommt bei einem Vergleich nämlich nicht auf die Flugzeugklasse an, sondern auf das Ergebnis ihres Einsatzes. Bis jetzt muß das amerikanische Volk horrende Ausgaben für völlig sinnlose Flugzeugprojekte zahlen, die dann nach ihrer Produktion und schnellen Ausmusterung zu Tausenden in der Wüste von Arizona als „strategische Reserve“ herumstehen und verrotten.

Die Kampftaktik der Ju 288 und das enge Zusammenspiel ihrer Besatzung bildeten eine Einheit. Die Drei-Mann-Kanzel der Ju 288 war fast wie bei einem Jagdflugzeug gestaltet, nur großzügiger. Der Pilot war zugleich Kommandant, Navigator und im Angriff A-Schütze. Der Funker war in diesem Moment B-Schütze. Der Bombenschütze wiederum bediente bei der Verteidigung den Heckstand bzw. die C-Stände. So konnte nicht nur die Besatzung klein gehalten werden, sondern auch das Flugzeug und das Baugewicht.

Die Kampftaktik war im Zusammenspiel mit der kleinen, in einem einzigen Raum untergebrachten Besatzung, vari-

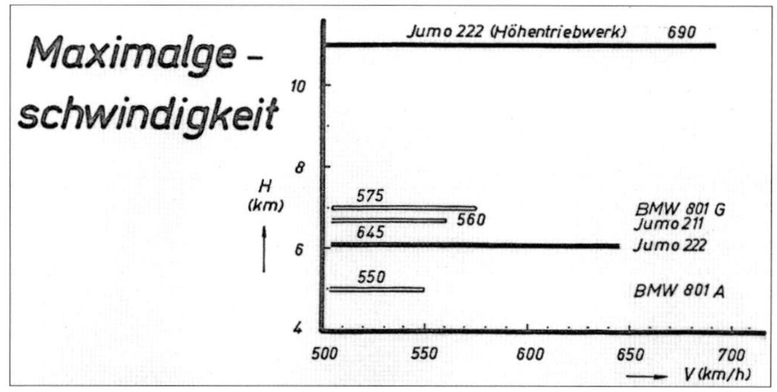

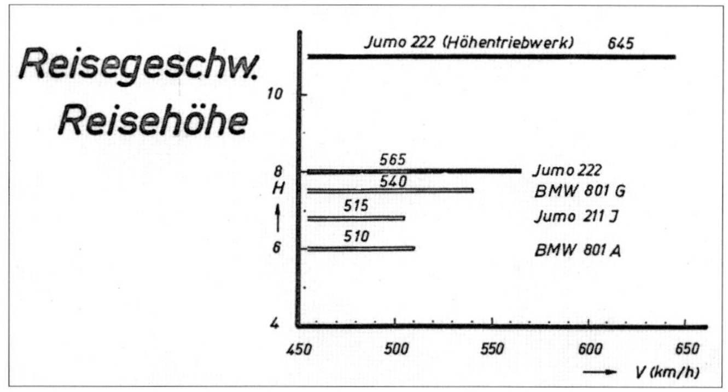

Das linke Foto vermittelt einen wirklichkeitsnahen Eindruck vom Gesichtsfeld des Piloten in der schmalen Drei-Mann-Kanzel der Ju 288 V2.

Bild S. 180: Ein Foto, das den Größenvergleich zwischen Ju 288 V2 (17,5 Startgewicht) und Ju 88 V15 (12,5 t) gut dokumentiert. Erstflug der V2 war am 1. März 1941.

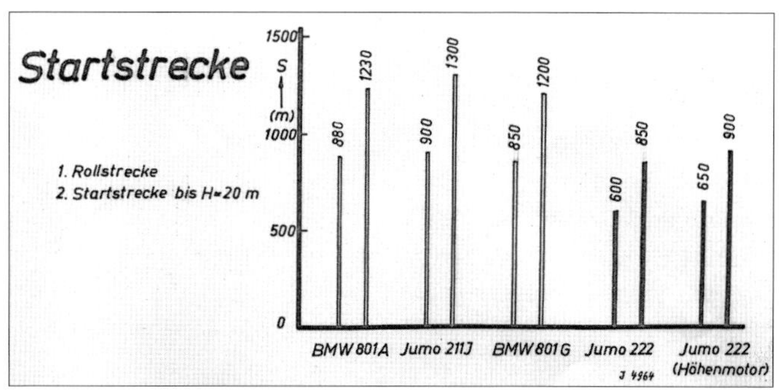

Die schmale 3-Mann-Kanzel für die Flugzeuge Ju 288 V1 bis V8. Die druckdichte Kanzel für Höhen bis 12 km ist wie ein Zweihüllen-U-Boot aufgebaut und zugleich wie eine Thermosflasche: Der druckdichte Teil liegt innen und wird von einer dünnen aerodynamisch geformten Hülle umschlossen. Die isolierende Luftschicht und Isoliermatten im Zwischenraum sorgen für angenehme Temperaturverhältnisse, trotz großer Glasflächen im Tiefflug oder 60 ° minus in 11 km Höhe. In dem vorderen Behälterraum kam links und rechts je ein MG 81 oder 151 unter. Die äußeren Scheiben waren 8 mm dick, die inneren 2 mm. Die weißen Punkte sind Trockenpatronen. Der Einstieg erfolgte von unten über die Luke.

antenreich wie noch nie zuvor in der Geschichte der Luftfahrt. Die Auslegung der Ju 288 als eierlegende Wollmilchsau war der hohe Preis, den Koppenberg zu bezahlen bereit war, wenn dieses Muster die Vormachtstellung von Junkers auf Dauer sichern konnte. Allein die Zellenentwicklung verschlang bis 1943 rund 65 Millionen RM. Diese Investitionen waren wiederum nur gerechtfertigt, wenn die Ju 288 ein Standardflugzeug werden würde, das praktisch alle Aufgaben eines Kampfflugzeuges zu lösen vermochte, so daß Typen wie die Me 110, He 111, Do 17, He 177 und Ju 88 sowie ihre zahlreichen Ableitung überflüssig werden würden. Diesem Ansinnen stand allein der kapitalistische Konkurrenzkampf entgegen. Junkers wäre beim Erfolg der Ju 288 zum Monopolisten geworden. Der nächste Schritt wäre dann die Hinwendung zum Jagdflugzeugbau gewesen, um sich damit Messerschmitt und Focke-Wulf einzuverleiben.

Ökonomische Berechnungen und taktische Überlegungen überschnitten sich am Muster Ju 288: Je vielseitiger das Flugzeug, desto größer die zu bauenden Stückzahlen. Je größer die Stückzahl, desto billiger die Fertigung. Je billiger die Fertigung, desto mehr Gewinn, der wiederum für mehr Forschung und Entwicklung eingesetzt werden kann. Diese Überlegungen sind vollkommen vernünftig. Das Problem ist nur die eierlegende Wollmilchsau. Ist sie nur ein Hirngespinst, ein frommer Wunsch, oder eine wirklich zu verwirklichende Idee? Die Junkers-Ingenieure haben diese Frage mit Ja beantwortet, aber nur für das Kampfflugzeug. Dazu haben

Die Schmalkanzel im Rohbau. Das Dachgerüst wurde auf einen dichtenden Luftschlauch geklemmt.

Dr. Hans-Georg Schumann (12.6.1911) begann 1934 bei Junkers als Entwurfsingenieur. Er war stellv. Leiter der Abteilung Flugmechanik und einer der wichtigsten Entwickler der Ju 288 und Ju 287. Nach 1945 Abteilungsleiter Flugmechanik. Von 1946 bis 1954 in UdSSR und an dortigen Entwicklungen führend beteiligt. 1954 zurück in DDR, dort Hauptabteilungsleiter in der Entwicklung der Luftfahrtindustrie bis 1961.

sie sich beschränkt auf ein mittelgroßes, sehr schnelles Angriffsflugzeug, das die Angriffstaktik neu definierte. Es konnte einzeln operieren oder in kleinen und großen Verbänden. Es konnte im Sturzflug, im Tiefflug Punktziele angreifen und im Höhenflug Flächen bombardieren. Durch die Auswahl zwischen drei verschiedenen Kanzeln, die noch dazu schnell an der Front austauschbar waren, konnte man aus der Ju 288 einen schweren Bomber, ein Torpedoflugzeug für lange Seestrecken, einen Fernaufklärer, ein Schlachtflugzeug (mit spezieller Panzerung) oder einen Nachtjäger usw. machen. In der Version A war das Flugzeug am geringsten bewaffnet. Man setzte hier auf Schnelligkeit und den Verbandsflug, wo sich die Flugzeuge gegenseitig im Schußfeld abdecken sollten. Bei der hohen Geschwindigkeit von 670 km/h und der Kleinheit des Flugzeuges wären alle Chancen auf Seiten der Ju 288 gewesen. Die in der Abwehrbewaffnung deutlich verstärkten Varianten B und C beschränkten die Zuladung an Bomben, prädestinierten das Flugzeug aber zugleich als Einzelkämpfer, das sich seiner Haut recht gut erwehren konnte. Ein einzelnes Jagdflugzeug hätte, wenn es denn überhaupt nah genug an die Ju 288 herangekommen wäre, eine Chance von 50 % gehabt. Beim Angriff mehrerer Jäger auf eine einzelne Ju 288 hätte natürlich nur die Flucht noch Rettung bringen können. Am erfolgreichsten wäre sicherlich die Ju-288-Taktik gewesen, wenn zwei Ketten aus drei Flugzeugen auf unterschiedlichen Wegen auf ein Ziel zugeflogen wären, um dann entweder im Sturzflug oder im Tiefflug anzugreifen, während die zweite Kette die Abwehr des Gegners niederhält. Allein diese kurze Aufzählung der taktischen Einsatzmöglichkeiten der Ju 288 offenbart ihr kriegerisches Potential, das allerdings nicht mehr zur Geltung kommen konnte, weil die Erfolge der Roten Armee jegliche Produktionsumstellungen verhinderten.

Die schmale, dafür längere 4-Mann-Kanzel der Ju 288 V103. Das Flugzeug war mit Daimler-Benz DB-610-Motoren ausgestattet. Der Erstflug der V 103 erfolgte am 13. August 1943. Sie gehörte zum Typ Ju 288 C-1.

Die Genese der Kanzelformen an der Ju 288 erscheint aus heutiger Sicht etwas verwirrend, da die Gründe in einer unterschiedlichen Auffassung von Taktik in der Kriegsführung zwischen Junkers und dem Auftraggeber RLM, aber auch aus praktischen Fronterfahrungen resultierten. Bei Junkers war man auf Geschwindigkeit aus, also gedrungener Rumpf und ebensolche Kanzel. Der Rumpf der Ju 88 war 1,40 m breit und die Kanzel natürlich auch. Da konnten wie im Pkw zwei Mann bequem nebeneinander sitzen. Diese Anordnung war aus der Tradition heraus entstanden und nie hinterfragt worden. Doch bei der Ju 288, wo Geld und Personal in Größenordnungen für Grundlagenforschung eingesetzt wurde, kam man auf eine neue Idee. Ein nur 0,97 m schmaler und 1,40 m hoher Rumpf konnte die größte und schwerste deutsche Luftmine aufnehmen, warum dann eine breite Kanzel? Ein Jägercockpit würde sich da doch viel besser eignen. Eine tropfenförmige vollverglaste Schmalkanzel, bei der die Besatzung hintereinander sitzt, würde eine deutliche Widerstandsverringerung bringen mit all ihren Vorteilen in bezug auf Geschwindigkeit, Beschleunigung und Reichweite. Außerdem könnte dieser eng bemessene Raum leichter druckdicht gestaltet werden, als ein ganzer Rumpf. Die Junkersausführung war demzufolge die schmale 3-Mann-Kanzel. Doch das RLM wollte die guten Verständigungsmöglichkeiten der Besatzung einer Ju 88 und ihre Platz-

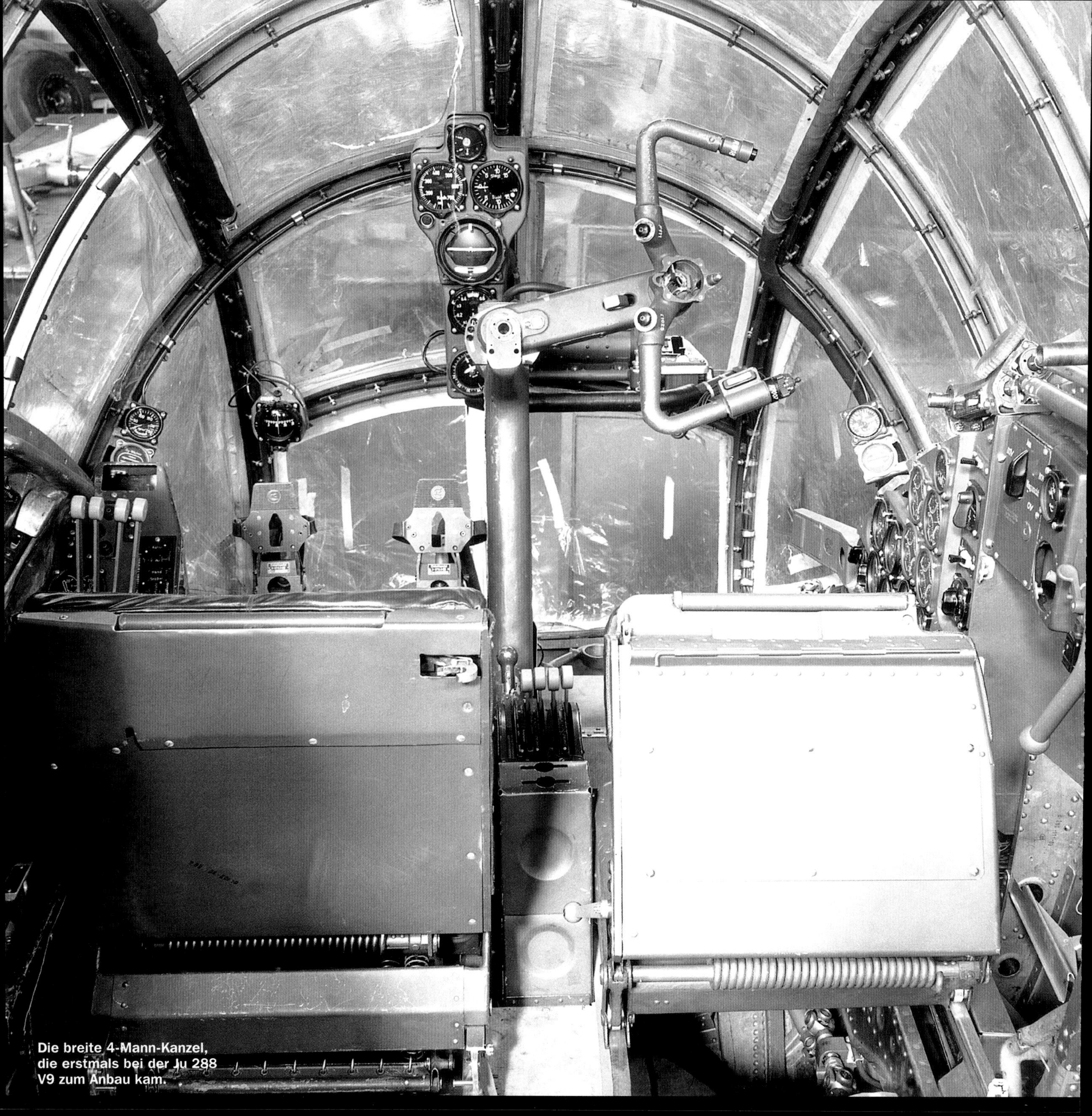

Die breite 4-Mann-Kanzel, die erstmals bei der Ju 288 V9 zum Anbau kam.

Beim Viereck-Jumo 223 liegen die vier Kurbelgehäuse außen, die Zylinder innen.

Dipl.-Ing. Franz Strobel (15.9.1906) studierte in Köln Maschinenbau und kam 1936 von Heinkel zu Junkers. Arbeitete im Musterbau Flugwerk als Konstrukteur für besondere Aufgaben z.B. Schalenflügel. Nach dem Krieg kurzzeitig in Privatindustrie, ab Okt. 1945 wieder bei Junkers. Von 1946 bis 4. Juli 1954 in UdSSR. Dort Entwicklung Schalenflügel für EF-132. Danach in DDR-Luftfahrtindustrie als Sonderbeauftragter von Johannes Haseloff im Konstruktionsbüro tätig.

verhältnisse beibehalten wissen. In der Ju 88 konnte beim Tod eines Besatzungsmitgliedes schnell auf dessen Platz gewechselt werden. So entstand die breite 4-Mann-Kanzel, die erstmals an der Ju 288 V9 ausgeführt war. Da die Kanzel durch vier Kugelverschraubungen mit dem Rumpf verbunden war, ergab sich plötzlich die Möglichkeit des Wechselns der Kanzeln, je nach Einsatzzweck.

In der Zwischenzeit war jedoch der Krieg Ende 1941/Anfang 1942 in eine Phase getreten, wo er mehr und mehr zu einer Materialschlacht wie im 1. Weltkrieg verkam. Unter dem Druck, auf der einen Seite immer mehr, auf der anderen Seite immer bessere Waffen produzieren zu müssen, spalteten sich die Auffassungen im RLM, ja sogar manchmal in einer Person selbst. Es begann ein Hüh und Hott, ein Rein-in-die-Kartoffeln und Raus-aus-den-Kartoffeln, was sich exemplarisch an der Weiterentwicklung der Ju 288 widerspiegelte. Quantitativ war es so, daß die Ju 288 in die zweite Reihe rückte wegend er laufenden Großserienproduktion der Ju 88 (große Stückzahl, geringer Kampfwert). Qualitativ begann ein Streit um die Bewaffnung der Ju 288, umso mehr, als man Zeit hatte zur Entscheidungsfindung, weil die laufende Ju-88-Produktion nicht gestört werden durfte. Also kamen neue Wünsche nach einer Kanzel für vier Mann mit Abwehrstand unterm Rumpf, am Heck oder an den Rumpfseiten. Die Aerodynamiker und Leistungsrechner bei Junkers hatten alle Mühe, die sich widersprechenden Wünsche aus dem RLM abzuwehren. Sie wiesen nach, daß die Ju 288 mit breiter Kanzel und breiterem Rumpf um 25 km/h langsamer und 650 kg schwerer würde, daß die Sichtverhältnisse für Pilot und Schützen eingeschränkt und ein Reichweitenverlust von 60 km bei 3.600 km eintreten würde. Die schmale Kanzel war schließlich nur 97 Zentimeter breit, die breite 1,50 m.

Die Kanzel mit zusätzlichem liegenden Schützen konnte Junkers abwehren. Als Kompromiß wurde schließlich eine schmale 4-Mann-Kanzel entwickelt und an die Ju 288 V101 erstmals angebaut. Die Kanzel war um einen knappen Meter verlängert worden, so daß der vierte Schütze hinter dem zweiten zu sitzen kam. Es standen also am Ende drei verschiedene Kanzeln zur Auswahl, die alle ohne Änderungen an den Rumpf angeschraubt werden konnten.

Experten stritten sich über den möglichen Kampfwert von Kanzeln, die ein derartiges Nervenzentrum bildeten wie die der Ju 288. Ein einziger Kanonentreffer in die Kanzel und die gesamte Besatzung war tot. Dem stand entgegen, daß die Ju 288 wesentlich kleiner war als alle englischen und amerikanischen Bomber, sie also überaus schwerer zu treffen war. Ungeklärt blieb auch, ob die Druckaufladung im Gefecht prinzipiell abgestellt werden mußte, um bei Treffern die Explosion zu verhindern.

Eines hatte die Junkerskanzel allen anderen voraus, nämlich die Auswechselbarkeit. Nur so konnte ein einziges Flugzeug vielen Einsatzbedingungen angeglichen werden. Die Piloten hingegen lobten die teuflisch guten Sichtbedingungen in allen Fluglagen. Da mußten selbst Jäger-Piloten neidisch werden. Dieses Entwurfsdetail der Junkerswerke hat sich von der Ju 52 über die Ju 90, Ju 252, Ju 288, Ju 188/388, Ju 287, EF-132, EF-150 bis zum endgültigen Schluß 1961 an der 153/154 erhalten.

Feinabstimmung der Flugeigenschaften

Dienstag, den 28. Mai 1940: Im Attrappenbau der Halle 204 treffen sich Prof. Heinrich Hertel, Hermann Pohlmann, Hans Gropler, Gustav Steuerlein, Ernst Schumacher, Johannes Haseloff, Otto Schneider, Alfred Eppinger und Richard Progscha mit den Vertretern des RLM (Scheibe, Gessner, Jürgen), des Generalstabes (Hptm. Rubensdörfer), der Bauaufsicht (Lupberger), der Entwicklungsstelle Rechlin (Böttcher, Fleischauer, Ziegler) und der Firma Rheinmetall-Borsig (Koch, Spalding) zur Schlußbesichtigung der Ju-288A-Attrappe mit 3-Mann-Kanzel.

Bei der Besichtigung geht es in der Hauptsache um den Besatzungsraum und die Bewaffnung. Bemängelt wird die Anordnung der Flugüberwachungsgeräte, die nach rechts die Sicht leicht verdecken, was für den Verbandsflug schlecht sei. Der Abteilung Instrumentierung von Richard Progscha wird vorgeschlagen, die Gerätetafel schwenkbar oder verschiebbar anzuordnen, damit sie als ungeteilte Einheit in der Mitte zu liegen kommt, während für den Sturzflug bzw. Bombenzielanflug eine Teilung durch seitliches Wegschwenken erreicht wird. Für die V1 soll aber die augenblikkliche Ausführung bestehen bleiben.

Weiter wird besprochen, daß beim Steuerhorn der Bombenknopf rechts, der MG-Knopf dagegen links angeordnet werden soll. Die Gashebel sollen länger und griffiger werden für eine bessere Feinregulierung im Verbandsflug. Sämtliche Beschriftungen für Schauzeichen, Schalter usw. müssen schräg angeordnet werden für bessere Ablesbarkeit. Große Bedeutung komme auch den Scheiben zu. Es müsse garantiert werden, daß die optischen Verzerrungen der gebogenen Scheiben auf keinen Fall zu Fehlern beim Anvisieren führen können. Zum Abschluß wird festgestellt, daß von den Veränderungen nicht mehr die Maschinen V1 und V2 betroffen werden.

Die Flugversuchsgruppe für die Ju 288 mit Prominenz (v.l.n.r.): Chefkonstrukteur Ernst Zindel, Flugkapitän Karl-Heinz Kindermann, die Flugversuchsingenieure Werner Joop und Alfred Bormann, Flugkapitän Hans-Joachim Pancherz, Major Blödorn, Flugkapitän Siegfried Holzbaur, Hauptmann Baumbach, Flugkapitän Hans-Joachim Matthies, ein nicht bekannter Offizier, Flugversuchsingenieur Klaus Wendt und Entwicklungschef Prof. Heinrich Hertel in Dessau um 1942.

Die Produktion der ersten V-Maschinen war zu diesem Zeitpunkt längst angelaufen. Um eine praktische Beurteilung für das neue Flugzeug zu bekommen, wurden zwei Ju 88 so weit wie möglich auf die Ju 288 umgebaut und im Juni 1940 erste Flugversuche unternommen. Dazu wurden die Flugzeuge Ju 88 V2 und Ju 88 V5 benutzt. Siegfried Holzbaur flog die Ju 88 V5 und lieferte anschließend folgenden Bericht:

Die Kanzel stellt für den Flugzeugführer eine Verbesserung dar. Die Sicht ist für Zielanflug, Sturzflug, Tiefflug sowie bei Start und Landung ausgezeichnet. Die jetzigen breiten Einfassungen der Scheiben bei Ju 88/V5 sind ungünstig. Für die Ju 288 sind unbedingt weniger breite zu verwenden.
Das Fliegen in der Kanzel wird als sehr angenehm empfunden, auch bei böigem Wetter. Bei Start und Landung und beim Rollen wird man etwas mehr vom Sitz gehoben. Harte Stöße treten dagegen nicht auf.
Es wurde festgestellt, daß man durch die große Vorlage der Kanzel etwa vorhandene Unsauberkeiten des Flugzustandes, insbesondere Schieben, nicht so gut erkennen kann. Es erscheint aber zweckmäßig, die Ergebnisse mit

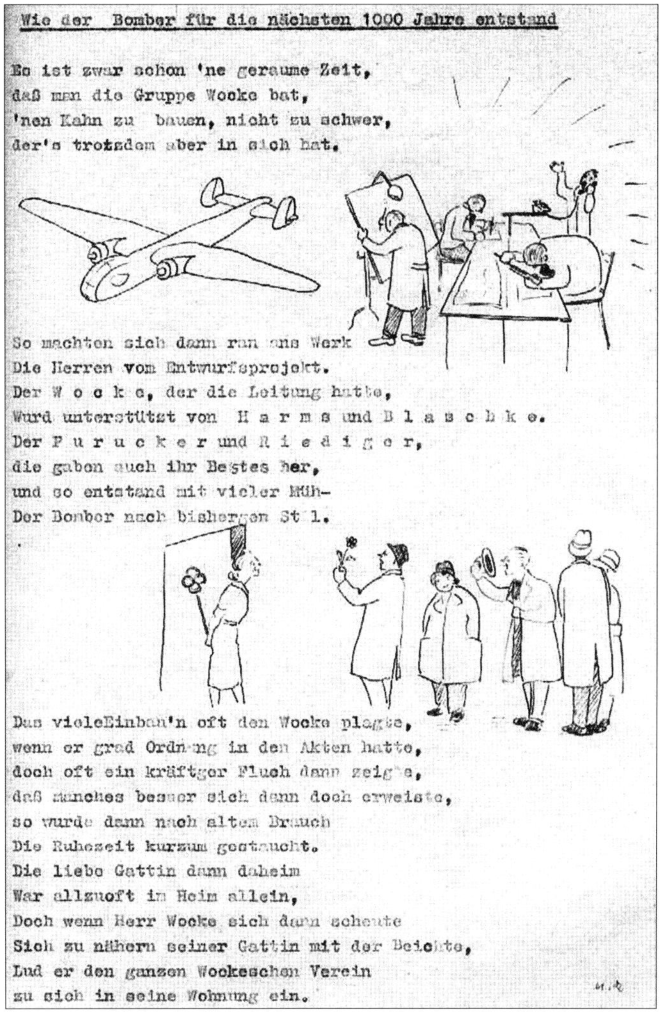

Wie der Bomber für die nächsten 1000 Jahre entstand

Es ist zwar schon 'ne geraume Zeit,
daß man die Gruppe Wocke bat,
'nen Kahn zu bauen, nicht zu schwer,
der's trotzdem aber in sich hat.

So machten sich dann ran ans Werk
Die Herren vom Entwurfsprojekt.
Der W o c k e, der die Leitung hatte,
Wurd unterstützt von H a r m s und B l a s c h k e.
Der F u r u c k e r und R i e d i g e r,
die gaben auch ihr Bestes her,
und so entstand mit vieler Müh-
Der Bomber nach bisherigen Stil.

Das vieleEinbau'n oft den Wocke plagte,
wenn er grad Ordnung in den Akten hatte,
doch oft ein kräftger Fluch dann zeigte,
daß manches besser sich dann doch erweiste,
so wurde dann nach altem Brauch
Die Ruhezeit kurzum gestaucht.
Die liebe Gattin dann daheim
War allzuoft im Heim allein,
Doch wenn Herr Wocke sich dann scheute
Sich zu nähern seiner Gattin mit der Beichte,
Lud er den ganzen Wockeschen Verein
zu sich in seine Wohnung ein.

dem neuen Leitwerk und der verbesserten Quersteuerung abzuwarten. Das Instrumentenbrett (Navigations- und Blindfluggeräte) ist jetzt an einer günstigen Stelle für alle Flugzustände, außer Blindflug. Für diesen ist eine Verschiebemöglichkeit nach der Mitte der Kanzel mit Nachdruck zu fordern. Der Kühlwasserkreislauf arbeitet im allgemeinen befriedigend und störungsfrei. In der Dampfleitung zwischen Verdampferpumpe und Nebenbehälter trägt eine richtig dimensionierte Drosselstelle wesentlich zur Stabilisierung des Kühlkreislaufs bei. Die automatische Spreizklappenregulierung der Fa. Bruhn arbeitet befriedigend. Sämtliche elektrische Förderpumpen, sowohl Membran- als auch Flügelradpumpen, sind als Kondensatpumpen unbrauchbar. Die Entlüftung des Flügelnasen-Kondensators ist noch zu träge, die Aufheizung dauert zu lange. Der im Kondensator künstlich erzeugte Unterdruck ist noch zu klein, um bei Schußverletzungen ein automatisches Ausschalten des Kondensators aus dem Kreislauf zu bewirken. Beim Fliegen mit Hängewinkeln (Einmotorenflug) ist

Die Karikatur auf das Tausendjährige Reich und die Überstunden bei der Projektgruppe Hans Wocke, die die Ju 288 entwarf, stammt vom Kameradschaftsabend am 18. Dezember 1941.

Die kanzellose Zelle zeigt die Ju 288 C. Deutlich ist hier das Mißverhältnis von schmalem Rumpf zu riesigen Motorgondeln der DB-610-Doppel-Motoren zu erkennen.

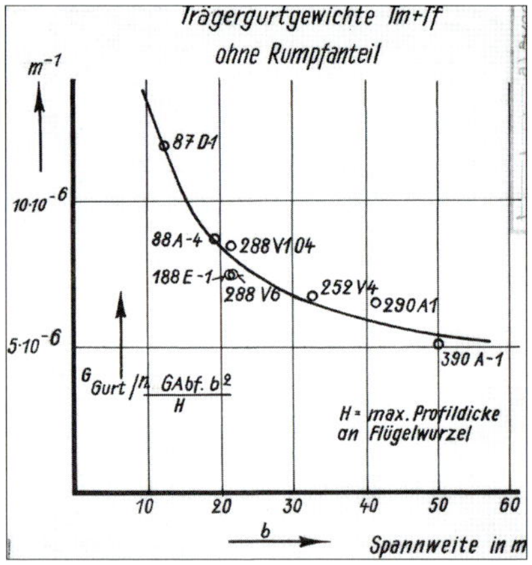

Die Gurtgewichte von Ju 87 bis Ju 390 im Vergleich.

die Rückförderung des Kondensats aus der Flügelnase nicht gewährleistet. Durch Anwendung der Preßwasserkühlung mit Flügelnasen-Kondensator kann die Stirnkühlerfläche um 30 bis 40 % verkleinert werden. Kühler gleichzeitig Vereisungsschutz. Das Verhalten der Preßwaserkühlung mit Flügelkondensator und automatischer Kühlerklappenregulierung bei Sturzflügen ist noch ungeklärt und muß noch erprobt werden.
Die Tunnelnabe in verbesserter Ausführung ergibt die gleichen Fluggeschwindigkeiten wie mit normaler Nabe. Bei nicht abgedecktem Endspalt der Doppelhaube entsteht ein Geschwindigkeitsverlust von 1,9 %. Bei nicht abgedeckten Schlitzen für die Propellerblätter tritt ein Verlust an Fluggeschwindigkeit von 3,2 % auf. Zusammen ergibt das also einen Verlust von 5 %. Die Sturzflugbremse an der Flügelhinterkante hat weder als Lattennoch als Kammbremse wesentliche unangenehme Eigenschaften. Der Widerstandsbeiwert ist bei der Lattenbremse ausreichend bei c_W=1,10, bei der Kammbremse ungenügend C_W=0,82.

Zu den Flugeigenschaften: Längsachse: Das wesentlich kleinere Querruder verlangt zur Steigerung der Wirkung im Langsamflug Zusatzmittel wie Düsenklappe (Vorklappe) oder Zusatzunterbrecher. Die Vorteile wären: größerer Höchstauftrieb, bessere Beherrschung der Steuerkräfte über dem sehr hohen Geschwindigkeitsbereich.
Im ganzen ist die Anpassung der Querruderwirkung und ihrer Kräfte an den

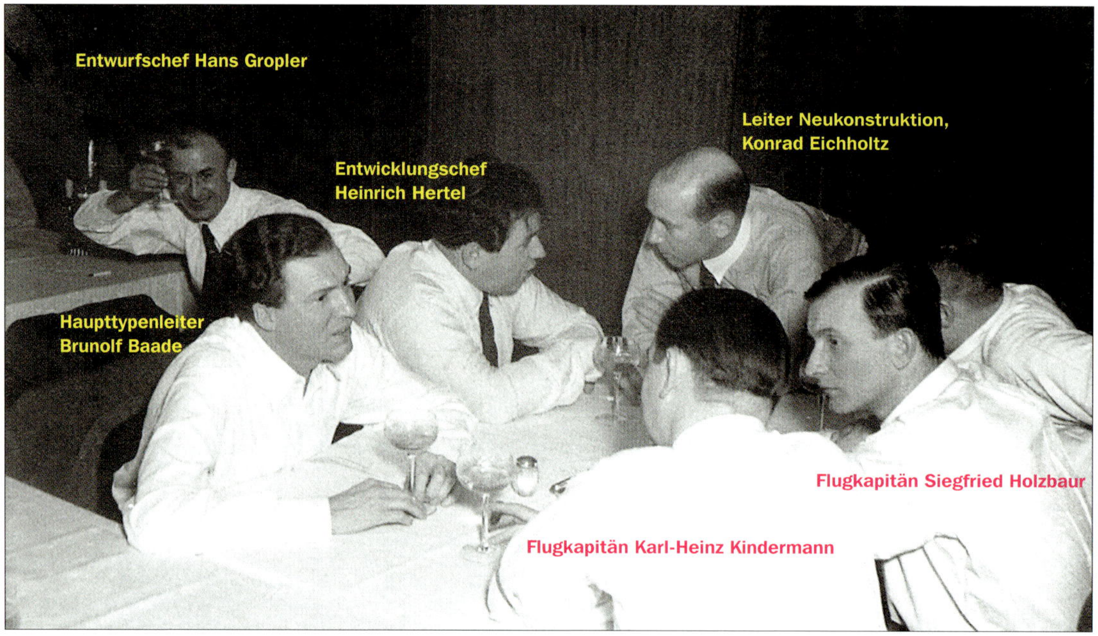

Kameradschaftsabend der Flugabteilung mit dem Entwurfsbüro und der Konstruktion am 14. Februar 1942 im Dessauer Kaiserhof.

Die B-Version der Ju 288, die V 11, auf der Platte neben den beiden Einflughallen bei der Standschubmessung mit Daimler-Benz Motoren DB-606. Im Hintergrund die Motorenprüfstände der Jumo in Richtung Dessau-Alten.

Schnellflug ein Fortschritt. Der jetzt noch bestehende Nachteil, daß die Querruderwirkung im Langsamflug ohne Anstellung der Landeklappe zu klein ist, kann verhindert werden, indem sich die Zusatzanordnung (Düsenklappe oder Unterbrecher) nicht nur mit der Landeklappe, sondern auch willkürlich zuschalten läßt.
Hochachse: Durch die lange Rumpfnase ist die Richtungsstabilität der Ju 88 V2 und V5 stark herabgesetzt. Das Verhältnis von Richtungsstabilität zu Stabilität um die Längsachse ist bei der Ju 88 V5 im ungünstigen Sinne verschoben (zu kleine Richtungsstabilität, zu große Längsstabilität). Bei der V2, bei der die V-Form um die Hälfte her-

Die breite 4-Mann-Kanzel der Ju 288 V9 im Transportwagen. Die weiße Stegverkleidung wurde auf das Verglasungsgerüst aus Stahl aufgepreßt.

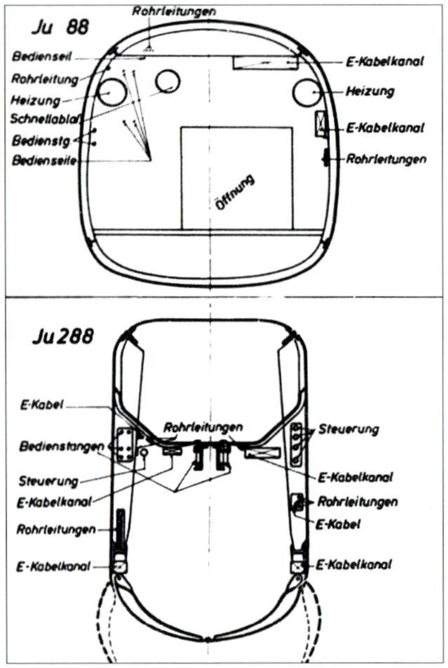

Die Rümpfe der Ju 88 und 288 unterschieden sich komplett in der Größe, in der Form und im konstruktiven Aufbau. Der Ju-88-Rumpf war 1,40 breit, der Ju-288-Rumpf nur 97 Zentimeter. Die beiden langen Seitenschalen waren wie Flügelober und -unterschale gefertigt. Sie wurden durch die Rumpfspanten, die Oberdecke und den Tankboden gegeneinander abgestützt.

abgesetzt war, war das Verhältnis wie bei der älteren Ju 88. Bei der Ju 288 muß darauf geachtet werden, daß das Verhältnis ähnlich wie bei der Ju 88 V2 bleibt. Die bisher vorgesehenen Maßnahmen lassen dies erwarten. Im Flugversuch an V5 kann noch die Änderung der Richtungsstabilität durch das Ju-288-Leitwerk erkannt werden. Wenn das Verhalten des losen Seitenruders der Ju 288 ebenso gut wie das des Ju-88-Ruders ist, sind die Hochachseneigenschaften der Ju 288 infolge der größeren Wendedämpfung besser.
Querachse: Der bis jetzt vorgesehene Schwerpunktsbereich von ca. 15 % l_μ macht naturnotwendig die Eigenschaften um die Querachse schlechter als die der Ju 88 mit 10 % l_μ Schwerpunktsbereich. Die Eigenschaften des Höhenleitwerks werden an der Ju 88 V5 untersucht, insbesondere das Verhalten bei den notwendigen großen negativen Anstellwinkeln.

Kobü-Flugversuchsgruppe
Holzbaur, Joop, Preuschen

Die frühzeitig auf den beiden Ju 88 erflogenen Ergebnisse waren entscheidend für die schnelle Entwicklung des komplett neuen Flugzeuges Ju 288, bei dem im großen Umfang neuartige Bauteile und Technologien zum Einsatz kamen, die die Leistungen des Flugzeuges aber auch die Massenfertigung verbessern sollten.

Bevor jedoch die erste Versuchsmaschine abheben konnte, mußte die statische Erprobung der Zelle abgeschlossen sein. Dazu belastete man im Festigkeitslabor eine statische Bruchzelle (ohne Kanzel) nach den verschieden berechneten Lastfällen. Aus den Daten der Bruchlasterprobung vom Herbst 1940 ging hervor, daß der Rumpf insgesamt verstärkt werden mußte. Für die V1 kamen die Ergebnisse bereits zu spät. Ab der V2 bekam die Ju 288 einen längeren und verstärkten Rumpf.

Meister Ernst Schlesiger (1.11.1903), leitete als „Eiserner Gustav“ die Groß-Bruchversuche im Festigkeitslabor. Dabei mußte er einem Dutzend oder mehr Leuten mit Trillerpfeife und Taktstock die Einschaltzeiten der Hydraulikzylinder akustisch und visuell befehlen. Denn die sich biegende Zelle verursacht ein unsägliches Quietschen, das sich kaum übertönen läßt. Er war mit in der UdSSR und bis zur JU/EF-152 in dieser Funktion tätig.

Am 29. November 1940 startete die Ju 288 V1 nach einer kurzen Bodenerprobung zu ihrem Erstflug. Siegfried Holzbaur flog die Maschine. Da der Jumo 222 noch nicht betriebsreif war, hatte man BMW-801-Motoren eingebaut. Holzbauer flog die V1 eine Stunde lang und bemerkte dabei, daß die Stabilität um die Längsachse wie bei der umgebauten Ju 88 V5 etwas „schwammig“ war. Nach der Rumpfverlängerung und einigen Änderungen an den Steuerorganen zeigte die V1 dann „sehr gute, zum Teil bestechende Flugeigenschaften“.

Nach dem Ausfliegen der Steig- und Maximalgeschwindigkeiten und dem Hochrechnen der Werte vom BMW-Mo-

Bruchlasterprobung des verstärkten Rumpfes (wie V2 und V3) im Oktober 1941 (Lastfall 160 bei j=1,0).

Der C-Typ Ju 288 V103 fiel durch die wuchtigen DB-610-Motoren und die schmale 4-Mann-Kanzel auf.

Die V101 war die erste Ju 288 des C-Typs. Dahinter Ju 188 V5.

tor auf den stärkeren Jumo-222 ergaben sich Werte, die die geforderten Entwurfsbedingungen (670 km/h, 3600 km) sicher erfüllten. Da aber der Jumo-Motor weiter auf sich warten ließ, mußten die Ju 288 V1 bis V4 weiter mit dem BMW-Motor ausgerüstet bleiben, der erstens 400 PS weniger leistete und dazu noch einen 20 Zentimeter größeren Durchmesser hatte.

Doch am 8. Oktober 1941 war es dann soweit. Die Ju 288 V5, ausgerüstet mit zwei Jumo 222 A/B von je 2.000 PS, stand für den Erstflug bereit. Flugkapitän Hans-Joachim Matthies übernahm die Maschine für die nächsten Wochen in seine Hände. Er zeigte sich begeistert von den Leistungen und Flugeigenschaften. Siegfried Holzbaur erinnerte sich später in den „Junkers-Nachrichten“ an die V5: „Man konnte mit dieser Maschine einmotorig Steigrollen fliegen, ein unglaublich wendiges und leistungsfähiges Flugzeug“.

Die mit den Flugzeugen V5, V6 und V8 erflogenen Leistungen entsprachen im Steigflug, im Horizontalflug und im Einmotorenflug den Entwurfsdaten. Im Horizontalflug in Volldruckhöhe (6 km) waren sie sogar besser. Das lag vor allem an den kleinen, widerstandarmen und hoch aufgeladenen Motoren. Die A-Reihe der Ju 288 wäre ein würdiger Nachfolger für die erfolgreiche Ju 88 geworden, doch leider war der „Monopolist Junkers“ und sein „umtriebiger“ Generaldirektor Koppenberg dem RLM-Chef Milch ein Dorn im Auge. Es begann ein Lavieren um die Produktionsfreigabe des Flugzeuges, bis die Kategorie Bombenflugzeug überflüssig wurde.

Die Flug- und Einsatzerprobung lief dessen ungeachtet weiter. Aber von den ursprünglich geplanten 100 V-Maschinen genehmigte das RLM nur 20. Zugleich verlangte es die Umstellung des Flugzeuges auf die DB-Triebwerke 606 und später 610 sowie immer mehr Abwehrbewaffnung. Die Entwicklungsingenieure bei Junkers merkten bald, daß die Ju 288 nur noch Mittel in den Machtkämpfen einzelner Gruppen war, und der ursprüngliche Elan war dahin.

Die nächsten Entwicklungen Ju 288 B und C waren nicht wirklich besser. Im Gegenteil. Das höhere Gewicht der Motoren und Waffen schränkte die Agilität und Vielseitigkeit ein. Es begann die Entwicklung zum reinen Höhenbomber, was das Flugzeug an der Front nur noch entbehrlicher machte.

Rationalisierung heißt das Zauberwort

Der „Zauberer" Koppenberg war fasziniert von den Produktionsmethoden in Amerika: Immer mehr, immer einfacher, immer billiger sollte alles werden. Besonders Koppenberg war es, der die Rationalisierung als den Schlüssel zum Sieg ansah. Doch seine beschränkte Sicht verstellte ihm den Blick auf die Schattenseiten dieser Rationalisierung. Eine einmal auf solchem Niveau aufgezogene Massenproduktion entwickelt eine Eigendynamik. Sie verschlingt Menschen, Maschinen und Material wie ein Moloch. Diese Maschinerie anhalten zu wollen, wäre von entsetzlichem Chaos begleitet gewesen.

Da jegliche Flexibilität zunichte gemacht ist, kann ein solches Werk, sobald es veraltet ist, nur noch stillgelegt werden. Ein neues Produkt tritt an die Stelle des alten. Das aber verlangt einen kompletten Neubau mit neuem Maschinenpark und neu- bzw. umgeschultem Personal. Deutschland hatte nur durch zähe Aufbauarbeit eine Rüstungsindustrie hochgezogen, die mit den vorhandenen Mitteln des Landes nicht mehr steigerungsfähig war. Lichtblicke taten sich erst nach der Eroberung neuer Länder auf, die aber 1942 schon wieder verglommen. Das 1942 fertiggestellte Werk Ostmark für die Großserienproduktion des Jumo 222 hinter Wien kam nie zum Laufen, weil weder ausgebildete Arbeitskräfte noch ein ausreichend großer Maschinenpark beschafft werden konnten. Aber 1939

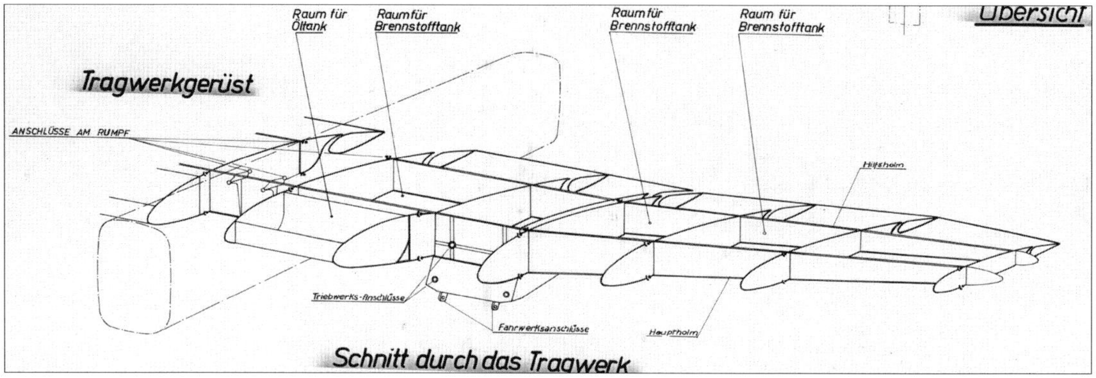

Bild rechts: Die Ju 288 V11 kurz vor ihrer Fertigstellung im Dezember 1942. Durch die Ausstattung aller Schützen mit Periskop-Visieren konnte auf planparallele Scheiben vollkommen verzichtet werden. So hatten die Flugzeuge mit der breiten Kanzel aerodynamisch voll angepaßte Cockpitscheiben. Die obere im Versuchsbau hergestellte Rumpfverkleidung fällt nicht gerade durch filigrane Blecharbeit auf.

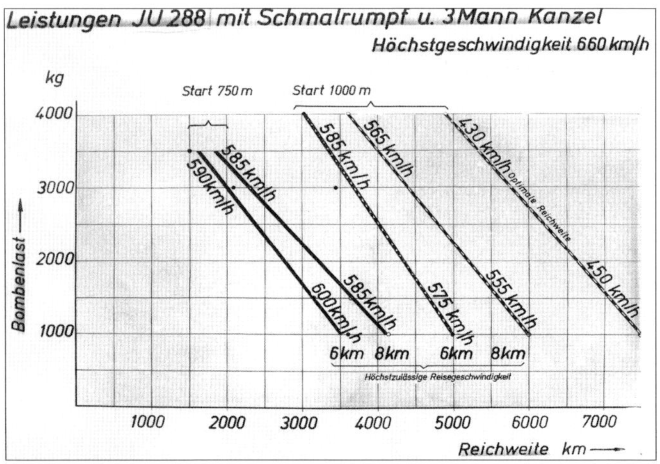

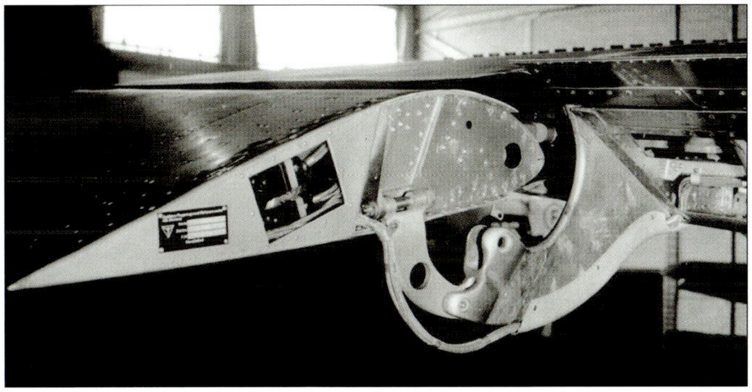

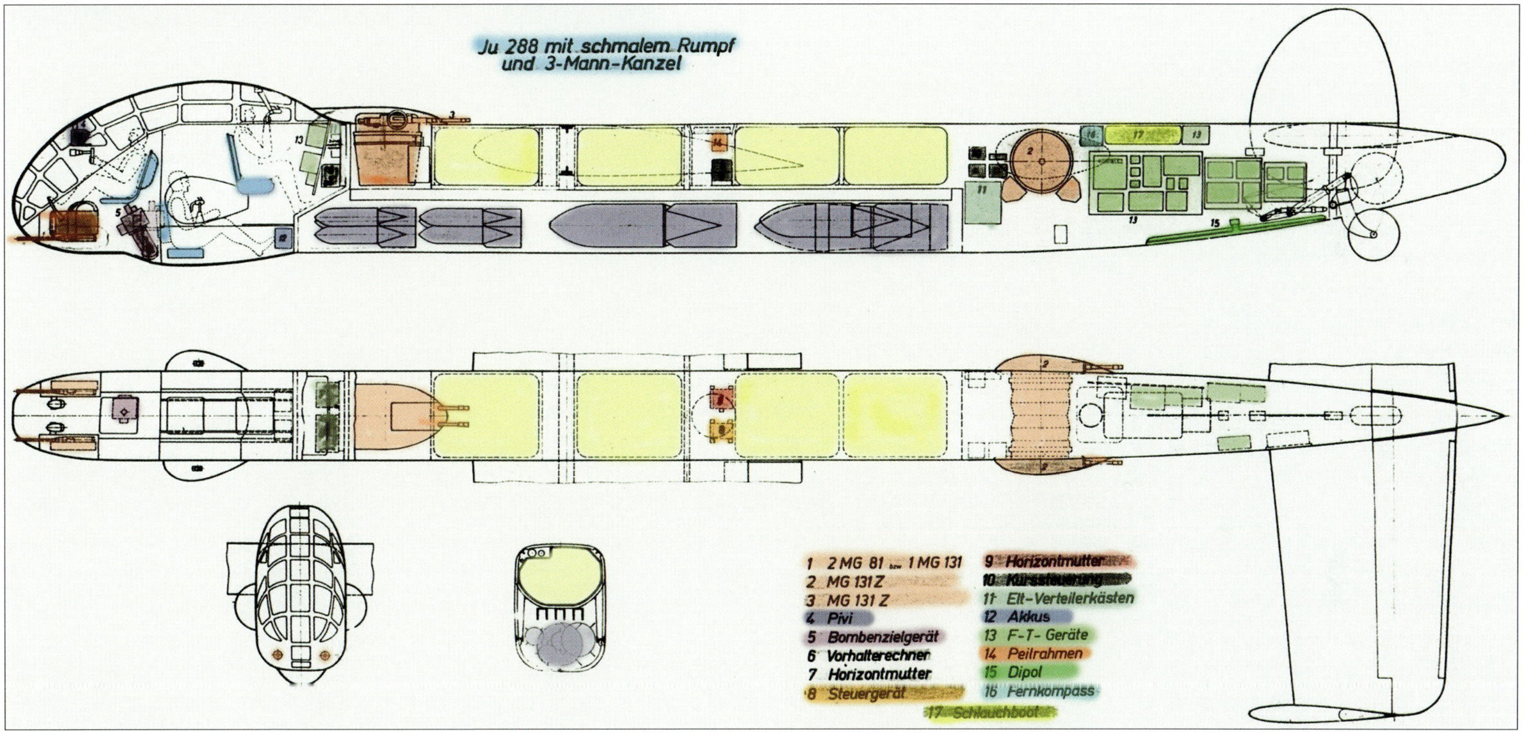

Bild ganz oben: Die Landeklappe mit klein gehaltenem Spalt.

Der Rumpfschnitt macht die Effizienz der Kampfmaschine Ju 288 A deutlich. Alle Bombenkaliber konnten vollständig im Rumpf untergebracht werden, sogar Luftminen und Torpedos. Die Abwehrbewaffnung war ausreichend.

stand die Rationalisierung noch hoch im Kurs. Gerade die Ju 288 sollte jener Technologieträger werden, der die Fertigung mittels neuer Konstruktionselemente auf der einen Seite und damit zusammenhängenden Fertigungsverfahren auf der anderen Seite zu höchster Materialausnutzung, höchster Arbeitszeitauslastung und damit größtem Mengenausstoß zu geringsten Kosten führen sollte. Und in der Tat, die Ju 288 verband eine moderne und überaus leistungsfähige Konstruktion mit einer rationalisierten Fertigung für höchste Ausstoßzahlen. Aber weil sie das tat, scheiterte sie. Einmal, weil die Umstellung der Produktion ein monatelanger Kraftakt geworden wäre (den sich die deutsche Seite 1942 nicht mehr leisten konnte und deshalb lieber die Ju-88-Produktion erhöhte), und zum andern, weil neue Produktionsmethoden mit neuen Maschinen verbunden sind, die der damalige Maschinenbau ebenfalls nicht mehr in der nötigen Stückzahl zur Verfügung stellen konnte.

Der Krieg, der geführt wurde, war ein reiner Eroberungskrieg um die Ressourcen fremder Länder. Die letzte große Beute war Frankreich gewesen. Auf dem Feldzug nach Osten waren meist nur Nahrungsmittel zu holen. Die Betriebe waren evakuiert, die Arbeiter ebenfalls. Schlimmer war noch, daß „der Russe“ sich wehrte und erbittert kämpfte, so daß mehr Material an der Ostfront gebunden wurde, als an allen anderen Fronten zusammen. Der Weg nach den Erdölfeldern Bakus war weit, erreichbar nur über die Stadt Stalingrad. Doch die Stadt an der Wolga verteidigte sich heldenhaft.

Die deutschen Verantwortlichen begannen nervös zu werden. In maßloser Selbstüberschätzung sah es immer so aus, als bräuchte man nur ein paar Flugzeuge und ein paar Panzer mehr, dazu noch etwas mehr Brutalität, dann würde man schon die letzten Höhen nehmen. Danach dann könne man verschnaufen und neue Ziele sowie Produktionsaufgaben ins Auge fassen.

Doch die gesamte Produktionslenkung des „Dritten Reiches“ war schon 1941 auf das Niveau rein operativer

Entscheidungen gefallen. Als im Januar 1942 Albert Speer das Rüstungsministerium übernahm, um den Produktionsausstoß rücksichtslos zu steigern, lief dies im Grunde in die Richtung einer absoluten Zentralisation aller operativen Entscheidungen.

Wenn die bereits laufenden und gut funktionierenden Großserien nicht gewesen wären, hätte bereits 1942 das Chaos regiert. Die Erhöhung der Stückzahlen, ob nun bei Panzern, Lkw oder Flugzeugen, konnte ab 1942 vor allem durch eine Beschränkung auf weniger Typen, noch rigorosere Beschneidungen an der Konsumgüterproduktion sowie die Ausbeutung von immer mehr KZ-Häftlingen, Fremdarbeitern und schonungslose Ausplünderung der besetzten Länder erzwungen werden.

Auch bei Junkers in Dessau und den unzähligen Nachbaufirmen ging es seit dem Festrennen der Wehrmacht vor Leningrad, Moskau und Stalingrad um Rationalisierung der bereits laufenden Produktion. Das Konstruktionsbüro arbeitete zwar mit Hochdruck an neuen Projekten, aber das war im Grunde genommen nur noch ein Selbstschutz, um nicht an die Front abkommandiert zu werden. Die Ju 288 war mit dem RLM-Beschluß vom 21. Dezember 1941 gestorben. Die Umkonstruktion auf den DB-606 für die B-Reihe (ehemals V6) und verstärkte Abwehrbewaffnung verstand bei Junkers niemand und setzte falsche Prioritäten (Der Daimler-Motor mußte ja auch erst auf Großserie umgestellt werden, schließlich sollten monatlich 285 Ju 288 und 50 He 177 mit ihm ausgerüstet werden). Die Umkonstruktion der Ju 252 auf Holz und Stahl zur Ju 352 in einer Zeit höchster Kraftanstrengung verhinderte ebenfalls den Serienbau. Für den Bau der fertig konstruierten Transporter Ju 90/290 fehlten 1941 schon die Kapazitäten, obwohl Transporter kaum vorhanden waren, aber dringend an den Fronten gebraucht wurden. Kurz, die Schere zwischen den Ansprüchen, die der selbst ausgelöste Krieg diktierte, und den Möglichkeiten der deutschen und okkupierten Industrien und der ausreichenden Rohstoffbeschaffung, klaffte bereits 1941 gewaltig auseinander.

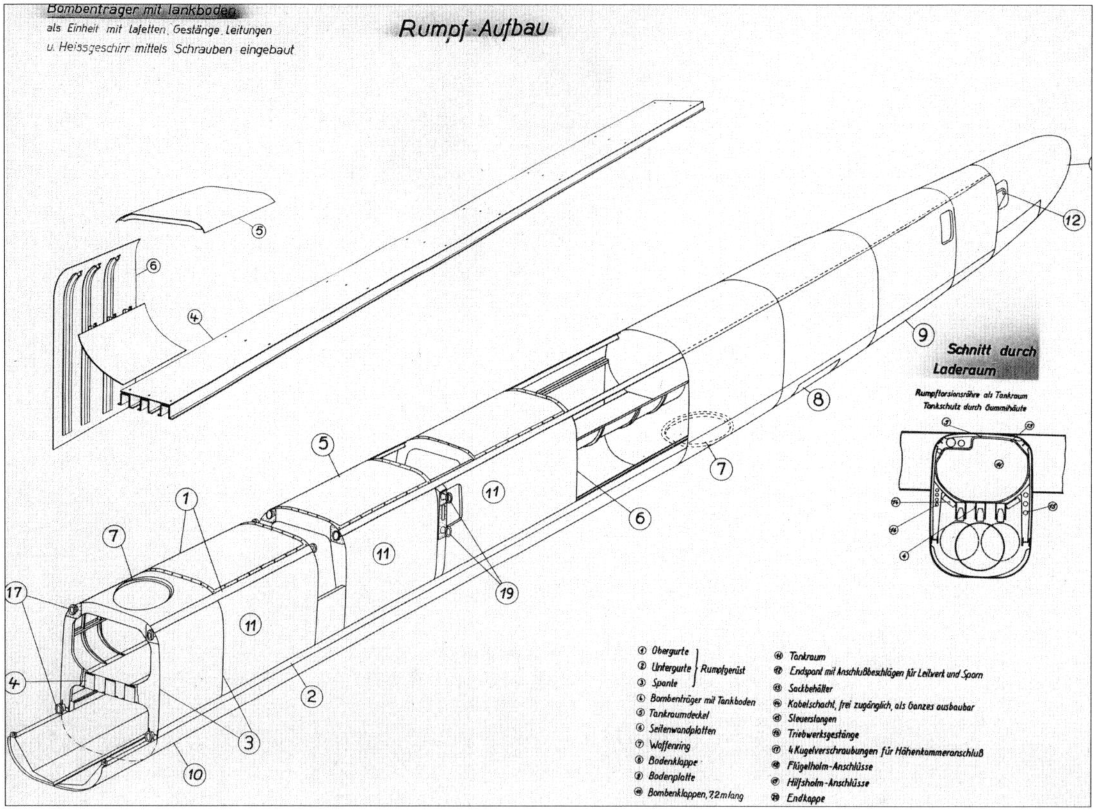

Bei allen Bombern der Welt liefen durch den Rumpf die Bordschützen - bei Junkers hingegen nur das Benzin.

Fahrwerk vom feinsten.

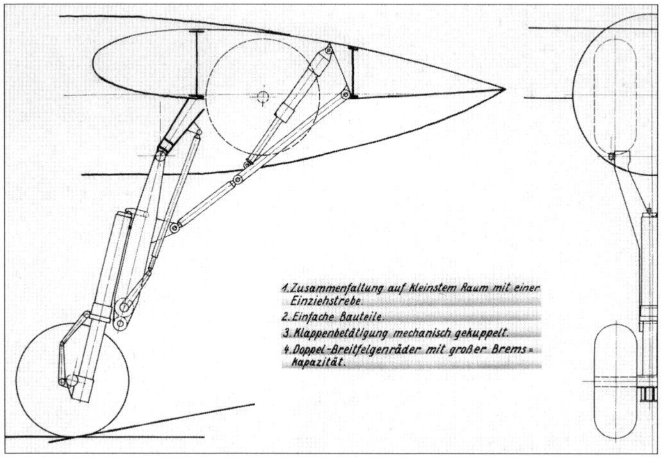

Der Technologieträger Ju 288, der die Rationalisierung auf eine neue Stufe heben sollte (und es auch gekonnt hätte), hätte schon aus diesem Grund nicht sterben dürfen. Der Ausstoß der bewährten Ju 88 konnte vom Herbst 1940 zum Herbst 1942 verdreifacht werden, ohne daß die Produktionsfläche oder die Zahl der Arbeitskräfte gestiegen war. Die phasenweise Umstellung auf die Ju 288 wäre durchaus möglich gewesen. In Bernburg hatte Junkers zwei große Endmontagehallen. In der einen lief die Ju 88, in der andern die Ju 52. Die Ju 52 hätte 1942 auslaufen und auf

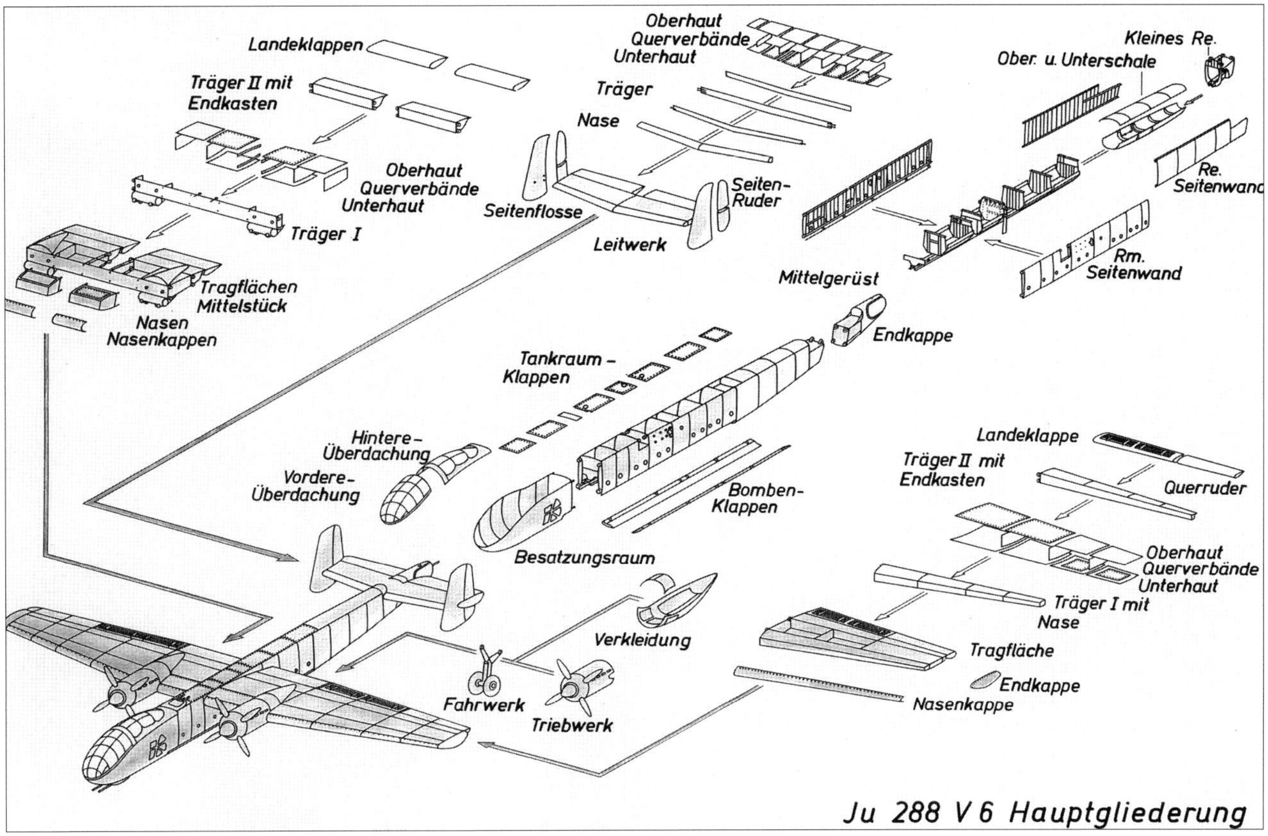

Diese Grafiken vom technologischen Ablauf waren ein Markenzeichen von Junkers. Die Fertigung der Ju 288 war vollständig auf maschinelle Nietung abgestellt. Der Zusammenbau der einzelnen Baugruppen erfolgte in beweglichen Bauvorrichtungen. Die Größe der Einzelteile und Bauteile war durch die Konstruktion so festgelegt, daß sie leicht gelagert werden konnten und immer mit wenig Aufwand unter die Bearbeitungsmaschinen paßten. Ein Montagewagen, auf dem anfänglich der Rumpf aufgebaut wurde, begleitete dann das Flugzeug zu den einzelnen Takten der Fließstrecke, der Prüfstände für Motoren, Fahrwerk usw. bis hin zur Kompensierscheibe, dem letzten Takt.

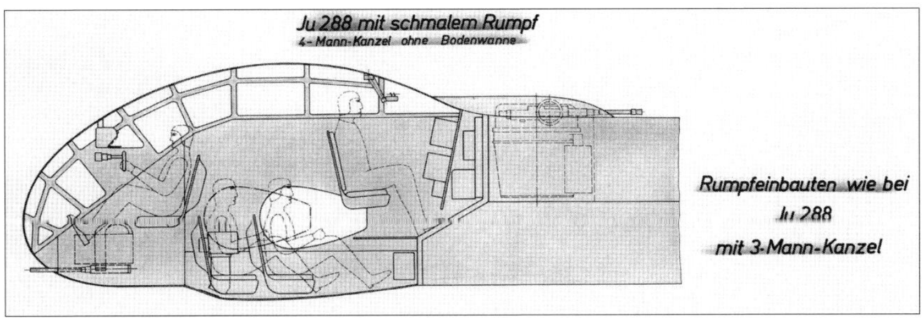

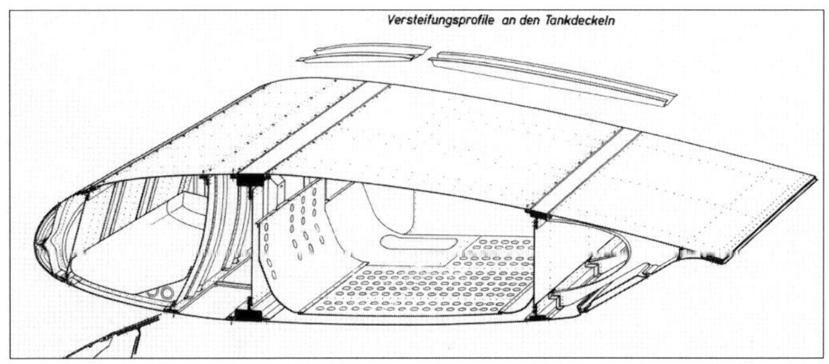

die Ju 288 (selbst mit DB-606) umgestellt werden können (bei entsprechender Einlaufkurve natürlich). All das war geplant, die Bauvorrichtungen im Millionenwert bereits produziert. Die durch Generaloberst Erhard Milch befohlene Umkonstruktion machte den Motor Jumo 222, das Flugzeug 288 und eine schnelle Modernisierung der Luftwaffe zunichte. Als dann die Rote Armee vor Moskau im Winter 1941 erstmals zur Offensive überging, schwang das Pendel der Geschichte in die andere Richtung. Nun waren die Deutschen die Gejagten und Gehetzten. Zuerst wollte keiner der Herren für eine Fehlentscheidung gerade stehen, sie schoben also notwendige Entscheidungen hinaus, um sich dann in auswegloser Situation wie ein Rudel Wölfe selbst zu zerfleischen.

Die Ju 288 war in der Reihe A und der Reihe B spätestens mit der V8 serienreif. Das war im Sommer 1942. Und auch der Jumo 222 hatte am 4. Juni 1942 auf dem Bremsprüfstand seinen Leistungsnachweis von 3.000 PS erbracht. Für die 20-Tonnen-Zelle der B-Reihe wären sogar 2.500 PS mehr als ausreichend gewesen. Das Flugzeug war allen amerikanischen Bombern

Bild links: Die neue schmale 4-Mann-Kanzel war wegen der aerodynamisch ungünstigen DB-610-Motoren notwendig geworden.

Der Flügel der Ju 288 mit den Holmen, dem Tankraum und der Enteisernase mit Ballonschneider.

Technische Daten der Ju 288 und anderer relevanter Kampfflugzeuge

Hersteller	Junkers	Junkers	Junkers	Junkers	Iljushin	Boeing	Consolidated	Boeing
Typ	Ju 87 B	Ju 88 A-4	Ju 288 A-2	Ju 288 B-2*	IL-2M-3	B-17	B-24	B-29
Erstflug	17.9.1935	21.12.1936	23.11.1940	2.5.1942	Juli 1942	28.7.1935	29.12.1939	21.9.1942
Bemerkungen			Daten V 5	Daten V 9	3. Serie	Flying Fortress	Liberator	Stratofortress
Triebwerk	Jumo 211 Da	Jumo 211 J	Jumo 222 A/B	Jumo 222 A/B3	AM-38F	W Cycl. 1820	P+W 1830	W R-3350
	1 x 1.200 PS	2 x 1.420 PS	2 x 2.000 PS	2 x 2.520 PS	1 x 1.760 PS	4 x 1.200 PS	4 x 1.200 PS	4 x 2.200 PS
Gesamtleistung	1.200 PS	2.840 PS	4.000 PS	5.040 PS	1.760 PS	4.800 PS	4.800 PS	8.800 PS
Kraftstoffverbrauch	180 kg/PSh	370 kg/PSh	462 kg/PSh	480 kg/PSh				
Trockenmasse ges./o. LS	680 kg	1.440 kg	2.168 kg	2.500 kg				
Besatzung	2	4	3	4	2	11	7-12	10
Spannweite	13,80 m	20,08 m	22,00 m	22,66 m	14,60 m	31,60 m	33,53 m	43,05 m
Länge	11,50 m	14,36 m	16,50 m	18,13 m	11,60 m	22,70 m	20,47 m	30,18 m
Höhe	4,25 m	5,10 m	5,00 m	5,00 m	3,45 m	5,80 m	5,49 m	9,02 m
Flügelfläche	31,90 m^2	54,7 m^2	60 m^2	64,70 m^2	38,50 m^2	141,90 m^2	97,40 m^2	161,27 m^2
Flügelstreckung	5,95	7,40	8,06	7,90	5,53	7,2	11,5	11,5
Flächenbelastung	135 kg/m^2	240 kg/m^2	278 kg/m^2	282 kg/m^2	191,2 kg/m^2	230,5 kg/m^2	302,9 kg/m^2	387,9 kg/m^2
Leistungsbelastung	3,60 kg/PS	4,65 kg/PS	4,18 kg/PS	3,65 kg/PS	3,60 kg/PS	6,82 kg/PS	6,14 kg/PS	7,10 kg/PS
Rüstmasse	2.760 kg	8.620 kg	11.000 kg	11.638 kg	4.530 kg	24.900 kg	16.798 kg	34.020 kg
Kraftstoff	360 kg	2.300 kg	3.000 kg	3.900 kg				13.850 kg
Kraftstoff mit ZB				5.200 kg				
Schmierstoff	40 kg	350 kg	400 kg	400 kg				
Bombenzuladung norm.	1.000 kg	1.500 kg	2.000 kg	2.000 kg	600 kg		3.632 kg	
Bombenzul. max.			3.000 kg	4.000 kg			5.800 kg	9.072 kg
Besatzung	160 kg	400 kg	300 kg	300 kg	200 kg	1.100 kg	700 kg	1.000 kg
Summe Zuladung	1.560 kg	4.550 kg	5.700 kg	6.600 kg	1.830 kg	7.820 kg	12.712	28.540 kg
Startmasse	4.320 kg	13.170 kg	16.700 kg	18.238 kg	6.360 kg	32.720 kg	29.510 kg	62.560 kg
Überlast			18.700 kg	20.538 kg				
Höchstgeschwkt.	340 km/h	455 km/h	660 km/h	690 km/h	410 km/h	438 km/h	487 km/h	575 km/h
in Höhe	0 m	5,3 km	6,1 km	11 km	0 m	9,1 km	5 km	
Reisegeschwkt.	320 km/h	335 km/h	565 km/h	645 km/h	330 km/h	250 km/h		450 km/h
in Höhe	5,5 km	5,4 km	8,5 km	11,5 km	2,5 km	8 km		
Steiggeschwkt.	2,0 m/s	3,6 m/s	7,1 m/s	8,2 m/s		4,6 m/s		
Dienstgipfelhöhe	5.400 m	6.000 m	11.980 m	13.600 m	4.000 m			10.240 m
Reichweite:								
mit (t) Bomben	(1 t) 850 km	(1 t) 2.900 km	(2 t) 4.000 km	(2 t) 6.700 km	600 km	2.980 km	4.580 km	(4,5 t) 5.150 km
mit max. (t) Bomben			(3 t) 3.850 km	(4 t) 3.600 km			(3,6 t) 3.540 km	
Startrollstrecke	250 m	850 m	690 m	650 m				
Landerollstrecke	290 m	800 m	650 m	700 m				
Landegeschwkt:	118 km/h	140 km/h	150 km/h	160 km/h				

* Die Leistungen der Ju 288 C liegen mit DB-610 (2 x 2.950 PS) aufgrund des wesentlich höheren Triebwerksgewichtes, der fast doppelt so großen Stirnfläche und den damit verbundenen Verstärkungen an der Zelle, besonders bei der Reichweite (2.700 km) und der Endgeschwindigkeit (615 km/h), deutlich unter denen der Variante Ju 288 B.

Der Qualitätsunterschied zwischen der Ju 288 und z.B. der amerikanischen B-24 springt ins Auge. Der Ju-288-Rumpf war 0,97 m breit und 1,60 m hoch. Der Rumpf der B-24 war fast wie bei einem Passagierflugzeug so groß (2,17 m x 3,13 m).

haushoch überlegen. Es war nur halb so groß, benötigte nur drei bis vier Mann Besatzung, war wendig und so schnell wie ein Jagdflugzeug, es wies die mit Abstand größte Vielseitigkeit im Einsatz auf, es konnte auf kurzen Distanzen und im Tiefflug, als Stuka und Zerstörer, als Nachtjäger und als extremer Langstreckenbomber eingesetzt werden. Doch die Hauptsache war, daß es auch ohne eigene Luftüberlegenheit und ohne Jagdschutz relativ sicher operieren konnte. Dieses Attribut konnte nur noch die IL-2-M-3 für sich in Anspruch nehmen. Die „großen Koffer" der Amis dagegen waren ohne Luftüberlegenheit genau solche Selbstmordkandidaten wie die Kamikaze-Flieger Japans. Die Erfahrungen an der Ju 288 kamen aber ab 1942 der Ju 287, dem ersten Strahlbomber der Welt, zugute.

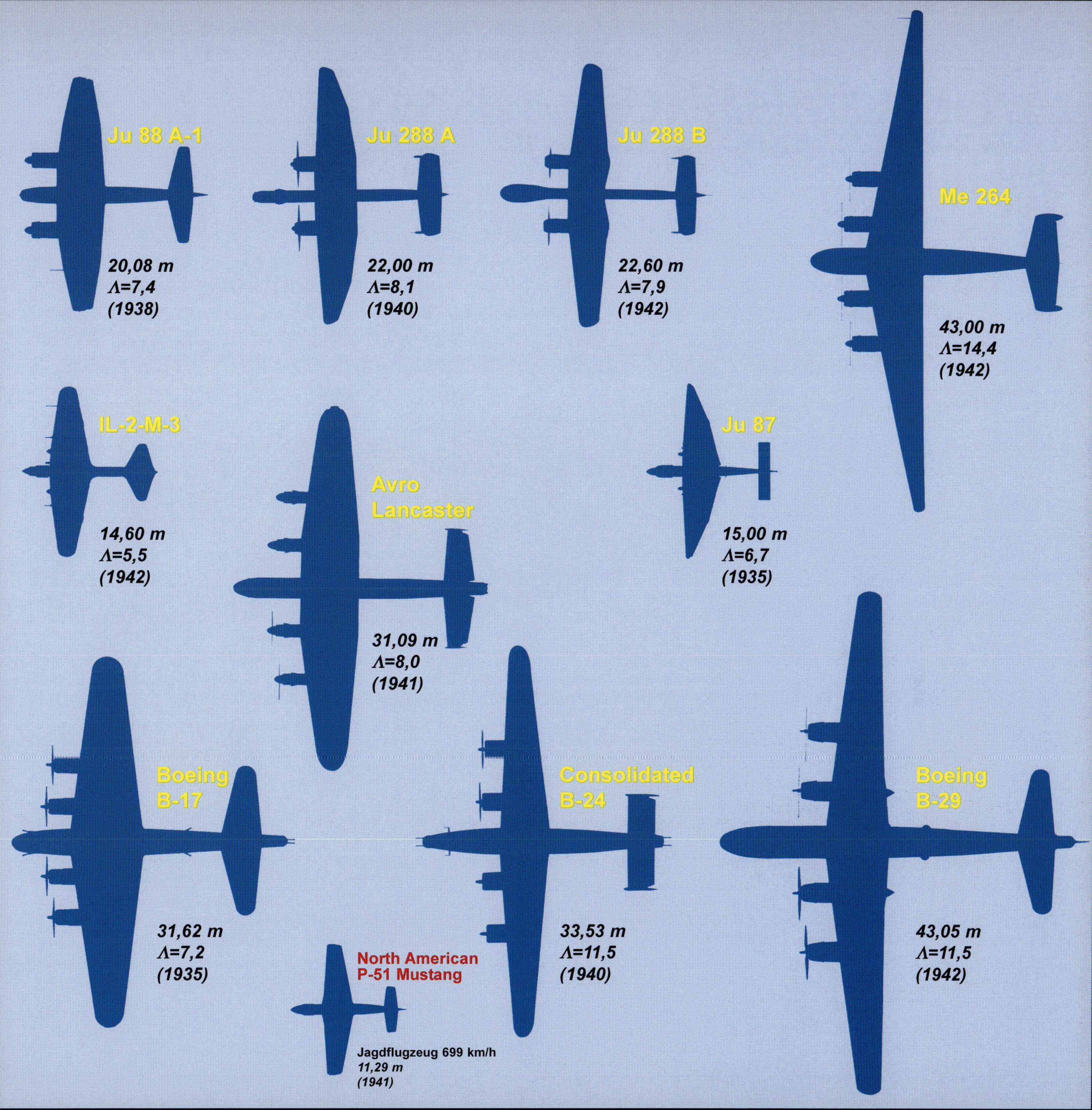
Ju 88 A-1
20,08 m
Λ=7,4
(1938)
Ju 288 A
22,00 m
Λ=8,1
(1940)
Ju 288 B
22,60 m
Λ=7,9
(1942)
Me 264
43,00 m
Λ=14,4
(1942)
IL-2-M-3
14,60 m
Λ=5,5
(1942)
Avro Lancaster
31,09 m
Λ=8,0
(1941)
Ju 87
15,00 m
Λ=6,7
(1935)
Boeing B-17
31,62 m
Λ=7,2
(1935)
Consolidated B-24
33,53 m
Λ=11,5
(1940)
Boeing B-29
43,05 m
Λ=11,5
(1942)
North American P-51 Mustang
Jagdflugzeug 699 km/h
11,29 m
(1941)

Das erste serienreife Strahltriebwerk kommt von Junkers

Der komplizierte Gastrakt des konventionellen Kolbenmotors schreit förmlich nach Vereinfachung. Mit der Entwicklung des Höhenmotors und dem damit verbundenen Vorschalten eines Kompressors beginnt sich eine Entwicklung abzuzeichnen, die zu dem einfachen Gastrakt eines Strahltriebwerkes führt. Wieder einmal ist es Junkers, wo die schwierigen Anfänge zügig überwunden werden und zum weltweit ersten serienreifen Strahltriebwerk Jumo 004 B führen.

Eine kleine Gruppe von Forschern arbeitet 1936 bei der Jumo in Magdeburg unter der Leitung von Prof. Herbert Wagner an einem neuen Antrieb für Flugzeuge. Max Adolf Müller, Wilhelm Peppner und Rudolf Friedrich bauen am ersten Strahltriebwerk der Welt mit einem Axialverdichter. Zur selben Zeit befassen sich Hans von Ohain bei Heinkel und Frank Whittle in England ebenfalls mit Strahltriebwerksentwicklungen, allerdings mit dem einfacheren Radialverdichter. Als sich am 29. August 1939 in Rostock das erste Strahlflugzeug, die He 178, in die Luft erhebt, ahnen nur wenige, daß ein neues Zeitalter in der Luftfahrt begonnen hat.

Doch nur bei Junkers gelingt es, noch vor Ende des Krieges ein serienreifes Aggregat zu erstellen, obwohl seit 1939 vom RLM auch an die Firmen BMW, Heinkel und Daimler-Benz Entwicklungsaufträge ergangen sind. (Das lag wiederum zu einem nicht geringen Teil am Weitblick und dem Wissen von Otto Mader. Er ließ extra eine vollkommen eigenständige Entwicklermannschaft gründen und gab ihr seine besten Leute mit. Zugleich erteilte er ihr den Auftrag, auf die Erfahrungen der Turbinenbauer wie der AEG aufzubauen, Forschungseinrichtungen wie die AVA in Göttingen zu nutzen und sich keinesfalls auf das maximal Mögliche zu orientieren. Es müsse zunächst nur darum gehen, ein lauffähiges Aggregat zu erstellen, um die mit Sicherheit noch auftretenden Probleme ständig am Prüfstand untersuchen zu können.)

Das Jumo 004 B im Schnitt. Die flammrot eingefärbten Teile liegen im heißen Gasstrom, die blau gefärbten Teile sind kalt oder werden gekühlt. Die gelben Leitungen transportieren Kraftstoff, die braunen das Schmieröl. Zwischen den 8-stufigen Verdichterschaufeln sitzen die Leitbleche, die den Luftdrall abmindern. Die sechs einzelnen Brennkammern nach dem Verdichter haben Dralldüsen, um die Luft für den Verbrennungsprozeß gut zu verwirbeln. Die sich stark ausdehnende Gasmenge treibt dann die Turbine an, die direkt den Verdichter antreibt. In der Schubdüsen entspannt sich das Gas.

Die Leitung des kleinen Häufleins übernimmt im Sommer 1939 Dr. Anselm Franz. Es werden eine Abteilung Vorentwicklung (Heinz Möllmann, Johann Hager, Dr. Beck, Dr. Josef Vogts), eine Abteilung Entwicklungskonstruktion (Wolfgang Stein) und eine Abteilung Serienkonstruktion (Fritz Böttger), eine Abteilung Versuche (Dr. Heinz Schmitt) und eine Abteilung Werkstoffe (Dr. Heinrich Adenstedt) gegründet. Die Abteilung Schwingungen (Dr. Heinrich Klein) arbeitet zu. Diese von der übrigen Jumo unabhängig arbeitenden Abteilungen (die viel wichtigere Kolbenmotorentwicklung sollte schließlich nicht gestört werden) schaffen es tatsächlich, das erste fertige Triebwerk am 11. Oktober 1940 auf den Prüfstand zu bringen. Das mit der RLM-Bezeichnung Jumo 004 be-

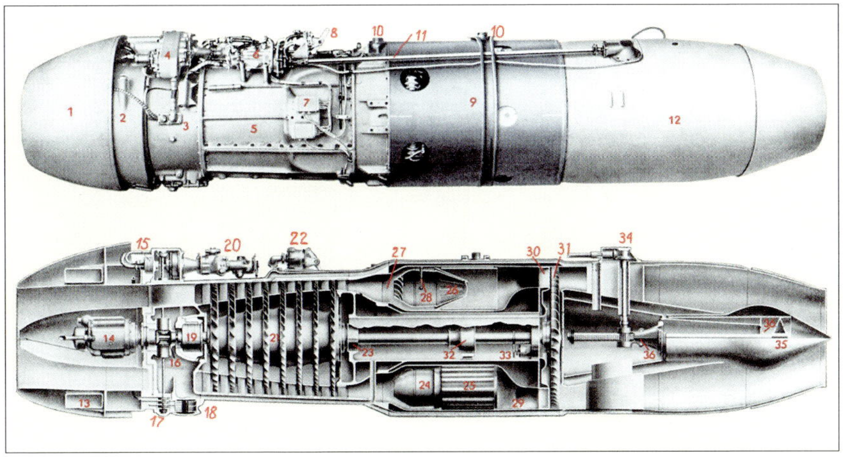

1 Stirnring
2 Ölbehälter
3 Stirngehäuse
4 Geräteträger
5 Verdichtergehäuse
6 Schubregler
7 Zündgerät
8 Bediengestängehebel
9 Tragmantel
10 Aufhängung
11 Düsennadel-Verstellwelle
12 Schubdüse
13 Öl-Ringbehälter
14 Riedel-Anlasser
15 Einspritzpumpe
16 Abzweiggetriebe
17 Ölpumpen
18 Ölfilter
19 vord. Verdichterlager
20 Drehzahlregler
21 Verdichterläufer
22 Kraftstoffilter
23 hinter. Verdichterlager
24 Muffel
25 Brennkammereinsatz
26 Schlitzmischer
27 Brennkammer
28 Einspritzdüse
29 Sammler
30 Leitkranz
31 Turbinenläufer
32 vorder. Turbinenlager
33 hinter. Turbinenlager mit Ölrückförderpumpen
34 Düsennadelverstellgetriebe
35 Düsennadel
36 Düsennadellagerung

Das Besondere am Jumo 004 war das vollautomatische Regelgerät, das nicht nur die Kraftstoffmenge und -druck regelte, sondern auch den im Abgasstrahl liegenden sogenannten Pilz, der durch Hin- und Herfahren den Gasdruck in der Schubdüse und damit die gesamte Gastemperatur regelte.

Dr.-Ing. Anselm Franz (21.1.1900) studierte bis 1924 an der TH Graz Maschinenbau. Von 1928 bis 1936 bei der Firma Schwarzkopf in Berlin beschäftigt. 1936 begann er bei Junkers im Bereich Ladegebläse-Entwicklung und wurde 1939 Chef der Strahltriebwerksentwicklung. 1940 Promotion über Abgasstrahlnutzung an TH Berlin. Diese Arbeiten schlagen sich in der Abgasstrahldüse, dem Abgasturbolader und der Strahltriebwerksentwicklung nieder. Nach Otto Maders Tod 1944 übernimmt Anselm Franz die Leitung des Otto-Mader-Werkes und der Jumo-Entwicklungsabteilung. 1945 Arbeit in den USA, zunächst bei der Air Force, dann bei Lycoming, wo neue Strahltriebwerke entstehen. 1994 in Stratford verstorben.

legte Aggregat erreicht im Dezember 1940 bereits die Volldrehzahl von 9.000 u/min. Im Januar 1941 werden 430 kp Schub erzeugt. Die Forderung des RLM beläuft sich (auch für Heinkel, BMW und Daimler-Benz) aber auf 600 kp Schub. Diesen Schub erreicht Junkers am 6. August 1941, also zwei Jahre nach Auftragsbeginn.

Das ursprünglich nur als Versuchstriebwerk konstruierte Jumo 004 A erweist sich in seiner Auslegung mit einem 8-stufigen Axialverdichter, sechs Einzelbrennkammern, einer einstufigen Turbine, einer verstellbaren Schubdüsennadel (um Verbrennungstemperatur konstant zu halten), einer automatischen Regulierung und der Möglichkeit einer Nachverbrennung als so erfolgreich, daß es in dieser Konfiguration bereits in den Serienbau gehen könnte, wenn Deutschland nicht an chronischer Unterversorgung mit hochwertigen Legierungen leiden würde. So muß das Jumo 004 A, nachdem es im Januar 1942 auf dem Prüfstand 1.000 kp Schub abgegeben hat, auf sogenannte Sparstoffe umkonstruiert werden. Das neue Triebwerk mit der Bezeichnung Jumo 004 B zeichnet sich vor allem durch die Heranziehung von Verdichterluft zur Kühlung der heißen Teile im Triebwerk aus. Ein feiner Luftstrom umspült das Brennkammergehäuse außen und innen, die Turbine mit ihren Hohlschaufeln und besonders die aus einfachen Tiefziehblechen erstellte Schubdüse mit Schubpilz. Die Blechoberfläche wird zusätzlich mit einer aufoxidierten Aluminiumschicht geschützt. Damit kann das Jumo 004 B 1943 in die Serienproduktion überführt werden. Das Jumo 004 treibt von nun an vor allem den Messerschmitt-Düsenjäger Me 262 an, der am 18. Juli 1942 erstmals flog. Aber auch für den Arado-Schnellbomber Ar 234 ist das Triebwerk vorgesehen. Bis zum Ende des Krieges werden noch 6.000 Jumo 004 B in Großserie hergestellt.

Wie wichtig das Jumo 004 für die anderen Hersteller wirklich war, kann man daran erkennen, daß das ebenfalls gegen Ende des Krieges fertige BMW 003 nur mit dem Steuergerät des Jumo 004 befriedigend zum Laufen gebracht werden konnte. In der Sowjetunion wurde das Jumo 004 in Großserie nachgebaut.

Bei Junkers arbeitete man indes an den Weiterentwicklungen Jumo 004 E mit Nachbrenner, das 1944 auf den Prüfstand kam und 1.200 kp abgab. Es folgten das Jumo 012, ein 3-Tonnen-Triebwerk mit dem doppelten Druckverhältnis des Jumo 004 (1:3,1) sowie das darauf basierende PTL Jumo 022 mit gegenläufigen Luftschrauben und rund 5.000 Äquivalent-PS.

Das Jumo 012 hatte ab 1943 oberste Priorität, sollte es doch den neuen Junkers-Strahlbomber Ju 287 mit einer Startmasse von 21 Tonnen antreiben. Im Gegensatz zum Jumo 004 gingen die Junkers-Ingenieure diesmal bis an die Leistungsgrenzen. Das 012 sollte einen Luftdurchsatz von 50 kg/s, ein Druckverhältnis von 6,5 haben und dadurch eine 2-stufige Turbine erhalten. Nicht nur der Schub verdreifachte sich gegenüber dem 004 B, auch das Gewicht stieg von 745 kg auf 2.150 kg.

Bis Kriegsende sind zwei Jumo 012 gebaut worden. Wahrscheinlich wurden sie gesprengt, oder die in Dessau einrückenden Amerikaner haben die Triebwerke mitgenommen. Die Ju 287 mußte so mit sechs Jumo 004 Vorlieb nehmen.

JUNKERS

Ju 287

Das weltweit erste Strahlflugzeug mit Pfeilflügeln überzeugte dank der Erfahrungen der Junkers-Ingenieure in all seinen Flugeigenschaften und Flugleistungen. Mit 962 km/h war es bis 1948 das schnellste Strahlflugzeug der Welt.

Als „Wunderwaffe“ 1944 in Dessau entwickelt, flog die Ju 287 erst 1947 beim „Gegner“ in der Sowjetunion. Das Junkers-Wissen war begehrt und wurde komplett abgeschöpft.

Wenn Technologieträger zur Wunderwaffe erklärt werden

Die Ju 287 markiert einen Meilenstein in der Geschichte der internationalen Luftfahrt. Erstmals wird bewußt der neuartige Strahlantrieb mit den Vorteilen des Pfeilflügels kombiniert. Das Ergebnis ist ein Flugzeug, das, ohne von Verdichtungsstößen bedroht, ständig im Geschwindigkeitsbereich über 900 km/h operieren kann. Bis 1948 hält der 23-Tonnen-Bomber Ju 287 den Geschwindigkeitsweltrekord mit 962 km/h für Serienflugzeuge. Noch 1944 zählte die Ju 287 zu den Wunderwaffen des Dritten Reiches. 1947 fliegt sie am Himmel über Moskau.

Bei der Jumo laufen seit zwei Jahren Strahltriebwerke auf den Prüfständen. Die pfeifenden Geräusche sind bis rüber zum Flugplatz und zum Junkers-Flugzeugwerk zu hören. Im Sommer 1942 startet dann in Leipheim bei Ulm der erste deutsche Düsenbomber mit Jumo-004A-Triebwerken zum Erstflug. Aus den Flugberichten der Firma Messerschmitt erfahren die Junkers-Ingenieure von den anscheinend mühelos zu erreichenden hohen Geschwindigkeiten. Die Me 262 überschritt schon beim zweiten Flug die 700-km/h-Grenze. Und das mit Triebwerken, die gerade mal 700 kg Schub abgeben. Nach der sich bereits abzeichnenden Pleite mit der Ju 288 kommen Heinrich Hertel und das Projektbüro unter Fritz Freytag zu der Meinung, daß man ein ähnlich großes Flugzeug auch mit den neuen Strahlturbinen ausrüsten könnte.

In ersten Überschlagsrechnungen ergibt sich für einen 20 Tonnen schweren Bomber, der drei Tonnen Bomben über 2.000 km befördern soll, eine notwendige Triebwerksanlage von fünf Tonnen Schub bei einer Mindestleistungsbelastung von 1:4 und einem Rüstgewicht von unter zwölf Tonnen. Das Hauptproblem ist zunächst die hohe Kraftstoffzuladung von mindestens 7-8 Tonnen, was mit dem bei der Ju 288 erreichten Leergewicht jedoch nicht zu machen sein wird. Hinzu kommen schließlich die höheren notwendigen Festigkeiten, um die größeren Staudruckgeschwindigkeiten auch fliegen zu können. Projektleiter Dr. Kurt Cramer macht deshalb den Vorschlag, am Anfang auf eine Sturzflugfähigkeit zu verzichten und das neue Flugzeug als reinen Höhenbomber auszulegen, so daß man mit einem sicheren Lastvielfachen von 3 bis 4 auskommen könnte, was Gewicht sparen

Die Ju 287 V5 alias JU/EF-131 V3 alias EF-140 V1 auf dem Flugfeld in Topli Stan. Sie hatte 1948 die brennfreudigen Turbinen von Alexej Mikulin (TKRD-01), die zusammen nie länger als 10 Minuten funktionierten, so daß die Flüge abgebrochen werden mußten.

Dicke Freunde bei der Ifa 1942: Brunolf Baade und Heinrich Hertel. Die Freundschaft hielt bis zu Baades frühem Tod. Hertel besuchte 1960 auf Baades Einladung die Dresdner Flugzeugwerke.

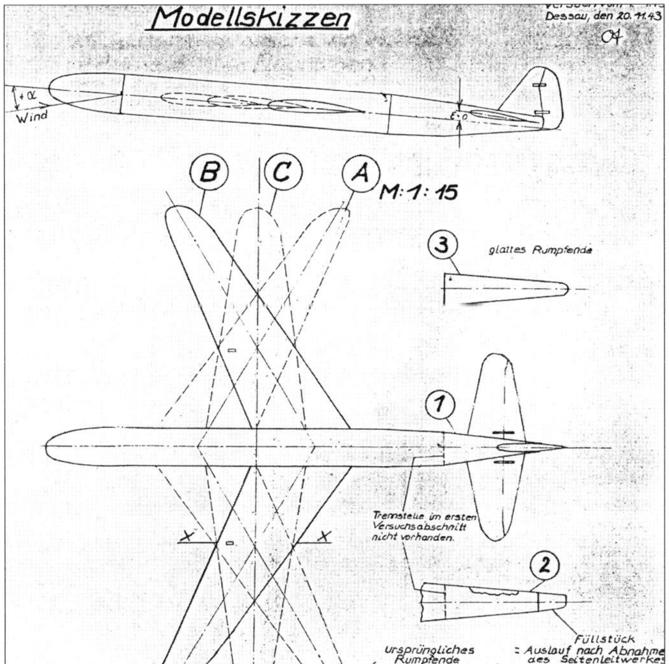

Auf der Suche nach den Vorteilen des Pfeilflügels in Dessau.

und durch den Höhenflug die Reichweite deutlich besser gestalten würde.

Bei der Jumo laufen nach den schnellen Erfolgen mit dem Jumo 004 A in der Projektierungsgruppe von Dr. Vogts bereits Überlegungen zu einem deutlich größeren Strahltriebwerk, das als einzelnes Aggregat einen Jäger oder als Zweier- und Vierergruppe auch größere Flugzeuge antreiben könnte. Um einen kleinen Stirnwiderstand und akzeptable Gewichte zu erhalten, müßte allerdings das Druckverhältnis gegenüber dem Jumo 004 verdoppelt werden, was ein enormes Risiko darstellt und mit Sicherheit längere Entwicklungszeiten erwarten läßt. Das Triebwerk bekommt die Bezeichnung Jumo 012. Es soll zunächst etwa 2.500 kp Schub abgeben und ab 1945 verfügbar sein. Der maximale Durchmesser wird auf einen Meter festgelegt.

Beim Ausfliegen der Ju 288 V7 bis zu einer Staudruckgeschwindigkeit von 750 km/h, gleich 900 km/h über Grund, war man in Geschwindigkeitsbereiche vorgestoßen, in denen der neue Strahlbomber ständig operieren sollte. Nicht umsonst bekam der Aerodynamikingenieur Fritz Freytag von Entwurfschef Hans Gropler die Hauptleitung für den schallnah fliegenden Bomber. Noch 1943 zerbrachen sich Heinrich Hertel, Hans Gropler, Fritz Freytag und der neue Chef der Entwurfsabteilung Aerodynamik, Georg Backhaus, die Köpfe über den Flügel des Strahlbombers. So schön der Flügel der Ju 288 B auch war, für noch höhere Geschwindigkeiten war er kaum noch zu modifizieren. „Wir können doch die Profildicke nicht noch dünner machen“, fragt Hans Gropler in die Runde, „wir brauchen doch den Raum für den Kraftstoff? Können doch keine acht Tonnen in den Rumpf bringen?“ Georg Backhaus wirft ein: „Nehmen wir doch den schiebenden Flügel. Da sparen wir Spannweite und die relative Profildicke bleibt trotz absolut dünnerem Flügel erhalten?“ Auch Fritz Freytag hatte sich schon mit diesem Problem beschäftigt. „Uns wird gar nichts anderes übrigbleiben, meine Herren. Denn wie die Praxis bei Messerschmitt bewiesen hat, drängt anscheinend die Natur selbst zum Pfeilflügel. Erst seitdem sie ihr Flügelmittelstück schräg gestellt haben, kann man mit der 262 einigermaßen sicher starten und landen.“ Der Statiker Heinrich Hertel warnt: „Es scheint mir zu langwierig, wenn wir auf den schiebenden Flügel umstellen. Auch bei Heinkel arbeitet man an einem Bomber mit Strahlantrieb. Der Festigkeitsverband liegt beim schiebenden Flügel, von sagen wir mal 30 Grad, dermaßen

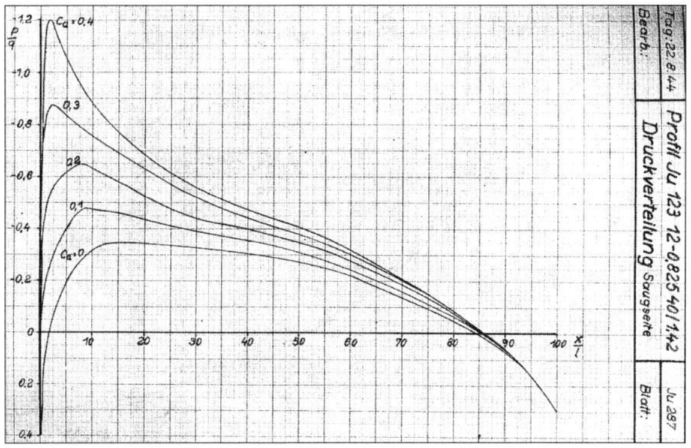

Die Ju 287 erhielt das Junkers-Profil 1-23-12-0,825-40/1,42, das aus dem symmetrischen NACA-Profil für hohe Geschwindigkeiten 00-12-0,55-40 in unzähligen vergleichenden Messungen abgeleitet worden war. Die Grafik zeigt die Druckverteilung auf der Flügeloberseite bei verschiedenen Anstellwinkeln.

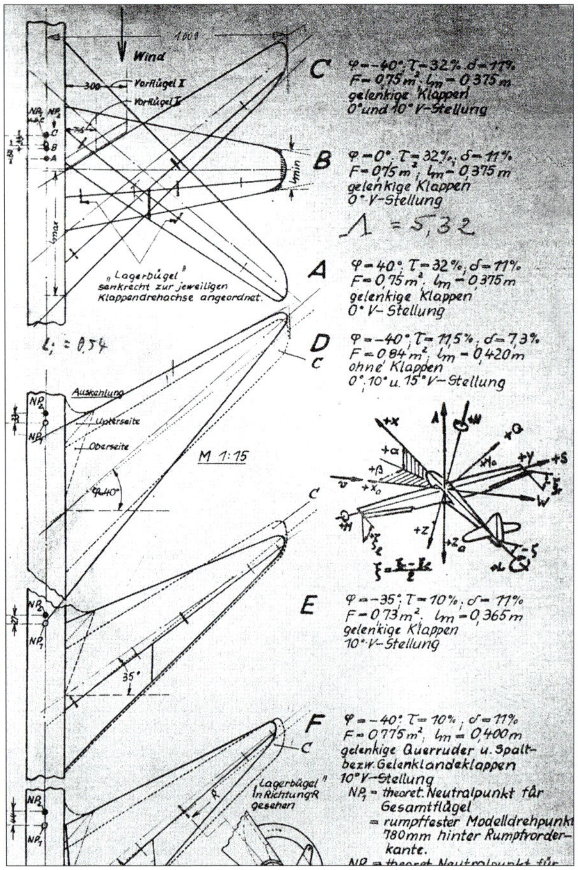

Links: Messungen mit unterschiedlichen Zuspitzungen, Pfeilungen und Verschmierungen.

Dipl.-Ing. Fritz Freytag (7.9.1908) war von 1930 bis 1936 Versuchsing. an der AVA Göttingen. Am 1.10.36 wechselte er zu Junkers als Aerodynamiking. ins Entwurfsbüro. Leitete ab 1939 dort das Projektbüro. Als Projekting. der Ju 287 hatte er wesentlichen Anteil an deren Auslegung. War nach 1945 bei Junkers stellv. Chefkonstrukteur unter B. Baade. Von 1946-54 in UdSSR. Bis 1960 Chefkonstrukteur der Flugzeugwerke Dresden. 1961 HA-Leiter beim Weser-Flugzeugbau. Ab 1965 Techn. Leiter Transall. 1968 Direktor bei VFW.

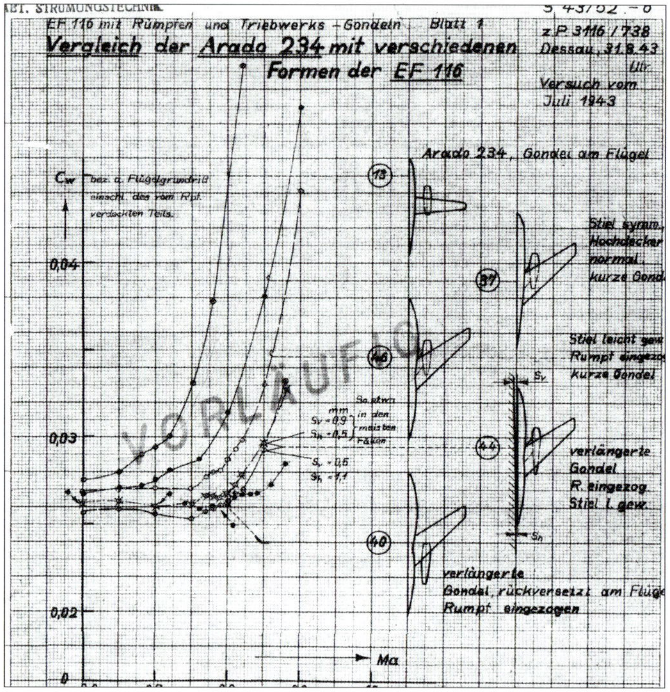

schief, daß wir unsere ganzen Projektierungsunterlagen vergessen können. Da fangen wir bei Null an. Andererseits haben wir genügend gute Leute und durch die Absetzung der Ju 288 auch Zeit,

Oben: Vergleich der Mach-Polaren der Arado 234 mit dem Junkers-Projekt EF-116.

EF-140 mit blinden Waffentürmen 1948.

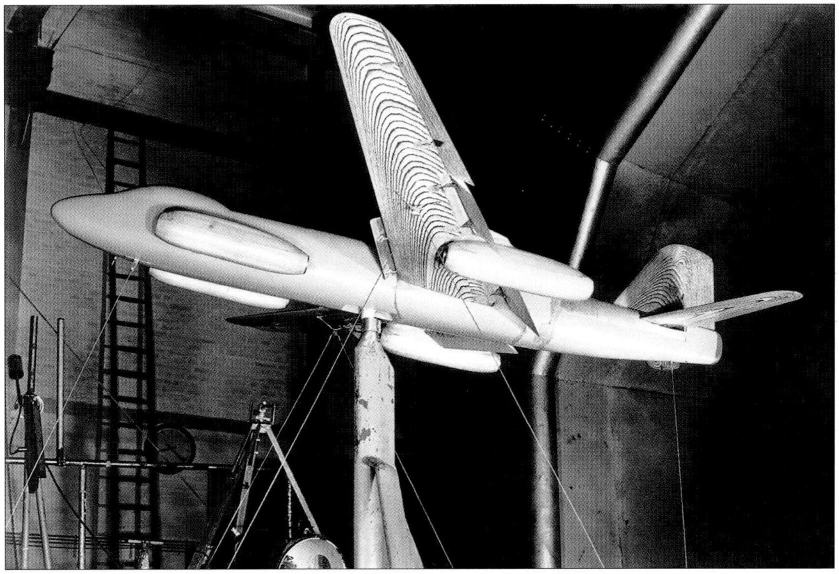

Das Junkers-Entwicklungsflugzeug EF-116 im Dessauer Windkanal 1943. Das Modell hat eine Pfeilung von 30 Grad, einen Rumpfbug wie ein Aufklärer, ein positiv gepfeiltes Höhenleitwerk und Vorflügel an der Flügelwurzel. Da Turbinen überall am Flugzeug befestigt werden können, wurde intensiv davon Gebrauch gemacht.

Skizzen zu den Modellanordnungen an der JU/EF-116. Hier sieht man erstmals die bewußte Anwendung der Wespentaille im Flügelbereich.

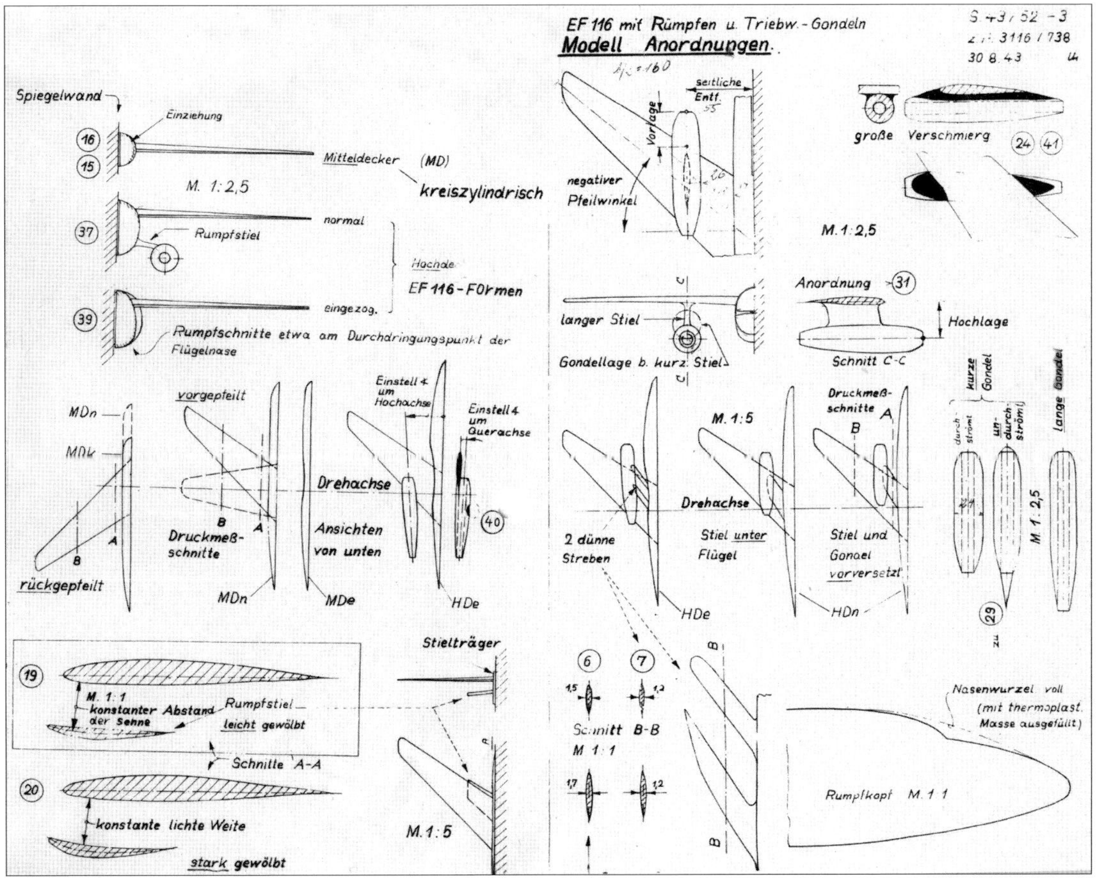

komplett von vorn ein Projekt beginnen zu können." Letztlich geht diese Sitzung Anfang 1943 mit dem Ergebnis zu Ende, sofort mit der umfangreichsten Forschungsarbeit in der Geschichte der Junkerswerke zu beginnen, und dabei den Pfeilflügel gleichberechtigt neben dem gleichgroßen geraden Flügel in die Untersuchungen mit einzubeziehen. Die Entwurfsabteilungen Aerodynamik und Statik haben sofort entsprechende Projekte auszuarbeiten und sie Prof. Hertel zur Begutachtung vorzulegen. Fritz Freytag hat zusammen mit der Abteilung Strömungstechnik (Windkanal) alle Vorkehrungen zu treffen, damit von den Entwürfen sofort Modelle und auch Teilmodelle in Originalgröße angefertigt und vermessen werden können.

Im Frühjahr 1943 beginnt in den aerodynamischen Laboratorien von Junkers

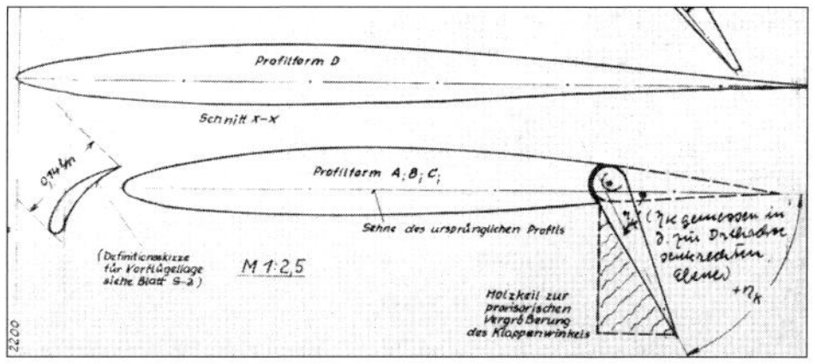

das größte und umfassendste Meßprogramm für den Flug nahe der Schallmauer. Die Amerikaner und Engländer werden nach der Besetzung Dessaus alle Unterlagen, derer sie habhaft werden können, in ihre Länder zur Auswertung bringen. Die Junkers-Untersuchungen zum Pfeilflügel, seiner Stellung zum Rumpf, die Anbringung der Triebwerke am Flügel, am Rumpf oder an den Auslegern (Pylonen), werden 1945 und 1946 bei Boeing benutzt, um die B-47 „Stratofortress" neu zu konzipieren. Sie erhält daraufhin einen schlanken Pfeilflügel, Turbinen an Pylonen hängend und einen eingezogenen Rumpf im Flügelbereich. Junkerswissen à la Amerika.

Mit Pfeilflügeln bis an die Schallmauer

Bis Mach 0,4 ist die Welt der Strömungstechniker in Ordnung. Da verhält sich Luft wie eine Flüssigkeit. Darüber hinaus jedoch wird sie zusammengedrückt, wobei schon weit vor der Schallmauer durch die Wölbung des Profils örtliche Übergeschwindigkeiten auftreten, die sich durch stoßweise Ablösung der Grenzschicht unangenehm bemerkbar machen.

Grundlegende Erkenntnisse für das Fliegen im schallnahen und Überschallbereich konnten Ende der 30er Jahre in Hochgeschwindigkeits-Windkanälen gesammelt werden. Berühmt war der bei der DFL in Braunschweig. Der DFL-A7-Kanal für Geschwindigkeiten bis Mach 2,4 erzeugte die Geschwindigkeit in einer Laval-Düse. Geleitet wurde der Kanal vom bekannten Aerodynamiker Adolf Busemann. Busemann war es auch, der bereits 1935 auf die Vorteile des Pfeilflügels auf dem Volta-Kongreß in Rom hingewiesen hatte. Auf wissenschaftlichem Gebiet waren also die ersten Schritte getan. In der Praxis hingegen stand man noch ganz am Anfang. Denn die hohe Geschwindigkeit ist sozusagen nur die eine Richtung des Erkenntnisprozesses. Die andere ist die Minimalgeschwindigkeit, bei der man mit einem Hochgeschwindigkeitsprofil noch fliegen kann für eine niedrige Landegeschwindigkeit.

In den USA hatte 1943 die Firma Curtiss ein Jagdflugzeug mit Pfeilflügeln in Entenkonfiguration gebaut, das 800 km/h schnell fliegen sollte (aber nur 645 km/h erreichte). Von den drei gebauten Versuchsmaschinen XP-55 stürzten zwei ab, weil selbst die besten Piloten das Flugzeug nur mit Mühe fliegen konnten. Die amerikanischen Ingenieure hatten aber auch fast alles falsch gemacht: ein Entenflugzeug mit kurzem Rumpf, eine Druckschraube am Heck, ein doppelt gepfeilter Flügel von 30 ° und 44 ° Pfeilung und zwei Seitenleitwerke auf dem Hauptflügel. Wer so viele neue und eigentlich unvereinbare Dinge in ein Flugzeug bringt, der darf sich na-

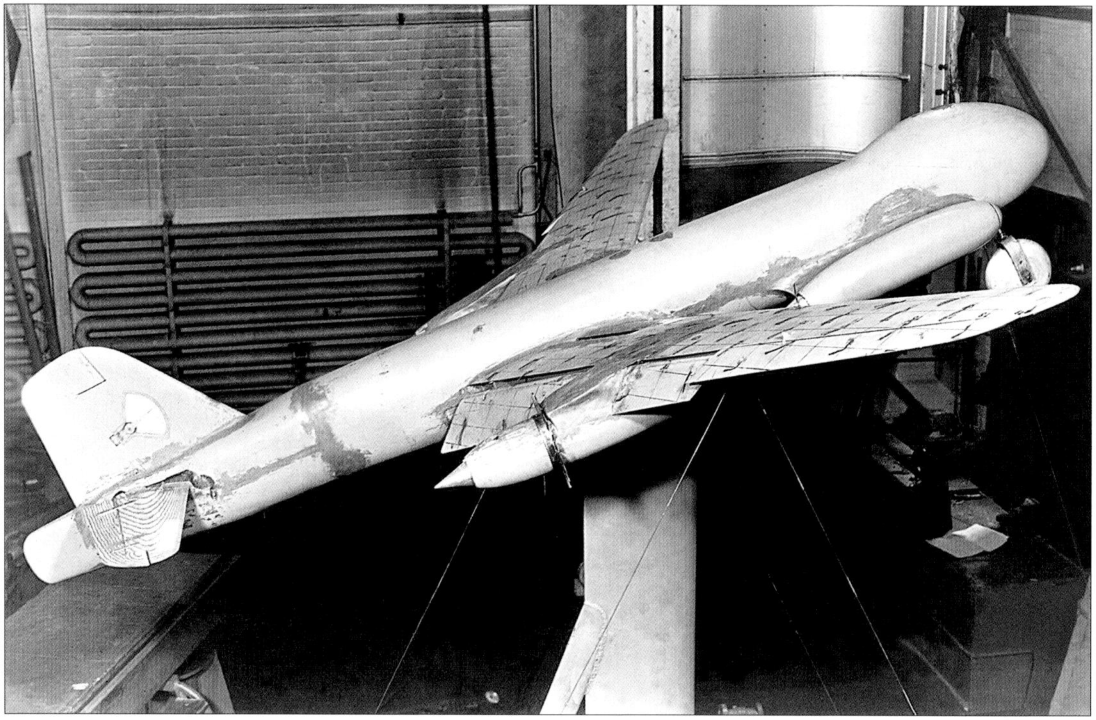

Die EF-122 hat 1944 schon große Ähnlichkeit mit der Ju 287.

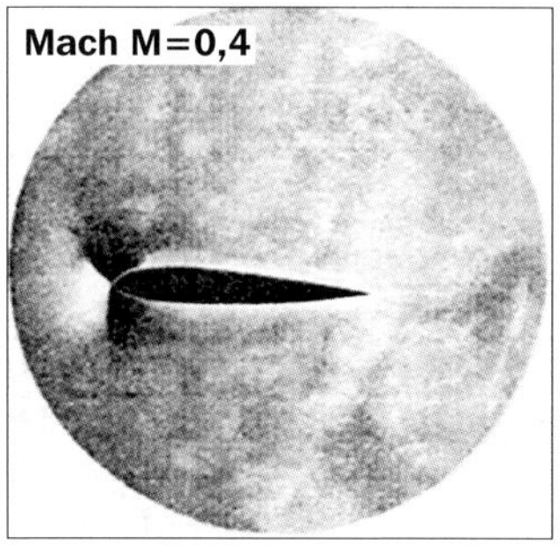

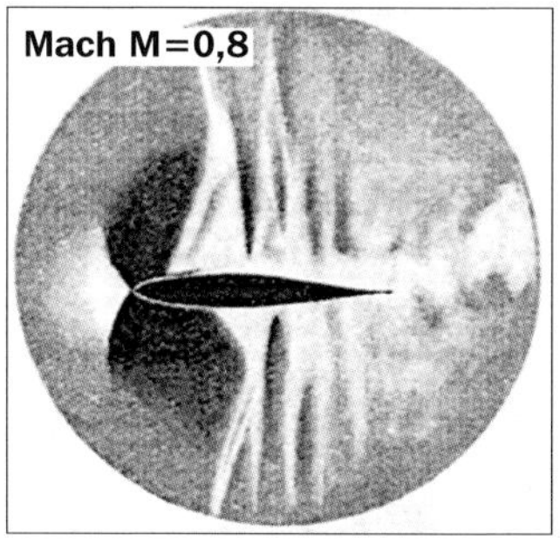

Zwei Schlierenaufnahmen vom Normalprofil bei 0,4 M und Laminarprofil bei 0,8 M, wo Verdichtungsstöße und Ablösung auftreten. Helle Stellen sind Überdruckbereiche.

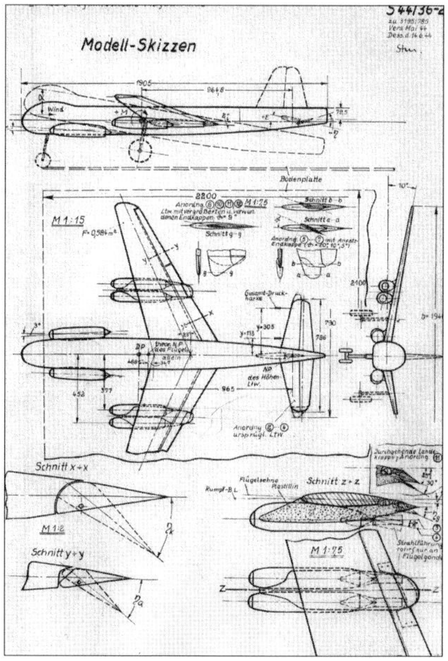

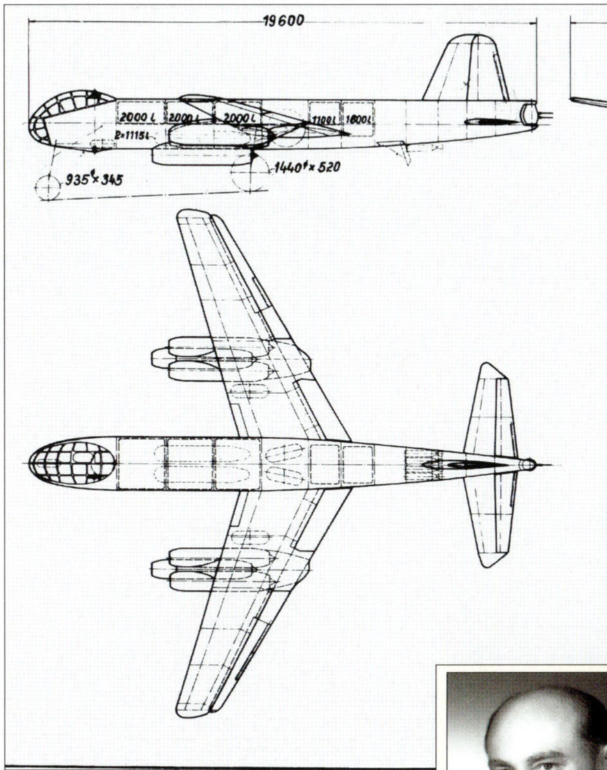

türlich nicht über einen Mißerfolg wundern (der kurze Rumpf war damals der schlimmste Fehler in Verbindung mit einem schlanken Pfeilflügel)

Bei Junkers ging man 1942 andere Wege. Zunächst einmal wendete man sich dem Hochgeschwindigkeitsflug als Forschungsgegenstand zu. Besonders theoretisch befähigte Mitarbeiter im Entwurf erhielten die Aufgabe, mit den entsprechenden Forschungsanstalten in Deutschland Verbindung aufzunehmen, um Material zu beschaffen, Anfragen zu formulieren, gemeinsame Forschungsprojekte zu initiieren und um überhaupt den ganzen Erkenntnisprozeß weiter anzuschieben, besonders im Hinblick auf die Praxis.

In der Zwischenzeit entwickelte das Projektbüro und einige Sonderabteilungen Vorstellungen, wie ein solches Flugzeug aussehen könnte und welche Elemente man im Hinblick auf Statik, Aerodynamik, Herstellungsmöglichkeiten, Materialbeschaffenheit und dergleichen mehr zuvor einzeln untersuchen müßte. Als erstes aber mußte ein Flügelprofil gefunden werden, um den Auftrieb und damit die Gewichte des Flugzeuges definieren zu können. Junkers-Entwurfschef Hans Gropler schrieb nach dem Krieg dazu:

Als die Ju 287 gegen Ende 1943 projektiert wurde, war das beste Hochgeschwindigkeitsprofil mit festem c_a/c_w-Verhältnis das NACA-Profil 00 12 - 0,55 40 (symmetrisch, 12 % Dicke, Nasenradius 0,55 und 40 % Dickenrücklage), das bei der DVL im Hochgeschwindigkeitskanal getestet wurde. Die Ju 287 war ein Bomber, der einen sorgfältigen Entwurf für Start und Landung wegen der hohen Flächenbelastung erforderte, weshalb wir das Flügelprofil so entwarfen, daß es wenig Verluste beim Maximalauftrieb gab trotz Hochgeschwindigkeitsanforderung.
Nach Messen der Druckverteilung am NACA-Profil versuchten wir eine Ske-

Dipl.-Ing. Hans Gropler (29.6.1909) studierte in Berlin und legte 1938 sein Diplom mit der Note „Sehr gut" ab. Seit 1938 bei Junkers. Nach Weggang von Quick 1939 neuer Entwurfschef. Am 1. Mai 1942 Ernennung zum Oberingenieur. Wollte Junkers Ende 1944 verlassen und an der TH Danzig den Lehrstuhl für Luftfahrzeugbau übernehmen. Nach 1945 zusammen mit Prof. Hertel in Frankreich. Ab 1952 in Nürnberg bei der MAN, später im Kranbau tätig.

Der Dreiseitenriß oben zeigt die 1945/46 noch einmal konstruierte Ju 287, jetzt als JU/EF-131 bezeichnet, wegen der neuen Triebwerksanlage aus sechs Jumo-Triebwerken (Die Ju 287-A-Serie hatte sechs BMW-Turbinen).

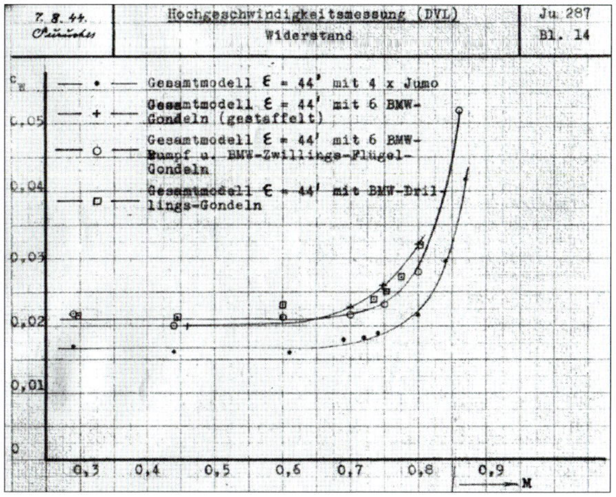

Hochgeschwindigkeitsmessung bei der DVL in Berlin mit einer Höhenflossenanstellung von 44 ´ und unterschiedlichen Triebwerksanlagen.

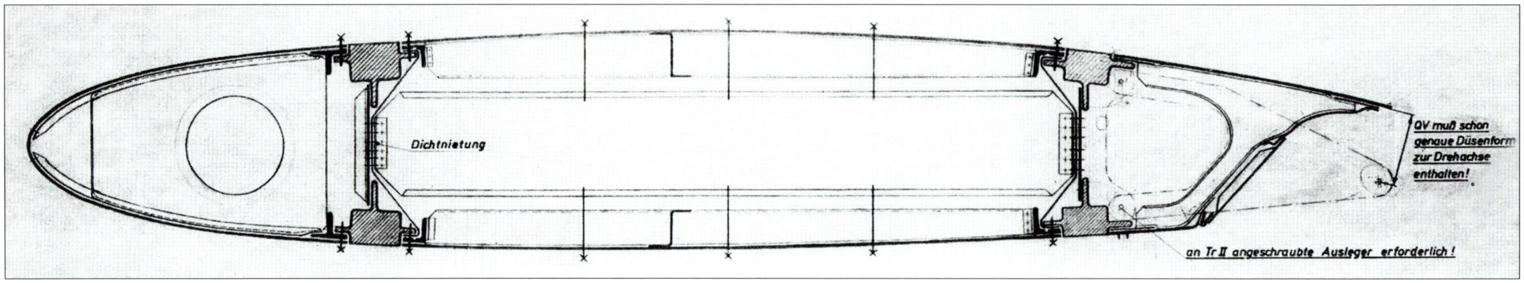

lettlinie zu finden, die bei größerem Nasenradius nicht die Druckverteilung über dem c_a-Bereich zwischen Null und 0,2 (Schnellflug) veränderte. Es ergab sich folgendes Profil: Wölbung = 1,5 % in 20 % der Flügeltiefe, Dicke 12 % in 40 % der Tiefe, Nasenradius 0,88 % und Hinterkantenwinkel tan/2 0,125. Die Windkanaluntersuchungen zeigten folgende Ergebnisse: 1.) Der geringste Luftwiderstand liegt bei c_w=0,005 bei einem c_a=0,1 bis 0,15, während das symmetrische NACA-Profil ein 10 bis 15 % größeres c_w aufwies. 2.) Das $c_{a\ max}$ wächst von 1,8 auf 2,1 gegenüber dem NACA-Profil. 3.) Im Zusammenhang mit dem Anwachsen des Luftwiderstandes bei hohen Machzahlen zeigten Untersuchungen am kompletten Flügel der Ju 287 die erwartete kritische Machzahl. 4.) Die Versuche zeigten weiterhin, daß die Lage der 25-%-Linie konstant geblieben war.

Als feststand, daß die Ju 287 einen Pfeilflügel bekommen würde, favorisierten Statik und Entwurf den nach hinten gefeilten Flügel. Erst durch die Untersuchungen der Grundlagen-Modelle im eigenen Niedergeschwindigkeitskanal für Start und Landung schälte sich heraus, daß ausreichende Stabilität und Überziehverhalten nur durch einen nach vorn gepfeilten Flügel garantiert werden konnten. Es hatte sich nämlich klar gezeigt, daß die Strömung der Pfeilung nacheilte und somit die größten Unterdrücke an den Flügelspitzen entstanden, so daß dort die Strömung zuerst abriß. Bei einem nach vorn gepfeilten Flügel war es umgekehrt. Der Abriß

Ju-287-Holmflügel mit den abgedichteten Vorläufer-Integraltanks. Bis auf die Tanks und die geringere Holmhöhe sind die Flügel der Ju 288 und Ju 287 ähnlich. Einzige Ausnahme sind die Ju-287-Stahlgurte.

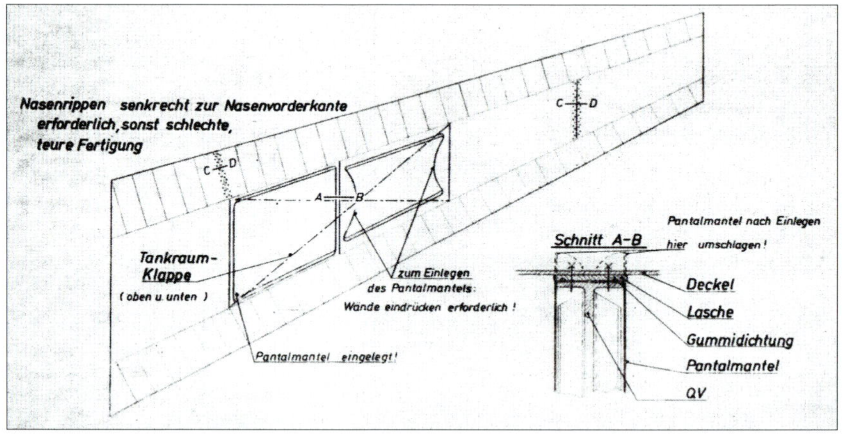

Dipl.-Ing. Werner Hempel (6.12.1910) begann am 1. Juni 1936 bei der Firma Junkers im Konstruktionsbüro. Am 1. August 1938 wird Werner Hempel selbständiger Versuchsingenieur und wechselt zum Windkanal. Von 1946 bis 1954 in UdSSR. Im DDR-Flugzeugbau Aufbau einer selbständigen Abteilung Entwurfsdokumentation im Konstruktionsbüro. Diese Abteilung unter seiner Leitung stellte alle verfügbaren Daten über ausländische Flugzeuge und Technik für die Entwurfsingenieure in übersichtlicher Form zusammen.

kündigte sich durch Schütteln an und erfolgte weniger abrupt und an der Wurzel zuerst.

Der nach vorn gepfeilte Flügel brachte aber auch für die Entwurfsabteilung erfreuliche Momente. Da der Flügel nun weit hinten am Rumpf ansetzte, entstand wie von selbst ein großer ungeteilter Bombenraum von über fünf Metern Länge vor dem Flügel. Mehr Freiheit ergab sich dadurch auch in der Entscheidung zwischen Tief-, Mittel- und Hochdecker. Der Flügel mußte nicht mehr über dem Bombenraum liegen, was besonders für die Höhe des Fahrwerkes und für den Abstand der Triebwerke zum Boden von Belang war (Ansauggefahr von Fremdkörpern).

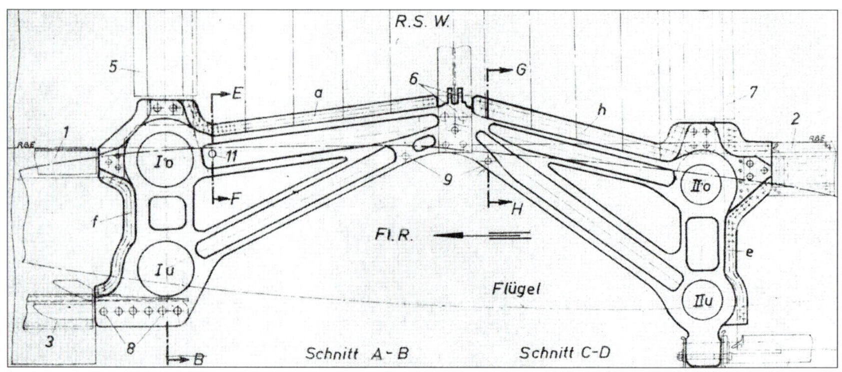

Die „Brücke" - ein Integralteil für den Flügelanschluß an die Rumpfseitenwand.

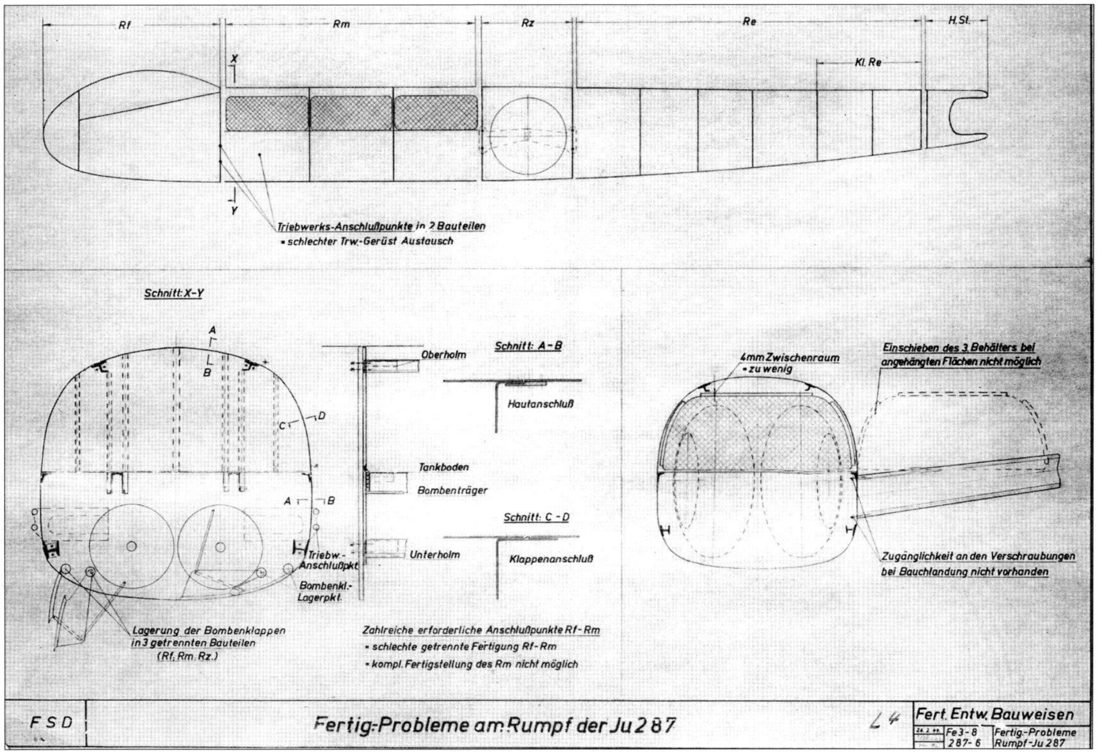

Bild unten: Für die Erprobung der Langsamflugeigenschaften waren für die V5 und V6 eine Katapultiereinrichtung vorgesehen. Die Ju 287 V3 und V4 hatten keine.

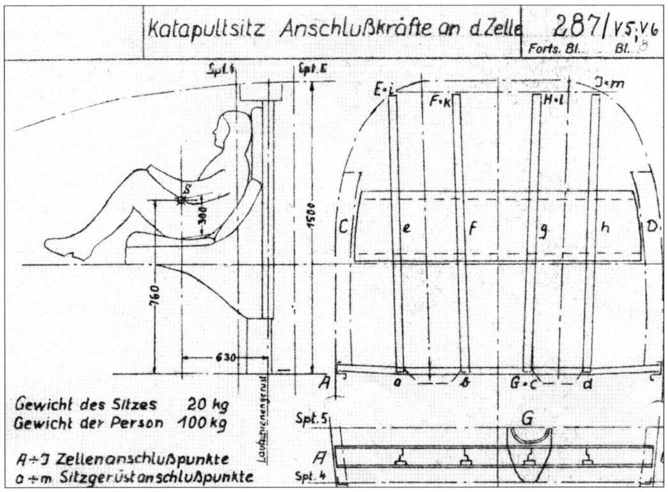

Ein beachtenswertes Konstruktionselement war an der Ju 287 die sogenannte Brücke - ein Bauteil, das die Verbindung des Flügels mit dem Rumpf herstellen sollte und die Einleitung der Flügelmomente in den Rumpf auf völlig neue Art löste. Die Brücke war ein großes Integralteil (2,60 m x 0.80 m) aus der neuen hochfesten Dural-Legierung 3425. Es wurde auf der neu gebauten Bitterfelder 30.000-Tonnen-Presse der IG Farben hergestellt. Die Presse löste die 15.000-Tonnen-Presse ab, die für die Gurte der Ju 288 gedacht war. Die auf Seite 208 unten stehende Zeichnung zeigt die Brücke eingebaut in die Rumpfseitenwand der Ju 287. Damit schufen die Entwurfsingenieure um Dr. Kurt Cramer Platz für das Fahrwerk, das nicht in den dünnen Flügel paßte und deshalb in den Rumpf eingezogen werden mußte.

Schon in den ersten Entwürfen zur Ju 287 ging man vom schmalen Rumpf der Ju 288 ab, denn es hatte sich im Flug gezeigt, daß bei großem Schiebewinkel der kastenförmige Rumpf das abgewandte Höhenleitwerk in den Windschatten legte und so größtenteils unwirksam machte. Der rundere Rumpf ließ einen Druckausgleich um die Längsachse zu, und schon waren die Probleme verschwunden. Für die großen unterzubringenden Kraftstoffmengen war der Rumpf zu klein. Ein Teil mußte im dünnen Flügel Platz finden. Da herkömmliche Tanks, ob aus Blech oder Gummi, nicht rein paßten, mußten auch hier neue Möglichkeiten ersonnen werden. Eine davon war die Pantal-Auskleidung. Das war eine plastikartige Masse, die im flüssigen Zustand in den Tankraum eingebracht wurde und dort erstarrte. Das wirkte dann wie ein dichtgenieteter Flügel, denn das beherrschte man damals noch nicht.

Das Cockpit sah man wieder als 3-Mann-Kanzel vor, um Widerstand und Personal zu sparen. Die Kanzel war so breit wie die 4-Mann-Kanzel der Ju 288. Es gab aber keine Austauschkanzel. Die Kanzel war fest mit den vier Längsgurten des Rumpfes vernietet. Was dagegen sofort stärker berücksichtigt wurde, war eine variable Abwehrbewaffnung. Denn es war nur eine Frage der Zeit, wann die neuen Düsenjäger genauso schnell wie die Ju 287 oder sogar noch schneller fliegen würden.

Die Entwurfsphase zur Ju 287 zog sich das ganze Jahr 1943 hin. Immer wieder ergaben sich Änderungen, die aus Windkanalversuchen in Dessau (360 km/h und 900 km/h), Berlin (Trudelkanal) und aus Braunschweig (1.200 km/h) stammten. Von großem Interesse für den Entwurf waren die Messungen am Schwingungsmodell, weil falsch angenommene Steifigkeiten bzw. Frequenzen der Bauglieder eine komplette Neukonstruktion erfordert hätten. Erstmals war für die Ju 288 ein Schwingungsmodell (M 1) angefertigt worden, das sich bestens bewährt hatte. Gerade für

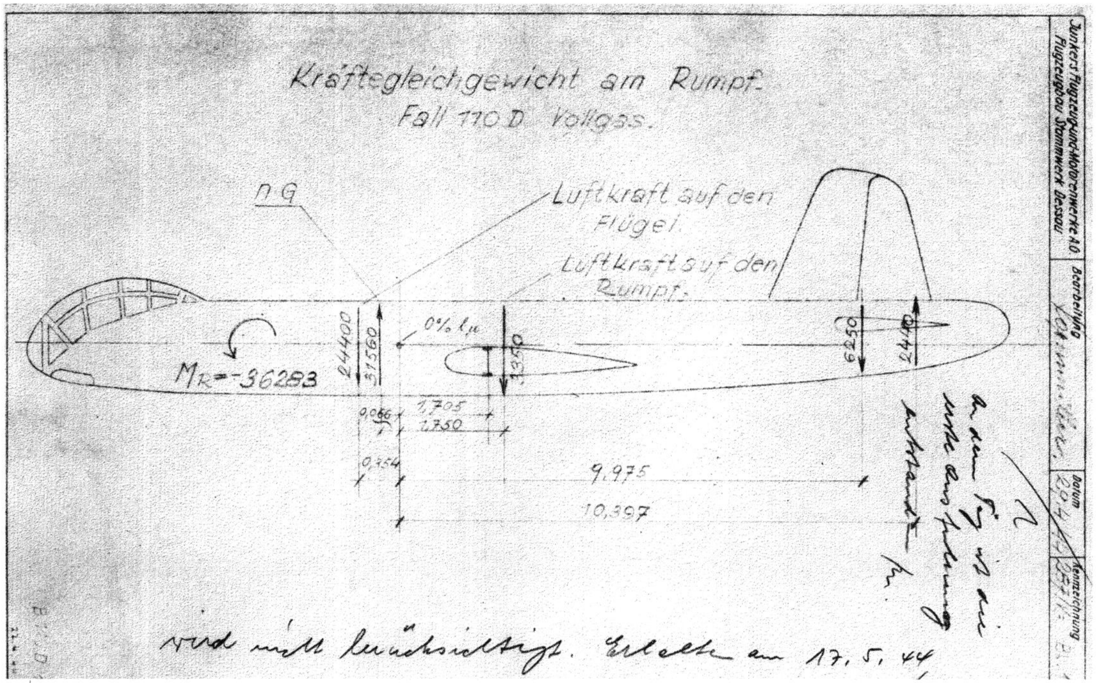

Hochgeschwindigkeitsflugzeuge sind einsetzende Schwingungen eine tötliche Gefahr, die schon in der Frühphase der Konstruktionarbeit beachtet werden müssen.

Um gegen die unwägbaren Gefahren der Flugerprobung eines so komplizierten Flugzeuges gewappnet zu sein, mußte auch eine sichere Ausstiegsmöglichkeit für die Besatzung ins Auge gefaßt werden. Bei der Firma Heinkel in Rostock waren 1939 die ersten Versuche mit Schleudersitzen angelaufen und ab 1943 im Ernstfall erprobt worden. Ein Anlage mit zwei Katapultsitzen kam in den V-Maschinen Ju 287 V5 und V6 zur konstruktiven Ausführung.

Die Systematik der Windkanaluntersuchungen wies einige Besonderheiten auf, die in bester Tradition zu der frühen Windkanalforschungen unter Hugo Junkers standen. Es ging Philipp von Doepp, Dr. Kuno Strauss, Dr. Molthan, Otto Everling und Fritz Freytag um das tiefe Eindringen in die Problematik des gepfeilten Flügels, zugleich aber auch um die Zusammenhänge, die zwischen Flügel, Rumpf, Leitwerk und Triebwerk bestehen. So zeigte sich, daß die Vorteile des Pfeilflügels verschwinden, wenn er durch einen Rumpf durchbrochen wird. Erst durch das Einziehen des Rumpfes an der Schnittstelle, fiel der c_W-Wert wieder unter den des geraden Flügels. Gerade die Untersuchungen am Gesamtmodell mit einstellbaren Pfeil- und V-Winkeln, veränderlichen Anordnungen des Leitwerks zum Flügel, der Triebwerke zum Rumpf und zum Flügel, die langwierigen Experimente mit kalten und heißen Triebwerksstrahlen und ihr Einfluß auf die Strömung am Leitwerk bzw. am Flügel, wenn die Triebwerke vorn am Rumpf befestigt sind, oder die umfangreiche Forschung zum Problem der Stielaufhängung der Triebwerke (Strahltriebwerke können ja

Zeichnung oben: Die Lastannahmen für die Konstruktion und die Bruchversuche der Ju 287 von Heinrich Kornmüller.

Bild links: Hölzerne Zwillingsgondel mit Abgasstrahl im Windkanal in Dessau.

Bild rechts: Der häßliche Versuchsträger für den Pfeilflügel, die Ju 287 Vv1 vor der Fertigstellung im Frühjahr 1944. Ein zweites Flugzeug aus He 177 und Ju 188 entstand gleich danach. Bei ihm hatte man aber das Höhenleitwerk bereits so gesetzt, wie es an der richtigen Ju 287 der Fall ist, nämlich im Abgasstrahl der Triebwerke. Der Ju-287-Flügel zeigte im Langsamflug und bei der Beschleunigung keinerlei Schwächen.

Der Behäutungsplan für die Ju 287 V3 mit Angaben zur Blechstärke und Tafellänge.

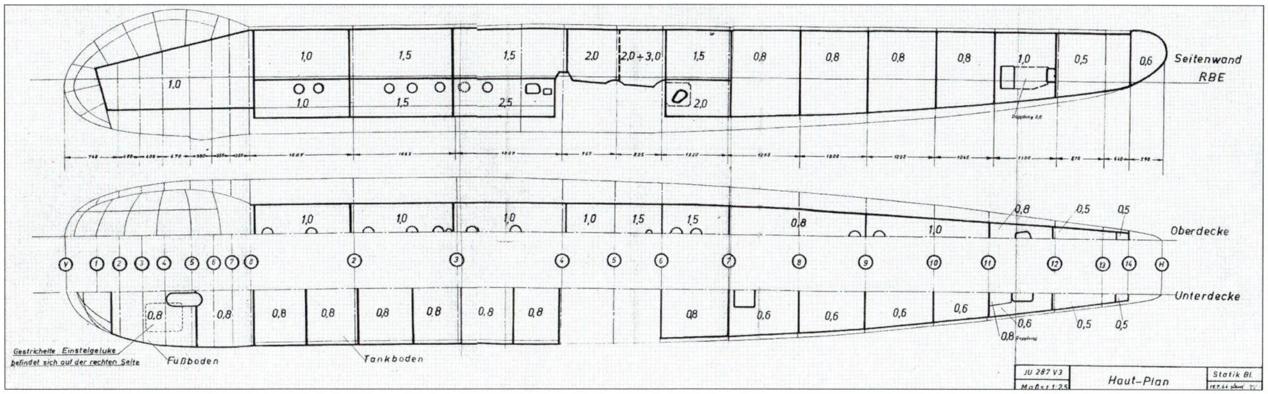

Dipl.-Ing. Fritz Paasch (10.4.1910) begann nach Studium 1935 bei Junkers in Abt. Statik als Konstruktionskontrolleur. Später unter Dr. Kaul in Abt. Flugmechanik Abteilungsleiter Flugmessung. Bei Ju 287 Abt.-Leiter Lastannahmen. Von 1946 bis 1954 in UdSSR, dort in der Forschungsabteilung tätig. Nach der Rückkehr zunächst führend beteiligt am Aufbau des Junkers-Neuwerkes in Dresden. Nach Aufbau wieder im Bereich Forschung, Statik und Lastannahmen tätig.

überall am Flugzeug befestigt werden), all das schuf einen Wissensschatz, der unter normalen Bedingungen ein Jahrzehnt Forschung in Anspruch genommen hätte.

Anfang 1944 stand dann der Entwurf und die Vorkonstruktion fest. Es begann die Detailkonstruktion unter Haupttypenleiter Brunolf Baade. Parallel dazu entstand auf dem Reißbrett ein eigenartig anmutendes Flugzeug, das aus lauter Fertigbauteilen zusammengesetzt war und nur dazu dienen sollte, den nach vorn gepfeilten Flügel im realen Flug vermessen zu können, um von der Fehlerabhängigkeit der Reynoldszahlen im Windkanal wegzukommen. So entstand Anfang 1944 ein Flugzeug, das von der späteren Ju 287 nur den Flügel besaß, ansonsten aus dem Rumpfvorderteil und Rumpfmittelteil des schweren Heinkelbombers He-177, dem Heck der Ju 188, dem Hauptfahrwerk und dem Bugfahrwerk der amerikanischen B-24 bestand. Völlig untermotorisiert mit vier Jumo-004-Turbinen mußte die Ju 287 Vv1 noch mit drei Walther-Raketentriebwerken bestückt werden, um die Maschine in die Luft zu bekommen.

Am 16. August 1944 stieg Pilot Siegfried Holzbaur in das Ungetüm, startete die vier Jumos und zwei Raketentriebwerke und hob so mit viel Getöse in den Himmel über Brandis ab. Die Flugerprobung war auf den Militärflugplatz nach Brandis bei Leipzig wegen der ständig drohenden Bombenangriffe auf Dessau verlegt worden. Der vorwärts gepfeilte Flügel bewährte sich bei den Flügen in Brandis bestens. Nun konnte es an den Bau der Ju 287 gehen. Das RLM hatte für die Entwicklung und den Bau von vier V-Mustern (V3 bis V6) 7,5 Millionen RM bewilligt. Gebaut waren im Sommer 1944 die zwei Vorversuchsflugzeuge Vv1 und Vv2 sowie zwei Versuchsträger He 177 für die Erprobung des Bombenraums und des Fahrwerks. Den Bombenraumversuchsträger konstruierte die tschechische Gruppe von Wilhelm Hundt im Junkers-Außenbüro Prag. Mit diesen insgesamt vier Heinkel-177-Flugzeugen konnte viel Erprobungszeit eingespart werden. Geplant war, daß die erste Ju 287 Ende 1944 fertig sein sollte. Doch im Herbst kam der Befehl für alle Flugzeugwerke, ihre Produktion auf Jagdflugzeuge umzustellen. Erst im Januar 1945 ging es an der Ju 287 weiter. Die Konstruktion war abgeschlossen und auf zwei Serien abgestellt. Die Ju 287 A-1 sollte BMW-Drillinge unter den Flügeln haben, die B-1-Serie solche aus Jumo-004-Triebwerken. Zunächst lief jedoch erstmal der Bau der V-Maschinen Ju 287 V3 bis V6 an.

Am 21. April 1945 rückten die Amerikaner in Dessau ein und beendeten den Alptraum. Die „Theorie“ zur Ju 287 nahmen sie mit, dazu die Wissenschaftliche Bibliothek und die Junkers-Lehrschau.

Taktisch betrachtet war die Ju 287 genauso sinnlos wie die „Vergeltungswaffen“ V1 und V2 oder die Flächenbombardements der Engländer und Amerikaner. Die Ju 287 hätte aus 11 km Höhe drei bis vier Tonnen Bomben werfen können mit einer Trefferwahrscheinlichkeit von zwei bis drei Prozent. Sturzflugfähig war sie nicht. Hätte man sie dazu umgebaut, wäre der Aktionsradius auf 400 km gesunken. Aber sie hat Leib und Leben der beteiligten Ingenieure geschützt.

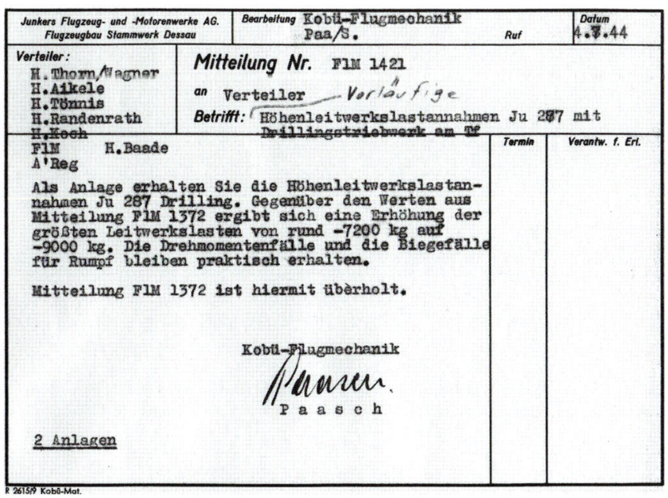

Junkers Flugzeug- und -Motorenwerke AG.
Flugzeugbau Stammwerk Dessau

Bearbeitung Kobü-Flugmechanik Paa/S. Ruf

Datum 4.3.44

Verteiler:
H.Thorn/Wagner
H.Aikele
H.Tönnis
H.Randenrath
~~H.Koch~~
FlM H.Baade
A'Reg

Mitteilung Nr. FlM 1421

an Verteiler – Vorläufige

Betrifft: Höhenleitwerkslastannahmen Ju 287 mit ~~Drillingstriebwerk am Tf~~

Termin | Verantw. f. Erl.

Als Anlage erhalten Sie die Höhenleitwerkslastannahmen Ju 287 Drilling. Gegenüber den Werten aus Mitteilung FlM 1372 ergibt sich eine Erhöhung der größten Leitwerkslasten von rund -7200 kg auf -9000 kg. Die Drehmomentenfälle und die Biegefälle für Rumpf bleiben praktisch erhalten.

Mitteilung FlM 1372 ist hiermit überholt.

Kobü-Flugmechanik
Paasch

2 Anlagen

R 2615/9 Kobü-Mat.

Die Auferstehung der Verlierer

Millionen Tote und Milliarden Profite, Ruinen wohin das Auge reicht und riesige Rüstungskonzerne mit modernster Maschinerie. Die Verluste der einen sind immer die Gewinne der anderen. Die Menschheit schreitet in Widersprüchen voran in eine Zukunft, die möglicherweise noch dunkler sein könnte als die Vergangenheit. Die Atombombe verglüht am 6. August 1945 Hiroshima. Der Wissenschaftler will das Gute und erschafft doch stets das Böse. Warum?

Ernst Zindel liegt am 21. April 1945 mit Fritz, Freundel, Johannes Haseloff, anderen Konstrukteuren und alten Männern des Volkssturms im Schützengraben an der Kühnauer Straße, weit vor dem Eingang zu den Junkerswerken, um die vorrückenden Amerikaner mit Panzerfäusten aufzuhalten. Den sinnlosen Kampf dann doch nicht mehr aufnehmend, entkommen sie der Vernichtung, indem sie einfach nach Hause eilen.

Anders ergeht es Prof. Heinrich Hertel, der zusammen mit Brunof Baade und Konrad Eichholtz von den Amerikaner in Raguhn (wo das ausgelagerte Junkers-Konstruktionsbüro lag) aufgegriffen und auf einen Lkw geworfen wird, wo schon etliche dicke Nazis sitzen. Man landet mit denen im Lager Hersfeld, wo es ihnen richtig dreckig ergeht. Brunolf Baade, der sechs Jahre in den USA gelebt hat, schafft es doch, sich Anfang Juni aus dem Lager freizureden. Hertel und Eichholtz kommen in das Lager Schwarzenborn bei Kassel, von wo sie dann nach Frankreich gelangen, um dort ihr Wissen an „gegnerischer" Kriegstechnik auszuprobieren.

Als Baade zu Fuß in Dessau eintrifft, steht das Junkerswerk noch unter amerikanischer Kontrolle. Mit Zindel und Richard Thiedemann sind offenbar nur wenige von der alten Betriebsleitung

Der von den Sowjets eingesetzte Chefkonstrukteur Brunolf Baade gratuliert Fritz Freundel zum 25-jährigen Betriebsjubiläum am 1. September 1946. Links Johannes Haseloff, dahinter die Flügel-Truppe von Abteilungsleiter Freundel.

noch vor Ort. Ernst Zindel erzählt Baade, daß die Amis kein Interesse daran hätten, sie in die Hände der Russen fallen zu lassen (Anhalt und Dessau wurden gegen Westberlin eingetauscht) und sie mit in die amerikanisch besetzte Zone nehmen würden. Baade wiederum weiß zu berichten, daß die Amis die Deutschen nicht weiterarbeiten lassen würden und höchstens ein paar wenige, besonders befähigte Spezialisten, mit in die USA nähmen. Baade wolle mit den Amerikanern nichts zu tun haben, da sie sowieso alles besser wüßten. Er selbst verhandle bereits mit den Russen, die an deutscher Technik und den

Aus Auschwitz

Das Lied vom toten Kind das sich wärmen wollte

Es war ein Kind in Birkenau
Gegangen durch den Kamin
Das mußte jetzt im Winterwind
Am eisigen Himmel ziehn

Das kleine Kind war nicht allein
Es flogen als Asche und Rauch
Viele tote kleine Kinder mit
Und Neugeborne auch

Der Wind blies die Kinder vor sich her
Dem Kind war kalt und es fror sehr
Obwohl man es bei tausend Grad
Im Ofen eingeäschert hat

Da suchte das eisige tote Kind
Einen Ort wo es etwas Wärme findt
Es klopft an die Tür in einem Haus
Da kommt der Mördergeselle heraus

Der sieht das tote Kind und lacht
Und sagt eh er die Tür zumacht
Vergast hat man kein einziges Kind
Schade daß es nicht mehr gewesen sind

Das Kind klopft an im nächsten Haus
Da sieht der gute Bürger heraus
der hat freundlich dem toten kalten
Kind eine wärmende Rede gehalten

Was tot und vergast ist
muß man begraben
Der Bürger muß Ruhe und Ordnung haben
Vergangnes vergessen
sich der Zukunft zuwenden
Und mit Bedauern das Trauern beenden

Er wünscht gute Reise und gute Nacht
Und hat das Fenster zugemacht
Da kam ein Laut
als ob einer schreit
Vom Kind in seiner Verlassenheit

Das eisige Kind klopft wieder an
Da steht am Fenster ein frommer Mann
Der betet gleich für das tote Kind
Und sagt ihm Gottes Wege sind
nicht unsere Wege und sein Namen
Wird durch den Tod geheiligt Amen
Danach hat der fromme Mann bewegt
Sich wieder in sein Bett gelegt

Da hat das Kind zu weinen begonnen
Aus seinen Augen ist Eis geronnen
Es hat Mutter gerufen und
hilf deinem Kind
Doch die Mutter flog
in einem anderen Wind

Das tote Kind in seiner Qual
Hat angeklopft ein letztes Mal
Da kommt ein progressiver Mann
Ans Fenster und fängt zu reden an

Er empfände subjektiv Sympathie
Und über Faschismustheorie
Habe er Seminare geführt
Und die toten Kinder ausdiskutiert
Die Thematik als eingeordnet verlassen
Jetzt müsse er sich
mit Aktuellem befassen

Aber da ist ein Wunder geschehn
Der Mann hat sein eignes Kind gesehn
In dem toten
und wollte mit seinem Leben
Ihm Schutz und Zuflucht
und Wärme geben

Auf einmal bricht in brüllenden Flammen
Der Himmel in Feuer
und Rauch zusammen
Wie das vorbei war war das Kind weg
Am Fenster blieb nur ein grauer Fleck
Der flog auch bald fort im eisigen Wind
Vielleicht war er von dem toten Kind

Es war ein Kind in Birkenau
Gegangen durch den Kamin
Das mußte jetzt im Winterwind
Am eisigen Himmel ziehn

Das kleine Kind war nicht allein
Es flog als Asche und Rauch
Viele tote kleine Kinder mit
Und Neugeborne auch

Gedenken heißt zu fragen: Wie konnte es geschehen?

Nicht zu vergessen heißt: Das Wesen der Dinge verstehen und entsprechend handeln.

Auschwitz nie wieder zuzulassen heißt: Gegen Eliten und das Elitedenken kämpfen. Denn das Gegenteil ist der Untermensch.

Ingenieuren viel größeres Interesse zeigten. Das berühmte Junkerswerk und der Kern der Mannschaft müßten doch erhalten bleiben. Im Gegensatz zu den Amerikanern würden die Russen das auch so sehen.

Und so kam es dann auch. Während von den Junkersleuten nur ganz wenige und immer nur einzeln in den USA Fuß faßten (z.B. Windkanalchef Philipp von Doepp, der Leiter der Jumo-Strahltriebwerksforschung Dr. Anselm Franz, der einstige Chefaerodynamiker Dr. Sighard Hoerner), übernahm die Sowjetunion komplette Werke und ließ sie weiterarbeiten. Frankreich zog wenigstens größere Gruppen von Ingenieuren zusammen, die an einer gemeinsamen Aufgabe arbeiten durften.

Noch bevor am 5. Juli 1945 ein sowjetischer Stadtkommandant Dessau übernahm, schleusten die Amerikaner die Direktoren und Vorstandsleute Zindel, Thiedemann, Kürner, Nissen, Dr.

Hiroshima: Eine Machtdemonstration verantwortungsloser Politiker und Militärs am 6. August 1945. Dies war eine Fortsetzung der menschenverachtenden faschistischen Politik mit neuen Mitteln. So lange die Intelligenz der Großbourgeoisie auf den Leim geht oder sich einfach kaufen läßt, wird Hiroshima als Anklage bleiben.

Deutschland				
Muster	**Rüstmasse (1)**	**Stückzahl (2)**	**1 x 2**	**Summe**
Ju 52	6.665 kg	5.000 Stck	33.325 t	
Ju 87	2.760 kg	5.000 Stck	13.800 t	
Ju 88	8.620 kg	15.000 Stck	129.300 t	
Junkers				**176.425 t**
Me 109	2.265 kg	32.176 Stck	72.878 t	
Me 110	5.090 kg	6.000 Stck	30.540 t	
Me 262	3.800 kg	1.400 Stck	5.320 t	
Messerschmitt				**108.738 t**
Fw 190	3.170 kg	20.000 Stck	63.400 t	
Focke-Wulf				**63.400 t**
He 111	8.015 kg	7.300 Stck	58.509 t	
He 177	20.180 kg	1.000 Stck	20.180 t	
Heinkel				**78.689 t**
Materialmenge gesamt				**421.932 t**

Großbritannien				
Muster	**Rüstmasse (1)**	**Stückzahl (2)**	**1 x 2**	**Summe**
Lancaster	16.738 kg	7.366 Stck	123.292 t	
Wellington	11.940 kg	11.462 Stck	136.856 t	
Mosquito	7.082 kg	6.711 Stck	47.527 t	
HP Halifax	17.500 kg	6.168 Stck	107.940 t	
Bomber				**415.615 t**
Spitfire	2.225 kg	20.351 Stck	45.280 t	
Hurrican	2.630 kg	14.223 Stck	37.432 t	
Jäger				**82.712 t**
Materialmenge gesamt				**498.327 t**

Ernst Zindel (li.) flogen die Amerikaner in die amerikanische Besatzungszone aus, der Waffenexperte Gustav Steuerlein erarbeitete für die sowjetischen Behörden in Dessau die technische Dokumentation über die Bewaffnung der verschiedenen Junkers-Flugzeuge.

Gründer, Kuhnen, Dr. Lichte, Gesche und Liebelt aus Dessau aus. In den Junkerswerken begann mit dem Wechsel von amerikanischer zur sowjetischen Besatzungszone nach den Wochen des Plünderns und Abtransportierens alles Wichtigem der teilweise Wiederaufbau des zerstörten Werkes. Dipl.-Ing. Brunolf Baade wurde Chefkonstrukteur des Kernwerkes in Dessau, also auch von der Jumo. Die organisatorische Leitung hatte Oberstleutnant Olechnowitsch.

Wenn man zum Ende des Krieges eine Bilanz ziehen will über die eingesetzte Kriegstechnik und ihre „Effektivität", dann läßt sich das am einfachsten anhand der produzierten Tonnage an Kriegstechnik tun. Eine Aufstellung der wesentlichsten Flugzeugtypen auf allen Seiten der Fronten zeigt ein klares Bild der materiellen Überlegenheit der Alliierten. Die nebenstehenden Tabellen mit den gebauten Flugzeugen Deutschlands, Englands, der UdSSR und der USA zeigen (wenn man die Stückzahlen mit den Rüstmassen teilweise auch den Leermassen multipliziert), daß im angeblich von der deutschen Marine ausgehungerten England mehr Flugzeug-Tonnage als in Deutschland produziert worden ist. Die UdSSR liegt dagegen quantitativ mit Deutschland gleich auf. Ins Auge springt außerdem die riesige Materialmenge, die in den USA in dieser Zeit produziert worden ist, und die fast genauso hoch ist wie die der drei anderen Staaten zusammen.

Allein diese wenigen nüchternen Zahlen sagen über die Potentiale der Länder mehr aus, als alle Aufstellungen über Arbeitskräfte, Kapitaleinsatz, geförderte Rohstoffe usw. usf.

Schlachtflugzeug IL-2-M3

USA				
Muster	Rüstmasse (1)	Stückzahl (2)	1 x 2	Summe
B-17	24.900 kg	12.731 Stck	317.002 t	
B-24	16.600 kg	18.188 Stck	301.588 t	
B-25	9.100 kg	9.816 Stck	89.325 t	
B-26	11.476 kg	5.157 Stck	59.181 t	
B-29	33.000 kg	2.000 Stck	66.000 t	
Bomber				**833.096 t**
DC-3/Dakota	8.041 kg	9.000 Stck	72.369 t	
DC-4/C-54	20.000 kg	1.088 Stck	21.760 t	
Transporter				**94.129 t**
P-39 Airocobra	2.560 kg	9.558 Stck	24.468 t	
P-40	2.720 kg	13.733 Stck	37.353 t	
P-47 Thunderbold	4.990 kg	15.634 Stck	78.013 t	
P-51 Mustang	3.460 kg	3.000 Stck	10.380 t	
Jäger				**150.214 t**
Materialmenge gesamt				**1.077.439 t**

Dagegen fällt eine qualitative Auswertung schon schwerer. Aber, und das muß gleich an erster Stelle gesagt werden, in den großen modernen Kriegen entscheiden nicht die geringen qualitativen Unterschiede, sondern einzig und allein die Materialmengen. Der Grund ist einfach: Die Welt ist mittlerweile so vernetzt, daß an jeder Stelle der Erde in kürzester Zeit die gleichen technologischen Bedingungen geschaffen werden können. Große Kriege werden damit immer langwieriger und sinnloser.

Bei den ersten technischen Auswertungen des alliierten Beutegutes gab es 1942 beim RLM und den deutschen Flugzeugherstellern großes Erstaunen. Trotz schlampiger Ausführung der Fertigung an amerikanischen Jägern, die überhaupt nicht mit deutscher Wertarbeit (besonders der von Junkers) zu vereinbaren war, überzeugten die Leistungen der gegnerischen Flugzeuge. Mit stärkeren Motoren ausgerüstet, waren sie den deutschen teilweise überlegen. Und auch die Fertigungszeiten waren wesentlich geringer. Frontreparaturen fanden kaum statt. Die großen amerikanischen Werke produzierten meist schneller ein neues Flugzeug, als ein altes repariert werden konnte. So erlangten sie im Laufe des Krieges immer größere Überlegenheit. Verwunderlich war auch die „Zähigkeit" der sowjetischen Jäger und Schlachtflugzeuge, die teilweise oder fast ganz aus Holz bestanden. Feines Holz wuchs in den „sibirischen" Fabriken praktisch vor dem Werkstor. Die bei den Deutschen bis 1941 noch vorherrschende Überlegenheits-Mentalität wich nun der Ernüchterung. So brachten die Junkers-Ingenieure die Erkenntnis mit nach Dessau, daß man auch in der übrigen Welt verstand, gute Flugzeuge zu bauen. Ob dies anspornte oder lähmte, hing meist von den technischen Vorgesetzten ab, ob sie mit neuen Ideen ihre Leute motivieren konnten oder nicht.

Warum aber geben sich überhaupt Ingenieure dafür her, einem verbrecherischen System ihr Wissen zu leihen? Ist es das gutbürgerliche Leben in Verbindung mit gesellschaftlicher Anerkennung und gesellschaftlichem Aufstieg? Ist es Eitelkeit, Überheblichkeit, Borniertheit? Oder ist es die falsche Liebe zum Heimatland? Proletarier haben bekanntlich keine Heimat. Aber was ist ein Ingenieur? Bürger oder Lohnarbeiter?

Boeing B-29 „Stratofortress": Das größte Kampfflugzeug des 2. Weltkrieges mit einer Startmasse von 62 t warf 1945 die erste Atombombe (zu viel mehr war es auch nicht fähig), während das kampfstärkste Kampflugzeug, die Iljushin IL-2-M-3, zugleich das kleinste mit nur auf 5,6 t Startmasse war.

UdSSR				
Muster	Rüstmasse (1)	Stückzahl (2)	1 x 2	Summe
IL-2-M3	4.500 kg	36.123 Stck	162.553 t	
Schlachtflugzeuge				**162.553 t**
Jak-1	2.330 kg	8.721 Stck	20.320 t	
Jak-3	2.000 kg	4.560 Stck	9.120 t	
Jak-7	1.433 kg	6.399 Stck	9.170 t	
Jak-9	2.105 kg	14.514 Stck	30.552 t	
La-3	2.650 kg	6.528 Stck	17.299 t	
La-5	2.800 kg	10.000 Stck	28.000 t	
La-7	2.270 kg	5.752 Stck	13.057 t	
MiG-3	2.600 kg	3.322 Stck	8.637 t	
Jäger				**136.155 t**
IL-4	5.400 kg	5.256 Stck	28.382 t	
Pe-2	5.870 kg	11.427 Stck	67.076 t	
SB-2bis	4.060 kg	6.656 Stck	27.023 t	
Bomber				**122.481 t**
Materialmenge gesamt				**421.189 t**

Junkers verlegt an die Wolga

Am frühen Morgen des 22. Oktober 1946 ist Dessau von sowjetischem Militär umstellt. Lkw-Kolonnen fahren in die Stadt, verteilen sich und machen vor den Häusern und Wohnungen der im Junkerswerk beschäftigten Ingenieure und Arbeiter halt. Die Spezialisten werden samt Familien sowie dem gesamten Hausrat auf die Lkw's verladen und zum Bahnhof transportiert. Noch am selben Tag beginnen die Vorbereitungen für die Demontage aller Werksanlagen. Die Junkerswerke und andere Betriebe der sowjetischen Besatzungszone ziehen in die UdSSR um.

Nach der Erstellung umfangreicher Dokumente für die Sowjets begann bei Junkers in Dessau ab September 1945 wieder die Konstruktionsarbeit. Unter Chefkonstrukteur Brunolf Baade entstanden die Flugzeuge EF-126, EF-131 bis 137 bis zum Abtransport im Oktober 1946. Das Bild zeigt im Dessauer Konstruktionsbüro die neue technische Leitung der Junkerswerke, die für fast 2.000 Beschäftigte verantwortlich war. Gemeinsam hatte man für die UdSSR die Ju 287 neu erschaffen und aus ihr den Großbomber JU/EF-132 entwickelt, der 16 t Bomben mit 850 km/h Reisegeschwindigkeit transportieren sollte.

In den sowjetisch besetzten Gebieten begann im Sommer 1945 die Instandsetzung der Betriebe und die Produktion dringend benötigter Gebrauchsartikel. Durch die Umwandlung wichtiger Betriebe in sowjetische Aktiengesellschaften standen Geld und Nahrungsmittel aus sowjetischen Kontingenten zur Verfügung, so daß der Neubeginn wesentlich leichter fiel. In der Ostzone ging es 1945/46 steiler wirtschaftlich bergauf als in den Westzonen. Erst mit dem Beginn der Demontagen der zweiten und dritten Welle ab 1947 erlahmte der Aufbauwillen. Zugleich unterbrachen sie jede für sich den gerade mühsam in Gang gekommenen Wirtschaftskreislauf. Der Hunger begann zu grassieren. Die Junkerswerker bekamen davon nichts mehr mit.

Der Verhandlungsführer mit den Sowjets, Brunolf Baade, rückte im Sommer 1945 zum Technischen Leiter der Junkerswerke auf. Er nannte sich fortan nach sowjetischem Vorbild Chefkonstrukteur. Der eigentliche Chefkonstrukteur war der Stellvertretende Chefkonstrukteur, also der neue Ernst Zindel. Er hieß Fritz Freytag und war bis dahin der Leiter der Projektabteilung. Von den

„The Day After" könnte dieses Bild heißen, das am Tag nach dem großen Bombenangriff der Amerikaner vom 16. August 1944 auf die Junkerswerke aufgenommen worden ist. Die am oberen Bildrand verlaufende Eisenbahnlinie teilt das Werk in Jumo-Motorenwerk (oben) und Flugzeugwerk (unten).

Datum	Zug-Nr.	Laufweg	Ladegut	Ladegewicht (in t)	Wagen
1. abgefertigt an der Grenzübergangsstelle Frankfurt (Oder):					
23.10.46	6402	Berlin Ostgüterbahnhof – Brest	Umzugsgut[1)]	620	28
	P 501	Frankfurt (Oder) – Brest	Deportation[1)]	–	30
	6414	Hoppegarten – Brest	Spezialisten[1)]	440	44
	6717	Erkner – Brest	Facharbeiter[1)]	–	45
24.10.46	7167	Dessau – Brest	Deportierte[1)]	390	35
25.10.46	6713	Jena – Brest	Umzugsgut[1)]	490	43
26.10.46	6339	Erfurt Nord – Brest	deutsche Gefangene[2)]	195	26
01.02.47	6518	Neubrandenburg – Brest	deutsche Gefangene[2)]	270	59
	6423	Oranienburg – Brest	sowjetische Gefangene[3)]	–	56
03.02.47	6507	Bautzen – Brest	Häftlinge[2)]	300	60
06.02.47	6417	Brandenburg – Minsk	Beuteloks[4)]	–	26
13.02.17	6421	Falkenberg – Brest	Lokzug + 11 Wagen[5)]	760	–
17.02.47	6425	Magdeburg – Brest	Weizenmehl	875	52
18.02.47	6469	Jüterbog – Grodno	deutsche Häftlinge[2)]	280	56
19.02.47	6573	Dresden – Moskau	Kachelöfen	980	56
20.02.47	6519	Torgau – Brest	sowjetische Gefangene[3)]	–	–
23.02.47	6425	Nachterstedt – Brest	Maschinenteile	760	52

Bild links: Die Reichsbahn listete die Reparationszüge in die Sowjetunion exakt auf.

Bild unten: Das riesige Junkerswerk verlegte auf Befehl der UdSSR komplett von Dessau nach Podberesje (Flugzeuge) und Kuibyschew (Motoren), beides Orte, die an der Wolga liegen.

beiden Abteilungsleitern der Projektgruppe, Dr. Kurt Cramer und Hans Wokke, stieg Hans Wocke zum neuen Entwurfschef auf, weil Hans Gropler für die Franzosen arbeitete und Dr. Cramer im Sommer 1944 auf der Straße nach Raguhn tötlich verunglückt war. Baade gelang es bis zum Herbst 1945, fast alle ehemaligen Mitarbeiter wieder um sich zu scharen, bis auf die wenigen Kräfte,

die von den Amerikanern in die westlichen Besatzungszonen geschafft worden waren. Das lag nicht zuletzt auch daran, daß bei Junkers gut gezahlt und ordentlich verpflegt wurde. Außerdem fragten die Russen nicht nach der politischen Vergangenheit und stellten neue anspruchsvolle Aufgaben.

Zunächst muß es auf sowjetischer Seite auch unterschiedliche Auffassungen über Sinn und Zweck des Weiterbestehens von Junkers gegeben haben. Die Vorgesetzten der ersten einrückenden Einheiten konnten aufgrund der amerikanischen Plünderungen nur ahnen, was ihnen hier entgangen war. Sie fragten sich, wie das verlorengegangene Beutegut wieder in ihren Besitz gelangen konnte. Zunächst versuchten sie es mit der Neuerstellung der technischen Dokumentationen, die die Deutschen aus dem Gedächtnis rekonstruieren sollten. Aber schon kurze Zeit später hatten sich die Auffassungen geändert. Es muß da offensichtlich Absprachen mit den zuständigen Ministerien, den sowjetischen Flugzeugherstellern und Forschungseinrichtungen gegeben haben, die einen besseren Weg gefunden hatten.

Ende 1945 hatten sich dann endgültig diejenigen Kräfte in der sowjetischen Führung durchgesetzt, die das deutsche Wissen besonders über den Schnellflug und die Strahlturbinen auf „seminarhafte Weise“ erwerben und es anschließend ihren eigenen Konstruktionsbüros als bereits „verinnerlichtes“ Wissen bereitstellen wollten. Dieser Weg war genial. Er bestand darin, den einzelnen Abteilungen der Junkerswerke junge sowjetische Ingenieure beizustellen, damit sie die Technik verstehen lernten und zugleich die gesamte Herangehensweise und die abteilungsübergreifende Zusammenarbeit. Noch Jahrzehnte später konnte man sowjetische Ingenieure treffen, die bei bestimmten Fragen ihr in der Junkerszeit angelegtes Notizbuch zückten und darin auf ihr angelegtes Junkerswissen zurückgriffen, das in übersichtlichen Tabellen und Formelsammlungen zusammengefaßt war.

Am 1. Oktober 1945 hatte indes Junkers-Verwaltungschef Oberstleutnant Olechnowitsch (ein sehr rabiater Offizier, der später erschossen wurde, weil er betrunken ein Kind überfahren hatte) einen Befehl an Baade gegeben mit folgendem Wortlaut:

1. Es sind alle Vorbereitungen zu treffen, 5 Musterflugzeuge EF-126 zu bauen, insbesondere ist das Material dafür sicherzustellen. Es darf nicht für den zivilen Sektor verwendet werden.

Der Beschluß zum erneuten Bau der Ju 287 erfolgte im Oktober 1945. Fertige Bauteile und Material für die ersten vier V-Maschinen lagerten verstreut in verschiedenen Junkersbetrieben.

Bild links: Die Ju 287 mit zwei Mikulin-Triebwerken AM-TKRD-01 von je 3.300 kp Schub während der Erprobung im September 1948 in Topli Stan.

Bild unten: Bei dieser Aufnahme kann man deutlich die „Eselsohren“ am Höhenleitwerk erkennen, die in den Schubstrahl ragten und bewirkten, daß beim Gasgeben der Pilot vom Höhenrudergeben entlastet wurde.

Bild rechts: Computersimualtion einer JU/EF-131-Staffel.

2. Der Flugklartermin ist auf den 1.2.46 vorzuverlegen.
3. Die Flugzeuge und Attrappen sind in einer eigenen abgeschlossenen Werkstatt zu bauen, zu der nur die zum Bau unmittelbar notwendigen Leute Zugang haben.
4. Die Arbeiten sollen als Versuchsstücke bezeichnet werden, so daß für den einzelnen möglichst unerkenntlich ist, was geschieht.
5. Das Konstruktionsbüro wird erneut auf die Geheimhaltungsbestimmungen aufmerksam gemacht. Bei Verstößen gegen die Geheimhaltung wird nicht nur der Schwätzer, sondern auch seine Familie erschossen.
7. Mit dem Bau der Attrappe soll sofort begonnen werden. Sie soll am 20.10. abgenommen werden.
Entwicklungs- und Konstruktionsleitung
gez. Baade

Mit diesen rauhen Sitten war die Front auch im Junkers-Konstruktionsbüro angekommen. Der Befehl, nicht nur den Schwätzer zu erschießen, sondern auch die gesamte Familie, hat den Beteiligten bis zu ihrem Tod den Mund verschlossen. Zu berücksichtigen ist natürlich, daß der Krieg selbst die Sitten bis ins grausamste verroht hatte.

Dipl.-Ing. Wilhelm Hundt (13.4.1906) studierte in Hannover Maschinenbau. 1933 Assistent am Institut für Aerodynamik an TH Hannover. 1934 Teilkonstrukteur bei Fieseler. Ab 1. September 1934 bei Junkers im Kobü-Rumpfende und Leitwerk. Leitwerk Ju 89 und Ju 90. Wärmeisolation Höhenkammer Ju 86 P. Werkstattbetreuung Ju 288 V1. 1941 Konstruktionsberater bei Junkers in Rüsselsheim (Opel). Ab 14.8.42 im Kobü Prag Chef von 60 tschechischen Ingenieuren. Arbeit an Ju 290, Ju 252, Ju 388 und Ju 287. Von 1946 bis 1952 in UdSSR als Versuchsing. für Bruchversuche tätig. Ab 1955 im Dresdner Flugzeugbau bis zum Ende 1961.

Die befohlene Teilung der Junkerswerke in Zelle, Triebwerk und Flugerprobung

Die Ju 287 war der wichtigste Technologieträger der deutschen Flugzeugindustrie. Taktisch dagegen war das Flugzeug wertlos. Das hatten die sowjetischen Konstruktionsbüros schnell erkannt. Das anfängliche Interesse der Militärs an der Ju 287 wich deshalb dem Interesse der sowjetischen Luftfahrt-Forschungsstellen, diese Technologie und das Wissen um sie der eigenen Flugzeugindustrie zugänglich zu machen.

Das wissenschaftlich-technische Potential der Junkerswerke mit seinen über 5.000 Ingenieuren sollte jedoch aus Kostengründen nicht vollständig erhalten bleiben. Es ging also darum, die Leistungsträger aus den 5.000 herauszufiltern und sie dann für die Luftfahrtindustrie der UdSSR einzuspannen. Diese Leute zu finden, überließ man einfachhalber den Deutschen. Olechnowitsch gab Baade zu verstehen, daß die Geheimhaltung gegenüber der Weltöffentlichkeit nur gewahrt bleiben könne, wenn die Anzahl der Mitarbeiter auf das unbedingt notwendige Maß abgesenkt würde. Baade war also gezwungen, diejenigen nach Hause zu schicken, auf die er am ehesten verzichten konnte.

Obwohl die russische Seite nur die fachliche Qualifikation der Leute gelten ließ, sah sie bei den Führungskräften doch auf die politischen Noten: Baade, Freytag und Wocke waren nie Mitglieder der NSDAP gewesen, ja, sie standen diesen Auffassungen äußerst ablehnend gegenüber. Bei Baade dürfte darüberhinaus sein sechsjähriger USA-Aufenthalt als weiterer Vorzug vor zum Beispiel Hans Wocke eine Rolle gespielt haben, obwohl Wocke einer der wenigen war, die noch ein komplettes Flugzeug auf das Papier zu bringen vermochten.

Die Flugerprobung der EF-131 V1 ruhte vom Sommer 1946 bis zum Frühjahr 1947. Erst dann war die V1 wieder flugklar. Da das Flugzeug sowieso keine Rolle in den Produktionsplänen der UdSSR spielte, wurde die Erprobung nur halbherzig betrieben. Weil die Erprobung sowjetischer Muster absoluten Vorrang hatte und in Podberesje kein Flugplatz existierte, erfolgte der Einflug in L II Ramenskoje, weitab von Junkers.

Um endlich eine Ju 287 in die Hände zu bekommen, mußte der Versuchsbau in Dessau zum Laufen gebracht werden. Umfangreiche Investitionen tätigten die Sowjets in den Wiederaufbau der Fertigungsanlagen, Prüfstände und Windkanäle. Im Dezember 1945 schrieb Baades Planungschef Boris Mindach in der Mitteilung 297/1945 bezüglich der JU/EF-131 A:

1. Es sind für 3 Maschinen drei komplette Waffensätze 131Z mit Fernantrieb FA-15, Ölmotoren, Steuergeräten, Periskope... bis Ende Dezember 1945 zu beschaffen.
4. Einbau der Waffensätze in 131 V1, V3 und V4 a.) Erstellung der Teile bis März 1946 b.) Einbau in V1 im April und Mai 1946.

Noch im Januar 1945 war vom RLM für 4 Stück Ju 287 die Produktionsfreigabe erfolgt, der Bau der Teile und Baugruppen für vier V-Maschinen bis April größtenteils abgeschlossen, so daß die Endmontage hätte beginnen können. Das Kriegsende unterbrach die Arbeiten, aber die Teile lagen verstreut in den Herstellerbetrieben. Baade ließ die Teile einsammeln und daraus die drei flugfähigen EF-131 A-1 sowie die Bruchzelle V2 erstellen. Die flugfähige 131 V1 meldete Brunolf Baade am 12. August 1946 fertig, das Flugzeug war aber schon seit Juli 1946 in der Rollerprobung. Schubmessungen waren ebenfalls schon erfolgt. Die V1 steuerten der Pilot Heinz Schreiber und Bordwart Günter Schröter. Ein Flug war noch nicht möglich, da an den Fahrwerksklappen und der Bremsschirm-Betätigung noch Änderungen eingearbeitet werden mußten. Deswegen die späte Fertigmeldung von seiten Baades. Die Bruchzelle V2 befand sich bereits im Festigkeitslabor zur Erprobung. Die Produktion der 131 V3 und V4 lief auf vollen Touren. Das Junkerswerk war im Sommer 1946 in den wichtigsten Teilen wieder produktionsfähig, größere Teile standen aber der Konsumgüterproduktion zur Verfügung, um die Bevölkerung mit dringend benötigten Haushaltsgegenständen zu versorgen. Nichts deutete auf eine Verlagerung des Werkes in die UdSSR hin. Nur einige kluge Leute reimten sich diese Möglichkeit aus den vielen kleinen Vorkommnissen zusammen. Die Flugfreigabe der 131 ließ auf sich warten, obwohl bis dahin alle Termine des Flugzeuges sehr dringend waren. Im September 1946 kam dann der Befehl, die JU/EF-131 V1 für den Bahntransport nach der Erprobungsstelle Rechlin zu zerlegen.

Die Sowjets ließen die Junkersmannschaft bis zuletzt in dem Glauben, alles liefe so weiter wie bisher, nur die Flugerprobung müsse weiter östlich erfolgen, um die Engländer und Amerikaner nicht zu sehr zu reizen. Etwa einen Monat dauerte die Zerlegung des Flugzeuges und die Bahnverpackung. Der Zug setzte sich Anfang Oktober in Bewegung, und auch die Erpobungsmannschaft stieg in zwei IL-12 und flog davon. Zwischengelandet sind dann die Maschinen in Brest. Dort erfuhren die rund 30 Leutchen von Stalins Sohn, daß der Aufenthalt in der Sowjetunion zwei Jahre dauern würde und auch die übrigen Junkersleute nach der Sowjetunion geholt würden (eine Warnung an die Daheimgebliebenen war nicht mehr möglich). Der Flug endete schließlich im Luftwaffen-Erprobungszentrum L II bei Moskau.

Die Ahnungslosigkeit in Dessau verflog langsam, als von Rechlin keine Rückmeldungen kamen. Aber was sollte man tun? Vielleicht war es ja doch nur die Flugerprobung, die in der Sowjetunion erfolgen sollte. Die guten Verdien-

Eine von zwei Aufnahmen, die das Flugzeugwerk in Podberesje zeigen. Im großen vorderen Kopfbau saß links Junkers, rechts Siebel unter Chefkonstrukteur Heinz Roessing. Davor (helles Gebäude) das Hotel. Siebel baute an dem 2-Mach-Flugzeug DFS 346, während Junkers die EF-131, 140 und 150 hier fertigte.

Ferdinand Brandner in Upra als Holzhacker.

Sportveranstaltung von Junkers und Siebel in Podberesje vor dem ehemaligen Wasserflugzeugwerk, das die Amerikaner 1936 bis 1938 errichtet hatten. Da das Werk keinen Flugplatz aufwies (die Wolga hatte den Wasserflugzeugen als Startplatz gedient), mußten die Flugzeuge zerlegt und zum Flugplatz Ramenskoje transportiert werden. Hinter dem Kopfbau lagen die Produktionshallen, die bis unmittelbar an den Fluß reichten.

ste und das ausreichende Essen bei der Sowjetischen Aktiengesellschaft namens Junkers lullten eben doch ein.

Der Zugriff der sowjetischen Behörden kam schlagartig und über Nacht. In der Nacht zum 22. Oktober riegelten bewaffnete Kräfte Dessau hermetisch ab. Um 5.00 Uhr morgens, nachdem überall Lkw's vorgefahren waren, trommelten russische Soldaten an die Türen der zur Deportation vorgesehenen Junkerswerker. Vollkommen übertölpelt blieb ihnen nichts anderes übrig, als den Befehlen Folge zu leisten. Die Soldaten hielten sich dabei streng an die Namenslisten. Wer nicht draufstand, kam nicht mit. Ausdiskutiert wurde nur, wer von den Familienangehörigen bleiben durfte bzw. zusätzlich mit mußte. So wurden auch die Großeltern derjenigen Spezialisten aufgeladen, die keine weiteren Familienangehörigen hatten und deshalb mit zu versorgen waren.

Insgesamt wurden an diesem 22. Oktober 1946 rund 940 Ingenieure und Arbeiter plus die Familienangehörigen plus alles Hab und Gut auf die Lkw geladen und zum Dessauer Bahnhof gefahren. Die Leute saßen dann noch zwei Tage unter Bewachung im Zug, bis der Troß sich gen Wolga in Bewegung setzte. Doch die Überraschungen waren lange noch nicht zu Ende. Die in über 20 Jahren gewachsene Einheit der Junkerswerke von Zelle und Triebwerk wurde nun künstlich aufgebrochen. Die eine Hälfte von Junkers landete in dem 100 km nördlich von Moskau gelegenen Dorf Podberesje, die andere Hälfte, nämlich die Triebwerker, fuhren südlicher in Richtung Kuibyschew. Das Nest, in dem sie landeten, hieß Uprawlentscheski, kurz Upra genannt, und es bestand wie Podberesje auch vorwiegend aus Holzhäusern. Beide Orte lagen an der Wolga, aber durch 1.000 km

Aerodynamisch waren Ju 287 B-1 und JU/EF-131 A-1 (beide mit Jumo-Drillingen) nahezu identisch. Ein vergrößerter Nasenradius am Flügel der 131 sollte die Reichweite verbessern. Der Rumpf war bei der 131 verlängert worden, wahrscheinlich ebenfalls wegen einer Reichweitenvergrößerung. Ansonsten konnten von den angearbeiteten Teilen der vier Ju 287 alle übernommen werden. Eine Neuanfertigung, z.B. des Integralteils „Brücke", wäre nicht mehr möglich gewesen, weil die 30.000-Tonnen-Presse in Bitterfeld bereits demontiert war. Ein Ersetzen der komplizierten Sechsertriebwerksanlage gegen zwei Jumo 012 war immer im Gespräch und hätte das Flugzeug auch deutlich leistungsfähiger gemacht. Aus der zweiten EF-131 entstand 1948 die EF-140 zuerst mit Mikulin-Triebwerken, dann mit Klimow-WK-1-Triebwerken (Lizenz-Nene).

Seite 221: Brunolf und Anna Baade mit Werkstoff-Chef Heinz Eitner und weiteren Junkers-Leuten auf einer Wolga-Reise in die Stadt (um 1950). Da hatte man sich eingelebt.

Zeichnung zu Strömungsmessungen im Windkanal. Beim rückgepfeilten Flügel reißt die Strömung zuerst an den Spitzen ab.

Bild links: Die EF-140 mit automatisch ausfahrendem Vorflügel.

Luftlinie getrennt. Obwohl man den Deutschen die besten Unterkünfte des Ortes bereitstellte (etliche der Finnhütten waren erst kürzlich von Kriegsgefangenen errichtet worden), war für die meisten der „Kulturbruch“ doch ganz schön hart. Für die Führungsgruppen von Baade in Podberesje und Dr. Alfred Scheibe in Upra standen Wohnungen in gutbürgerlichen Steinhäusern bereit.

Nach zehntägiger Bahnfahrt war man in den „Verbannungsorten“ eingetroffen. Es war Anfang November und der harte russische Winter stand vor der Tür. Es galt, sich in kürzester Zeit im neuen Heim einzurichten. Im Grunde war man sich selbst überlassen. Man hatte zwar eine Unterkunft und eine Arbeit, aber darüberhinaus gehende Einrichtungen wie Schulen, Krankenbetreuung, Krankengeld, Freizeiteinrichtungen und städtische Abwechslungen gab es nicht. Der erste Winter war für alle schlimm. Es war beengt, es war kalt, die Zukunft ungewiß, im Werk herrschte ein Antreiberregime. Die Frauen leisteten in dieser Zeit übermenschliches, besonders wenn die Familien groß waren und es nur einen Verdiener gab.

Die Verlegung der Junkerswerke an die Wolga, der Abbau der Dessauer Junkerswerke, ihr Neuaufbau in Podberesje und Upra, das Ingangsetzen der Maschinen und letztlich der Produktion für die V-Maschinen und Triebwerke dauerte bis zum Herbst 1947. Aber auch da gab es noch keine Motorenprüfstände und Windkanäle. Die Produktions- und Entwicklungspläne vom Herbst 1946 verloren ihre Bedeutung. Besonders schwer hatten es die Zellenleute in Podberesje. Die Ansprüche der sowjetischen Behörden waren weiterhin hoch, aber die Bereitschaft zur Veränderung der katastrophalen Produktionsverhältnisse in Podberesje mehr als bescheiden. Entwicklung und Produktion der Vorhaben EF-131 und EF-132 litten darunter.

„Leben wie Herrgott in Frankreich“ war das zwar auch nicht, aber August-Wilhelm Quick (2.v.l.), Heinrich Hertel (3.v.l.) und Otto Frenzel (4.v.l.) samt der gegnerischen Fußball-Elf von BMW befanden sich 1948 in Frankreich doch näher an der „Zivilisation“, als die Baade-Truppe an den fernen Ufern der Wolga.

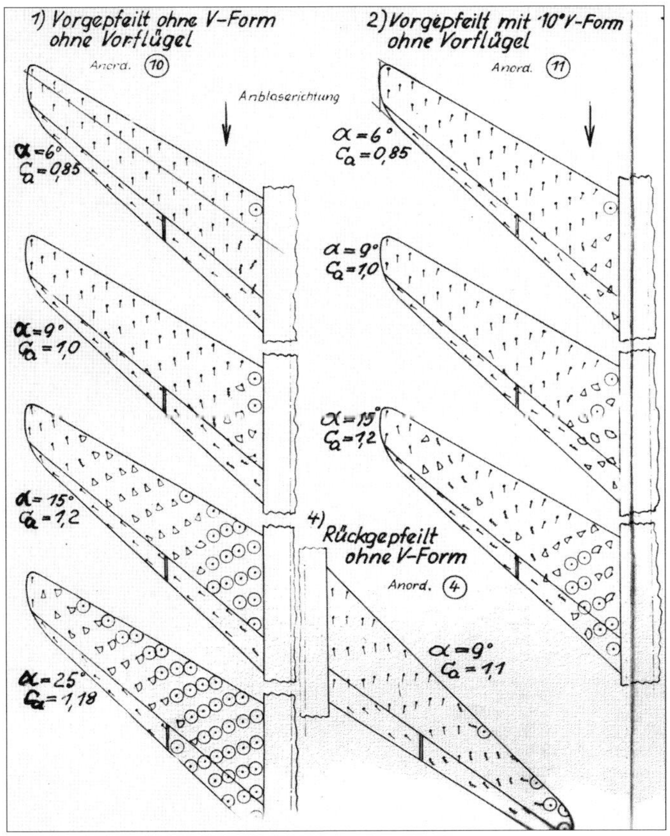

Vom Jumo-TL zum Jumo-PTL

Die Umsiedlung der Triebwerker von Dessau nach Kuibyschew zeitigte zunächst die gleichen Ergebnisse wie bei den Zellenleuten hinter Moskau: Hilflosigkeit, Zukunftsangst, Ernährungsprobleme und wenig Unterstützung seitens der sowjetischen Verantwortlichen. Für das mitgebrachte Triebwerk Jumo 012 gab es keine Prüfstände, die Werkzeugmaschinen und Produktionsanlagen wurden noch in Dessau demontiert, kurz, man mußte das Leben wie in einer Enklave neu organisieren. Mit der späteren Zusammenlegung von Jumo und BMW sowie durch Rückschläge bei sowjetischen Eigenentwicklungen gelang es den Deutschen nun endlich mit der Unterstützung der Sowjets, die PTL's Jumo 022 und NK-12 zur Serienreife zu führen.

Es ist kaum zu glauben, aber wahr, die Demontage des Junkerswerkes in Dessau war so vollständig und bis ins kleinste durchorganisiert, daß im 2.000 km entfernten Kuibyschew die Schreibtische und Zeichenbretter mit allen angesteckten Zetteln, Stiften, Spitzern und persönlichen Dingen genauso ankamen, wie sie verlassen worden waren. Das gleiche gilt für die sanitären Einrichtungen vom Waschbecken bis zur Kloschüssel. In Podberesje entstand sogar das Kraftwerk des Flugzeugwerkes, das 1935 in Dessau gebaut worden war, wieder neu. Nur die bauliche Hülle des Junkerswerkes blieb in Dessau. So auch die Motorenprüfstände, die Meßräume und Windkanäle. Die Innereien davon fanden sich ebenfalls in Kuibyschew und Podberesje wieder.

Insgesamt wechselten von Dessau an die Wolga neben den rund 1.000 Beschäftigten und etwa 3.000 Familienangehörigen auch alle Werkzeugmaschinen, Meßmittel, die kompletten Lagerbestände an Dural, legierten Stählen und sonstigen Materialien, die Beleuchtung, Fliesen, Heizkörper, Archivbestände, Tische, Stühle usw. Allein 5.300 Werkzeugmaschinen waren unter den

Das PTL Jumo 022 ohne Luftschraube von der hinten sitzenden Schubdüse aus gesehen. Es ist aus dem TL Jumo 012 entwickelt worden und deshalb sehr ähnlich aufgebaut. Zur Erzielung einer hohen Wellenleistung wurde die Turbine aber dreistufig ausgelegt, so daß nur noch ein Restschub von 500 kp die Schubdüse verließ.

9.975 registrierten Anlagen. Der Wertumfang dürfte die Milliardengrenze um einiges überstiegen haben. Mit auf den Bahntransport gingen drei JU/EF-126, eine JU/EF-131-Bruchzelle, zwei angearbeitete fliegende Exemplare und fünf Triebwerke Jumo 012. Die Produktionsanlagen für das Jumo 004 B sind ebenfalls verlagert worden. Aus ihnen entstand das Serienwerk Nr. 26 in Ufa.

In Upra bei Kuibyschew begann am 1. März 1947 wieder die Arbeit. Es ging um die Serienreifmachung des Triebwerkes 012 A. Nach dem Neuentwurf des Triebwerkes 1945 und dem Bau von sechs Versuchsmustern, dessen erstes am 25. Juni 1946 auf dem Dessauer Prüfstand gelaufen war und im August 1946 havarierte, mußte mit den verbliebenen fünf Triebwerken in Upra 1947 ersteinmal der Grund für die Havarie gefunden werden. Hier zeichneten sich die Werkstoffexperten Hans Steudel und Richard Lorenz aus, die den Zusam-

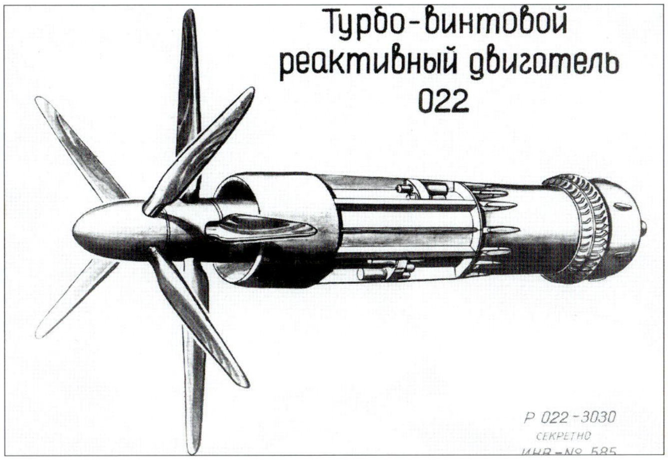

Deckblatt zum Technischen Projekt „Turbowintowoi reaktiwnuj dwigatjel 022“, also dem PTL Jumo 022.

Erholung an der herrlichen Wolga. Zwei braungebrannte deutsche Familien schauen den Holzflößern zu (Sommer 1952).

menhang von Korngröße und Dauerfestigkeit als Havarieursache erkannten. Da dem Jumo 012 höchste Priorität zukam, weil es in die Junkers EF-132 eingebaut werden sollte, verwundert es doch sehr, daß die sowjetischen Behörden sich kaum um die Fortschritte an dem Triebwerk kümmerten. Ferdinand Brandner erinnerte sich später, „daß bis zum Scheitern des 012 B im Jahre 1948 wir das Gefühl hatten, man ließe uns nur spielen“. Beim Staatslauf des Jumo 012 B im Oktober 1948 war in der 94. Stunde eine Turbinenschaufel gebrochen. Die Prüfungskommission verfügte zwar die Einstellung aller Arbeiten am Jumo 012, aber sofort danach wurde Brandner nach Moskau beordert, wo er in einem Zehn-Minuten-Gespräch die konkrete Aufgabe bekam, eine Propellerturbine von 6.000 PS Leistung zu entwickeln.

Die ganze Art und Weise des Umgangs der Russen mit den Deutschen läßt darauf schließen, daß auf russischer Seite verschiedene Interessengruppen in unterschiedliche Richtungen zogen. Die einen wollten überhaupt keine Deutschen im Lande haben und ihnen auch keinen Einblick in die Geheimnisse der Rüstung gewähren. Die anderen wollten sie einfach ein bißchen vor sich hin wursteln lassen und am Ende

Die von Ferdinand Brandner entwickelte kombinierte Ringbrennkammer mit zwölf Brennköpfen für das Jumo 022 von vorn und hinten. Unten: das Brennkammergehäuse als geschweißte Stahlkonstruktion, weil nur solche Bauteile konstruiert werden konnten, die in der eigenen Fertigung auch herstellbar waren.

mal sehen, was rauskommt, und wieder andere hatten das Potential erkannt und wollten es ausnutzen. In letzterer Gruppe gingen jedoch wieder die Meinungen auseinander, wie man am besten an das Potential herankäme. Schließlich hat sich Ende 1948/Anfang 1949 die Auffassung durchgesetzt, die Deutschen am Wettbewerb der russischen Konstruktionsbüros zu beteiligen. Sie sollten konkrete Projekte bearbeiten und bis zur Serienreife führen und ausserdem über ihre Arbeit ausführliche Berichte schreiben. Zugleich kam der Befehl bzw. das Verbot, ab sofort die deutschen Bezeichnungen für die Produkte wegzulassen, das heißt, nur noch die Zahlenfolgen zu verwenden. So wurde aus dem Jumo 012 das Dwigatjel (Aggregat) 012, aus dem Junkersbomber EF-150 die „150". Dieser Befehl von Stalin richtete sich gegen den um sich greifenden Kosmopolitismus, um alle Errungenschaften der Technik ausschließlich sowjetischen Forschern und Ingenieuren zuschreiben zu können.

Der Abbruch des Jumo 012 B tat niemandem weh, außer den Junkers-Zellenleuten in Podberesje, die an der EF-132 bauten und nun ihr Projekt auf die russischen Triebwerke AM-TKRD-01 umstellen mußten. Aber auch dieses Triebwerk wurde vom Konstruktionsbüro Alexej Mikulins aufgegeben, so daß die JU/EF-132 C zu keinem Triebwerk kam und zu den Akten gelegt wurde.

Das Jumo 012 B war eine komplette Neukonstruktion, die nach dem Eintreffen Ferdinand Brandners im Januar 1948 in Upra begonnen worden war, weil die hohe Verdichtung des Vorläufers nicht beherrscht wurde. Das Verdichtungsverhältnis nahm man von 6,5 auf 5,5 zurück und aus der zwölfköpfigen Einzelbrennkammer entstand eine Kombination aus Einzelbrennkammer und Ringbrennkammer mit vorzüglichem Ausbrand von 98 %, so daß das Triebwerk keine schwarze Rußfahne hinter sich herzog wie die englischen und amerikanischen Triebwerke bis in die 70er Jahre hinein. Der Abbruch am 012 B kam unerwartet, da das Triebwerk nach Brandners Auffassung serienreif war und die Gründe für den Schaufelbruch bereits erkannt waren. Aber das sowjetische Maschinenbauministerium hatte mit den Engländern im Sommer 1948 einen Vertrag über die Lieferung von Nene- und Derwent-Triebwerken abschließen können, um der MiG-15 Triebwerke geben zu können, weil weder die deutschen noch die russischen Turbinenhersteller weit ge-

Das Schema des Gastraktes des Jumo 022 mit Einlauf, 14-stufigem Verdichter, der kombinierten Ringbrennkammer, der dreistufigen Turbine und der Schubdüse. Das Jumo 022 leistete 4.500 PS plus 500 PS Restschub bei einer Drehzahl von 7.700 u/min. Das Gewicht betrug 1.650 kg ohne Schraube, Verkleidung, Hydraulik und Schubdüse.

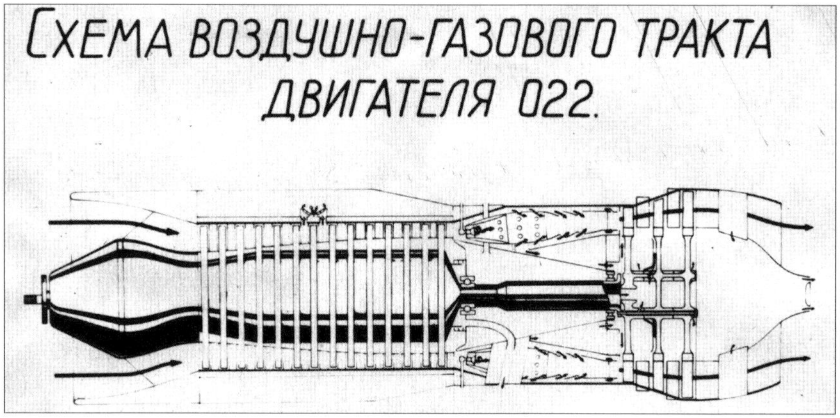

Die Brennkammer-Spezialisten in Upra: vordere Reihe, v.l.n.r.: Lüllwitz, Schmarje, Brandner, Gerlach, Dr. Werner Beck, Lange, Kasche hintere Reihe: Fuchs, Baumsteiger, Schädler, Jäger, Schenk

(1953) Die Töchter von Spezialist Helmut Banas, Ulrike und Christine, auf dem von Deutschen gebauten Fußweg, genannt Rennstrecke, der vor den Holzhäusern der deutschen Spezialisten entlang führte.

nug waren, ein serienreifes Triebwerk anbieten zu können. So fiel die Entscheidung zum Abbruch am Jumo 012 B den sowjetischen Behörden im Oktober 1948 ziemlich leicht.

Im November 1948 startete Ferdinand Brandner die Arbeiten am Jumo 022, das einen gegenläufigen Propeller bekommen sollte. Inzwischen waren die ebenfalls erfolglosen Triebwerker von BMW in das Junkers-Kollektiv integriert worden. Brandner nutzte die Gelegenheit, um die Verantwortlichkeiten neu und vor allem an die fähigsten Leute zu verteilen. Brandner stellte Dr. Alfred Scheibe kalt, löste die von ihm geleitete Abteilung Projektierung auf und schickte die Leute (wahrscheinlich Leipert und Dr. Schmidt) in ihre alten Abteilungen zurück, besetzte die Projektierung mit Dr. Josef Vogts, Dr. Gerhard Cordes und Hans Deinhardt neu, die auf dieser Position Hervorragendes leisteten, legte weiterhin die Berechnungsgruppe mit den entsprechenden Konstruktionsgruppen zusammen, um die Verantwortlichkeiten gezielter zu gestalten und gab anschließend Vollgas. Der Grund: Die Russen hatten versprochen, daß sie zwar fünf Jahre für das 022 Zeit hätten, aber sofort nach Fertigstellung des Triebwerkes nach Hause fahren dürften. Im September 1950 absolvierte das Jumo 022 nach nur zwei Jahren erfolgreich seinen Staatslauf. Es erreichte 5.000 PS und war bis weit über 6.000 PS weiterentwicklungsfähig. Die Unterlagen zum Triebwerk kamen sofort unter sowjetischen Verschluß, der erste Transport mit 600 Spezialisten durfte nach Hause fahren, der Rest mußte weitermachen und die fehlenden 600 Leute wurden durch russische Ar-

Bild links unten: Die Spezialisten für Kompressor+Anlasser v.l.n.r. unten: Frl. Pöll, Kranz, Brandner, Hans Deinhardt oben: Hartleib, Weckwert, Gütter, Stich, Börner, Sablinsky, Wiemann, Todt, Schüler

Bild rechts unten. Die Turbinenleute, v.l.n.r.: Rademacher, Cordes, Bake, Brandner, Hahnel, Dickel, Stadelmann, Dettmer, Paisker, Kirschner

beiter und Ingenieure ersetzt. Das Jumo 022 trieb die ersten PTL-Transporter AN-8 an und bildete gleichzeitig die Grundlage für die Weiterentwicklung zum TW-2F, das unter deutscher Hand, aber nun vor allem mit sowjetischem Personal, auf eine Leistung von 6.250 PS gebracht wurde. Es hatte statt drei jetzt vier Turbinen und einen größeren Luftdurchsatz durch verkleinerten Nabendurchmesser. Vom Jumo 022 sind

Deutsche Familienidylle in Upra 1953: Die Familie Glück hinter ihrem Wohnhaus zwischen russischen Birken.

insgesamt 18 Versuchsmuster gebaut worden. Die russische Parallelentwicklung vom Konstruktionsbüro Klimow ist noch vor dem Staatslauf des Jumo 022 eingestellt worden.

Das Versprechen, alle nach der Fertigstellung des Jumo 022 nach Hause zu schicken, hatte sich nur zum Teil erfüllt. Das Versprechen war aber auf 1953 bezogen gewesen. Etwa 200 Ingenieure blieben in Upra und harrten der Dinge, die da kämen. Es war der große Andrej Tupolew persönlich, der die Auf-

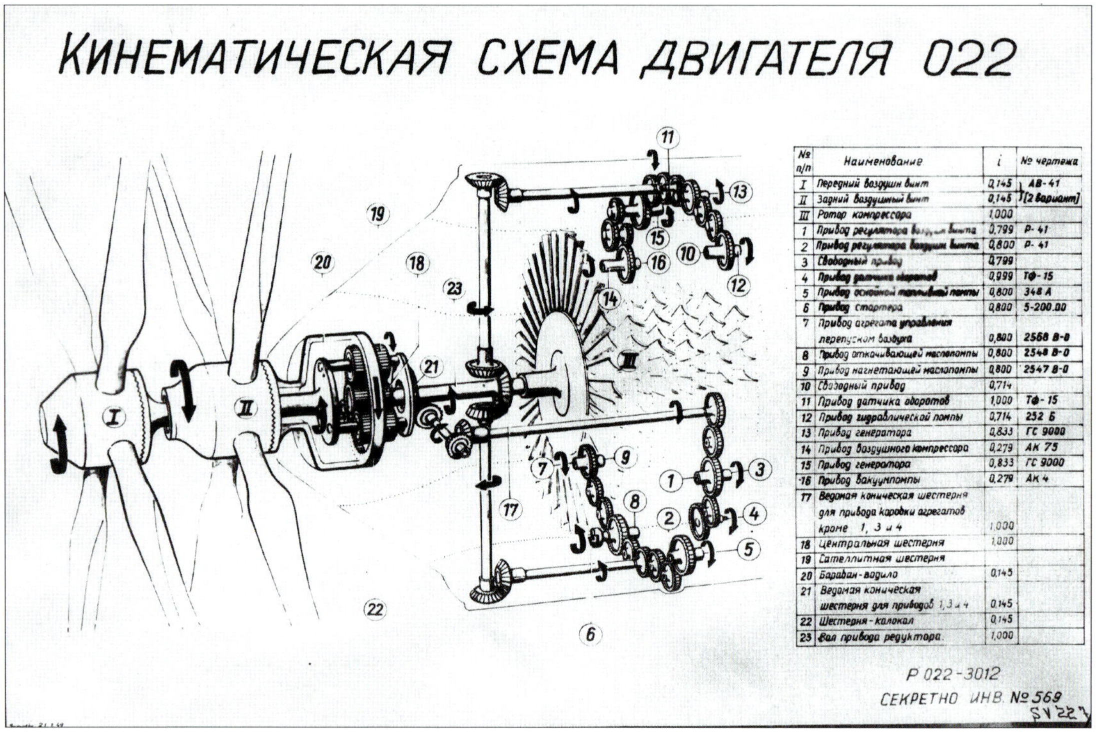

Die Abtriebe zur Steuerung und das Bockermann-Turbo-Planetengetriebe mit gegenläufiger Luftschraube und Verstellgetriebe des Jumo 022. Heinrich Enderlen hat die Vorkonstruktion für das Getriebe gemacht, während Heinrich Bokkermann die Detailkonstruktion mit seiner Abteilung Getriebe ausführte (Zeichnung vom 21. Januar 1949).

Geräte-,Getriebe- und Dokumentationsspezialisten in Upra. v.l.n.r.: Schotte, Frl. Plischke, Frl. Pöll, Schneider, Lange, Brandner, Hartlepp, Frl. Siebert, Sieding, Elze, Teuchert, Bockermann, Schott

gabe stellte, eine Propellerturbine mit 10.000 PS zu bauen. Er wollte einen riesigen Pfeilflügler schaffen, der mit vier sparsamen PTLs größter Leistung ausgerüstet eine Reichweite von 12.000 km bei 800 km/h Reisegeschwindigkeit erzielen sollte. (Die Tu-95 sollte später bis weit in die 70er Jahre hinein das Rückgrat der Langstreckenbomberflotte der UdSSR bilden.)

Ende 1950 begannen die Projektierungsarbeiten am NK-12. Noch im gleichen Jahr stieß die Dieselmotorengruppe von Manfred Gerlach mit etwa 45 Ingenieuren zur Brandner-Gruppe. Gerlach, der am 4.800-PS-Flugdiesel Jumo 224 gearbeitet hatte, verlor nach dem Staatslauf des Jumo PTL 022 den Auftrag, da Flugdiesel nun nicht mehr gebraucht würden. Gerlach übernahm in Upra die Brennkammer-Konstruktion von Waldmann, der nach Hause fahren durfte. Nikolai Kusnezow, der die Verantwortung für die Brandner-Truppe trug, forcierte auf Geheiß seiner vorgesetzten Dienststellen die Kopplung von zwei weiterentwickelten Jumo 022 mit der Bezeichnung TW-2F zum 2TW-2F. Vielleicht war das auch Tupolews Idee, da er das Jumo 022 kannte und sich durch eine Verdopplung den schnellsten Weg zu einem starken Triebwerk ver-

Christine Banas, die Wolga und das Sanatorium bei Upra 1952.

Verdichterhalbgehäuse mit eingelegten Leitschaufelkränzen. Im Bild oben ist der 14-stufige Verdichterrotor mit Leichtmetallschaufeln und Stahlschaufeln zu sehen.

sprach, damit wenigstens die ersten V-Maschinen schnellstmöglich in die Luft kamen. Ende 1951 standen zwei Triebwerke für die Prüfstandserprobung bereit. (Wie wichtig die russische Seite die Triebwerksfrage nahm, ist daran abzulesen, daß innerhalb von wenigen Wochen in Upra zwei riesige Prüfstände mit einem Querschnitt von 10x12m entstanden, obwohl sich hier jahrelang nichts bewegt hatte.) Am 12. November 1952 hob die Tu-95 V1 mit vier Doppeltriebwerken 2TW-2F ab. Am 11. Mai 1953 stürzte die V1 brennend ab, weil im Untersetzungsgetriebe ein Zahnrad gebrochen war. Das war zugleich das Aus für das Doppeltriebwerk, das die Deutschen von Anfang an nicht haben wollten. Parallel zum Doppeltriebwerk war das NK-12 entstanden, das naturgemäß länger brauchte als der Doppelmotor. (Daß Ferdinand Brandner die Katastrophe des Absturzes als Chef überlebt hat, lag daran, daß er nachweisen konnte, daß die Russen ohne zu fragen das Material des gebrochenen Zahnrades geändert hatten.)

Das NK-12 war von vornherein für 12.000 PS ausgelegt worden. Weitere Projektionsdaten waren: Druckverhältnis am Boden gleich 9 und in 11 km Höhe gleich 13, Kraftstoffverbrauch in 11 km Höhe 160 g/PSh, Turbineneintrittstemperatur 1150 ° Kelvin. Anfang 1953 erfolgten die ersten Prüfstandsläufe, die ohne Schwierigkeiten über die Bühne gingen. Die Vorteile des NK-12 gegenüber dem 2TW-2F waren augenscheinlich: ein Gewicht von 2.350 kg gegenüber 2.800 kg, zehn Prozent geringerer Kraftstoffverbrauch und ein um 82 Prozent kleinerer Stirnwiderstand. Doch das alles Entscheidende bei einem Langstreckenflugzeug war die viel höhere Betriebssicherheit. Auf diesem Gebiet war das NK-12 nur noch vom reinen TL zu schlagen, das weder Luftschraube noch Getriebe aufweist.

Das 1965 weltgrößte Flugzeug Antonow An-22 wäre ohne die größten Propellerturbinen der Welt, NK-12NW (mit 15.000 äPS), nicht vorstellbar gewesen.

Dipl.-Ing. Heinrich Singer (um 1900) studierte an TH Dresden Maschinenbau. Kam 1923 zu Junkers ins neu gegründete Motorenwerk. Seit 1932 bei der SS. Leitete die Werkstatt des Otto-Mader-Werkes bis Kriegsende. 1946 Deportation, wieder Werkstattleiter in Kuibyschew. Mit erstem Transport 1950 zurückgeschickt, wahrscheinlich wegen Differenzen mit Sowjets. Arbeit in Schiffswerft Roßlau. Am 18.9.1951 zusammen mit Muttray-Zwillingen und 11 anderen verhaftet und wegen Spionage im März 1952 verurteilt. Im Juni 1952 in Moskau hingerichtet.

Die dreistufige Turbine des Jumo 022. Im Gegensatz zum TL setzt die Turbine des PTL fast die gesamte Leistung, die die Entspannung des Gases liefert, in Drehmoment und Drehzahl um. Der Verdichter verbraucht im Durchschnitt 50 bis 60 Prozent der Leistung des gesamten Triebwerkes, der Rest geht auf den Propeller oder verläßt als Schub das Triebwerk.

Das NK-12 treibt noch heute die Nachfolger der Tu-95 an. In den 60er Jahren kam es neben der Tu-95 (Tu-20) in den Mustern Tu-114 und An-22 zum Einsatz. Die aus dem NK-12 weiterentwickelten Triebwerke erreichen mittlerweile Wellenvergleichsleistungen von 16.000 PS. Der neue Militärtransporter An-72 hat ebenfalls dieses Triebwerk. Die Bezeichnung NK leitet sich vom damaligen Werksleiter Nikolai Kusnezow her. Kusnezow hatte zusammen mit Klimow 1946 das Werk in Ufa für die Serienfertigung des Jumo 004 aufgebaut. Kusnezow kam nach der Ablösung Olechnowitschs 1949 ins Werk nach Upra. Mit ihm verschwand der Zwang und die Unterdrückung. Sein technisches Verständnis und sein Einfluß in Moskau halfen nachhaltig, das Jumo 022, das TW-2F und das NK-12 zu schaffen. Hunderte sowjetische Ingeni-

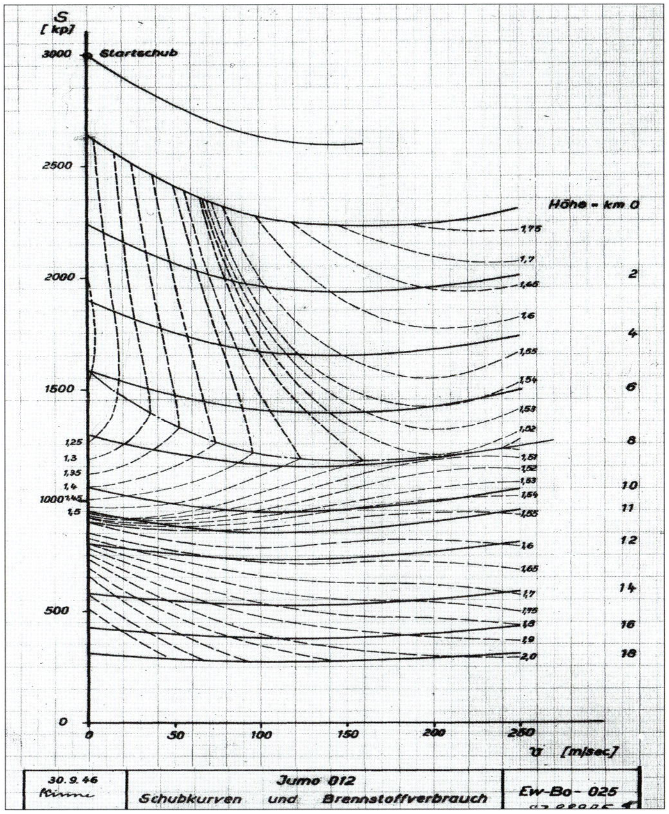

eure und Arbeiter gingen von 1946 bis 1953 durch die Junkersschule. Sie bildeten in den Jahren danach einen wichtigen Grundstock für die Strahltriebwerksentwicklung in der UdSSR. Kusnezow-Triebwerke kamen in den Flugzeugen von Tupolew und Iljushin zum Einbau. Das NK-12 aber war eine rein deutsche Entwicklung. Die Serienreifmachung und die Serienproduktion lief danach unter russischer Führung.

Für Ferdinand Brandner und seine 250 Leutchen war damit aber immer noch nicht der Aufenthalt in der Fremde zu Ende. Am 17. November 1953 (seinem 51. Geburtstag) bestellte Kusnezow Brandner zu sich und eröffnete ihm, daß alle deutschen Spezialisten nach dem Ort Sowjolowo verlegt würden. Punkt. Die Frauen und Kinder dürften aber wie versprochen nach Hause.

Jetzt begann die sogenannte Quarantänezeit. Die Deutschen sollten in Sowjolowo (ein Stück hinter Moskau) zunächst einmal vergessen. Vergessen, woran sie gearbeitet hatten. Zeit verstreichen lassen, damit ihr Wissen (falls sie nicht vergessen konnten) nicht mehr auf dem neuesten Stand war (falls sie beabsichtigten, nach Westdeutschland zu gehen).

Eine Woche später bei einem Empfang in Moskau traf Ferdinand Brandner seinen alten Duzfreund aus der Ju-288-Zeit wieder. Es war Brunolf Baade. Als sie gemeinsam auf ihrem Zimmer saßen, rückte Baade mit der Sprache raus und dem Zweck ihres Hierseins. In Moskau hatte man nämlich auf Betreiben Baades grünes Licht gegeben für den Aufbau eines Flugzeugwerkes in der DDR. Dieses Werk sollte auch einen Triebwerksbau bekommen. Baade erzählte ihm, daß er die Junkerstradition fortführen und ein neues, staatlich geleitetes, Flugzeugwerk in Dessau aufbauen wolle.

Baade hatte in den Wochen zuvor etliche Reisen in die DDR unternommen und mit Walter Ulbricht über seine Pläne gesprochen. Ulbricht war begeistert und versprach die Finanzierung des neuen Junkerswerkes. Baade wiederum versprach die fähigsten Leute in der Sowjetunion so lange zurückzuhalten, bis in der DDR alle Vorbereitungen für einen Neuanfang getroffen wären.

In Moskau teilten die Minister und Parteivertreter Brandner mit, daß er mit Baade und Prof. Bock in Sowjolowo an einem zivilen Projekt für die DDR arbeiten solle. Brandner und seine 250 Jumo- und BMW-Triebwerker trafen in Sowjolowo ein, wo auf sie eingerichtete Wohnungen und ein leergeräumter Betrieb warteten. Hier entstanden vom November 1953 bis zum Mai 1954 die Projekte für das Flugzeug „152“ und das Triebwerk „014“. Am 4. Juli 1954 trafen alle deportierten deutschen Spezialisten wieder in Berlin ein.

Junkers-Strahlturbinen und Propellerturbinen

Hersteller	Junkers	Junkers	Junkers	Junkers/BMW	Junkers/BMW	A. Mikulin
Typ	Jumo 012 A	Jumo 012 B-0	Jumo 022	NK-12	Pirna 014 0	AM-TKRD-01
Entwurfsjahr	1944	1946	1948	1950	1953	vergröß. 004B
Baujahr	1945	1946	1949	1953	nur Projekt	1948
Bauart	11V/2T	11V/2T	14V/3T	14V/5T	11V/2T	8V/1T
	12 BK	KRB 12	KRB 12	KRB	KRB 12	22 BK
Startschub	2.750 kp	3.000 kp	5.000 äPS	12.000 äPS	3.500 kp	3.500 kp
Drehzahl	7000 u/min	6.200 u/min	7.700 u/min	8.250 u/min	8.300 u/min	
Trockenmasse	2.150 kg	1.330 kg	1.650 kg	2.350 kg	1.205 kg	1.720 kg
Luftdurchsatz	60 kg/s	59,4 kg	30 kg/s	60 kg/s	50 kg/s	65 kg/s
Verdichtungsverhältnis	6,5	5,6	6	9	7	4
spez. Kraftstoffverbrauch	1,2 kg/kph	1,09 kg/kph	0,32 kg/PSh	0,30 kg/PSh	0,88 kg/kph	1,2 kg/kph
Durchmesser max.	1,08 m	1,08 m	1,05 m	1,15 m	0,98 m	1,36 m
Stirnfläche	0,91 m²	0,91 m²	0,86 m²	1,04 m²	0,75 m²	1,46 m²
Länge	4,94 m	4,65 m	4,01 m		3,88 m	3,08 m
Stirnflächenschub	3.022 kp/m²	3.296 kp/m²	5780 PS/m²	11.538 PS/m²	4.666 kp/m²	2.397 kp/m²
Einheitsgewicht	1,28 kp/kg	2,25 kp/kg	3,03 PS/kg	5,11 PS/kg	2,90 kp/kg	2,03 kp/kg
Turbineneintrittstemperatur	1050 °K	1028 °K	1028 °K	1.150 °K	1.100 °K	1.120 °K
Propellerdrehzahl			1.117 u/min			
prod. Stückzahl	2	6 + ub	18	ub	0	ub

Junkers schafft mit der JU/EF-132 die Grundlagen für russische Großbomber

Schon beim Entwurf der Ju 287 hatte sich ganz automatisch die Frage nach der effektivsten Größe eines strahlgetriebenen Flugzeuges gestellt. Zunächst blieb die Projektgruppe von Dr. Kurt Cramer aus den bekannten Gründen bei der Größenordnung der Ju 288. Doch der mehr als doppelt so hohe Kraftstoffverbrauch der Strahltriebwerke zwang zum Nachdenken über größere Flugzeuge, um mehr Platz für Kraftstoff zu schaffen.

Die parallel arbeitende Projektgruppe von Hans Wocke untersuchte deshalb schon im Frühjahr 1944 zusammen mit der Abteilung Leistungsrechnung unter Edgar Dannecker die Möglichkeit einer geometrischen Vergrößerung beruhend auf den Konstruktionsdaten der Ju 287. Das Hauptziel war natürlich eine erhebliche Reichweitensteigerung, denn die 1.700 km der Ju 287 ergaben ja nur einen Aktionsradius von 800 km. Sollte das Flugzeug aber einigermaßen Wirkung erzielen, mußten vier Tonnen Bomben über 3.600 km befördert werden können. Im August 1944 legte Wokke eine dreifach vergrößerte Ju 287 vor mit erheblich mehr relativer Kraftstoffzuladung. Die Vergrößerung der Zelle erbrachte nebenbei nicht nur mehr Platz für Treibstoff, sondern auch Raum zur Unterbringung der Triebwerke im Flügel. Bei diesem Projekt vom 14. August 1944, das auf den ebenfalls erstmal rechnerisch vergrößerten Triebwerken Jumo 004 beruhte, ist im Gegensatz zur Ju 287 der Flügel im Streckungsverhältnis verkleinert für mehr Verdrehsteifigkeit und geringere Flächenbelastung (V-Winkel von 8,5 ° wurde beibehalten), der Flügel aber als Schulterdecker angesetzt. Es gelang außerdem, das Leitwerk gewichtlich zu erleichtern, aber wahrscheinlich auf Kosten der Aerodynamik. Entscheidend war jedoch die Veränderung des Rumpfquerschnitts, der geringeren Widerstand bei vergrößerten Räumlichkeiten ergab. Das Flugzeug bekam ein Bugfahrwerk mit Zwillingsreifen und zwei Fahrradfahrwerke als Hauptfahrwerke sowie eine Vollsichtkanzel.

Der direkte Nachfolger der Ju 287 war die Junkers EF-132, die im deutschen Flugzeugbau den Schritt zum Großbomber vollzog. Wesentliche Erkenntnisse zur EF-132 waren bis Kriegsende erarbeitet. Im Herbst 1945 begannen Hans Wocke, Alfred Losch, Peter Bonin, Edgar Dannecker, Dietrich Harms und Martin Schrecker mit der Neuprojektierung zur EF-132 B (Abbildung).

Nach der Flugerprobung des Originalflügels der Ju 287 ab 16. August 1944 bei Abfangbögen und im Kurvenflug ergab sich jedoch die Erkenntnis, daß der vorgepfeilte Flügel bei noch schwereren Flugzeugen in Bezug auf Gewicht, Torsion und der damit zusammenhängenden Ruderumkehr immer ungünstiger wird. Prinzipiell aber war klar, daß der Nachfolger der Ju 287 im Startgewicht von etwa 80 Tonnen weit über dem der Boeing B-29 (52-60 t) zu liegen kommen würde und erst da das Reichweitenkriterium erfüllen konnte.

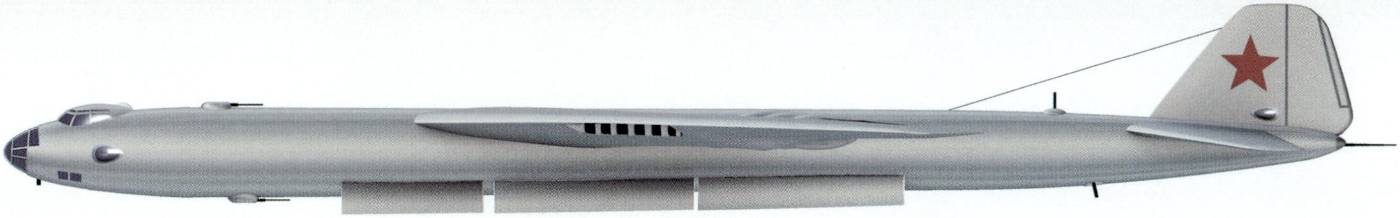

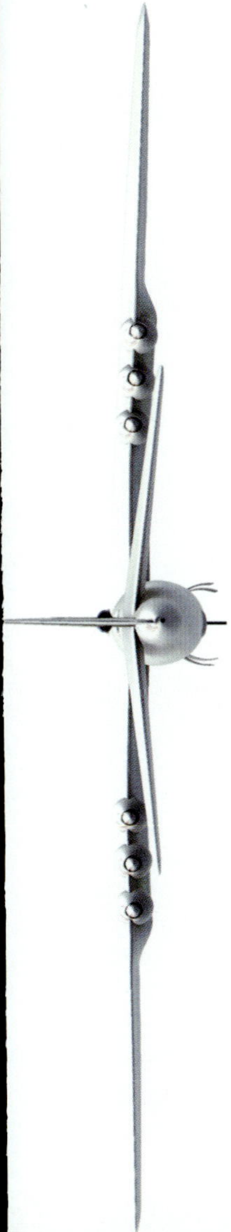

Langstrecken-Bomber

Junkers JU/EF-132 B-2

Dessauer Projekt vom 8. Juni 1946

6 x Jumo 012 A mit je S_o=2.750 kp

b=34,6 m	Reichweite:	4.000 km
F=240 m²	Startmasse:	89 t
Λ=5,6	Reisegeschwkt.:	850 km/h

<u>Bewaffnung:</u>

Bombenzuladung norm.:	4.000 kg
Bombenzuladung max.:	16.000 kg

2 fest eingebaute nach vorn feuernde 2-cm-Kanonen
2 einziehbare Zwillingstürme mit 2-cm-Kanonen
1 Heckstand mit 2-cm-Kanone

Dieses Computerbild eines Junkers-132B-Verbandes demonstriert eindrucksvoll die Modernität der EF-132 B in einer Zeit (1946), als nur die USA (aber auch nur auf Grund des Junkerswissens) in der Lage war, das Konkurrenzmodell Boeing B-47 zu entwickeln.

Der Sprung von der Ju 287 zur EF-132 erwies sich letztlich als so umfassend, daß von der EF-132 grundsätzlich immer drei Entwürfe parallel in Arbeit waren. Das war 1944 schon so, und auch 1946 bis 1948. Es gab einen vorgepfeilten und rückgepfeilten Entwurf, es gab Entwürfe mit gepfeiltem und ungepfeiltem Leitwerk, und es gab Entwürfe mit verschiedenen Fahrwerken in Verbindung mit verschiedenen Triebwerkseinbauten.

Im Juni 1946 hatte sich das Projekt JU/EF-132 B durchgesetzt, von dem in Dessau eine 1:1-Attrappe und diverse Baugruppen-Attrappen von besonders schwierig auszuführenden Konstruktionen erstellt wurden. Das Flugzeug und die Attrappen beiendruckten die Sowjets so sehr, daß sie das Projekt mit aller Gewalt vorantreiben ließen. Die Ju 132 B wies gegenüber der sowjetischen Luftfahrttechnik einen Vorsprung von mindestens fünf, wenn nicht sogar zehn Jahren auf. Und selbst die im selben Jahr projektierte Boeing B-47, zu der die EF-132 B die einzige direkte Kon-

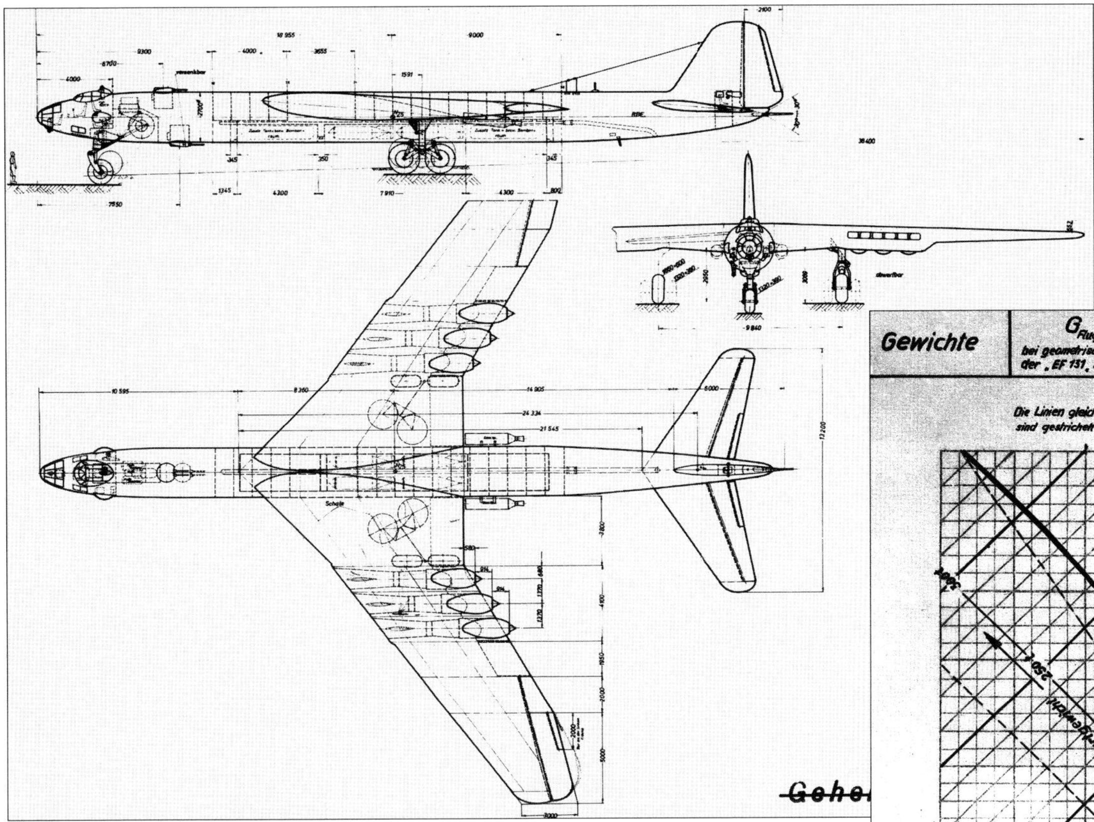

kurrenz gewesen wäre, baute auf dem Beutematerial aus Dessau auf. Der erste Entwurf zur B-47 war wie eine auf Strahltriebwerke umgestellte B-29 ohne Pfeilflügel, gepfeiltes Leitwerk und Zwillingspylonen.

Die Junkers EF-132 wird in den folgenden Jahren zum Sinnbild für die Weitergabe des Junkerswissens an die

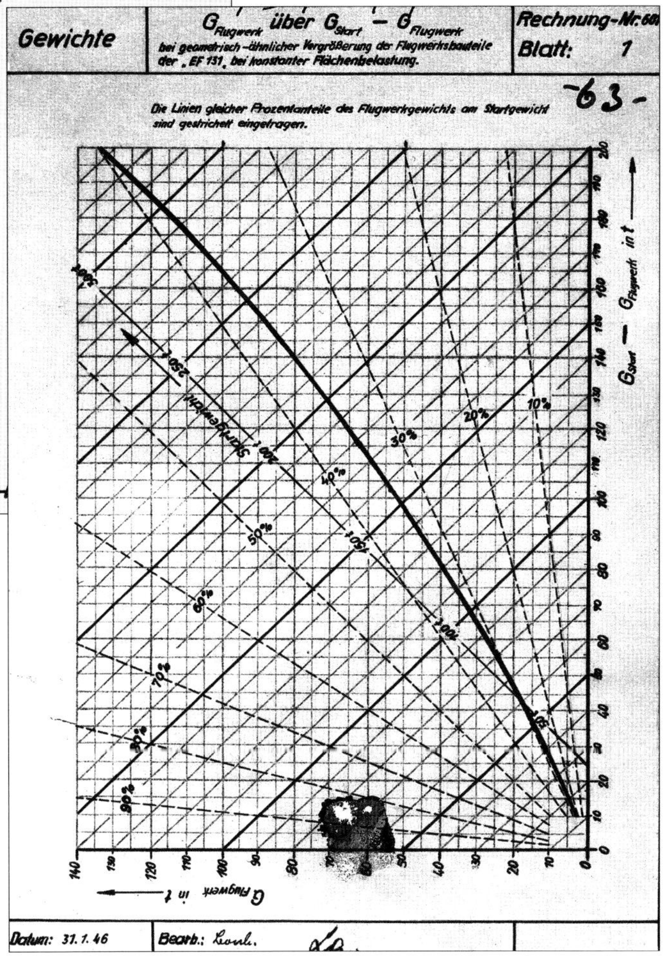

Die Grafik zeigt die geometrische Vergrößerungsfähigkeit der EF-131 zur EF-132 und mögliche Zwischenwerte, wo sich der Zuladungsanteil von 30 auf 40 Prozent erhöht.

Feier zu Martin Schreckers 50. Geburtstag am 9. November 1949 im russischen Podberesje: vorn v.l.n.r.: Entwurfsleiter Hans Wocke, Frau Stiller, Chefaerodynamiker Dr. Georg Backhaus, zwei Ehefrauen, Führerraumkonstrukteur Fritz Stiller. In der hinteren Reihe: Rumpfkonstrukteur Fritz Riedel, Entwurfsing. Martin Schrecker, Hilmar Stottmeister und Entwurfsingenieur Alfred Losch.

sowjetischen Konstruktionsbüros. Doch zunächst hatte das Projekt selbst an der Verlagerung nach der UdSSR und an der Trennung von den Junkers-Triebwerkern schwer zu leiden. Das Projekt 132 war am Tag der Deportation (22.10.46) fertig ausgearbeitet, die Konstruktionsarbeiten hatten begonnen, denn bis zum September 1947 sollten zwei fliegende V-Maschinen der EF-132 B laut MAP-Befehl bereit stehen. Zwischen dem 22. Oktober 1946 und dem 1. März 1947 waren die Junkerswerker von der Arbeit freigestellt, um sich in ihrem neuen Zuhause einzurichten. Als die Arbeiten am 1. März wieder begannen, hatten Baade und seine Mannen keinerlei Kontakt mehr zur Triebwerksentwicklung von Junkers, die ja 1.000 km südlich in Kuibyschew angesiedelt war. Das Strahltriebwerk Jumo 012 befand sich aber gerade in der Phase, wo sich ständig neue Erkenntnisse bezüglich der Steuerung, der Brennstoffkennwerte, des Triebwerksgewichts, der Drehzahlen und vieles mehr ergaben. Baade ließ zum Beispiel noch mit dem Triebwerksgewicht von 2.150 kg rechnen, während das tatsächliche in Richtung 1.600 kg tendierte. Bei sechs Triebwerken war das bereits eine Differenz von 3,3 Tonnen. Der Aufbau des Werkes in Podberesje dauerte bis Ende 1947. An eine Produktion der EF-132 war nur „planerisch" zu denken. Allein die Produktion des sehr großen neuartigen Fahrwerks warf so viele Probleme auf, daß man sich entschließen mußte, den größten Teil der Baugruppen letztlich an russische Produktionsbetriebe zu vergeben.

Die Tupolew Tu-10 zeigt wohl am deutlichsten den Stand der sowjetischen Flugzeugtechnik im Jahre 1947: einen Mix aus englischen Strahltriebwerken „Nene" und einer nicht hermetisierbaren Zelle, die sich über den Stand der DC-3 von 1936 noch nicht erhoben hat. Die Tu-10 konnte mit 1 t Bomben in 6 km Höhe und 600 km/h Reisegeschwindigkeit nur 700 km weit fliegen (EF-131 A 1946: 3 t, 11 km, 860 km/h, 1.700 km).

Die Tupolew Tu-14 von 1948 überzeugte in ihren Leistungen weniger als die IL-28. Der Sprung von der Tu-14 zur modernen Tu-16 erscheint wie ein Wunder, wenn man dabei die technischen Vorarbeiten vergißt, die die Junkers-Ingenieure 1947 mit dem Entwicklungsflugzeug EF-132 C dafür geleistet hatten.

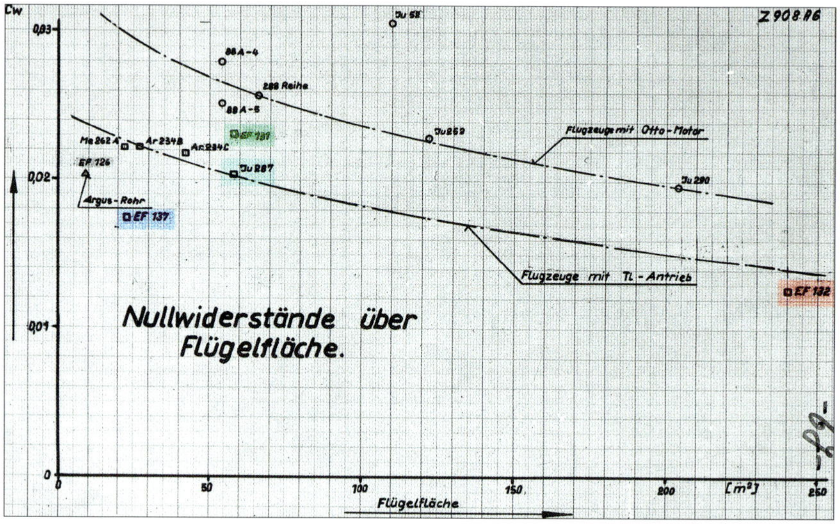

Flächenvergleich bei Nullauftrieb für: Ju 88, Me 262 A, Ar 234 B und C, Ju 52, Ju 252, Ju 290, Ju 288, Ju 287, EF-131, EF-132, EF-137 und EF-126 vom 18. Juni 1946.

Nachdem die sowjetischen Behörden auch langsam gemerkt hatten, daß die Termine unter den gegebenen Bedingungen nicht zu halten waren, begann ein Umdenken. Dazu beigetragen hatten auch die verzweifelten Briefe von den beiden Chefkonstrukteuren Baade und Heinz Roessing (Siebelwerke) aus Podberesje, die zusammen in dem ehemaligen Wasserflugzeugwerk untergebracht waren. Roessing schrieb an Stalin:

Man brachte uns aus Deutschland in ein Werk, das praktisch selbst eine Ruine war. Unsere Spezialisten waren Monate mit Aufbauarbeiten beschäftigt, dem Transport von Maschinen usw. Ein Teil der für die Entwicklung des Flugzeuges erforderlichen Maschinen befanden sich bis Ende des Jahres in unserem Werk. Die Absicherung von Material und Geräten wurde nicht ausreichend realisiert.
Ich schlage vor, für das Werk unverzüglich einen russischen qualifizierten Chefkonstrukteur zu benennen, der alle Vollmachten der russischen Chefkonstrukteure besitzt, damit es den Deutschen entfällt, mit der bestehenden Lage zu kämpfen.

Aber erst im Oktober 1948 wurde der fähige russische Konstrukteur Sergej Alexejew zum neuen Chefkonstrukteur

Die Schullehrer in Podberesje: (v.l.n.r.) Statiker Wolfgang Klar, Werkstoff-Chef Heinz Eitner und Mathe-Lehrer Richard Raff.

Hans Wocke war in Podberesje der oberste Kulturchef. Unter dem Dach des DSK (Deutscher Schachklub) liefen restlos alle kulturellen und sportlichen Aktivitäten, um der deutschen Vereinsmeierei von Anfang an einen Riegel vorzuschieben.

In Podberesje wurde auch gestorben. Hier liegen rund 40 Tote.

Früh übt sich, wer ein Flieger oder großer Konstrukteur werden will: (v.l.n.r.) Eberhard Aikele, Balluf, Karl-Heinz Schreiber und Gerd Ziese.

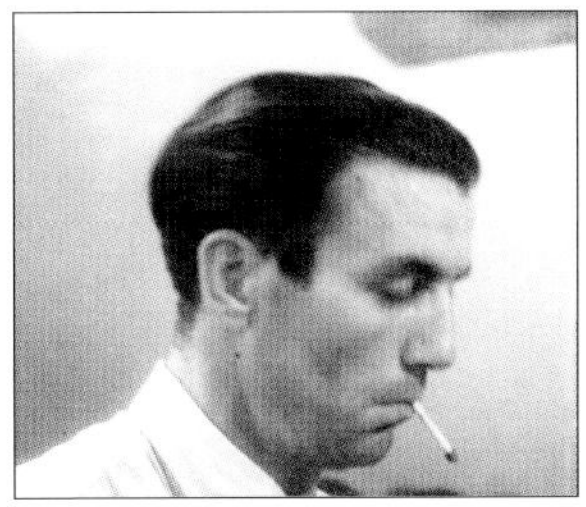

Orchesterleiter Gerhart Stolberg (Siebel) und das Plakat zum ersten Tanzabend im Hotel vor dem Werk.

und Werkleiter in Podberesje berufen. Er schrieb rückblickend:

Ich bat um die Erlaubnis, 50 sowjetische Konstrukteure für eine Arbeit im Konstruktionsbüro zu benennen. Schon in den ersten zwei, drei Monaten arbeiteten im deutschen Konstruktionsbüro 20 Mann. Ein Strom folgte. Lukin befahl Maßnahmen zur Änderung der Arbeits- und Lebensbedingungen der deutschen Spezialisten.

Alexejew baute so sukzessive das bestehende Polizeiregime ab, das in kleinlichster Weise die Arbeit behinderte und das Klima vergiftete. Für die EF-132 kamen diese Veränderungen jedoch zu spät. Aber es war ja nicht nur das Polizeiregime und die notdürftig funktionierende Produktion. Für einen solchen Technologieträger wie die EF-132 bedurfte es der größten Freiheiten im Hinblick auf Gedankenaustausch, Versorgung mit Fachbüchern und wissenschaftlicher Literatur, dem Zugang zur Triebwerksentwicklung und sowjetischen Arbeiten. Es gab keine DVL, keine AVA, keine DFL, und selbst ZAGI und ZIAM verhielten sich zugeknöpft. Selbst über die eigenen Flugzeuge EF-131, EF-140 und EF-150 war man nicht Herr.

Konkurrierende taktische Konzeptionen

Die 1945 geschaffene Atombombe verlangte nach einem Trägerflugzeug, das mindestens 11 km hoch und sehr schnell fliegen konnte, um der Wirkung der Bombe zu entgehen. Die notwendige Reichweite war verschieden und abhängig vom Abstand zum Zielort. Die USA hatte die UdSSR mit Militärstützpunkten dermaßen eingekreist, daß ihr Träger mit einer Eindringtiefe von 3.000 km ausreichten. Die UdSSR hingegen hatte nur die Möglichkeit, von ihrem Territorium aus die USA anzufliegen, was einen Aktionsradius von mindestens 6.500 km erforderte (selbst bei einem Flug über den Nordpol). Es wären also Flugzeuge mit Reichweiten von mehr als 12.000 km erforderlich gewesen. Diese Strecke war damals mit Strahlantrieb nicht erreichbar. Und das war letztlich auch der Grund, warum die Junkers EF-132 zu den Akten gelegt wurde.

Vergleicht man die zur selben Zeit entwickelte Boeing B-47 mit dem Junkers-Flugzeug, so zeigen sich markante Unterschiede. Während die JU/EF-132B ein richtiges Kampfflugzeug darstellt, ist die B-47 im Grunde nur ein extrem schnell fliegendes Segelflugzeug, das auf geringsten Widerstand und maximale Reichweite (beste Gleitzahl) getrimmt war. Die B-47 trug eine 9,15 Tonnen schwere Atombombe wie ein Transportflugzeug in 11 bis 12 km Höhe mit 750 km/h Reisegeschwindigkeit ins Ziel. Danach flog sie mit Maximalgeschwindigkeit (rund 950 km/h) geradeaus zu einem anderen Flugplatz davon. Die Struktur der Zelle war weder für energische Flugmanöver (Feindabwehr) noch für den Tiefflug geeignet. Taktisch setzte man auf Höhe und Geschwindigkeit sowie dem frühzeitigen Erkennen gegnerischer Flugzeuge

Handley Page HP 80 „Victor“

Bild oben: Die erstmals am 24. Dezember 1952 geflogene Handley Page „Victor“ konnte nie die in sie gesetzten Erwartungen erfüllen.

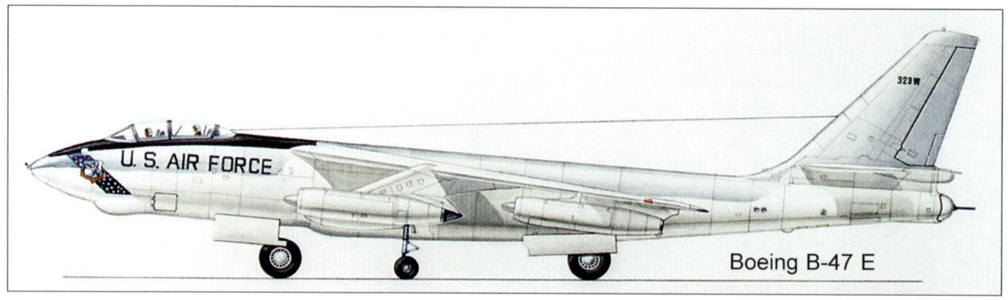

Boeing B-47 E

Bild rechts: Die Boeing B-47 benötigte sehr lange Betonbahnen zum Start. Erstflug: 17.12.1947

Tupolew Tu-16

Der Tupolew Tu-16 sieht man ihre Abstammung von der EF-132 sofort an. Der Heckbereich stammt hingegen von ihrer Konkurrentin B-47. Erstflug: 27.4.1952

Mjassitschew M-4 „Bison“

Die riesige Mjassitschew M-4 „Bison“ war vor allem zur Abschreckung gedacht. Sie wäre ohne die EF-132-Vorarbeiten aber nicht denkbar gewesen. Erstflug: 20.1.1953

Aerodynamisch sauber und elegant: die Boeing B-47 B. Das Flugzeug war aber militärisch wertlos, für Boeing jedoch ein Riesengeschäft, für das der amerikanische Steuerzahler zu bluten hatte. Die B-47 wurde ganz schnell durch die B-52 ersetzt, weil mit ihr kein Krieg zu gewinnen gewesen wäre.

Die Engländer spielten auch Atommacht. Dafür sollte die HP-80 „Victor" ein geeigneter Träger sein. Doch keiner der drei sogenannten V-Bomber (Valiant, Victor und Vulcan) wäre für globale Einsätze leistungsfähig genug gewesen. Die Flügelform der Victor (Sichel) blieb ein einmaliger Versuch für schnellen und zugleich langsamen Flug.

in die Startphase zu bekommen. Die Landung wiederum glich mehr einem kontrollierten Abbruch als einem sanften Ausschweben.

Die JU/EF-132 B hingegen war insgesamt durchdachter. Bei etwa gleichem Startgewicht wie die B-47 lag die Flächenbelastung 56 % niedriger. Die fast doppelt so große Fläche war in Profilrichtung tiefer für weite Schwerpunkswanderung und die Unterbringung der Fahrwerks. Der dicke Schalen-Flügel war tiefflugtauglich, die in seiner Mitte angebrachten Triebwerke minderten die Biegung. Die geringere Streckung ließ wiederum schärfere Manöver zu. Geradezu revolutionär war der Flügelumriß. Die 35-Grad-Pfeilung war an der Wurzel auf 38 ° angehoben, die innere Hinterkante (wie heute allgemein üblich) in einem 90-Grad-Abschluß weit nach hinten gezogen für mehr Stabilität und bessere Klappenwirkung. Die Triebwer-

und damit auf die Flucht. Die Flugeigenschaften der B-47 waren kritisch. Der dünne um 35 ° gepfeilte Flügel ergab eine kleine zulässige Schwerpunkswanderung, die das Flugzeug besonders bei der Luftbetankung schnell außer Kontrolle geraten ließ. Die Maschine forderte den Piloten vom Start bis zur Landung. In den ersten Einsatzjahren wurden 231 Flugzeuge durch Unfälle zerstört. Die für damalige Zeiten große Reichweite ist mit Untermotorisierung erkauft worden, die lebensgefährlich war. Zwischen 18 und 33 Jato-Raketen waren notwendig, um die B-47 beim Start von der Piste zu bekommen. In die Triebwerke mußte zur Schubsteigerung zusätzlich ein Wasser-Methanol-Gemisch gespritzt werden. Versagte beim Start auch nur eine Turbine, zwang dies die Besatzung zum Startabbruch. Mit einem Alarmstart wären niemals hunderte Flugzeuge in die Luft zu bekommen gewesen, weil der Abstand auf eine Minute ausgedehnt werden mußte, um wenigstens ein bißchen Sicherheit

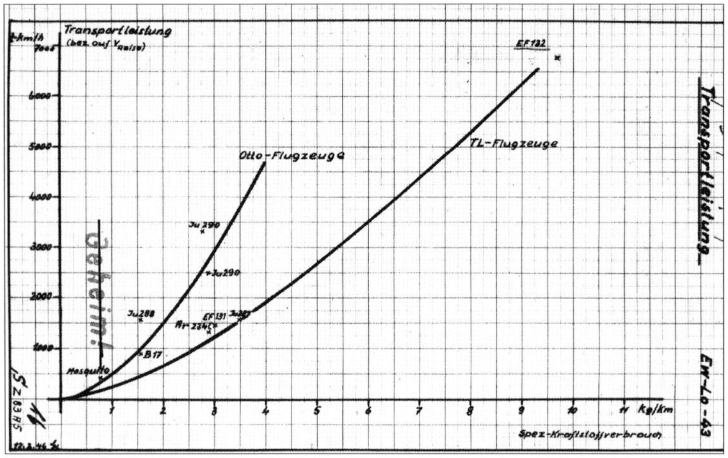

An der Transportleistung eines Flugzeuges messen die Fluggesellschaften die Effektivität. Auch hier stellt die EF-132 einen großen Sprung dar. Wie es scheint, gab es auch Projekte für einen Transporter oder sogar ein Passagierflugzeug auf der Basis der EF-132.

ke waren an der Flügelhinterkante als widerstandsmindernde Wirbelkörper ausgebildet. Die bei hoher Geschwindigkeit sowieso nicht mehr tragende hintere Fläche der Querruder war einfach abgeschnitten worden. Die durch den absolut dickeren Flügel (relative Dicke 12 %) sich ergebende längere Lauflänge der Grenzschicht konnte kompensiert werden durch den Verschwindeinbau der Triebwerke, was bei sechs Stück erhebliche Widerstandsverminderung bedeutete. Der 132-B-Flügel zeugt von einem fortgeschrittenen Verständnis der Junkers-Entwickler für den Flug in kompressibler Strömung wie auch für sichere Start- und Landemanöver. Im Vergleich zur B-47, die mit 285 km/h landen mußte, sollte die Landegeschwindigkeit der EF-132 nur 170 km/h betragen. Bei einem reinen Zellenvergleich von B-47 und EF-132 B mit der einheitlichen Triebwerksanlage General Electric GE-47-25 (vgl. Tabelle Technische Daten) wäre das Junkersflugzeug in allen Belangen besser gewesen außer bei der Reichweite (6.480 zu 5.660 km).

Ideal war die JU/EF-132B aber auch nicht. Ihre Achillesferse war das Fahrwerk, das beim Start durch ein abwerfbares Fahrwerk ergänzt werden mußte, weil die 40-Tonnen-Kraftstoffzuladung nur so kompensiert werden konnte.

Doch der Vergleich mit dem amerikanischen Muster tritt in der Wirklichkeit hinter den Vergleich mit den sowjetischen Mustern zurück, die auf den Erkenntnissen mit der Ju-132 aufbauten. Und das kam so:

Da Brunolf Baade der Junkers-Triebwerker verlustig gegangen war, mußte er sich nun voll und ganz auf die Anweisungen des sowjetischen Luftfahtministeriums stützen. Dieses befahl im April 1947 die Umkonstruktion der EF-132 B auf das Mikulin-Triebwerk AM-TKRD-01 (ein vergrößertes Jumo 004 B). Es sollte wie das Jumo 012 mindestens 3 t Schub liefern. Es war aber durch die geometrische Vergrößerung im Durchmesser auf 1,36 m angewachsen (Jumo 012 = 1,08 m). Um diese kurzen und dicken Triebwerke im Flügel der EF-132 unterzubringen, mußten sie von der Flügelmitte in die dickere Flügelwurzel verlegt werden. Da war aber für das Fahrwerk kein Platz mehr. Die Fahrwerkstruppe um Paul Szyszka entwarf daraufhin zusammen mit dem Aerodynamiker Dr. Walter Lehmann ein Tandemfahrwerk. Auch das Höhenleitwerk mußte wegen des Abgasstrahls umgearbeitet werden. Was herauskam, war die JU/EF-132 C-3, ein der späteren Mjassitschew M-4 sehr ähnlich sehendes Flugzeug (dessen Zeichnungen leider immer noch unter Verschluß liegen).

Für die Flugerprobung der plumpen Mikulin-Triebwerke eignete sich am besten das Junkersflugzeug EF-140, weil es das einzige Flugzeug der Sowjets war, das die Größe hatte, ein solches Triebwerk aufzunehmen und längere Zeit mit Kraftstoff zu versorgen und das als einziges auch aerodynamisch in der Lage war, ständig mit Geschwindigkeiten über 900 km/h zu fliegen. Die Mikulin-Triebwerke erwiesen sich als Fehlkonstruktion, und damit war auch die EF-132 C am Ende. Aus dem AM-TKRD-01 entstand später das auf größten Massenstrom ausgelegte Mikulin-Triebwerk AM-3, das 9 t Schub abgab (so viel

Der Delta-Flügel des englischen A-Bomben-Trägers Avro „Vulcan“ war zwar revolutionär, aber zu klobig für hohe Fluggeschwindigkeiten. Die Engländer setzten wie die Deutschen auf den Verschwindeinbau der Triebwerke. Die Bauweise konnte sich jedoch nur bedingt durchsetzen. Für Zivilflugzeuge ist sie vollkommen verpönt wegen der schlechten Wartungsbedingungen und der Gefährlichkeit bei Triebwerksbränden. Die Vulcan flog erstmals am 30. August 1952. Sie erreichte 1028 km/h und 7.400 km Reichweite, max. Startgewicht etwa 113 Tonnen.

Mjassitschew M-4 „Bison“

Tupolew Tu-16 B

Die beiden Kinder der Junkers EF-132 B + C: Oben der schwere strategische Bomber Mjassitschew M-4 und die Tupolew Tu-16.

wie 3 Jumo 012) und ab 1952 die Tupolew Tu-16 und die Mjassitschew M-4 antrieb. Eben jene zwei Flugzeuge, die für die Amerikaner wie aus dem Nichts kommend 1953 am sowjetischen Himmel erschienen.

Die Arbeiten zur M-4 begannen im Sommer 1949 (Zu diesem Zeitpunkt arbeitete Junkers an der JU/EF-150, die ebenfalls ein Tandemfahrwerk und Stützräder in den Außengondeln besaß). Mjassitschew war zweifellos einer der talentiertesten der sowjetischen Flugzeugkonstrukteure. Aber alle seine Entwürfe und Flugzeuge vorher sind nichts im Vergleich zur M-4. Ein solches Flugzeug kann man aber nur schaffen, wenn man auf einen jahrelangen Erfahrungsschatz im Großflugzeugbau und im Flug an der Schallmauer zurückgreifen kann. Über dieses Wissen verfügten aber nur die Junkers-Ingenieure in Podberesje.

Ohne die technischen Dokumentationen, ohne die tausenden Seiten Berichte über ihre Erkenntnisse und Arbeiten zu den Flugzeugen Ju 287 bis JU/EF-150 für das ZAGI und ZIAM, für die sowjetischen Konstruktionsbüros und für die Hochschulen im Lande, ohne die Praktika hunderter russischer Ingenieure bei Junkers von 1946 bis 1953 und nicht zuletzt ohne die Vorkonstruktion Junkers EF-132 B und C hätte keine M-4 und keine Tu-16 entstehen können.

M-4 und Tu-16 haben einen gemeinsamen Ausgangspunkt: die EF-132 C mit verschlanktem Flügel ähnlich B-47. Die eine ist dann nur für mittlere und die andere für extreme Reichweiten spezifiziert worden (Tu-16 gegenüber EF-132 um 10 % verkleinert, M-4 um 100 % vergrößert für höchste Kraftstoffzuladung). Flügelvorderkante, Leitwerk, Rumpf, Triebwerksanordnung, Rumpfaufteilung, Flügelansatz, all das entspricht der EF-132 B und (oder) C. Ja selbst den einsam im Heck thronenden Schützen haben alle drei Flugzeuge gemeinsam. Schaut man noch genauer hin, erkannt man an der Tu-16 die Ju-288-Schützen-Glaskuppeln. Die M-4 hat die Glaskuppeln mit Periskopvisier der EF-140. Auch die gesamte Bewaffnung ist ähnlich, wie sie Junkers-Waffenexperte Gustav Steuerlein an der EF-132 erstmals verwirklicht hatte.

Das Hauptargument jedoch sind die englischen V-Bomber, die für den gleichen Einsatzzweck entwickelt worden waren, aber so komplett anders gestaltet sind, daß man fragen muß: Warum sehen ausschließlich die sowjetischen Typen der Junkers EF-132 so ähnlich? Warum nicht die englischen, und warum auch nicht die us-amerikanischen?

Wenn ein Projektantenkollektiv effektiv sein will, kann es nicht jedesmal wieder bei Null anfangen. Es stützt sich auf die Erkenntnisse, die sich in der Praxis als richtig erwiesen haben. Dazu gehört zuallererst die komplizierte aerodynamische Formgebung, die durch viele

Technische Daten Ju 287, EF-132 B, B-47, Tu-16 und M-4

Hersteller	Junkers	Junkers	Boeing	Boeing	Boeing	Junkers	Tupolew	Mjassitschew
Typ	Ju 287/EF-131	JU/EF-132 B	XB-47 V2	B-47 B	B-47 E	JU/EF-132 B	Tu-16	M-4 A
Erstflug	März 1947	-	21.7.1948	26.4.1951	Januar 1953	(Vergleich mit	27.4.1952	20.1.1953
Bemerkungen		Projekt 1946	2. Prototyp	1. Serie	Großserie	B-47-Turbinen)		
Triebwerk	Jumo 004 B	Jumo 012	GE J-47s	GE J-47-23	GE J-47-25	GE J-47-25	Mikulin AM-3A	Mikulin AM-3D
	6 x 900 kp	6 x 2.750 kp	6 x 2.360 kp	6 x 2.708 kp	6 x 3.265 kp	6 x 3.265 kp	2 x 8.700 kp	4 x 8.760 kp
Startraketen	4 x 1.000 kp x 12s	2 x 5.000 kp	16 x 454 kp	18 x 454 kp	33 x 454 kp	2 x 5.000 kp		
Gesamtstartschub	7.400 kp	26.500 kp	21.424 kp	24.420 kp	34.572 kp	29.590 kp	17.400 kp	35.040 kp
Triebwerksmasse ges.	5.857 kg	12.900 kg	6.804 kg	6.810 kg	6.810 kg	6.810 kg	6.000 kg	12.400 kg
Besatzung	3	5	3	3	3	5	6	7
Spannweite	19,40 m	36,40 m	35,36 m	35,36 m	35,36 m	36,40 m	32,90 m	50,53 m
Länge	16,60 m	39,85 m	32,61 m	32,56 m	32,60 m	39,85 m	34,80 m	47,20 m
Höhe	5,78 m	7,68 m	8,43 m	8,51 m	8,50 m	7,68 m	10,90 m	14,10 m
Flügelfläche	58,40 m^2	240 m^2	132 m^2	132 m^2	132 m^2	240 m^2	165 m^2	351 m^2
Flügelstreckung	6,42	5,6	9,43	9,43	9,43	5,6	6,6	7,3
aerodyn. Güte K	9	15						
Flächenbelastung	412 kg/m^2	364 kg/m^2	555 kg/m^2	644 kg/m^2	786 kg/m^2	364 kg/m^2	442 kg/m^2	598 kg/m^2
Leistungsbelastung	4,46 kg/kp	3,30 kg/kp	3,44 kg/kp	3,50 kg/kp	3,02 kg/kp	3,04 kg/kp	4,16 kg/kp	5,99 kg/kp
Rüstmasse	13.640 kg	41.850 kg	36.630 kg	35.427 kg	35.867 kg	35.760 kg	37.200 kg	90.000 kg
Kraftstoff max.	7.150 kg	40.900 kg	30.714 kg	43.521 kg	55.415 kg	46.990 kg		
Munition	100 kg	250 kg	90 kg	90 kg	90 kg	250 kg		
Bombenzuladung norm.	2.000 kg	4.000 kg	4.536 kg	4.536 kg	4.536 kg	4.000 kg	3.000 kg	
Bombenzul. max.	3.000 kg	(16.000 kg)	(9.979 kg)	(9.979 kg)	(9.979 kg)	(16.000 kg)	9.000 kg	20.000 kg
Besatzung	300 kg	500 kg	300 kg	300 kg	300 kg	500 kg	600 kg	700 kg
Summe Zuladung	9.550 kg	45.850 kg	35.640 kg	48.447 kg	60.341 kg	51.740 kg	34.800 kg	120.000 kg
Startmasse	23.190 kg	87.500 kg	72.270 kg	83.874 kg	96.208 kg	87.500 kg	72.000 kg	210.000 kg
mit Startraketen	24.100 kg	90.100 kg	73.710 kg	85.494 kg	104.326 kg	90.100 kg		
Höchstgeschwkt.	962 km/h	950 km/h	930 km/h	978 km/h	982 km/h	1.010 km/h	992 km/h	998 km/h
in Höhe	9,4 km	0 m	5.600 m	4.970 m		6.000 m		
Reisegeschwkt.	860 km/h	855 km/h	750 km/h	801 km/h	901 km/h		850 km/h	
in Höhe	9 bis 11,1 km	8,7 bis 13,3 km	11,4 km	10,3 km				
Steiggeschwkt.	15,5 m/s	10,6 m/s		13 m/s				
Dienstgipfelhöhe	12.400 m	11.400 m			11.980 m		13.000 m	13.700
Reichweite:								
mit max. (t) Bomben		(16 t) 2.450 km				3.880 km	(9 t) 5.000 km	
mit (t) Bomben	(2 t) 1.700 km	(4,5 t) 3.850 km	4.264 km	6.324 km	6.480 km	5.660 km	(3 t) 6.400 km	(9 t) 8.100 km
Startrollstrecke	1.790 m	1.800 m	[B-47 in keiner Variante eigenstartfähig]					
Startrollstrecke mit Raketen	1.060 m	1.100 m		2.194 m				
Startstrecke bis H=25m	1.140 m	2.100 m		2.774 m bis 15 m				
Landegeschwkt:	195 km/h	170 km/h		285 km/h				
Landerollstrecke	735 m	800 m						

Kleinigkeiten beeinflußt, in einem langwierigen Iterationsprozeß gefunden werden. Jahrelange Forschungsarbeit kann hier in ein neues Projekt münden, daß dann in wenigen Wochen ausgearbeitet werden kann. Als Beispiel darf die Triebwerksanordnung an der 132 B gelten. Als sich bei den umfangreichen Windkanalversuchen gezeigt hatte, daß die Anordnung an der Hinterkante einen Wirbelstromkörper bildet und so der Widerstand gesenkt wird, war es nur noch ein kleiner Schritt, diese Anordnung auch auf Fahrwerksbehälter (Kippsicherheit) anzuwenden. Bei der Tu-16 war dies erstmals erfolgt, und die internationale Fachwelt staunte Bauklötzer. Bis jetzt ist es nicht sicher, aber sehr wahrscheinlich, daß es solche Gedanken auch schon an der EF-132 C gegeben hat. Nichtsdestotrotz bleibt die Junkers EF-132 ein Meilenstein in der Luftfahrtgeschichte, auch wenn die Wahrheit über sie 50 Jahre verschüttet lag.

Der Übergang zum Pfeilflügel war nur durch größten Forschungsaufwand in einem Schritt möglich. In der ganzen Welt gelang dies nur bei der Firma Junkers. Die anderen (außer Engländer) schauten ab.

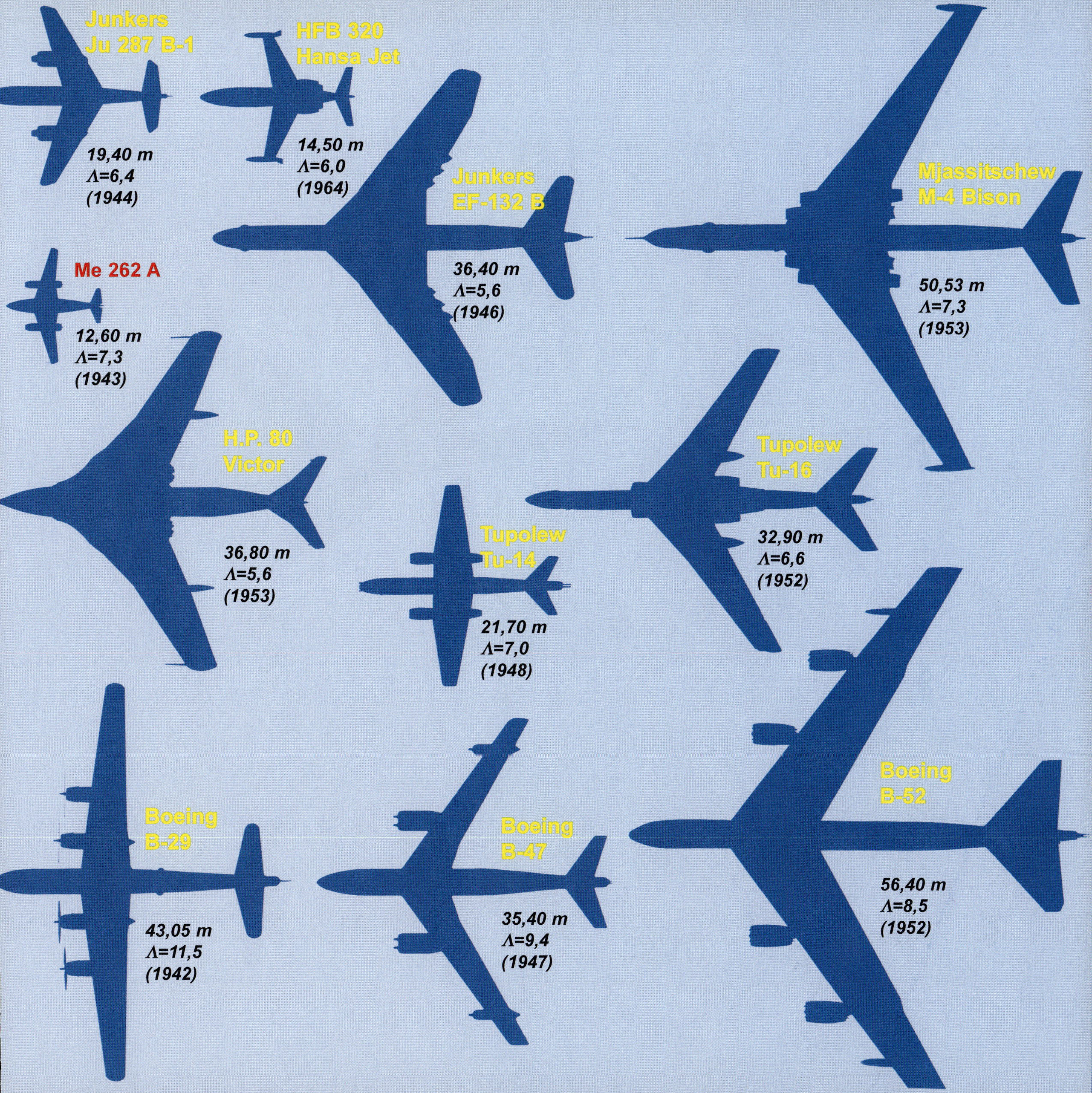
Junkers
Ju 287 B-1
19,40 m
Λ=6,4
(1944)
HFB 320
Hansa Jet
14,50 m
Λ=6,0
(1964)
Junkers
EF-132 B
36,40 m
Λ=5,6
(1946)
Mjassitschew
M-4 Bison
50,53 m
Λ=7,3
(1953)
Me 262 A
12,60 m
Λ=7,3
(1943)
H.P. 80
Victor
36,80 m
Λ=5,6
(1953)
Tupolew
Tu-14
21,70 m
Λ=7,0
(1948)
Tupolew
Tu-16
32,90 m
Λ=6,6
(1952)
Boeing
B-29
43,05 m
Λ=11,5
(1942)
Boeing
B-47
35,40 m
Λ=9,4
(1947)
Boeing
B-52
56,40 m
Λ=8,5
(1952)

Junkers ist der Welt gut 20 Jahre voraus

Junkers stellte 1946 mit dem Strahljäger EF-137 eine neuartige Konzeption zur Verbindung von Flügel, Triebwerk, Rumpf und Leitwerk vor, das seiner Zeit weit voraus war. Das Ergebnis: Ein technischer Quantensprung zu einem Flugzeug, das mit zwei schwachen 900-kp-Triebwerken auf dem Papier Leistungen erzielte, die an die der MiG-15 heranreichten. Bei Verdopplung der Triebwerksleistung wäre sie anderen Jägern davongeflogen.

Wenn sich die Statik selbst als Aerodynamik manifestiert, ist dies die höchste Form der Statik überhaupt (im Flugzeugbau). Junkers definierte 1946 mit der JU/EF-137 die Statik neu: An zwei großen Integralträgern im zentralen Rumpfmittelstück werden an der Seite die Flügel, hinten der Leitwerksträger, unten die Triebwerke und vorn die Kanzel mit Bugfahrwerksträger angeschraubt. Das Ganze wird mit selbsttragenden aerodynamisch geformten Schalen verkleidet, und fertig ist das Jagdflugzeug.

Dabei war Junkers seit Jahren nicht mehr im Jägergeschäft tätig. Erstmals hatte Junkers diese Bauart am Rumpf des Verkehrsflugzeuges Ju 252 angewendet. Für den Jägerbau aber drängte sich diese Bauweise förmlich auf. Noch dazu für ein Strahlflugzeug, wo ja die Triebwerksanbringung frei gewählt werden kann. Doch nur bei Junkers in Dessau erkannte man diesen Zusammenhang. Woanders war man schon stolz auf einen Spantenrumpf in Schalenbauweise (für große Rümpfe noch immer die beste Lösung). Aber Jagdflugzeuge sollen ja so klein wie möglich sein. Je kompakter, desto wendiger und schneller. Es ist zwar richtig, daß jedes Flugzeug nur einen Schwerpunkt hat, aber wenn die Massenverteilung direkt um den Mittelpunkt des Flugzeuges herum erfolgt, dann dreht es sich viel schneller um diesen Punkt. Es käme mit kleineren Steuerorganen aus, was wiederum Gewicht und Widerstand sparte. Und so erscheint die EF-137 wie ein Lichtblick in die Zukunft, denn sie nahm die Bauweise der 3. Jagdflugzeug-Generation vorweg, wie sie sich in der MiG-29, F-16 und Su-27 Mitte der 70er Jahre erst präsentierte. Trotz oder gerade wegen ihres revolutionären Konzepts blieb die Junkers 137 nur Projekt. Der Grund: Selbst wenn der Weg zum Ziel klar markiert ist, wird er in der Praxis nicht beschritten, weil die Nachfolgenden fast immer von anderen Ausgangsbasen starten. Denn man kann in der Technik keine Sprünge vollziehen, sonst landet man auf der Nase. Zu deutsch: Die sowjetischen Konstruktionsbüros mußten ihren eigenen Weg zum Ziel finden, oder aber den Junkersleuten freie Hand lassen und ihnen auf den Fersen folgen, was sie natürlich nicht wollten.

Mit der Ausschreibung für die MiG-15 und Jak-15 erhielt im April 1946 offensichtlich auch Brunolf Baade einen Entwicklungsauftrag für ein neues Jagdflugzeug mit Pfeilflügeln, das die Schallmauer erreichen oder sogar überschreiten sollte. Bei Junkers war man ja seit dem Hitlerschen Jägerprogramm wieder bei den Junkers-Wurzeln angekommen. Allerdings war man nur mit der Ju 248 (vergrößerte Me 163 für längere Flugzeiten) über das Projektstadium hinausgekommen. Der sogenannte Erdkämpfer EF-126 war nichts weiter als eine bessere fliegende Bombe (Die Russen hatten das sofort erkannt und

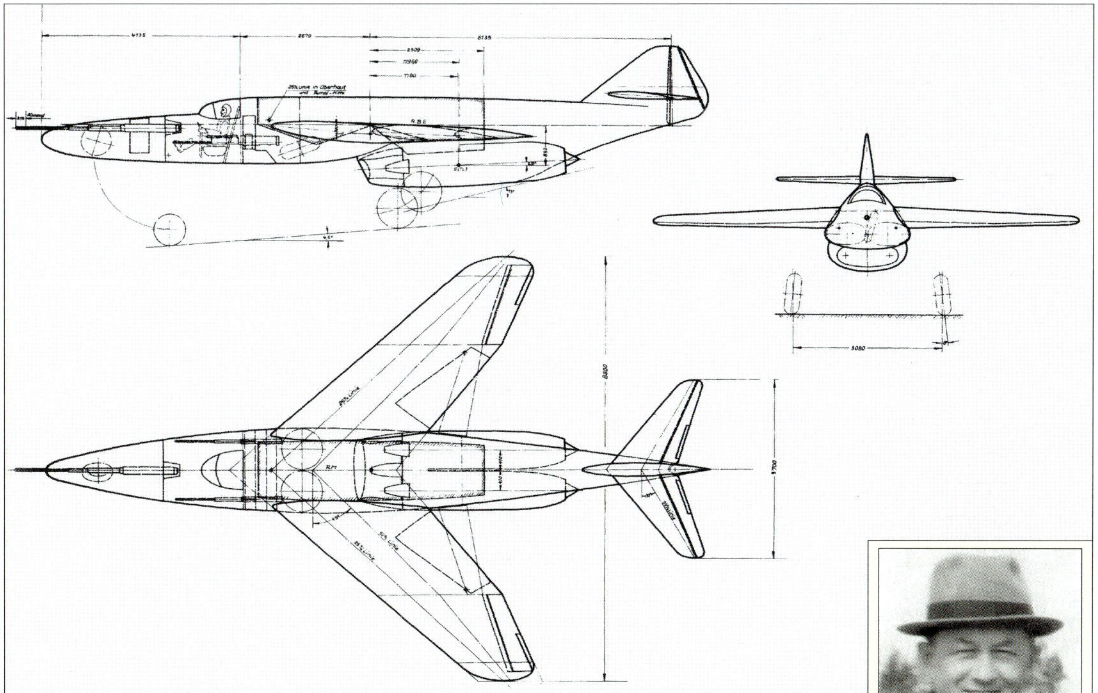

verlangten von Baade die Weiterentwicklung vor allem des Schubrohres Jumo 226, das 1945 auf 500 kp Schub gebracht werden konnte; am Fluggerät selbst hatten sie kein Interesse), mit der leider im Sommer 1945 Flugkapitän Hans-Joachim Matthies bei einem Schauflug vor den Russen abgestürzt war. Mit Elli und Walli (EF-128 und EF-127) blieb Baade ebenfalls im Projektstadium hängen, weil nach dem Krieg keiner mehr Interesse an Objektschützern hatte, die mit Flugzeiten von 20 Minuten zu nichts anderem weiter zu gebrauchen waren.

Der Auftrag zur EF-137 hatte es in sich, sollte er sich doch mit der ersten Generation sowjetischer Pfeifflügler messen können. Bis dahin gab es in der Welt nur zwei Arten von Düsenjägern: Die eine, die das Triebwerk unsichtbar im Rumpf trug und die andere, die zwei Triebwerke in Gondeln unter den Flügeln hatte. Letztere war allerdings in der Wendigkeit ersterer Art unterlegen (praktisch die gleichen Verhältnisse wie früher Me 109 zu Me 110). Für alle anderen Entwickler in der Welt war 1946 klar, daß unbedingt stärkere Strahltriebwerke her mußten, um wirklich gute Jagdflugzeuge bauen zu können. Anders bei Junkers. Hier war die Devise immer: Nicht warten, sondern aus dem Vorhandenen das beste machen. Das Vorhandene war das Triebwerk Jumo 004 B und das Wassereinspritz-Triebwerk Jumo 004 C. In Aussicht stand das Jumo 004 H, das ein verkleinertes Jumo 012 darstellte und etwa 1.600 bis 1.800 kp Schub liefern sollte.

Wie baut man ein Jagdflugzeug, das allen bisherigen weit überlegen sein soll, dabei aber sowohl mit hergebrachten Triebwerken als auch mit neuen und wahrscheinlich größeren Triebwerken fliegbar sein muß? Der Verschwindeinbau im Rumpf scheidet da aus, denn er ist zu sehr an ein spezielles Triebwerk gebunden. Der Einbau außerhalb des Rumpfes (wie z.B. an der He 162 „Salamander“) scheidet ebenfalls aus, weil daraus kein überlegenes Flugzeug entstehen kann. Und die Möglichkeit mit den zwei Triebwerken unter den Flügeln war bereits als veraltet abgetan.

Von vornherein auf die H-Variante des Jumo 004 orientierend, zugleich aber auf das vorhandene und allseits erprobte Jumo 004 B setzend, entstand mit den Ideen von Hans Wocke, Peter Bonin und Alfred Losch im Projektbüro eine Jagdflugzeugkonzeption, wie sie sich erst wieder Mitte der 70er Jahre mit der F-16 und MiG-29 durchgesetzt hat. Leider existiert von der Junkers 137 keine Leistungsrechnung mit den H-Triebwerken, die zweimal 1.800 kp Schub leisten sollten bei einem Durchmesser von 102

Dipl.-Ing. Franz Schubert (5.4.1905) studierte in Köthen Masch.bau. 1933 zu Junkers, 1934 selbständiger Konstrukteur, 1936 Gruppenleiter Neukonstruktion-Serie. Konstruktion von Klimaanlagen und Lösungen zum Problem des Scheibenbeschlagens. 1943 erarbeitete er Richtlinien für das Lichtbogen-Schweißen. 1945 zus. mit Joseph Besinger Berichte an Sowjets über druckdichte Besatzungräume der Ju 287 und Ju 388. Von 1946 bis 1954 in UdSSR. Seit 1958 Abt.-Leiter im Entwurf für Konstruktive Vorklärung. Nach 1961 Leiter eines WTZ in Dresden.

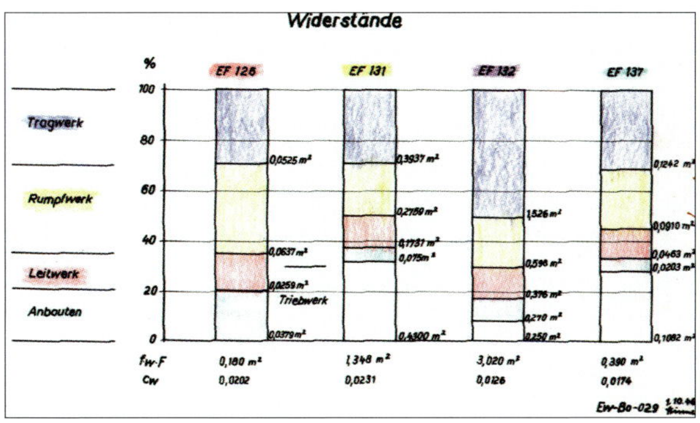

Bild oben: Dreiseitenriß der Junkers EF-137 vom 3. Oktober 1946.

Grafik links: Die Gesamtwiderstände der EF-126, EF-131, EF-132 und EF-137 aufgeteilt in Rumpf, Flügel, Leitwerk und Anbauten. Bemerkenswert die Halbierung des C_W-Wertes von der 131 zur 132.

Zentimetern und einem Gewicht von zweimal 1.100 kg. Mit diesen Triebwerken wäre die EF-137 in die Leistungsklasse der späteren MiG-17 oder sogar MiG-19 vorgestoßen, die die Schallmauer erreichten bzw. leicht überschritten. Was der Flügel tatsächlich zu leisten vermochte, läßt sich mit 60 Jahren Abstand und in der Ferndiagnose nicht mehr klären. Fakt ist aber: Mit einem Pfeilwinkel von 45 ° in der 50-%-Linie, einer relativen Flügeldicke von 12 % und einer Dickenrücklage von 50 % sind Geschwindigkeiten von Mach 1,4 durchaus realisierbar. Aber was viel wichtiger ist: Bei dem konstruktiven Aufbau der EF-137 wäre es nicht schwierig gewesen, einen neuen verbesserten Flügel an die Zelle zu schrauben, denn der Flügel war ja weitgehend von der Statik der übrigen Zelle getrennt. Das waren eben die Erfahrungen aus dem kleinen Bomber Ju 88, die Jagdflugzeugkonstrukteure kaum machen konnten, weil sie bestrebt waren, alles aus einem Stück zu formen.

Fliegerisch dürfte die JU/EF-137 gerade für den zielgerichteten Angriffsflug hervorragend geeignet gewesen sein. Das Verhältnis Länge zu Spannweite betrug 1,6, während es bei der MiG-15 und North American F-86 nur 0,88 war. Das ist dasselbe, als wenn man in einem zu kurzen Auto sitzt und damit sehr schnell fahren muß. Das Anvisieren der Fahrbahnmitte wird dadurch erheblich erschwert. Die Sitzposition des Junkerspiloten befand sich allerdings weiter vor dem Drehpunkt des Flugzeuges als bei der MiG-15. Bei der Rumpfform hatte man sich offensichtlich von der Me 262 inspirieren lassen, bei der der Dreiecksrumpf erstmals zur Anwendung kam. Dadurch verbessern sich die Sichtbedingungen nach unten, was für

Vom Jagdflugzeug JU/EF-137 existieren zwei Leistungsrechnungen, eine von Dietrich Harms für das Jumo 004 B, eine (Bild) von Edgar Dannecker für die EF-137 mit Jumo 004 C. Mit C-Triebwerken erreichte die EF-137 zwar 1000 km/h, aber die Flugzeit sank dabei um 20 Minuten. Die Steigleistung wird davon aber kaum berührt.

Dessau, den 3.1o.1946
Ew-Da. 1o1

Geheim!

Vorläufig errechnete Leistungen
der EF 137

Triebwerke: 2x Jumo 004 C.
Startleistung: 12oo kp (bei Wassereinspritzung)
Kurzleistung bei n = 9000 1/min = 1o5o kp
Reiseleistung bei n = 87oo " = 900 kp

F = 22,5 m², b = 8,8 m, Λ = 3,42, $f_{w\,o}$ = o,39 m²

Gewichte: Rüstgewicht Besatzung Kraftstoff Wasser (f.Wassereinspritzung) Munition	kg " " " "	389o 9o 2ooo 14o 285			
Abfluggewicht	kg	64o5			
Leistungen bei Drosselungsgrad		1oo%	85%	7o%	5o%
v_{max} bei G_m in H = 0 km 5 " 1o "	km/h " "	~1ooo 99o 9o7	932 95o 825	83o 87o –	665 64o –
Errechnete Flugstrecken in H = 0 km 5 " 1o "	km " "		485 765 129o	535 85o –	58o 88o –
Errechnete Flugzeiten in H = 0 km 5 " 1o "	min " "		32 5o 95	39 6o –	52 81 –
Errechnete Steigzeiten mit 0 km auf H = 6 " G_{Abflug} – Steigkraftst. 1o "	min " "	– 4,75 13,75			
Gipfelhöhe mit $G_{Abfl.}$–Steigkraftst. Dienstgipfelhöhe mit G_{mittel}	km "	12,8 13,o			
Steiggeschwindigkeit bei G_m in H = 0 6 1o	m/s "	27 15,7 4,6			
v_{max} bei Ausfall eines Triebwerkes 0 bei G_m (Δf_w = o,1o m²) in H = 3 5	km/h	582 565 5oo			
Steiggeschw.b.Ausfall eines Triebw. 0 bei G_m (Δf_w = o,1 m²) in H = 3 5	m/s " "	6,8 2,9 o,6			
Start: Rollstrecke ohne Starthilfen μ = o,o35	m	85o			
Steiggeschw. mit $G_{Abfl.}$ unmittelbar nach dem Abheben	m/s	7,85 (11,15) mit Startschub			
Landegeschw. (c_a Lande = 1,3) bei Landegewicht	km/h kg	178 4465			
Ausrollstr. a) b. guten Platzverh. b) b. schlechten "	m m	65o 165o			

Geheim! SZ 1016 HG

Auf diesem Bild einer MiG-15 (um 1963) sieht man wunderschön, wie klein und kompakt dieser Jäger war. Der Rumpf sollte im Durchmesser sogar noch kleiner ausfallen, aber die für die MiG vorgesehenen Triebwerke Jumo 012 oder Ljulka TR-2 standen nicht zur Verfügung, so daß große Radialtriebwerke Nene angeschafft werden mußten. Das mit 55 ° Pfeilung nach hinten gezogene Leitwerk war wegen des kurzen Rumpfes notwendig geworden, sonst hätte das Leitwerk noch viel größer ausfallen müssen.

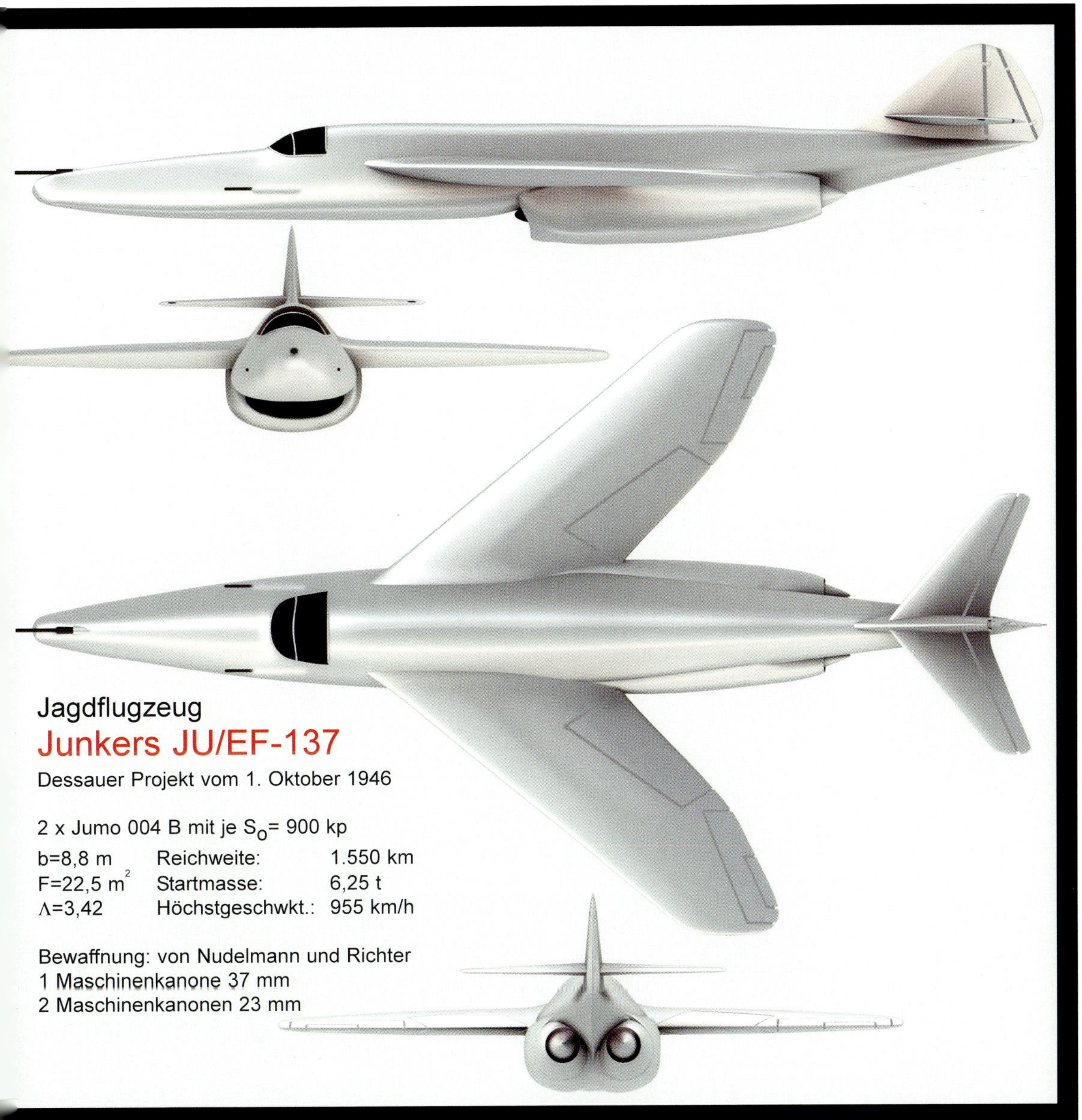

Jagdflugzeug
Junkers JU/EF-137
Dessauer Projekt vom 1. Oktober 1946

2 x Jumo 004 B mit je S_O= 900 kp

b=8,8 m	Reichweite:	1.550 km
F=22,5 m^2	Startmasse:	6,25 t
Λ=3,42	Höchstgeschwkt.:	955 km/h

Bewaffnung: von Nudelmann und Richter
1 Maschinenkanone 37 mm
2 Maschinenkanonen 23 mm

Außer der schlechten Sicht nach hinten läßt sich bei diesem Entwurf nichts bemängeln. Die Bewaffnung mit 37-mm- und zwei 23-mm-Kanonen von Nudelmann und Richter (Bautzen) war dieselbe wie bei MiG-15.

ein von oben angreifendes Jagdflugzeug natürlich von Vorteil ist. Aber auch bei Start und Landung bringt es zusätzliche Sicherheit, besonders nachts.

Von der aerodynamischen Gestaltung her zeigte die EF-137 für Jagdflugzeuge einen hervorragenden c_W-Wert von 0,0174. Dazu trug natürlich die geringe Flügelstreckung von 3,4 am meisten bei, während sich die Konkurrenz auf den Wert 5 eingeschossen hatte. Die Form des Rumpfes wiederum glich von oben gesehen einem Schnellflugprofil, von der Seite war es rein nach praktischen Prämissen gestaltet. Das Leitwerk war nicht wie bei Tupolew üblich auf Geschwindigkeit, sondern auf Wirksamkeit optimiert, was letztlich die effektivere Lösung darstellt. Flügelvorderkante und Flügelhinterkante sind bis Mach 1,2 Unterschallkanten. Das vereinfachte vor allem die aerodynamischen Berechnungen, was bei der damaligen Handrechnerei Entwicklungsvorsprung sichern konnte.

Das i-Tüpfelchen der Aerodynamik stellte jedoch die Triebwerksanordnung dar. Damit war Junkers der Welt um gut 20 Jahre voraus. Während z.B. Mikojan mit dem Gastrakt des verschwind eingebauten Rumpftriebwerkes große Sorgen gehabt haben muß (sonst hätte er den Rumpf nicht so drastisch gekürzt und dieses gewagte Seitenleitwerk mit 55-Grad-Pfeilung draufgezaubert), saßen bei der EF-137 praktisch Diffusor und Schubdüse unbeeinflußt, als ob sie einzeln und frei unter der Tragfläche klebten. Die Doppelverkleidung der zwei Triebwerke verringerte gegenüber der Einzelaufhängung noch dazu den Luftwiderstand. Mit dem Hochziehen an die vertikale Rumpfbezugsebene erreichte Junkers praktisch dieselben Vorteile wie beim Einbau direkt im Rumpf, ohne, wie gezeigt, die Nachteile in Kauf nehmen zu müssen. Für die Klappenwirkung bei derart stark gepfeilten Flächen hatten sich die Junkers-Ingenieure etwas besonderes ausgedacht. Die inneren Landeklappen fuhren schräg aus, um fast senkrecht zur Flugrichtung zum Liegen zu kommen. Bei den Querrudern wurde die Hinterkante flacher gestellt. Das hatte zum einen den Vorteil, daß die Klappe weniger schräg stand, zum andern sparte es Gewicht, vergrößerte die eher geringe Zuspitzung auf den Wert 2 und nahm genau dort die tragende Fläche weg, wo sie sowieso nicht mehr trägt (in kompressibler Strömung findet dort radikaler Druckausgleich statt).

Die Konkurrenten in Amerika und in der Sowjetunion hatten nichts vergleichbares aufzuweisen. Die Amerikaner plagte darüberhinaus ein viel größeres Problem: Sie hatten die gewaltigste Streitmacht der Welt aufgebaut. Als sie Ende 1945 begannen, Heer, Marine und Luftwaffe zu verkleinern, zog bereits 1946/47 eine neue Wirtschaftskrise herauf, die auf die Industriebosse des Landes nach den „fetten" (profitreichen) Kriegsjahren viel bedrohlicher wirkte, als der eben blutig erkämpfte Sieg gegen Hitlerdeutschland. Die amerikanische Rüstung durfte ihrer Meinung nach nicht abgeschmolzen werden. In dieser Situation kam ihnen die CIA zu Hilfe und konstruierte die „kommunistische Bedrohung" und einen Rüstungsvorsprung der Sowjetunion. Das ganze Gegenteil war aber der Fall. Die wirtschaftlichen Verhältnisse in der Sowjetunion waren derart schlimm, daß sich die Führung des Landes genötigt sah, die sowjetisch besetzte Zone zu härtesten Reparationsleistungen heranzuziehen. Die dritte Demontage-Welle rollte 1947 über diese Zone hinweg und zerquetschte die gerade sprießenden Hälmchen eines ökonomischen Frühlings.

Der Kalte Krieg war die Frucht einer Furcht: Furcht des US-Establishments vor einer Weltwirtschaftskrise und noch größere Furcht vor dem Sozialismus.

Roll back (Zurückrollen) lautete deshalb die Devise der Kriegsgewinnler in den USA. Während die Ideen des Sozialismus in Europa von immer mehr Menschen als richtig und zukunftsweisend erkannt wurden, begann in den USA die Hexenjagd auf alles „unamerikanische". Was darunter zu verstehen war, definierten die selbst ernannte Großinquisition (sprich Großkapitalisten) für sich genau: Alles, was nicht dem Profitmachen dient, ist unamerikanisch. Punkt.

Die MiG-17 hatte einen stärker gepfeilten Flügel als die MiG-15 und drei Grenzschichtzäune auf der Oberseite.

Erst in der D-Version erreichte die F-86 Ebenbürtigkeit mit der MiG-15 im heißen Korea-Krieg.

Fürs Familienalbum: Konstruktionsleiter Johannes Haseloff, Fertigungschef Franz Griebsch, Rumpfkonstrukteur Fritz Riedel und Flügel-Konstruktionsleiter Fritz Freundel in Podberesje um 1950.

Ing. Walter Wogeck (10.4.1911) begann am 1.4.1926 bei Junkers als Schlosserlehrling. Abendstudium in Dessau. Im Oktober 1933 Beginn als Vorrichtungskonstrukteur. 1937 Gruppenleiter, 1939 Abt.-Ltr. Meßwesen in Fertigungsentwicklung. Für Me 263 (Ju 248) 1944 Gesamtleitung der Fertigungsmittelentwicklung. Mehrere Patente. Oberingenieur. Von 1946 bis 1954 in UdSSR. Ab Oktober 1954 Mitglied der Aufbauleitung für neue Luftfahrtindustrie in der DDR. Ab 1955 Haupttechnologe. 1956 Lehrbeauftragter an TH Dresden. 1958 Chef Verfahrenstechnik und Bauweisen in VLI.

Für das amerikanische Volk hingegen blieb der Begriff schwammig, also dehnbar wie ein Gummiparagraph. So konnte man die Hysterie anheizen, wie es gerade gebraucht wurde. Man hatte von den Nazis gelernt. Bewundert hatte man sie ja schon immer.

In den USA war in den Jahren bis 1945 ein Militärisch-industrieller Komplex entstanden, der zwar bis Kriegsende einigermaßen unter politischer Kontrolle gehalten werden konnte, danach sich aber immer mehr mit der Politik verband, um gemeinsame imperiale Ziele zu verfolgen (Jetzt sind wir stark und gerüstet, jetzt bestimmen wir die Weltpolitik!). In solch imperialer Politik widerspiegelt sich die Auffassung vom Herrenmenschen, wie das auch bei der Bombardierung Coventrys durch

Die F-84 Thunderjet landete nach der blamablen Vorstellung in Korea gegen die MiG-15 zuhauf auf dem Schrottplatz. Mit dem einfachen Trapezflügel war kein Krieg mehr zu gewinnen. Die Firma Republic hatte da bereits ihren „Schnitt“ gemacht, so daß sich die Enttäuschung in Grenzen hielt.

Bild rechts: Eine „erbeutete“ MiG-15 als Testobjekt in einer amerikanischen Versuchsstaffel. Die Maschinenkanonen von Nudelmann und Richter waren eine sehr wirkungsvolle Waffe, wo zwei Treffer reichten, um einen Bomber vom Himmel zu holen.

die Nazis und der Bombardierung Dresdens durch Engländer und Amerikaner der Fall war: Es gibt die Elite der Herrenmenschen (allgemein: der erfolgreiche Geschäftsmann), die alles darf, und es gibt die Untermenschen (die Erfolglosen), die sich alles gefallen lassen müssen. So war die Bombardierung Dresdens neben dem Terrorakt gegen Zivilbevölkerung vor allem ein Bomben-Geschäft für die Hersteller dieser Bomben. Die Lager mußten schließlich noch kurz vor Kriegsende leer geräumt werden, damit sie mit moderner Ware wieder aufgefüllt werden konnten.

Sobald man nämlich beginnt, die Gesellschaft in Klassen zu teilen, in Profiteure und Produzenten, in Kriegstreiber und Kriegsfutter, in Herrscher und Beherrschte, also die Augen öffnet und die Realität erkennt und nicht die bürgerliche Mär von der Gleichheit glaubt (ein richtiger Bürger im bürgerlichen Verständnis ist sowieso nur ein produktionsmittelbesitzender Bürger, denn die anderen haben es durch ihre Faulheit zu noch „nichts“ gebracht), dann erkennt man, daß die Angriffe auf Coventry, auf Dresden, auf Polen, auf Frankreich, auf Rotterdam, auf Hamburg usw. usf. nie Angriffe der Deutschen, Engländer oder Amerikaner waren, sondern immer Angriffe der Profiteure der Vernichtung, die mit dem Zwang der Staatsmacht ihre Völker in die Panzer, Bomber und hinter die Maschinengewehre preßten, auf die Reichtümer fremder Völker. Das ist die Wahrheit und das Wesen von imperialistischen Eroberungskriegen. Selbst wenn das damals den agierenden Soldaten anders erschienen sein sollte.

Es mußte also zum sogenannten Kalten Krieg kommen, weil 1945 für alle denkenden Menschen die Wahrheit augenscheinlich auf der Straße lag: hier die Zerstörung und das Elend, dort die neuen Waffenfabriken und die Sattheit. Mittels dieser plötzlichen Erkenntnis weiter Bevölkerungsschichten teilte sich die Welt in Kriegsgewinner und -verlierer. Hätten die CIA und die Bosse des Großkapitals nicht den Kalten Krieg ausgerufen, dann wäre die amerikanische „Heimatfront“ schnell wacklig geworden. Halb Hollywood sollte ja schon kommunistisch unterwandert sein.

Der Kalte Krieg brachte natürlich keinen Frieden, dafür das Wettrüsten, das Unsummen verschlang. Wäre dieses Geld in zivile Verkehrsmittel, in unterentwickelte Regionen, in Bildung, Forschung oder einfach den Armen dieser Welt zugeflossen, die Welt wäre heute sauberer und friedlicher, also, menschlicher.

Die militärische Luftfahrt profitierte vom Kalten Krieg. Die Herrschenden in Amerika sicherten sich bis zur Verwesung des sozialistischen Systems die dominierende Rolle im Rüstungswettstreit. Diese Herren hat es nie wirklich interessiert, ob die Jäger F-84, F-86 oder F-104 besser waren als die sowjetischen, oder ob die B-47, B-52 oder B-1 schneller und weiter fliegen konnten als die Konkurrenz aus dem Ostblock, wichtig war nur, daß diese Maschinen in

In Deutschland hatte Alexander Lippisch bei Messerschmitt den Raketenjäger Me 163 entwickelt, dessen schwanzlose Konstruktion ein sehr kleines Flugzeug ergab. Nach dem Krieg lieferte Prof. Lippisch in den USA die Pläne für die Firma Convair, die einen Deltajäger für Mach 0,9 baute. Am 19. Februar 1949 hob die XF-92 A in San Diego zum Erstflug ab, angetrieben von einem Allison J-33-A-23-Triebwerk. Das Flugzeug wird als Vorläufer zur B-58 Hustler sowie den Jägern F-102 und F-106 angesehen.

Technische Daten der EF-137 im Vergleich zu relevanten Jägern

Hersteller	Junkers	Messerschmitt	Gloster	North American	Mikojan/G.	Mikojan/G.	Lawotschkin	Republic
Land	Deutschland	Deutschland	England	USA	UdSSR	UdSSR	UdSSR	USA
Typ	JU/EF-137	Me 262 A-1	G-41 Meteor	F-86 Sabre	MiG-9	MiG-15	La-15	F-84 Thunderjet
Erstflug		18.7.1942	5.3.1943	1.10.1947	24.4.1946	30.12.1947	(La-160) 8.1946	28.2.1946
Bemerkungen	Projekt 1.10.1946	1. Serie					1. Pfeilflügel SU	1. Axial-TW USA
Triebwerk	Jumo 004 B	Jumo 004 B	Welland I	GE J-47-17 B	BMW 003	RollsR. Nene	RR Derwent 5	GE Allison J-35
	2 x 900 kp	2 x 900 kp	2 x 780 kp	2.470 kp	2 x 800 kp	2.625 kp	1.600 kp	1.815 kp
mit Nachbrenner				3.420 kp				
Gesamtstartschub	1.800 kp	1.800 kp	1.560 kp	3.420 kp	1.600 kp	2.625 kp	1.600 kp	1.815 kp
Triebwerksmasse ges.	1.605 kg	1.500 kg	780 kg	1.135 kg	1.220 kg	753 kg	650 kg	980 kg
Besatzung	1	1	1	1-2	1	1	1	1
Spannweite	8,80 m	12,65 m	13,10 m	11,90 m	9,50 m	10,08 m	8,80 m	11,10 m
Länge	13,63 m	10,60 m	12,60 m	12,80 m	9,75 m	10,11 m	9,00 m	11,62 m
Höhe	3,36 m	2,80 m	4,00 m	4,27 m	3,00 m	3,70 m	3,60 m	3,90 m
Pfeilung geom. in 50 % Ft	45 °	9 °	-5 °	35 °	-6,5 °	35 °	35 °	0 °
Flügelfläche	22,50 m^2	21,70 m^2	34,7 m^2	29,10 m^2	18,20 m^2	20,60 m^2	16,20 m^2	25,30 m^2
Flügelstreckung	3,4	7,4	4,9	4,9	4,9	4,9	4,8	4,9
Flächenbelastung	277 kg/m^2	309 kg/m^2	180 kg/m^2	316 kg/m^2	278 kg/m^2	268 kg/m^2	238 kg/m^2	277 kg/m^2
Leistungsbelastung	3,47 kg/kp	3,72 kg/kp	4,01 kg/kp	2,69 kg/kp	3,16 kg/kp	2,11 kg/kp	2,41 kg/kp	3,85 kg/kp
Rüstmasse	3.870 kg	3.803 kg	3.690 kg	6.090 kg		4.145 kg	2.575 kg	4.150 kg
Kraftstoff max.	2.000 kg	2.252 kg						
Munition	285 kg	512 kg						
Schmierstoff		30 kg						
Besatzung	90 kg	100 kg	100 kg	100 kg				
Summe Zuladung	2.375 kg	2.894 kg	2.570 kg			1.388 kg	1.275 kg	
Startmasse	6.245 kg	6.697 kg	6.260 kg	9.200 kg	5.070 kg	5.533 kg	4.412 kg	7.000 kg
Höchstgeschwkt.	955 km/h	835 km/h	620 km/h	1113 km/h	920 km/h	987 km/h	1084 km/h	960 km/h
in Höhe	5 km	0 m	0 m	0 m	5 km	10 km	2,7 km	
Reisegeschwkt.	825 km/h	825 km/h		900 km/h	780 km/h	600 km/h	900 km/h	650 km/h
in Höhe	12 km	6 km			10 km	8 km		
Steiggeschwkt.	27 m/s	13 m/s	37 m/s	61 m/s	19,3 m/s	46 m/s	41 m/s	30 m/s
Dienstgipfelhöhe	13.100 m	11.400 m	15.240 m	15.100 m	13.000 m	15.500 m	14.570 m	13.000 m
Reichweite	1.550 km	1.280 km		1.190 km	900 km	(+ZB) 1.625 km	1.275 km	1.600 km
Flugzeit max.	115 min	95 min				210 min	132 min	
Startrollstrecke	1.050 m	1.020 m						
Startrollstrecke mit Raketen		780 m						
Landegeschwkt:	178 km/h	175 km/h		250 km/h		178 km/h		
Landerollstrecke	650 m	600 m						

Massen produziert wurden und so Riesengewinne abwarfen. Bis auf Korea und Vietnam mußten diese Flugzeuge nie ihre angebliche Überlegenheit unter Beweis stellen. Der milliardenschwere Schrott war und ist eine Last, die die gesamte Menschheit zu tragen hat, denn die Dollar-Milliarden flossen über die Börsen aus allen Ländern (sogar den ärmsten) in die USA (wer das Weltgeld Dollar druckt, besitzt die Lizenz zur Manipulation der Wechselkurse. Der Zusammenbruch der Golddeckung in Bretton Woods 1973 zeigte nur an, daß die Notenpresse auf Hochtouren lief).

Technisch gesehen gilt für die amerikanischen Jäger dasselbe wie für die amerikanischen Bomber: Sie waren profitorientiert gebaut, das heißt, groß und schwer. Die F-86 war 40 % größer und 60 % schwerer als die MiG-15, aber nur 50 km/h schneller. Ausgezeichnet dagegen war ihr Steigvermögen durch Vorflügel (um 15 m/s größer). Doch beide Flugzeuge zusammen hatten nicht die Klasse und vor allem nicht die Entwicklungsfähigkeit der Junkers EF-137. Doch Junkers existiert nicht mehr - verschuldet durch die Nazis, die auszogen, die Welt zu erobern.

Die Pfeilung ist kein Maß für Schnelligkeit, sondern nur ein Mittel, um die Profildicke groß halten zu können. Der klassische Pfeilflügel wird heute fast nur noch auf große Verkehrsflugzeuge angewendet für hohen Kraftstoffvorrat und bessere Manövrierfähigkeit am Boden.

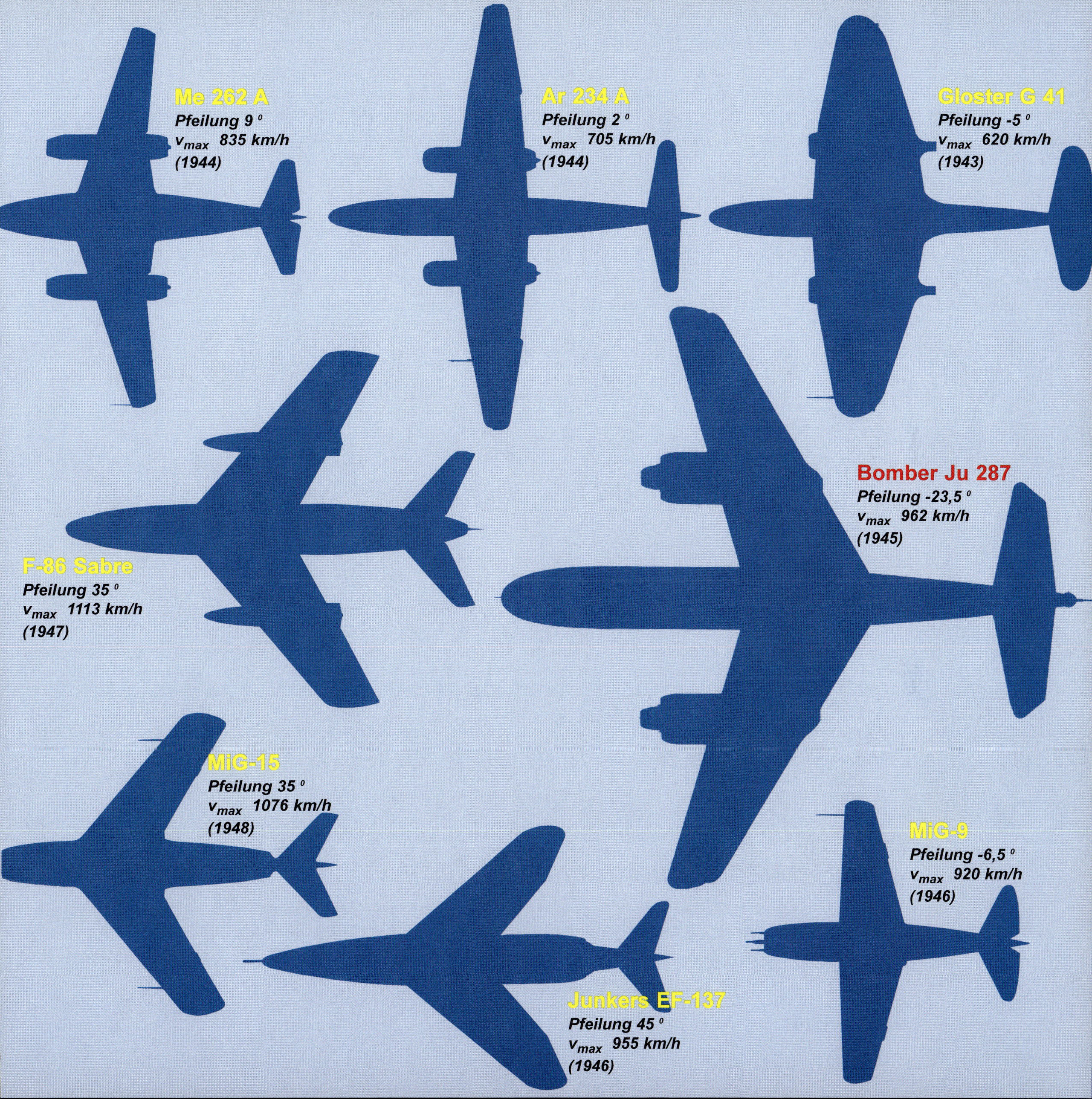
Me 262 A
Pfeilung 9 °
v_{max} 835 km/h
(1944)
Ar 234 A
Pfeilung 2 °
v_{max} 705 km/h
(1944)
Gloster G 41
Pfeilung -5 °
v_{max} 620 km/h
(1943)
Bomber Ju 287
Pfeilung -23,5 °
v_{max} 962 km/h
(1945)
F-86 Sabre
Pfeilung 35 °
v_{max} 1113 km/h
(1947)
MiG-15
Pfeilung 35 °
v_{max} 1076 km/h
(1948)
MiG-9
Pfeilung -6,5 °
v_{max} 920 km/h
(1946)
Junkers EF-137
Pfeilung 45 °
v_{max} 955 km/h
(1946)

J U N K E R S

Ju 152

Erfolgreiche Junkers-Flugzeuge waren immer Tiefdecker (Junkers-Patent). Brunolf Baade ignorierte als Chefkonstrukteur die warnenden Hinweise seiner Untergebenen. Als Schulterdecker hatte die JU/EF-152 nie eine Chance.

Nach acht Jahren Zwangsaufenthalt in der UdSSR eröffnete sich für die Junkers-Ingenieure eine großartige Perspektive in einer eigenständigen deutschen Luftfahrtindustrie.

ARBEITER!
WISSEN
MACHT

Aufheben des Junkerswissens für ein neues Deutschland

Für den Faschismus, der von zu vielen Deutschen der bürgerlichen Mitte als nationaler Sozialismus mißverstanden worden war, hatten die Junkerskonstrukteure zwar nicht mit dem Leben, dafür aber mit achtjähriger Deportation gebüßt. Nun war die Zeit der Buße vorbei. Jetzt ging es um einen Neuanfang. Wie sollte der aussehen? Aus dem Großdeutschen Reich waren Österreich, die Bundesrepublik und die Deutsche Demokratische Republik entstanden. Die bürgerliche Demokratie hatte 1933 vor der bürgerlichen Diktatur kapituliert. Und nun?

In Dessau waren die Erben der Firma Junkers nach dem Krieg enteignet, die Firma aus dem Handelsregister gelöscht worden. Aber die Junkers Flugzeug- und Motorenwerke existierten fort, bis 1946 in Dessau und dann bis 1953 in der UdSSR. Was sollte aus diesem Potential werden? Sollte es sich zerstreuen und damit verlustig gehen? Der Technische Leiter der Junkerswerke, Brunolf Baade, hatte andere Vorstellungen. Chefkonstrukteur Ferdinand Brandner schrieb später dazu:

„... Baade war bekannt als der Mann, der mit den Russen schon in Dessau auf das engste zusammengearbeitet hatte. Er war, wie ich glaube, als einziger der KP beigetreten.
Wie ich gleich beim Empfang in Moskau merkte, stand er hoch im Kurs. Da ich bei ihm wohnte, konnte er mich in Ruhe von seinen Plänen unterrichten. Er erzählte mir, daß er in der DDR ein Flugzeugwerk mit einem Triebwerkbau errichten wolle und hierfür bereits die Genehmigung der damaligen Herren der DDR erlangt habe. Er wolle die Junkerstradition weiterführen und die wertvollen fachlichen Erfahrungen, die wir in Rußland machten, für Deutschland retten und uns damit wieder in die erste Reihe der technisch hochstehenden Nationen stellen.
Damit hatte er mir aus der Seele gesprochen. Nur dachte ich, daß wir auch in Westdeutschland mit offenen Armen aufgenommen werden würden. Leider stammte aber der größte Teil des Kollektivs aus Mitteldeutschland, und Brunolf Baade meinte, daß wir mit diesem Unternehmen später für ein geeintes Deutschland von der Ostzone her doch ein großes Geschenk bereithalten würden. Die Arbeit in Sowjolowo sei als Vorbereitung für das Werk in der Ostzone gedacht. Dort sollten wir eine Triebwerkstype mit 3.000 kg Schub konstruieren, um sie dann in Pirna zu bauen. Er selbst wolle ein Zivilflugzeug konzipieren. So könnten wir dann in der Ostzone den Bedarf der UdSSR an zivilen Flugzeugen decken, wozu die Russen gegenwärtig wegen ihrer Rüstungsaufgaben keine Zeit hätten. Spätestens im Mai 1954 wären wir zu Hau-

Der Schein:

Der Jungkommunist Brunolf Baade zwischen den beiden Altnazis Ferdinand Brandner (li.) und Prof. Günther Bock zu Baades 50. Geburtstag am 15. März 1954 in Sowjolowo.

Das Wesen:

Drei deutsche Ingenieure wollen das Junkerswissen für ein geeintes Deutschland in ein zunächst geteiltes Deutschland retten.

Die Wirklichkeit:

Drei in Freundschaft verbundene Männer gehen getrennte Wege und werden letztlich wieder Marionetten der Wirtschaftspolitik: Ferdinand Brandner in Österreich und in Ägypten; Brunolf Baade in der Deutschen Demokratischen Republik; Prof. Günther Bock in der Bundesrepublik Deutschland.

se. Das war ein Plan, der Hand und Fuß hatte. Auch ich litt unter der Vorstellung, unser wertvolles Triebwerksteam mit seinen letzten Mitarbeitern aus den so berühmten Junkers- und BMW-Werken, das als einziges Team Anschluß an die Weltklasse gefunden hatte, so ohne weiteres auseinandergehen zu lassen. ... Dadurch gewann die Idee Baades an Berechtigung, ganz abgesehen von dem Gedanken der Erhaltung des Niveaus einer modernen Luftfahrtindustrie für Deutschland. Wir hatten uns somit auf gleicher Linie getroffen.
Leiter des gesamten Unternehmens würde Brunolf Baade sein, während Professor Günther Bock den Zellenteil und ich die Triebwerksabteilung übernehmen solle. Außerdem sollte Prof. Bock, von dem ich hier seit langer Zeit wieder etwas hörte, auch die neu zu errichtende Deutsche Versuchsanstalt für Luftfahrt (DVL) übernehmen."
„Prof. Bock hatte sehr guten Kontakt zu den Russen gefunden, hielt viele Vorträge in russischer Sprache. Am Silvesterabend gestand er mir, daß er der kapitalistischen Welt überdrüssig sei und sich mit Baade geeinigt habe, vorerst die Leitung des Zellenbaus zu übernehmen. Anschließend wolle er als Nachfolgeinstitution seiner alten Forschungsanstalt in Dresden eine neue DVL aufbauen."

Was hier in Sowjolowo begann, war eine Neubesinnung auf die alten Tugenden des Ingenieurs: Er sollte mit seinen Ideen und seiner Arbeit seinem Volk dienen, Bahnbrechendes schaffen, um das Lebensniveau aller anzuheben. Genau das war auch Ferdinand Brandners Jugendtraum einst gewesen. In diesem Bemühen um Wiedergutmachung am eigenen Volk waren sich Brandner, Baade und Bock einig, die Junkerstruppe zu sammeln und mit den Resten der übrigen Flugzeugbauer von Siebel, Heinkel usw. zu einer technisch hochstehenden Gemeinschaft, die zunächst in der DDR eine neue, staatlich geleitete (und bezahlte), Luftfahrtindustrie errichten sollte, auszubauen. Diese hehren Ziele waren jedoch nur gegen den eigenen Schweinehund durchzusetzen, der nur das Ziel kannte, so schnell wie möglich nach Hause zu gelangen. Aus diesem Widerspruch heraus entstand das Technische Projekt „15.2", das den schnell-

Der Junkersbomber EF-150 war im Dezember 1951 aus der Montagehalle gerollt und hatte sich bei den Erprobungsflügen als außerordentlich leistungsfähig erwiesen (Höchstgeschwkt.: 1020 km/h). Doch die Tu-16 mit ihren doppelt so starken Triebwerken gewann den Serienbau.
Auf der Grundlage der EF-150 handelte Baade mit der UdSSR und der DDR eine Abmachung aus, wonach daraus ein Verkehrsflugzeug entstehen sollte, das die DDR für die UdSSR in Serie bauen dürfe.

sten Weg nach Hause versprach, allerdings auf Kosten des technischen Niveaus. Das erste zivile deutsche Nachkriegsflugzeug baute vollständig auf der Junkers EF-150 auf. Ideen an andere Konzeptionen kamen 1953 aus eigennützigen Gründen gar nicht erst auf.

Im November 1953 fanden sich in dem Städtchen Sowjolowo die von Baade zurückgehaltenen Reste der Junkers Zellen- und Triebwerksleute sowie die Reste von BMW und Siebel in einer leer geräumten Werkhalle wieder, wo sie ein Strahlflugzeug für den Neuanfang in der DDR projektieren sollten.

Baade hatte im Sommer und Herbst mit Regierungsvertretern der UdSSR und der DDR ein Übereinkommen (anscheinend nur mündlich) ausgearbeitet, das den Aufbau einer Luftfahrtindustrie in der DDR und die Lieferung von Verkehrsflugzeugen aus dieser Produktion an die UdSSR vorsah. Zu diesem Zweck hatte das sowjetische Luftfahrtministerium einen Auftrag zur Projektierung eines Verkehrsflugzeuges mit Strahlantrieb für 24 bis 36 Passagiere mit einer Flugstrecke von 2.500 km an Baade vergeben. Das Flugzeug sollte auch auf Grasnarbe starten können und darüber hinaus eine Kabine von ausgesuchtem Luxus aufweisen.

Die Arbeiten an diesem Flugzeug begannen im November 1953 in Sowjolowo. Eine erste dienstliche Mitteilung an die Triebwerkstruppe stammt vom 16. Dezember 1953. Sie schrieb Typenleiter Erich Wolf, gerichtet an Triebwerkschef Ferdinand Brandner, wo es um erste Daten zu notwendigen mechanischen Abtrieben und der Luftentnahme aus den Triebwerken für die Druckkabine geht. Die erste Projektbesprechung bei Brunolf Baade fand am 21. Dezember 1953 statt. Die Besprechung leitete als Chefkonstrukteur Zelle Prof. Günther Bock, anwesend waren die Herren Ferdinand Brandner (Motor), Heinz Roessing (Chefkonstrukteur Siebel), Fritz Freytag (stellv. Chefkonstrukteur), Hans Wocke (Entwurfsleiter), Dr. Georg Backhaus (Aerodynamik), Dr. Gerhard Schmitz (Siebel/DVL?), Dr. Hans-Georg Schumann (Flugmechanik), Waldemar Günther (Chefstatiker), Siegfried Günter (Heinkel-Chefaerodynamiker), Josef Heisig (Baades rechte Hand), Rudolf Rentel (Siebel-Entwurfsing.), Walter Künzel (Wirtschaftlichkeit), Johannes Haseloff (Kobü-Rumpf), Fritz Freundel (Kobü-Flügel), Georg DuBois (Triebwerksanlage), Hans Hoch (Triebwerkseinbau), Erwin Handke (Sonderaufgaben) und Typenleiter Erich Wolf.

Dipl.-Ing. Martin Schrecker (9.11.1909) begann nach dem Studium 1934 bei Junkers im Entwurfsbüro. Entwurfsarbeiten für Ju 90, Ju 290 und Ju 252. Mitarbeit am ersten Strahlbomber Ju 287. Von 1946 bis 1954 in UdSSR unter Hans Wocke Gruppenleiter Entwurf. Nach Rückkehr in DDR Entwurf-Abteilungsleiter im Aufbaustab in Pirna. Pfingsten 1955 Abwanderung in BRD. Neue Aufgabe in Bremer Flugzeugwerken in der Vorkonstruktion. Ab 1961 Typenleiter für die deutsch-französische Gemeinschaftproduktion „Transall“.

Bild oben: Das Wohnhaus der Junkers-Spezialisten in Sowjolowo, in dem sie zwischen Sommer/Herbst 1953 und bis Ende Juni 1954 untergebracht waren.

Bild rechts: Waldemar Günther und Erwin Handke vertreiben sich die Zeit in einem Café. Ab März 1954 saß man auf gepackten Koffern und wartete auf die Heimreise.

Obwohl offiziell das Aussehen des Flugzeuges 152 noch völlig offen war, stand intern bereits fest, daß die EF-150 die Grundlage bilden sollte. So war man sich schon zuvor einig, die 150 um 20 % zu vergrößern, ansonsten so wenig wie möglich zu ändern, um in der unbedarften DDR schnell zu einem eigenen Strahlflugzeug zu kommen. So werden zwar in der Dezember-Sitzung zwei Entwürfe (Tief- und Schulterdekker) zur Diskussion gestellt, aber über den Tiefdecker kein Wort mehr verloren. Als nachteilig für den Schulterdekker wird lediglich die geringere Richtungsstabiltät und die geringe Stehhöhe unter dem Flügelmittelstück von unter 1,70 m festgestellt. Hans Wocke, der offensichtlich den leichteren Tiefdekker-Entwurf ausgearbeitet hatte, stellte am Ende der Sitzung nur noch einmal fest, daß die dringendste Forderung sei, Baugewicht zu sparen.

Am 28. Dezember 1953 wird dann auf Grund der Berechnungen von Fritz Paasch das Lastvielfache der 152 auf 2,7 festgelegt bei einem Startgewicht von 42 Tonnen. Am 6. Januar 1954 findet ein letzter Vorstoß zu einer Änderung des Projektes auf Tiefdecker durch Ludwig Hoffman statt, als es um das Fahrwerkssystem geht. Das bei der 150 verwendete Tandemfahrwerk spart bei einem Bomber zwar Gewicht, aber bei einem Zivilflugzzeug sollen ja die Passagiere im Rumpf sitzen und nicht das Fahrwerk. Hoffmann bemängelt das Rollen auf vereisten Pisten, wo man bei einem Dreipunktfahrwerk durch einseitiges Bremsen zur Spurhaltung zurückfinden könne. Außerdem sei der Landewinkel beim Tandemfahrwerk sehr begrenzt. Beide Bedenken werden entkräftet, wobei Dr. Schumann nochmals Berechnungen zu einer möglichen Bugradlandung anstellen solle. Danach gibt es keine Diskussionen mehr über die Flügelanordnung und die damit zusammenhängende Fahrwerkskonzeption.

Ende Januar 1954 herrscht im wesentlichen Einigkeit über den Entwurf. Zugleich wird die hydro-mechanische Steuerung der 150 für die 152 übernommen (aus dem Junkers-Fernantrieb FA-15 entwickelt). Am 1. April 1954 ist die Vorkonstruktion abgeschlossen und an das sowjetische ZAGI zur Begutachtung übergeben. Jetzt warten die verbliebenen 300 Ingenieure nur noch auf die Nachricht zum Heimfahrtermin.

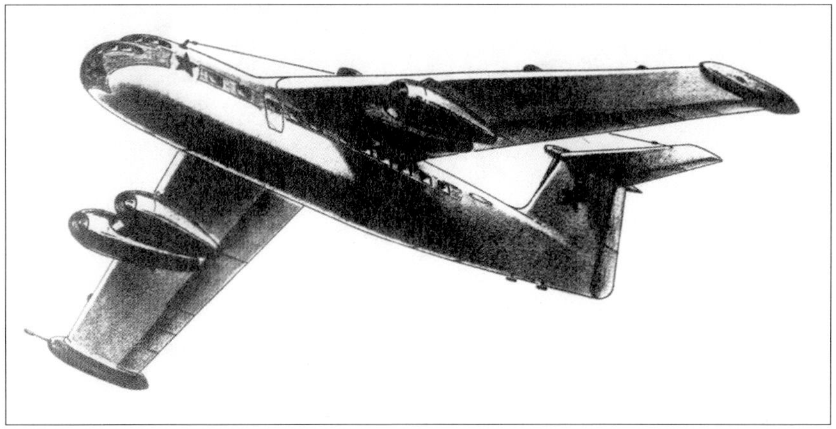

Die zur Tarnung als 15.2 bezeichnete EF-152 in ihrer in Sowjolowo entwickelten Form. Der Rumpf war oval für eine größere Stehhöhe. Nur das Seitenleitwerk und die Zwillingsgondeln sind neu. Das Flugzeug trägt alle Merkmale eines „Natschalnik-Flugzeuges" (sogar Abwehrbewaffnung).

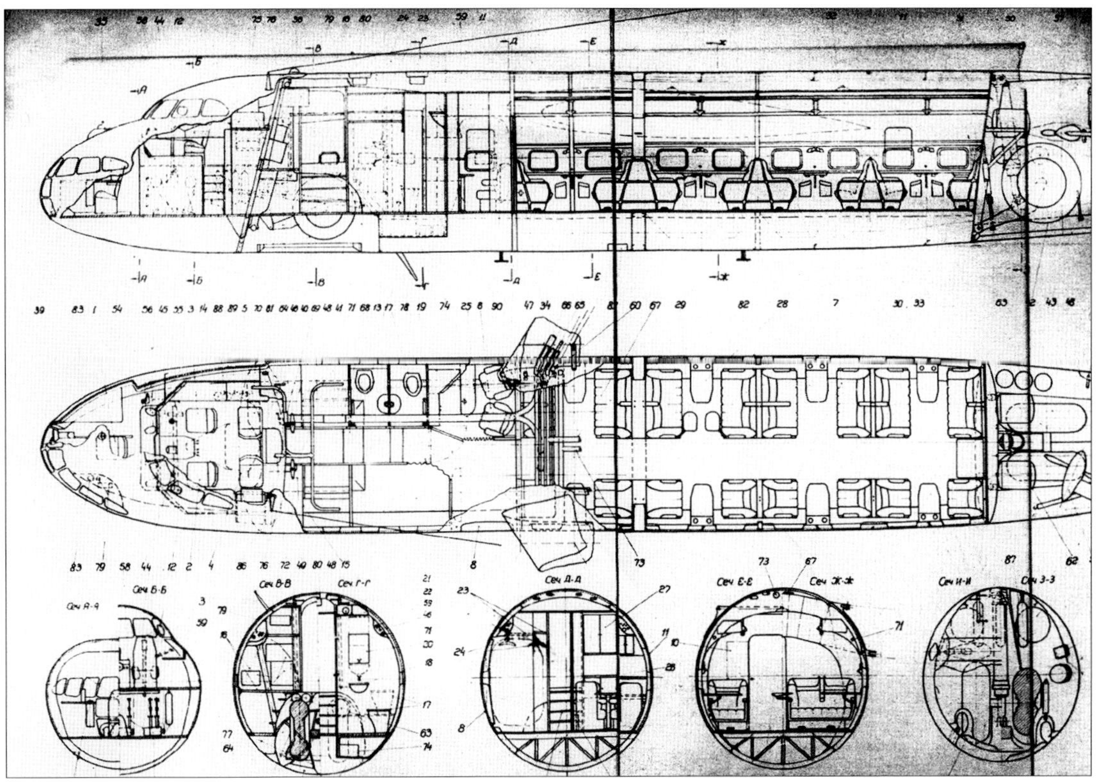

Die erste 152 glich eher einem Geschäftsreiseflugzeug. Eine interessante technische Lösung waren die schräg gestellten Rumpfspante, an denen die Fahrwerke angelenkt wurden. Die Luxuskabine mit Bar und zwei Toiletten bot 24 Fluggästen reichlich Platz.

Ein neues Junkers-Werk entsteht in Dresden-Klotzsche auf der grünen Wiese

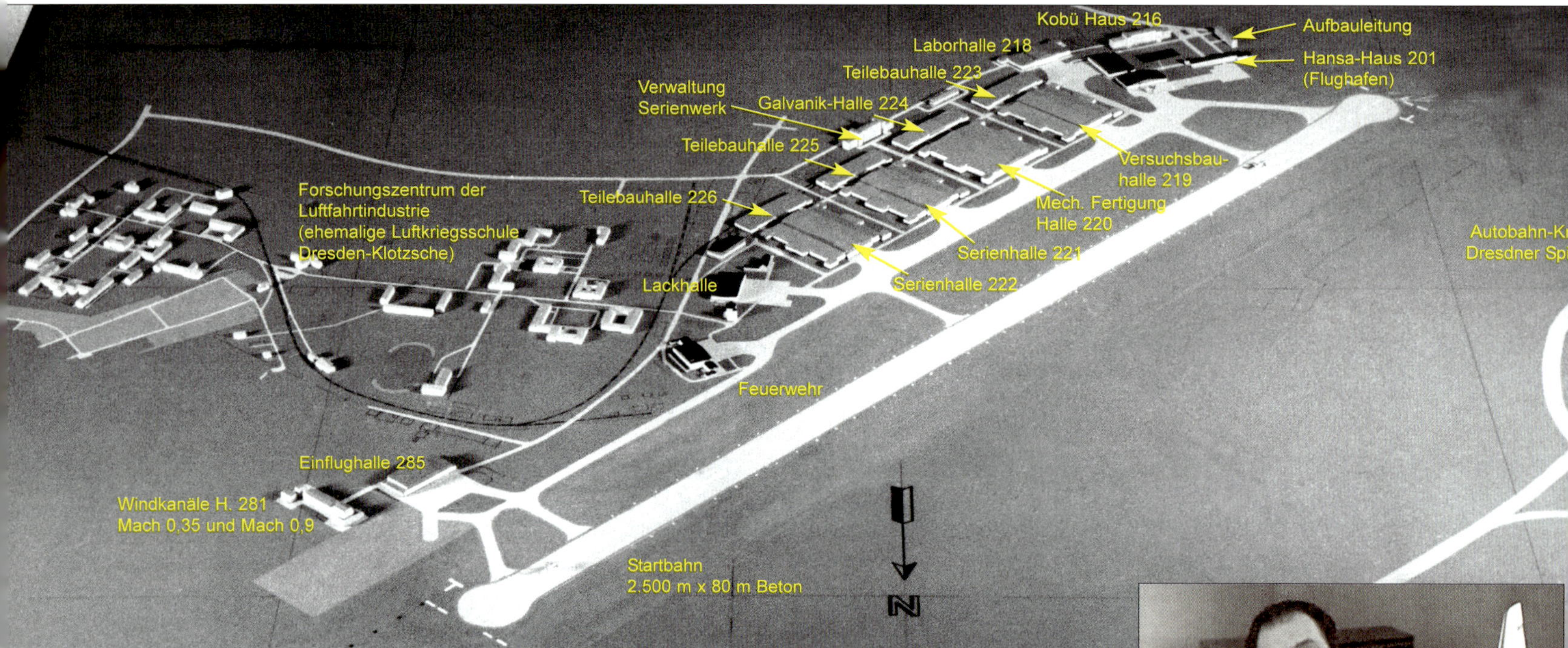

Die Aufbauplanung zu einem neuen Junkerswerk entstand zusammen mit der Projektierung der JU/EF-152 und des Jumo 014 in Sowjolowo. Auf einer Besprechung am 4. Februar 1954 beim obersten Sektorenleiter Brunolf Baade konstituierte sich die Aufbauleitung. Baade ernannte Franz Griebsch zum Chef der Aufbauleitung. Weiter nahmen teil: Dr. Gerhard Bredendick (Kobü-Tw/BMW), Heinz Eitner (Labor/Junkers), Karl Prestel (Prüfstände/BMW), Dr. Max Lorenz (Wärmebetriebe/Junkers), Dr. Hans Lorenz (Zentrallabor/Junkers), Richard Müller (Planung/Junkers) und Boris Mindach (Kobü-Zelle/Junkers). Weitere nicht teilnehmende Verantwortliche waren Gerhart Stolberg (Fertigungsbetriebe/Siebel), Walter Wogeck (Klempnerei, Zerspanung, Feinmechanik/Junkers), Willi Lehmann (Einflug/Junkers), Dr. Rudolf Scheinost (Triebwerk/BMW), Richard Kahofer und Dr. Schnetz (Festigkeits-

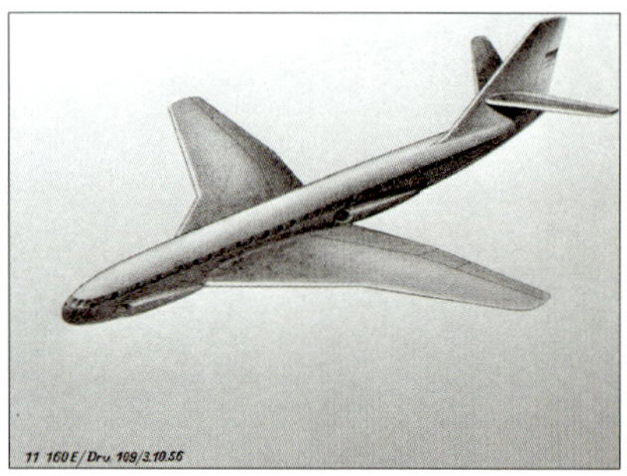

Bild oben: Das Modell des neuen Flugzeugwerkes in Dresden-Klotzsche von 1955. Die Hallen 220, 221, 225 und 226 fielen der Einsparung zum Opfer.

Bild links: Die EF-160 sollte der ganz große Wurf des neuen ostdeutschen Flugzeugbaus werden. Das 80-Tonnen-Projekt hätte 108 Passagiere mit 1000 km/h über 4.000 km befördern können.

Bild rechts: Der Vordenker für den Neuanfang: Prof. Baade.

und Schwingungslabor/Junkers), Paul Keller (Hydromechanisches Labor/Junkers) und Dr. Kuno Strauss (Windkanäle/Junkers).

Diese Planungen waren in der Hauptsache Kapazitätsplanungen, um den notwendigen Flächen- und Maschinenbedarf zu ermitteln. Zu diesem Zeitpunkt gingen die Planer noch von einem Neuaufbau des Dessauer Werkes aus, das 1947 demontiert und die Fertigungshallen gesprengt worden waren. Nach Besuchen Brunolf Baades in Dessau im Sommer 1953 wurde zunächst mit dem Wiederaufbau des Werkes begonnen. Die 2.150 m lange Startbahn wurde repariert und mit der Rollbahn, die von der Lackhalle zu den Einflughallen führte, zur Ringrollbahn geschlossen. Neue Hallen, die zum Teil schon angeliefert waren, sollten entstehen. Vom Junkerswerk standen ansonsten nur noch die Fundamente und das Hauptverwaltungsgebäude. Das wäre aber genug Substanz gewesen, um sofort wieder mit der Entwicklung beginnen zu können.

Bild rechts: Das Konstruktionsgebäude Haus 216 im Sommer 1956. Im rechten Anbau saß Hans Wockes Entwurfsabteilung, im Mittelbau die Konstruktion unter Johannes Haseloff.

Bild links: Erwin Handke (Technischer Direktor des Motorenwerkes Karl-Marx-Stadt), Paul Keller (Kobü-Hydraulik in Dresden) und Karl Aikele (Leiter des Festigkeitslabors des Entwicklungswerkes in Dresden).

Bild unten: Die Laborhalle 218 mit den Büro-Anbauten vom Feuerlöschteich aus gesehen. Links hinten sieht man die im Aufbau befindliche Versuchsbauhalle 219 (1959).

Am 4. Juli 1954 trafen aus Sowjolowo Baade und seine Mannschaft in Berlin ein. Hier trennten sich dann die Wege vieler. Die Österreicher gingen nach Österreich, die meisten Westdeutschen wieder nach Westdeutschland, nur die Mitteldeutschen aus Dessau, Bernburg, Köthen usw. blieben in der DDR. Inzwischen hatte sich auch Prof. Bock anders entschieden. Er wollte nicht bei Baade bzw. in der DDR bleiben. Im großen und ganzen aber stammte die Mehrheit aus der Dessauer Region, hatte dort die Familien, ein Haus und gesellschaftliche Bindungen. Den Sommer 1954 nutzten sie zur Erholung und zum Ordnen ihrer Verhältnisse. Im September und Oktober begann dann wieder die Arbeit, jedoch nicht in Dessau, sondern in der Aufbauleitung der Luftfahrtindustrie in Pirna auf dem Sonnenstein. Hier war schon 1952 die Hauptverwaltung HA 18

Die folgenden Farbfotos von 1959 geben einen Rundblick vom Dach der Laborhalle 218 zum Konstruktionsbüro mit Feuerlöschteich (Bild rechts) zur Startbahn und dem südwestlichen Teil der Versuchsbau-Halle 219 (unten) sowie zur kompletten Halle 219 und der sie beliefernden Teilebauhalle 223 und der ersten Serienbauhalle 222 ganz hinten rechts (Bild Seite 259 unten), wo der IL-14-Serienbau läuft.

entstanden, die sich um den Aufbau einer eigenen Militärluftfahrt gekümmert hatte, um die aufzubauenden Streitkräfte der DDR mit Flugzeugen ausrüsten zu können. Das ganze war natürlich so geheim, daß kein Mensch wissen durfte, was in Pirna geschah. Und das blieb so bis zur offiziellen Gründung einer DDR-Luftfahrtindustrie 1955/56.

Die Gründung erfolgte ab dem 1. Mai 1955 Schritt für Schritt je nach Dringlichkeit. Die Konstruktion der EF-152 erfolgte auf dem Sonnenstein. Zugleich wurden weitere Projekte ausgearbeitet. Zum Beispiel die Flugzeuge 153, 154,

155 und 160 sowie die Triebwerke 015, 016, 017 und 018. Am 1. Juli 1955 war Spatenstich in Dresden-Klotzsche für das neue Flugzeugwerk. Zur gleichen Zeit begann in Pirna der Bau eines Entwicklungswerkes für Strahltriebwerke und Propellerturbinen. Um die Belastung des Dresdner Raumes zu verringern, entschied man, in Karl-Marx-Stadt ein Serienwerk für die „Innereien" und am Flughafen Schkeuditz eine Flugzeugreparaturwerft einzurichten. Die Organistion des Gesamtwerkes war dann so, daß die Endmontage der Flugzeuge in Klotzsche angesiedelt war, die

Wiedersehen mit Ferdinand Brandner auf dem 2. Europäischen Luftfahrtkongreß im September 1956 im niederländischen Scheveningen. (v.l.n.r.) Dr. Geist (Leiter Forschungszentrum), Prof. Georg Backhaus (Leiter Aerodynamik), Prof. Rudolf Müller (Statik TH Dresden), Manfred Gerlach (Technischer Direktor in Pirna), Prof. Gerhard Cordes (Leiter Vorentwicklung) und Ferdinand Brandner, der erstmals öffentlich über das NK-12 gesprochen hatte.

Prof. Dr. Rudolf Scheinost war nach der Absage Brandners an die DDR neuer Entwicklungschef für den Triebwerksbau in Pirna geworden. Er war einer der wenigen, die nicht von Junkers kamen (Bei BMW war er der Werkstoffexperte). Auf dem Bild ist Scheinost bei der Schlüsselübergabe für das Konstruktionsbüro in Pirna zu sehen. In Pirna waren 1960 3.100 Arbeiter und Ingenieure beschäftigt.

Triebwerke, Luftschrauben, Fahrwerke, Hydraulikanlagen, Genaratoren, Scheibenwischer und der gleichen mehr aus Karl-Marx-Stadt zugeliefert wurden, und in Leipzig-Schkeuditz die Flugzeuge repariert und den vorgeschriebenen Kontrollen unterworfen werden sollten. Darüberhinaus produzierte Schkeuditz die Sitzeinrichtungen sowie Flughafengeräte wie Treppen, Löschwagen, Anlaßwagen usw.

Für die Neuentwicklung von Flugzeugen war das Entwicklungswerk (Werk 801) zuständig, das sich direkt neben dem Serienwerk (803) befand. Die neuen Triebwerke entstanden im Entwicklunsgbau Pirna (Werk 802). Damit war wie bei Junkers in Dessau die Entwicklung vom Serienbau juristisch getrennt. Eine wichtige Voraussetzung, um zügig Entwicklung betreiben zu können.

Die erste Aufbau-Etappe konnte im Herbst 1957 beendet werden. Zu diesem Zeitpunkt war das Konstruktionsbüro, die Endmontagehalle 222, die Laborhalle 218 und der Windkanal im Haus 281 weitestgehend fertig gestellt. Wie groß die Endmontagehallen inzwi-

Die Einflughalle 285 am Ende der Startbahn. Auf der linken Seite stand vom September 1958 bis zum März 1959 die 152/I V1, ab 14. März 1960 die 152/II V4 und ab 7. September 1960 die V5.

An der Galvanik-Halle 224 drehten sich im Sommer 1959 die Baukräne. Rechts ist das Tanklager zu sehen.

schen geworden waren, läßt sich am besten im Vergleich zu den Hallen in Dessau oder Bernburg verdeutlichen. Die Hallen 219 bis 222 erhielten eine Grundfläche von 140 m x 175 m bei einer Hallenhöhe von 25 m. Die Montagehallen 201 bis 204 in Dessau waren dagegen nur 120 m x 80 m groß. Das sind 9.600 m² in Dessau und Bernburg zu 22.000 m² in Klotzsche (dazu kommen in Dessau wie in Klotzsche noch die Hallenanbauten aus Werkstätten und Büros). Allein das Mittelschiff der Halle 222 war 50 m breit. Hier hätte die große EF-160 mit 42 m Spannweite ohne Probleme durch die Halle gerollt werden können (Übrigens ist die Existenz des Projektes EF-160 ein Beleg dafür, daß die Russen den Deutschen am Anfang wirklich freie Hand gelassen hatten. Erst Ende 1957 kam die Anweisung aus Moskau, daß die DDR sich auf den Bau von Flugzeugen bis 70 t Startmasse zu beschränken habe. Ganz offensichtlich spielte nun die Existenz der Tu 104 mit 74 t Startmasse eine Rolle).

In Pirna und Karl-Marx-Stadt stand die Bautätigkeit genauso unter Zeitdruck wie in Klotzsche. In den Volkswirtschaftplan für das Jahr 1957 war das Flugzeug 152 bereits aufgenommen worden. Die Bruchzelle V1 sollte im 1. Quartal 1957 an das Festigkeitslabor geliefert werden, die fliegende Maschine V2 im 3. Quartal 1957 und die V4 im 4. Quartal 1957 in die Luft steigen.

Das Hauptproblem waren allerdings die Triebwerke. Serienreife Triebwerke Pirna 014 konnten frühestens Anfang 1959 in die 152 eingebaut werden. Das hieß für die V-Maschinen und wahrscheinlich auch für die ersten Serienflugzeuge Ausweichtriebwerke vorzusehen. Das Schwierige war nicht die Konstruktion, sondern der Zeitaufwand für die zusätzliche zweite Flugerprobung.

Kapazitäten werden frühzeitig auf die Hälfte zurechtgestutzt

Eine planmäßige und proportionale Entwicklung sollte das Wirtschaften unter sozialistischen Produktionsverhältnissen ermöglichen. Die Kernfrage war dabei die Eigentumsfrage bezüglich der Produktionsmittel. Doch wenn dem Volk die hauptsächlichsten Produktionsmittel gehören, muß es zugleich in die Lage versetzt werden, mittels Volksabstimmung über die Entwicklungsrichtung der Volkswirtschaft abzustimmen. Was für die DDR galt, galt auch für die UdSSR. Aber hier wie dort bestimmte der Parteiapparat die Produktionsziele. Das konnte nicht gut gehen.

Wie bei einem zu spät einsetzenden Frühling in der eisigen Taiga begann nach Stalins Tod am 5. März 1953 ein politisches Tauwetter in der Sowjetunion, das die tödliche Erstarrung im Land mit sich fort riß und dem Leben endlich wieder zum Sieg verhalf. Brunolf Baade bewies in jenen Wochen der Neubesinnung auf die fortschrittlichen Kräfte im russischen Volk seine wahre Größe. Bis zum März 1953 war er offiziell ein Niemand, ein Staatenloser, der mit seiner Truppe ohne zu Murren die Befehle Stalins auszuführen hatte. Und nun stieg er innerhalb weniger Wochen zu einem Mann mit größtem Ansehen, ja sogar zu einem Mann mit Macht (in einem fremden Land) auf.

Was war geschehen? Die Baade-Truppe hatte sieben Jahre lang immer wieder bewiesen, daß sie in der Projektierung moderner Pfeilflügelflugzeuge die führende Rolle in der Sowjetunion spielte. Die Fachleute im ZAGI und den anderen Forschungsinstituten wußten das, nur offiziell durfte nach dem Stalin-Erlaß von 1948 darüber nicht gesprochen werden. Erst als Stalin tot war und sich Nikita Chrustschow gegen den alten Parteiapparat durchgesetzt hatte, kam auch aus den Reihen der KPdSU die längst fällige Anerkennung. (Mit hoher Wahrscheinlichkeit stammt dieser Sinneswandel von der JU/EF-151 her, die auf eine Ausschreibung zur Tu-16 und M-4 zurückgeht und zwischen diesen beiden Flugzeugen in der Größe gelegen haben muß. Denn es sollten für das neue starke Mikulin-Triebwerk AM-3 mit fast 9 t Schub Flugzeuge mit zwei, vier und sechs Triebwerken entstehen, wo-

Weil die Versuchsbau-Halle 219 zu spät fertig wurde, mußten die Versuchsmuster der Ju-152 in der Serienbau-Halle 222 (rechts verhüllte Rumpfhelling) gebaut werden.

Fertige IL-14 für die rumänische TAROM vor der Halle 222. Im Hintergrund die im Sommer 1959 fertig gewordene Versuchsbau-Halle 219 des Flugzeugentwicklungswerkes, die aber die Werkzeugmaschinen der nicht gebauten Halle 220 aufnehmen mußte.

bei Tupolew das Flugzeug mit zwei, Baade das mit vier und Mjassitschew das mit sechs Triebwerken projektieren sollte. Als Mjassitschew mit dem sechsmotorigen Projekt nicht zurande kam und es schließlich auf vier Motoren umstellte, könnte es sein, daß er das ausgearbeitete Junkers-Projekt in großen Teilen verwendet hat, denn bis heute liegt über der EF-151 ein absolutes Tabu, so als hätte es das Projekt nie gegeben.) Nur so wäre es aber verständlich, daß Baade so schnell zu einer Machtposition gekommen ist, die es ihm schließlich gestattete, von der Sowjetunion eine hohe Entschädigung für das demontierte Dessauer Junkerswerk und für die acht Jahre währende Verschleppung in die Sowjetunion einzufordern und auch zu erhalten. In der DDR hat man später behauptet, daß die UdSSR „uneigennützige Hilfe beim Aufbau der DDR-Luftfahrtindustrie" geleistet habe, indem sie der DDR gestattet hat, ohne Lizenzgebühren die Iljushin IL-14 zu produzieren. In Wahrheit mußte Iljushin für das „gestohlene" Junkerswerk ein komplettes IL-14-Serienwerk an die DDR abgeben und dazu die Maschinen und Einrichtungen zur Herstellung des Doppelsternmotors. Baade hatte nämlich mit Chrustschow vereinbart, daß die IL-14 ab 1957 in der Sowjetunion ausläuft und zugleich in der DDR anläuft. Insgesamt sollte die DDR bis 1960 eine Stükkzahl von 540 Flugzeugen für die UdSSR bauen! Ein solches Milliardengeschäft schließt aber niemand mit einem „dahergelaufenen kleinen Junkersingenieur". Und selbst mit Ferdinand Brandner, der höchstes Ansehen in der Triebwerksbranche genoß und der Sowjetunion die stärkste Propellerturbine der Welt gegeben hatte, war in diesem Sommer des Jahres 1953 gegenüber Baade nur ein kleines Licht. Brunolf

Blick in das südwestliche Seitenschiff der Serienbau-Halle 222 in Dresden-Klotzsche. Alle 80 IL-14-Rümpfe kamen aus dem Werk an der Königsbrücker Landstraße. Nur die Endmontage erfolgte in der Halle 222. Das Seitenschiff war 175 m lang und 45 m breit. Das Mittelschiff 50 m breit und 25 m hoch. Die Halle 222 gehört heute zur EADS und wird für den Umbau von Airbus A 300 und A 310 zu Frachtern genutzt. Das Bild auf Seite 267 zeigt die Halle im September 1959.

Dipl.-Ing. Kurt Ulbricht (13.8.1912) studierte in Magdeburg Maschinenbau. Begann 1936 bei Junkers als Entwicklungsingenieur. Unter Boris von Schlippe beschäftigte er sich mit Grundsatzfragen des Flugzeugbaus. Mitarbeit am Höhenforschungsflugzeug JU/EF-61. Von 1946 bis 1954 in UdSSR. Nach Rückkehr in DDR im Forschungszentrum der Flugzeugindustrie auf verschiedenen Gebieten tätig. Verantwortlich bis 1961 für Weiterentwicklung.

Baade war gottgleich. Er durfte plötzlich in die DDR reisen, sich mit Walter Ulbricht und anderen Politgrößen treffen, er konnte bei Besuchen in Dessau den Wiederaufbau des Junkerswerkes durchsetzen und er durfte mit sowjetischen Ministern und sogar mit Chrustschow verhandeln. So bestand er auch darauf, daß alle Rückkehrer in der DDR dieselben Vergütungen erhalten wie in der UdSSR. Zum Beispiel verdiente Baade später in der DDR 15.000 Mark, Fritz Freytag 7.000 Mark - also Gehälter, die für DDR-Verhältnisse wie von einem anderen Stern erschienen.

Doch die Tauwetter-Periode währte nur kurz. Sie war lang genug, um alle Junkersspezialisten vollständig nach Deutschland zurückzuführen, aber zu kurz, um die zwischen der DDR und der UdSSR geschlossenen Verträge einzuhalten. Der Aufbau des neuen Junkerswerkes erfolgte trotz Verlegung nach Dresden noch laut Plan, aber der Ausbau der Fertigungskapazitäten auf jene 540 Stück IL-14 mußte bereits im Oktober 1955 wieder zurückgenommen werden. Die Gründe waren vielschichtig. Zum einen stockte der Absatz der IL-14, weil sie veraltet war (in der Sowjetunion wurden auch nur 1.070 Stück gebaut gegenüber 3.000 Il-12). Zum andern gelang es in der DDR nicht, aus dem Stand eine Geräteindustrie aufzubauen, so daß im Grunde genommen die Einbaugeräte weiter aus der UdSSR bezogen werden mußten. So beschlossen die verantwortlichen Wirtschaftsfunktionäre auf Anraten der UdSSR, die IL-14-Produktion auf maximal 90 Flugzeuge zu begrenzen. Die UdSSR verpflichtete sich, für 80 IL-14 die Einbaugeräte zu liefern. Um die Kapazitäten auszulasten sollte die EF-153 vorgezogen und die gesamte DDR-Flugzeugindustrie nicht weiter ausgebaut werden.

Aus der Ju-152 wird schlicht und einfach die „152“

Ein Land kann erst Flugzeuge bauen, wenn die technologische Grundlage dafür vorhanden ist. In der DDR war dies aber 1955 nicht mehr der Fall. Also wurde der umgekehrte Weg beschritten und eine Flugzeugindustrie auf den Wirtschaftskörper aufgepfropft. Nur durch eine enge Bindung an die Flugzeugnation UdSSR konnten deshalb die Grundlagen erst geschaffen werden. Die zurückgekehrten Junkers-Ingenieure waren zumindest der Garant für hohes technisches Niveau.

Die Piloten der 152 noch in hoffnungsvoller Erwartung: Flugkapitän Willi Lehmann (152 V1), Flugkapitän Heinz Lehmann (152 V4) und Flugversuchsingenieur Georg Eismann (152 V1) 1957.

Rollerprobung der JU/EF-152 V1 einen Tag vor dem Erstflug, der am 4. Dezember 1958 im Flugraum über Dresden-Klotzsche erfolgte. Dabei zog die V1 in 35 Minuten zwei Schleifen um die Stadt und den Flugplatz.

Die technische Entwicklung des DDR-Jets „152“ ging von 1953 bis 1961 sehr verschlungene Wege. In der Sowjetunion als Ergänzung zur großen Tu-104 projektiert und vor allem für den schnellen Transport kleiner Gruppen von Partei-Natschalniks gedacht, 1955 in der DDR umprojektiert zu einem Linienflugzeug für 40 bis 60 Passagiere, 1957 erneut umprojektiert zu einem noch ökonomischeren Flugzeug für 73 Passagiere, war 1958 eine völlig verfahrene Situation entstanden: Das Konzept eines Schulterdeckers war für die anfängliche Forderung für 24 Passagiere und Luxuskabine durchaus noch vertretbar. Doch im Zuge der Weiterentwicklung und der Orientierung an den ökonomischen Parametern der französischen „Caravelle“ und der englischen „Comet“ war ein Flugzeug entstanden, das nicht mehr als Ergänzung zur Tu-104 angesehen werden konnte, sondern als direkter Konkurrent. Denn die Tu-104 transportierte mit 26,5 t Treibstoff 70 Passagiere über maximal 3.200 km, während die 152 ebenfalls 70 Passagiere mit 9 t Kraftstoff über 1.200 km aber mit 22 % niedrigeren Betriebs-

Die Überführung der soeben fertiggestellten 152/I V1 Ende September 1958 von der Montagehalle 222 zur Einflughalle 285 über die Start- und Landebahn in Dresden-Klotzsche.

kosten transportieren konnte. Der Aeroflot war aber an einem zusätzlichen Flugzeug mit kleiner Passagierzahl und großer Reichweite gelegen. Aus diesem Grund bestand die Sowjetunion immer wieder auf einem kleineren Flugzeug für maximal 40 Passagiere, das aber möglichst 2.500 km weit fliegen sollte. Eine damals sehr anspruchsvolle Forderung. Es war vor allem Chefprojektant Hans Wocke, zum Teil aber auch die Chefkonstrukteure Heinz Roessing und Joseph Besinger, die 1956/57 eine Neuauslegung der 152 als Tiefdecker von Baade einforderten. „Wir sollten die Zeit der Umprojektierung nutzen, um auf einen Tiefdecker umzustellen", meinte Hans Wocke im Februar 1957. Damit wäre aber der ursprüngliche Gedanke, nämlich ein der EF-150 gleiches Flugzeug zu schaffen, um Entwicklungszeit einzusparen, überholt gewesen und damit auch der Zeitplan innerhalb der DDR-Volkswirtschaft, nach dem die erste 152 im 3. Quartal 1957 fliegen sollte. Brunolf Baade ging auf diese Forderung nicht ein. Er blieb beim ursprünglichen Plan, so daß die 152 dem Junkersbomber EF-150 doch sehr nahe kam. Die EF-150 konnte mit 16,5 t Kraftstoff 3,0 t Bomben über 4.000 km tragen oder 6,0 t über 3.100 km, während die 152/I mit 11,0 t Kraftstoff und 4,0 t (40 Passagiere) rund 2.500 km weit fliegen konnte.

Die in Sowjolowo zuerst projektierte 15.2 war der EF-150 „wie aus dem Gescht geschnitten". Abgesehen von der 20-prozentigen Vergrößerung, der Aufdickung des Rumpfes und einer Höhersetzung des Flügels blieb das Bauschema praktisch gleich. In dieser Phase hätten sich die beiden Flugzeuge zum Verwechseln ähnlich gesehen, zumal es von der 15.2 dieselbe Variante mit zwei Triebwerken AL-5 gegeben hat. Die Neuprojektierung von 1956 ergab dann einen komplett neuen Rumpf mit kreisförmigem Querschnitt und ei-

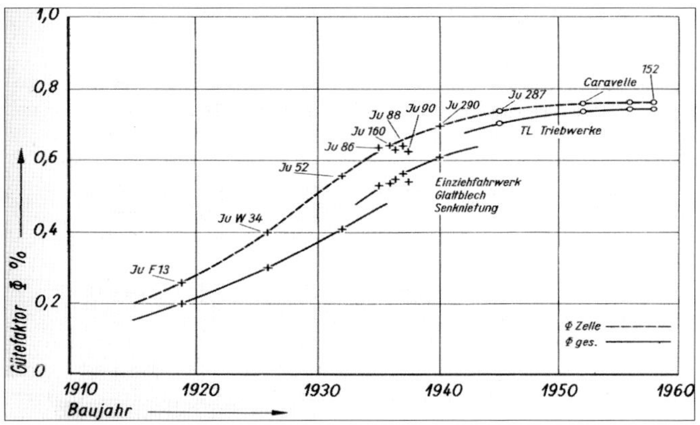

Die Grafik zeigt die aerodynamische Güte der Junkersflugzeuge angefangen von der Ju F 13 aus dem Jahr 1919 bis zur Caravelle und 152 von 1960.

Die beiden Fotos links bieten einen guten visuellen Vergleich zwischen der Junkers EF-150 (oben) von 1951 und der 152/I von 1958 (unten). Besonders das Rumpfheck war deutlich verändert worden.

Dipl.-Ing. Josef Freckmann (13.2.1899) seit 1937 bei Junkers Gruppenleiter der Abteilung Steuerung, verantwortlich für die Neuentwicklung von Leitwerken und Rudern. Ab April 1940 im Prager Junkersbüro. Dort Entwurf, Berechnung und Konstruktion der Ju-290-Steuerung für verschiedene Antriebsarten (elektr., hydr., Preßluft). Von 1946 bis 1954 UdSSR. Flatterfreie hydromechanische Steuerung der EF-150. Nach Rückkehr in DDR bis 1961 Hauptabteilungsleiter Steuerung im Entwicklungswerk.

nem Wegfall der Zuspitzung des Heckteils, denn dort war Platz für ein verdoppeltes, nun vierrädriges, Fahrwerk freizuhalten. Das Höhenleitwerk kam auf Empfehlung des ZAGI herunter an den Rumpf für besseres Überziehverhalten. Damit fiel aber auch seine Endscheibenwirkung weg, was zu einem neu geformten größeren Seitenleitwerk führte (das übrigens verblüffende Ähnlichkeit mit dem des Mjassitschew-Bombers M-4 hat). Die größten Veränderungen waren jedoch in der Rumpfkonstruktion versteckt. Die Konstruktion war radikal vereinfacht und vereinheitlicht worden. Es gab keinen druckfesten Fußboden mehr, weil die äußere Haut komlett druckdicht gehalten war. Die ganze Rumpfaufteilung war symmetrischer geworden, die schräg gestellten Spante waren entfallen, die quadratischen Fenster auf elliptische umgestellt, kurz, alles viel fertigungsgerechter gestaltet. Der Rumpf nahm aber auch rund sechs Meter an Länge zu. In ihn paßten statt 24-36 Passagiere jetzt 40-60 Passagiere hinein.

Chefprojektant Hans Wocke wollte dagegen ein neues Flugzeug. Wie Hans Wockes Vorstellungen von einem modernen Düsenverkehrsflugzeug aussahen, kann man am Modell der HFB 314 beurteilen: Ein Tiefdecker mit schlanken Flügeln und ovalem Rumpf, bei dem am Heck zwei Strahltriebwerke eng beieinander fast verschwindt eingebaut waren (Bild S. 291). Die HFB-314 blieb

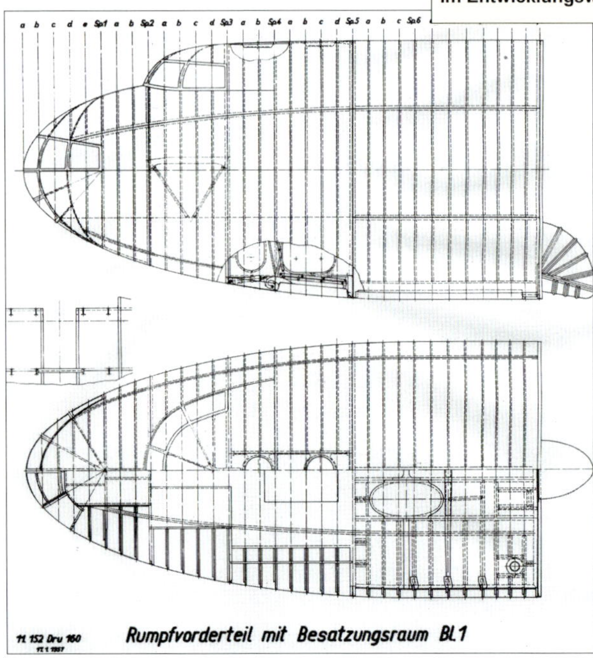

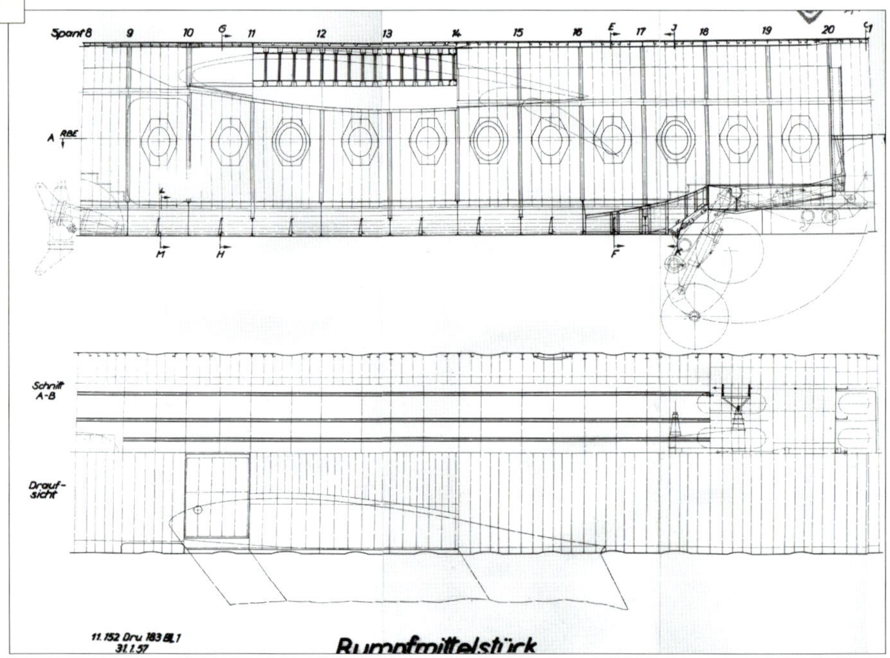

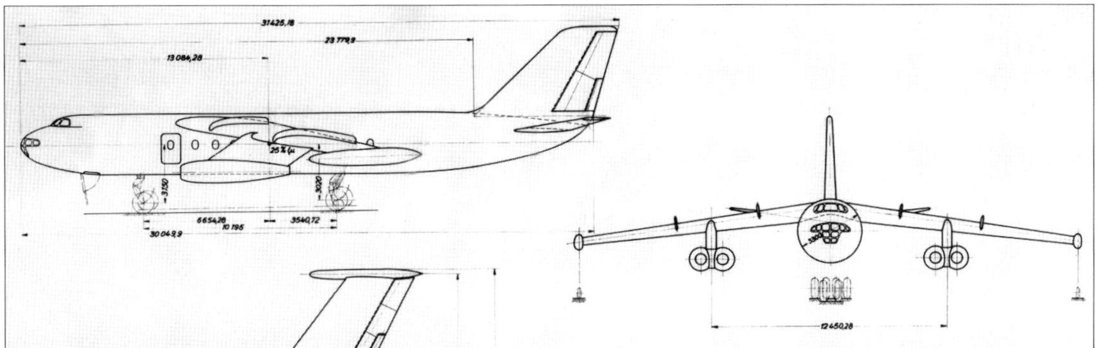
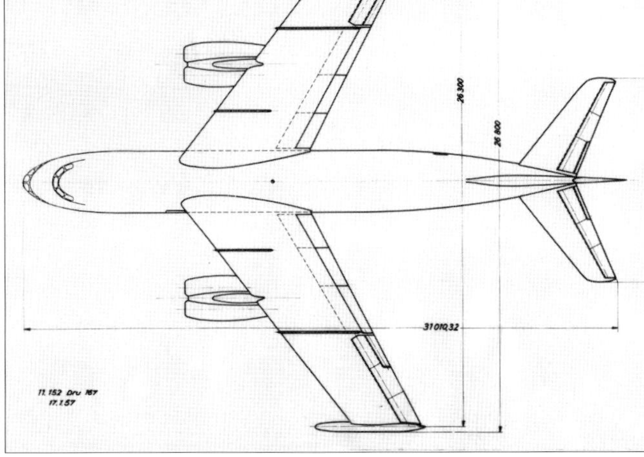

Betriebsfasching Februar 1957: Entwurfschef Hans Wocke mit seinem Stellvertreter Alfred Losch und Frau in trauter Runde.

nur Projekt, weil die Bundesregierung an zivilen Flugzeugen gar kein Interesse hatte.

Betrachtet man die 152 mit den Augen des Projektingenieurs, so fallen einige Besonderheiten auf: Der Flügel ist für ein Passagierflugzeug von zu kleiner Streckung. Der Grund: Es ist der Flügel der MiG-15, den das ZAGI der EF-150 verpaßte, weil der sich 1949 bestens bewährt hatte, zumal man mit deutschen Flügeln und Profilen wenig Erfahrungen hatte. Natürlich ist der Flügel für die 150 etwas aufgedickt worden, so daß die EF-150 nur eine Höchstgeschwindigkeit von 1020 km/h (keine Höhenangabe überliefert) erreichte. Die starke negative V-Stellung (MiG-15: -2°, EF-150: -1,3°, 152: -7,5°) braucht das Passagierflugzeug für stabile Kurvenflüge bei hohen Geschwindigkeiten. Die tief hängenden Zwillingsgondeln haben ihren Grund zum einen in den durchgängigen Fowler-Landeklappen, zum andern aber in der Absicherung der Unterseite des Rumpfes bei Bauchlandungen (Die EF-150 war bei ihrem letzten Flug aus 15 m Höhe auf die Landebahn aufgeschlagen und 1.000 m auf den Triebwerksgondeln gerutscht, was als Sicherheitsplus gewertet wurde). Grenzschichtzäune hat es bei Junkers

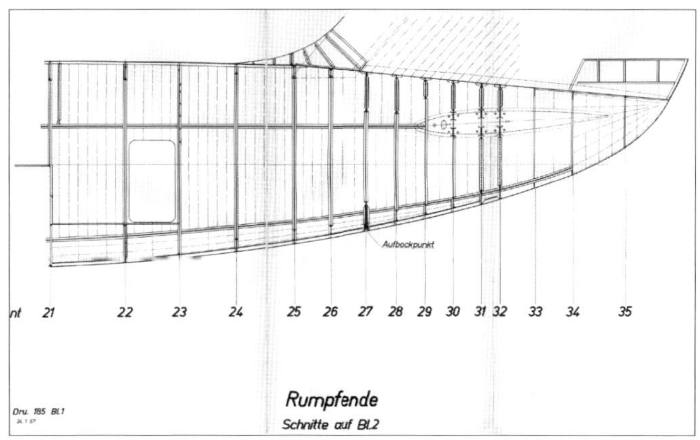

Die beiden Fotos zeigen die Entnahme des V1-Rumpfes aus der Helling am 10. Februar 1958. Links ist deutlich das Tragflügelmittelstück und der davor liegende Geräteraum zu erkennen.

nicht gegeben, auch sie stammen von der MiG-15. Die verglaste Navigatorspitze war eine generelle Forderung bei sowjetischen Ausschreibungen, die man zu erfüllen hatte. Die Wirbelkörper an den Flügelenden nahmen nicht nur die Stützfahrwerke auf, sondern sorgten zugleich für geringeren Widerstand, weil die Flügelströmung besser abfloß, und mehr Auftrieb, weil die Druckdifferenzen am Flügelende sich weniger schnell ausgleichen konnten.

Das wirkliche Problem der 152/I aber war ihr Tandemfahrwerk. Das Hauptfahrwerk im Rumpf beanspruchte den Platz, der eigentlich für die Passagiere (8-12 Sitze) reserviert war. Noch unpraktischer aber war das Stützfahrwerk, das genau dort rollte, wo normalerweise die Rollbahnbefeuerung sich befindet (27 m Spannweite bei 25 m Rollbahnbreite), womit es alle Lichter umlegte. Doch Baade war so stolz auf das Fahrwerk (Es hatte sich bei der EF-150 bestens bewährt, wobei das hintere Hauptfahrwerk zur Startunterstützung um etwa einen Meter abgesenkt werden konnte), daß er erst 1957 einer Umkonstruktion auf ein Dreipunktfahrwerk zustimmte (152/II).

Aus aerodynamischer Sicht jedoch war die 152/I von hoher Güte. Zwar war die 152 mit ihrem kurzen Flügel nicht so ein guter Gleiter wie die Caravelle (die mit abgestellten Triebwerken aus 1,5 km Höhe noch 20 km weit fliegen konnte), aber sie hatte einen geringeren Widerstand und eine tadellose Verarbeitung. Dazu trug die durchgängige Schalenkonstruktion und die saubere Verarbeitung in der Werkstatt bei. Blechstöße und Kanten gab es nicht. Die Verglasung schloß völlig glatt ab und war in ihrer elliptischen Formgebung der Rumpfspitze angepaßt. Besonders erwähnenswert sind die Fahrwerksklappen, die so konstruiert waren, daß sie der anströmenden Luft nur wenig Widerstand boten, indem sie tief in den Schächten saßen und beim Hauptfahrwerk zum größten Teil geschlossen waren bzw. nur während des unmittelbaren Einziehvorgangs öffneten. Diese perfekte aerodynamische Durcharbeitung der ganzen Zelle wirkte sich natürlich auch positiv auf die Flugeigenschaften aus. Auch

In der ersten Aprilwoche 1958 kamen die Flügel an die 152 V1. Die Staatsplantermine konnten an der V1 nie eingehalten werden. Das führte natürlich auch zur Verärgerung an der Staatsspitze, von wo ja die Gelder für den Flugzeugbau flossen.

Manfred Gerlach, Technischer Direktor, und Prof. Rudolf Scheinost, Entwicklungschef im Triebwerksbau Pirna, auf der Leipziger Messe 1957 vor dem 152-Triebwerk Pirna 014. Das gleichstarke Jumo 012 wog 1945 noch 2.150 kg, das 014 dagegen nur noch 1.050 kg, wobei der Kraftstoffverbrauch von 1,2 auf 0,86 kg pro kp-Stunde abgesenkt werden konnte.

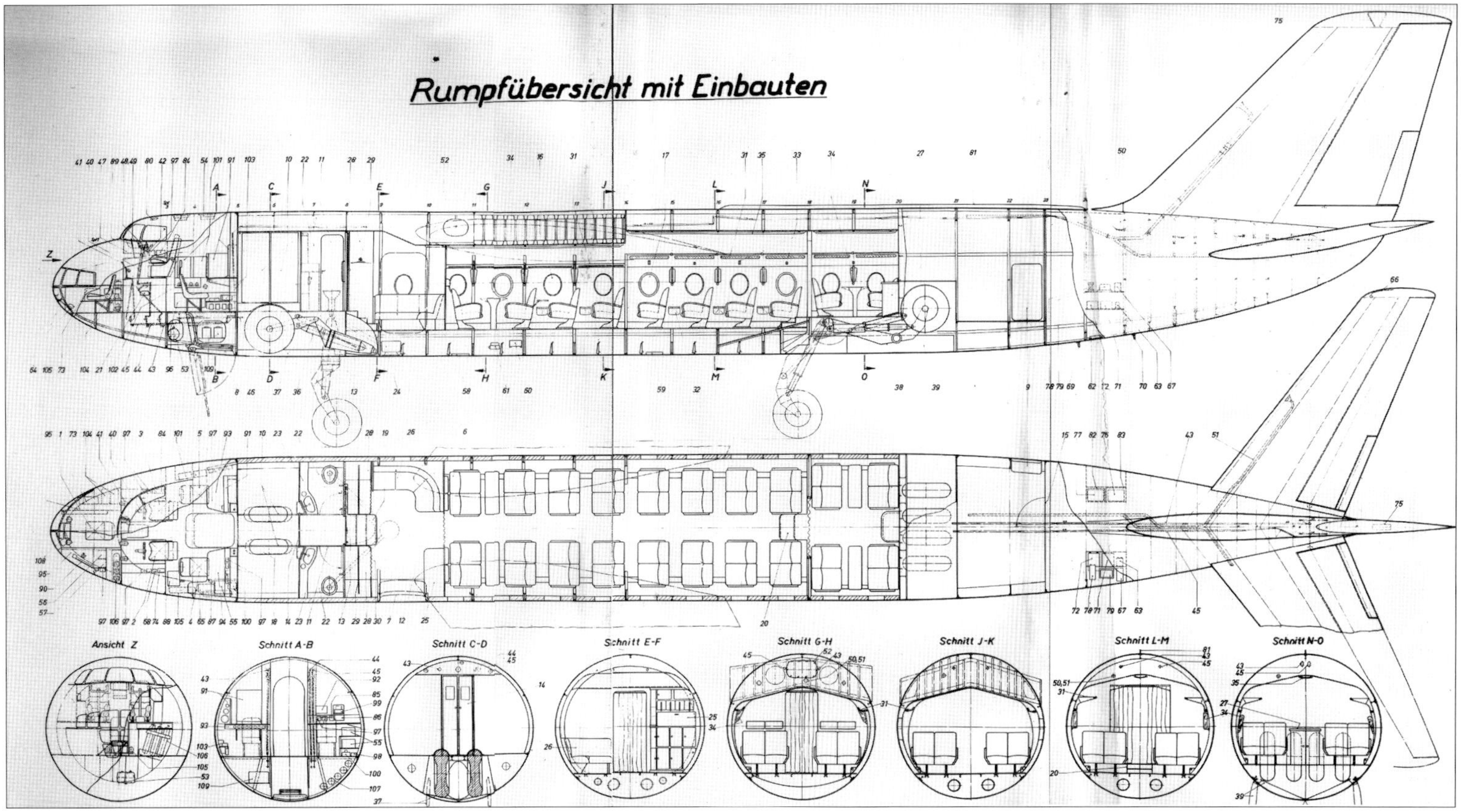

wenn die Flugerprobung mit nur vier Flügen wenig Datenmaterial erbrachte, so können aus den Windkanaluntersuchungen, aber auch aus den 18 Flügen

Fotos, 2500 Kilometer von Dresden entfernt aufgenommen, erinnern heute an die gemeinsame Arbeit nördlich von Moskau. Jupp Besinger, Chefkonstrukteur, und Fritz Freundel, Technischer Direktor, sind bei Junkers groß geworden. Acht Jahre arbeiteten sie nach dem Kriege in der Sowjetunion und kehrten voller Pläne zurück.

Der Schnitt durch den Rumpf der 152/I mit der Schulterdeckeranordnung und dem Hauptfahrwerk im Rumpf zeigt die ungünstigen Platzverhältnisse (im gleichgroßen Rumpf der Caravelle fanden 80 Passagiere Platz).

Faksimile links: Der Zeitungsausschnitt aus der NBI (Neue Berliner Illustrierte) von 1958 gibt einen der seltenen „dezenten" Hinweise, daß der sozialistische Vorzeigebetrieb VEB Flugzeugwerke Dresden aus dem Junkers-Reservoir schöpfte.

der EF-150 genügend Fakten erbracht werden, die für zu erwartende ausgezeichnete Flug- und Steuereigenschaften stehen. Willi Lehmann, der als Flugversuchsingenieur schon hinter Pilot Wernikow auf dem Bomber EF-150 geflogen war (also bereits mit den Flugeigenschaften der EF-150 vertraut war), sprach als 1. Pilot der 152 V1 nach dem Flug vom 4. Dezember 1958 von einem „leichten" Flug. Das betraf nicht nur die Steuerkräfte, sondern auch das Verhalten in böiger Luft und bei niedrigen Geschwindigkeiten. In der 152 steckten eben die reichen Erfahrungen mit der Ju 290, der Ju 287 und der JU/EF-150.

Konstruktiv befand sich die 152 auf der Höhe der Zeit. Sie mußte sich weder hinter der Caravelle noch der Comet verstecken. Das wird auch an den Gewichten der Flugzeuge deutlich, die sich im Betriebsleergewicht nur unwesentlich voneinander unterscheiden. Dabei hätte die 152 als Tiefdecker noch einiges abspecken können, denn dann wäre der Rumpf leichter geworden, weil der Flügel die Last direkt hätte tragen können, auch die Gondelstiele und das Fahrwerk hätten kleiner werden können. Für die 152 wurden auch schon Schalenteile aus Glasfaserlaminat erprobt. Das betraf die Rumpfverkleidung zwischen den Flügeln und die Rumpfspitze ab der V4. Insgesamt mußte jedoch in der Konstruktion auf die technologischen Gegebenheiten in der DDR Rücksicht genommen werden. Man mußte ja die Sachen auch serienmäßig

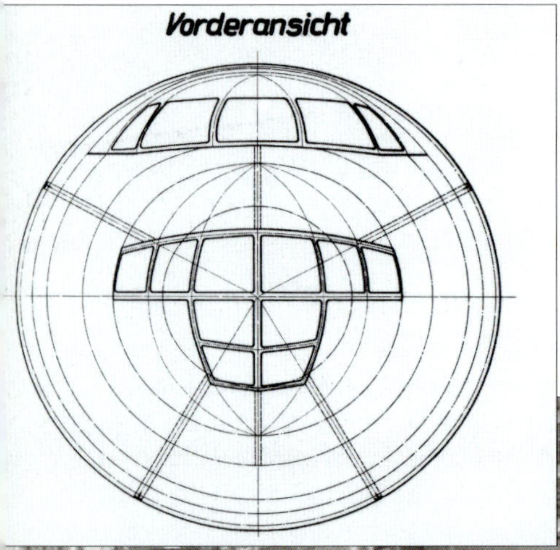

herstellen können. So war eben die Flügelschale ein Konglomerat aus konischen Winkelblechen, die miteinander zu einem Wellblech vernietet wurden, das dann von unten die glatte Außenhaut abstützte. Oder die Fahrwerksbeine waren reine Schweißkonstruktionen, weil es in der DDR keine großen Schmiedepressen mehr gab (hatten ja die Sowjets 1945 demontieren lassen).

Aber auch die Flugzeugräder und -reifen waren ein Problem. Für die 152 V1 und V2 kamen sie aus der Sowjetunion. Ab der 152 V4 kamen die Räder aus England. Bis zur Maschine 013 hatte die 152 dieselben Räder und Reifen wie die Comet 3. Als die elektrisch beheizbaren Pilotenscheiben aufkamen, war es der Chefkonstrukteur des Serienwerkes, Joseph Besinger, der 1960 beim Besuch

Die 152 V1 Ende April 1958 in der Halle 222. Der geplante Fertigstellungstermin war der 13. August 1958. Offiziell fertig werden mußte sie jedoch bereits am 1. Mai 1958, denn das war auf einer ökonomischen Konferenz „politisch" beschlossen worden.

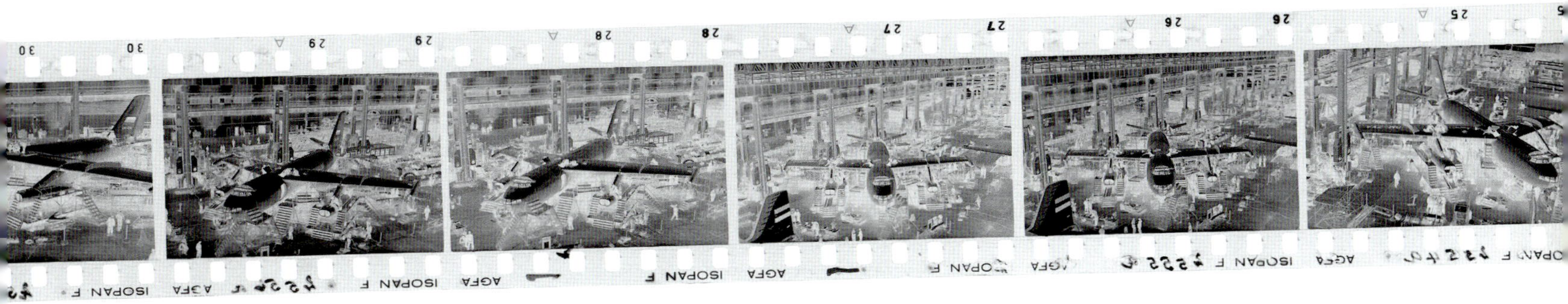

Dipl.-Ing. Manfred Gerlach (5.7.1905) begann 1924 Im Auftrag von Junkers im sowjetischen Fili. 1926 zurück nach Dessau, Prüfing. für Dieselflugmotoren. Ab 1938 zusätzlich für Gestapo als Gutachter für ausländische Motoren tätig. Prüfstandsleiter bei Jumo für Dieselflugmotoren. Maßgeblich an Entwicklung der Jumos 223 und 224 beteiligt. Von 1946 bis 1954 in UdSSR. Ab 1955 Technischer Direktor im Motorenwerk. 1959 im Zusammenhang mit Havarie des Pirna 018 von Stasi verhaftet und zu lebenslänglich verurteilt. 1966 in BRD abgeschoben.

der Luftfahrtschau im englischen Farnbarough die Firma Triplex davon überzeugen konnte, solche Scheiben für die 152 008 und folgende ab Januar 1961 zu liefern. Die englische Luftfahrt- und Zulieferindustrie war natürlich froh, mit der DDR Lieferverträge abschließen zu können, denn der eigenen Luftfahrtindustrie ging es nicht gerade rosig. Aber die Staatsspitze der DDR sah das gar nicht gern, wollte man doch mit den Flugzeugen Devisen erwirtschaften und nicht dafür ausgeben.

Bis 1958 war insbesondere auch die Gummiqualität der in der DDR hergestellten Sorten ein heißes Thema. Die Dichtgummis an Türen, Fenstern und Klappen verseiften bei großer Kälte, die Gummis an den Ventilsitzen der Hochdruckleitungen leckten und zerfaserten, so daß an der V4 alle Hydraulikleitungen wieder ausgebaut und gesäubert werden mußten. Solche Dinge sind eben nicht ad hoc zu lösen. Das erfordert viel Forschungs- und Erprobungsaufwand, den der Geldgeber Staat nicht immer einsehen wollte. Aber selbst das profane Alublech kam am Anfang tonnenweise aus der Sowjetunion, weil es in der DDR noch keinen Hersteller gab. Alle diese Probleme mußten zunächst von den paar hundert Junkersingenieuren benannt, bearbeitet, weiterverfolgt und quer durch die DDR einer Lösung zugeführt werden. Nicht zuletzt verzögerten und verteuerten diese vielen kleinen Hindernisse den Aufbau der Flugzeugindustrie, die ja praktisch aus dem Nichts künstlich entstanden war.

Fritz Freundel (Mitte) beaufsichtigt das Umsetzen der 152 V2 am 31. Juli 1958 in die Laborhalle 218 zu Festigkeitsversuchen. Die V2 war vom März bis September 1961 auch im Wassertank.

Soll die 152 kleiner oder größer werden

Werden hier Erinnerungen an die Junkers EF-132 wach? Entwurfschef Alfred Losch, Brunolf Baade, Chefkonstrukteur Fritz Freytag und Haupttypenleiter Peter Bonin werfen einen prüfenden Blick in den Fahrwerksschacht der Tu-104, die im Februar 1958 mit einem Besuch in Dresden-Klotzsche aufwartete.

Nach den Beratungen in Moskau im Oktober 1955, wo die sowjetische Seite das ursprüngliche Projekt 15.2 abgelehnt hatte, weil es nicht mehr dem internationalen Niveau entsprach, stand die Entwurfsabteilung unter Hans Wocke und Alfred Losch vor einem Problem: Die Sowjets orientierten weiterhin auf ein kleines Flugzeug bis 36 Passagiere, Brunolf Baade dagegen auf ein repräsentativeres in der Größenordnung der Caravelle. Was war der richtige Weg? Technisch war es schwieriger, einen kleinen und wirtschaftlichen Jet zu bauen. Aber die Sowjets waren schließlich der Kunde. Letztlich tendierte aber auch Hans Wokke zu einer Vergrößerung der 152, um durch mehr Passagierkapazität größere Wirtschaftlichkeit zu erzielen.

Sofort nach der Rückkehr aus Moskau sind dann neue Flugzeuge projektiert worden. Neben einer größeren 152 auch eine kleine 153, eine sehr große 154 und eine mittelgroße 155. Für die neue 152 mit 44,3 t Abfluggewicht wurde auf 500 km Reichweite zugunsten der Beförderung von 40 Passagieren verzichtet. Um später dennoch auf die geforderten 2.500 km Reichweite zu kommen, sollte ein neues Triebwerk entwickelt werden, das 4,5 t Schub bei gleichen Abmessungen abgibt. Dieses Triebwerk bekam die Bezeichnung Pirna 015 und gehörte der Klasse der Zweikreiser an, die zwar komplizierter zu bauen sind als die Einkreiser, dafür aber deutlich weniger Kraftstoff verbrauchen. Der Verbrauch sollte von 0,86 (014) auf 0,6 bis 0,7 kg/kph beim Pirna 015 sinken. Das hieße, daß bei gleicher Leistungsbelastung wie bei der 152 mit Pirna 014 ein Flugzeug von fast 70 Tonnen Startmasse entstehen kann. Damit könnten dann leicht Reichweiten von bis zu 4.000 km erzielt werden.

Diese verlockende Aussicht verstellte aber vollständig den Blick auf die ökonomischen Gegebenheiten, und ganz besonders auf die Absatzlage, die ja in der Hauptsache von der UdSSR diktiert wurde. Ein derartiges Flugzeug hätte die Tu-104, die am 17. Juni 1955 gerade ihren Erstflug absolviert hatte, überflüssig gemacht. Bei der Aeroflot rechnete man dagegen anders. Die Tu-104 mit ihrer Kapazität von zunächst 50 Passagieren konnte unter Umständen bis zu 4.000 km weit fliegen. Die 152 sollte mit ihren 25 Passagieren hauptsächlich Strecken bis 2.000 km bedienen. Baades Entscheidung, der Caravelle nachzueifern, entzog letztlich den letzten Rest sowjetischen Interesses an der deutschen 152.

Ab Oktober 1955 begann eine Entwicklung, die die 152 auf die Verliererstraße führte, weil die 60-sitzige 152 das Flugzeug zwar für die DDR und für einige osteuropäische Länder und Südamerika attraktiv machte, aber man damit den großen UdSSR-Markt vor den Kopf stieß. Baades Fehlentscheidung wurde noch begünstigt, weil im Industriezweig noch keine Marktforschung existierte. Eine derartige Abteilung entstand erst 1959, als das Kind bereits im Brunnen lag.

So kam es, daß die Entwurfsabteilung im Vertrauen auf das neue Zweikreis-Triebwerk 015 die 152 drastisch vergrößerte. Der Rumpfdurchmesser kam jetzt auf 3,30 m (Caravelle: 3,20 m; Comet: 3,05 m; Tu-104: 3,50 m; Boeing 707: 3,76 m), das Startgewicht auf 44 bis 48 t. Im Gegenzug kam die Anweisung, die Entwicklung am Pirna 014 abzubrechen und nur eine kleine Serie zu produzieren für Testzwecke und zum Antrieb des Hochgeschwindigkeitswindkanals, dafür aber das Pirna 015 zu forcieren. Doch bereits Mitte 1956 sprach niemand mehr vom Zweikreiser Pirna 015, weil die rechentechnischen und werkstofftechnischen Voraussetzungen

Am 12-stufigen Verdichter des Pirna 014: (v.r.n.l.) Konstruktionsleiter Fritz Mücke, Entwicklungschef Rudolf Scheinost, Technischer Direktor Manfred Gerlach und Chefkonstrukteur (Flugzeuge) Fritz Freytag.

für die Entwicklung eines solch aufwendigen Triebwerkes noch nicht gegeben waren. Das Triebwerk 015 wäre frühestens 1963 lieferbar, hieß es, so daß es für die 152 viel zu spät kommen würde.

Nun war guter Rat teuer. Es war Mitte 1956, das Projekt der 152 war ausgearbeitet, mit Pirna-014-Triebwerken aber nicht leistungsfähig genug. Zwar schien es möglich, durch Drehzahlsteigerung den Schub auf 3.300 kp am 014 zu bringen, doch nach ersten Untersuchungen minderte das die Lebensdauer um etwa 50 %. Für ein Zivilflugzeug wäre das auf keinen Fall akzeptabel gewesen. So verging das Jahr 1956.

Da aber selbst die Triebwerke Pirna 014 für die Flugerprobung der ersten V-Muster der 152 nicht zeitig genug fertig würden, mußte schnell Ersatz gefunden werden. Es boten sich die sowjetischen Triebwerke von Mikulin AM-9 (auch als RD-9B bezeichnet) an, die in den Jagdflugzeugen MiG-19 ihren Dienst taten. Für diese sehr schlanken, aber auch sehr langen Triebwerke mußten extra neue Triebwerksgondeln für die 152 konstruiert werden. Da Gewicht und Maße stark vom Pirna 014 abwichen, war darüberhinaus die Schwerpunktslage des Flugzeuges durch eine extrem weite Vorlage der Gondeln zu korrigieren. Hinzu kam die zu geringe Leistung mit 2,6 t Schub. Nichtsdestotrotz mußten die RD-9B-Triebwerke sogar für die ersten Serienmaschinen herhalten, weil laut Staatsplan die 152 im Jahre 1959 von der Deutschen Lufthansa in Dienst zu stellen war. Geplant waren etwa 20 bis 25 Serienflugzeuge, die mit den russischen Jägertriebwerken ausgerüstet werden sollten. Da das RD-9B über eine Nachbrennereinrichtung verfügte, standen kurzzeitig auch bis zu 3,25 t an Schub zur Verfügung. Allerdings mußte sich der Pilot beim Start sofort entscheiden, ob er den Nachbrenner zünden wollte oder nicht, denn wenn er es erst an der V1-Linie tat, brauchten die Triebwerke zu lange, um den vollen Schub zu erreichen. Insgesamt aber waren die MiG-19-Triebwerke zu durstig, um für das Zivilflugzeug 152 geeignet zu sein.

Die Fehlentscheidung vom Oktober 1955, ob eine große oder besser doch eine kleine 152, rächte sich im Juni 1959 dann ganz bitter.

Dem Jumo 012 B im Bauschema sehr ähnlich, weist das (Jumo) Pirna 014 hingegen ganz andere technische Parameter auf. So ist das Druckverhältnis von 5,5 auf 7 gestiegen, was nur durch wirkungsvollere Schaufelprofile möglich ist. Was sich aber vom Jumo 012 B bis zum Zweikreiser Pirna 020 erhalten hat, war die Brennkammerform in einer Kombination aus einzelnen Brennköpfen am Anfang der Brennkammer und einer anschließenden Ringbrennkammer, wo der Brennraum maximal ausgenutzt werden kann (Im Schnitt fehlt im Einlaufkonus der Anlasser).

Falsches und richtiges Rollout

Die Produktionsfreigabe des ersten Loses der 152/I erfolgte im Februar 1957. Eine am 23. April 1957 durchgeführte „Ökonomische Konferenz" beschloß die vorfristige Fertigstellung der V1 für den 1. Mai 1958. Im staatlich gelenkten Flugzeugbau sollte also wieder einmal „gezaubert" werden. Nur daß der Zauberer diesmal nicht Heinrich Koppenberg, sondern Brunolf Baade hieß. Der vergewaltigte Technische Leiter mußte nun gute Miene zum bösen Spiel machen.

Auf dem Marsch in den Sozialismus sollte die Ideologie die Laterne sein, die der Arbeiterklasse den steinigen Weg erleuchtete. Wer dabei vom schmalen Pfad der sozialistischen Tugend abkam, konnte sehr tief fallen (sofern er eine gewisse Sprossenzahl auf der Stufenleiter der Karriere erklommen hatte). Als im April 1957 der verhängnisvolle Beschluß zustande kam, die 152 V1 vorfrisitig zum 1. Mai 1958 an die Flugerprobung zu übergeben, herrschte in der Technischen Leitung der Flugzeugwerke sofort Krisenstimmung. Denn dieser Termin war einfach aus der Luft gegriffen und völlig unrealistisch. Brunolf Baade wußte jedoch genauso gut, daß man solche Beschlüsse nicht einfach ignorieren oder kippen konnte. Denn was die Arbeiterklasse unter Führung der SED einmal beschlossen hatte, das würde auch sein (zumindest auf dem Papier). Planerisch

SED-Chef Walter Ulbricht besuchte am 30. April mit einer ZK-Delegation die Flugzeugwerke Dresden. Der Flugzeugbau war das „Lieblingskind" Walter Ulbrichts. Mit ihm wollte er die Überlegenheit der sozialistischen Produktionsverhältnisse exemplarisch manifestieren. Mit diesem modernen Industriezweig sollten für die DDR große Mengen an Devisen erwirtschaftet werden. Dafür lohnte es sich, tief in die Investitionskasse zu greifen. Eine attraktive DDR war das Faustpfand für den Sieg der neuen Gesellschaftsordnung. Im Bild (v.l.n.r.) in der 1. Reihe: Der ökonomische Leiter der Flugzeugindustrie Karl Pätzold, Chefkonstrukteur Fritz Freytag, SED-Chef Walter Ulbricht, der Technische Direktor Fritz Freundel; 2. Reihe: Konstruktionsleiter Johannes Haseloff, Werkdirektor Walter Rentsch, Lufthansa-Chef Arthur Pieck und der Technische Leiter der Flugzeugindustrie, Prof. Brunolf Baade, im Serienwerk Halle 222, Flügelbau.

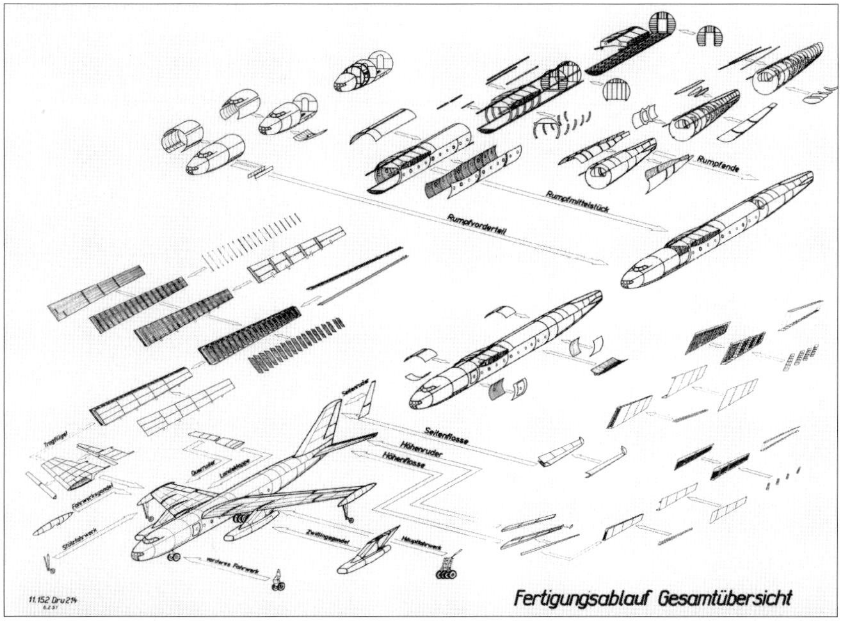

Fertigungsablauf Gesamtübersicht

Wie sich die Grafiken gleichen. Links der Fertigungsablauf der (Ju) 152 und rechts der Fertigungsablauf der Ju 290. Die Junkersdominanz im DDR-Flugzeugbau war allumfassend. Die alten Junkersingenieure bildeten die Führungsschicht und waren von den übrigen Beschäftigten durch allerlei Privilegien abgehoben. Wer nicht zu diesem erlauchten Kreis gehörte wie Verwaltungsangestellte aber auch Jungingenieure, der war so sehr Luft, daß ihm nicht einmal die Hand beim Treff gereicht ward. Das betraf sogar VLI-Chef Pätzold und seinesgleichen.

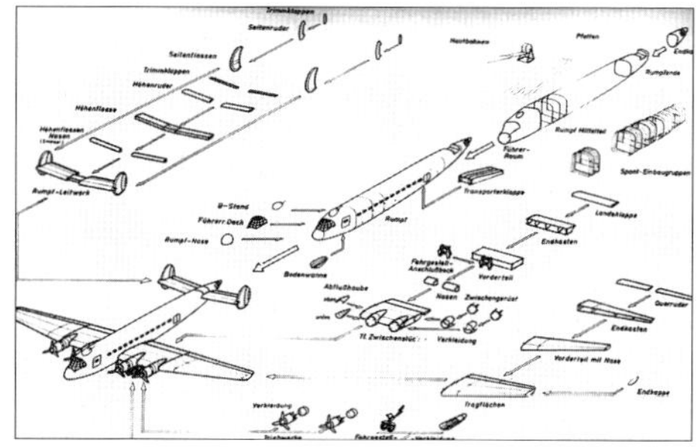

war der Fertigstellungstermin in der Produktion für den 13. August 1958 errechnet worden. Ein so kompliziertes Produkt wie ein Flugzeug hängt ja von hunderten Zulieferungen ab. Brunolf Baade gelang es schließlich, den Erstflugtermin in den Hallenfertigstellungstermin umzubiegen. Dieses Wort hatte es bis dahin im deutschen Flugzeugbau

Kurz vor dem falschen Rollout am 30. April 1958. Walter Ulbricht hat gerade die V1 verlassen. Er steht unten an der Treppe und unterhält sich mit den Werktätigen über ihre Sorgen und Befindlichkeiten. Ulbricht fiel es durch seinen Humor und seine Volksverbundenheit leicht, mit Arbeitern ins Gespräch zu kommen. Die 152 V1 ist zu diesem Zeitpunkt recht und schlecht als rohbaufertig zu bezeichnen. Der Endmontagestand des Flugzeuges beträgt nur 30 %. Im Anschluß an die Veranstaltung verschwindet die V1 wieder in der Halle und braucht dann noch bis zur letzten Septemberwoche 1958, um ihr richtiges Rollout zu erleben. An diesem Tag bekommt sie eine Girlande um den Bug geschlungen und verläßt die Halle 222 für immer.

nicht gegeben. Es war von Baade erfunden worden, um das Gesicht (der Partei) zu wahren. Denn wenn so ein Termin beschlossen worden war, gelangte er auch unverzüglich bis an die Spitze des Staatsplanes. Und in der Tat: Walter Ulbricht kündigte einen Besuch für diesen Tag in den Flugzeugwerken Dresden an. An der Produktionslenkung war es nun, die 152 V1 irgendwie auf die Räder zu bekommen, um sie als fertiges Flugzeug vorführen zu können. Es war ja schon erleichternd, daß sie an diesem Tage wenigstens nicht fliegen mußte.

Aber letztlich war auch die „hallenfertige" 152 V1 eine Utopie. Der halbwegs fertiggestellte Rumpf konnte am 10. Februar 1958 aus der Helling genommen werden. Doch die Türen und besonders das Katapultdach für die Pi-

Das „vorgetäuschte" Rollout einer leeren „Blechbüchse" am 30. April 1958.

Das richtige Rollout Ende September 1958 bei schlimmstem „Novemberwetter".

Bild links: V1 im Oktober 1958 in der Einflughalle beim Großschwingversuch auf den Schwingtöpfen.

V1 beim Bodenprogramm im November.

Dr. Günter Weyh (28.7.1930) war der erste Absolvent der Fakultät Flugzeugbau in der DDR. Studierte zunächst in Rostock Schiffbau, nach Umstrukturierung ab 1953 Flugzeugbau an TH Dresden. Am 1.11.1955 als Entwurfsing. bei Hans Wocke in Pirna begonnen. Nach Verlagerung nach Dresden unter Abt.-Ltr. Alfred Losch Gruppenleiter Entwurf. Projektierte 1956 die erste 153 mit 34 t Startgewicht. Nach Loschs Weggang in BRD Abt.-Leiter für die 152. Erarbeitete 1960 Projekt einer dreistrahligen 154 (Tu-154). Ab 1961 bei Robotron.

loten ließen auf sich warten. So konnte der V1-Rumpf erst Anfang April abgedrückt werden. Jetzt waren nur noch drei Wochen Zeit für die Endmontage. Aber die dauert normalerweise unter Versuchsbaubedingungen sechs Monate. Da der Termin nicht zu halten war, dem Staat aber ein fertiges Flugzeug vorgeführt werden mußte (es gab viele Gegner des Flugzeugbaus in der übrigen Industrie, die seine bevorzugte Behandlung und die Geldströme mißbilligten), wurde unter Baades Führung und der Zustimmung der anderen führenden Leute beschlossen, die V1 äußerlich so aussehen zu lassen, als sei die Endmontage abgeschlossen. Flügel, Fahrwerk, Leitwerk wurden angeschraubt, die Ruder eingehängt, im Rumpf die Einbau- und Anzeigegeräte bzw. Attrappen an den betreffenden Stellen befestigt und die leeren Triebwerksgondeln mit Deckel verschlossen. Damit die V1 für die Fernsehkameras ein schönes Bild abgab, bekam sie um den Rumpf eine blaue Bauchbinde gemalt, die zusätzlich mit einem dunkelblauen Strich abgesetzt war. In diesem Zustand ließ Baade die 152 V1 Walter Ulbricht und den etwa 8.000 anwesenden Flugzeugbauern am Nachmittag des 30. April 1958 vorführen, indem sie mit geschlossenen Türen und verriegeltem Fahrwerk kurz vor die Halle gezogen wurde. Das Schauspiel lief über die Wochenschau „Der Augenzeuge", über das Fernsehen und fand Eingang in die Presseberichterstattung. Deshalb galt über Jahrzehnte hinweg der 30. April als der Fertigstellungstermin der 152.

Der Effekt dieses Schauspiels erfüllte seinen Zweck: Die Partei hatte wieder einmal Recht behalten und der staatliche Geldsegen verstärkte sich kurzzeitig sogar. Aber nun war der Termindruck kaum noch zu ertragen. Die V1 war offiziell fertig, also mußte sie auch bald fliegen. In die Endmontage zog immer mehr Hektik ein. Zwar konnten weitere Verzögerungen durch die aufopferungsvolle Arbeit der Monteure, Ingenieure und extra gebildeter Stoßbrigaden aus begeisterten Jugendlichen, die gleich im Betrieb schliefen, abgefangen werden, aber fünf Monate dauerte es

Die 152 V1 biegt auf die Startbahn ein. Von da sind es noch 1.000 m bis zur Einflughalle. Den Bug zieren noch die FDJ-Fahne und eine Girlande. Der schleppende Lkw des Typs G5 ist auch eines der Ergebnisse des Schwindels vom ersten Rollout. Danach bekam der Industriezweig wieder Geld für weitere Investitionen, wovon zwei G5 aber auch zwei Spiegelreflexkameras der Mittelformatklasse aus der weltberühmten Dresdner Kameraindustrie angeschafft werden konnten. Sonst nämlich würde es das rechte Foto auf Rollfilm 6x6 nicht geben.

dennoch, bis die V1 wirklich die Montagehalle verlassen konnte. Der Tag des richtigen Rollouts ist leider nicht überliefert. Chefkonstrukteur Fritz Freytag nennt in seinem Abschlußbericht jedoch die letzte Septemberwoche 1958, als die V1 aus der Halle 222 rollte. Dafür haben die Werksfotografen diesen völlig verregneten Septembermorgen festgehalten. Etliche „verwaschene" Fotos geben einen Eindruck von diesem Tag. Am Morgen hat es eine kleine Feierstunde in der Halle gegeben (wahrscheinlich vor allem für die Jugendbrigaden, die ihr letztes gegeben hatten), danach kam die V1 an den Haken. Ein neu gekaufter Lkw aus der Werdauer G-5-Produktion zog die Maschine die reichlich 1.000 m von der Montagehalle zur Einflughalle am Ende der Start- und Landebahn.

Wie auf den Bildern zu sehen, sind die Höhen- und Seitenruder noch immer nicht in dem Zustand, der den Erstflug ermöglichen würde. In der Einflughalle ging nämlich die Montage weiter. Erst am 24. Oktober 1958 unterschrieb die Endkontrolle das Abnahmeprotokoll für die V1. Währendessen lief aber parallel die Erprobung der einzelnen Aggregate, damit später die Bodenerprobung zügiger vonstatten gehen konnte.

Am 31. Juli 1958 war auch die Bruchzelle 152 V2 fertig geworden (Zu Junkerszeiten hatten die Bruchzellen übrigens noch keine V-Nummer, die war nur den fliegenden Maschinen vorbehalten. In der Wirklichkeit der sozialistischen DDR-Ökonomie aber konnte man mit der Abrechnung der Bruchzellen als V-Maschinen „Pläne" erfüllen und damit weitere Zuweisungen bekommen). Die statische Erprobung der V2 war Grundvorraussetung, um die V1 für die Luft zuzulassen. Die Bruchlasterprobung der V2 begann am 23. August 1958. Ihr Höhenleitwerk war bereits einen Monat zuvor auf der Werks-IL-14 im Fluge vermessen worden. Das war notwendig geworden, weil das 152-Höhenleitwerk auf ZAGI-Weisung verändert worden war, so daß die EF-150-Daten nicht verwendet werden konnten. Nach der Erprobung der V2 ergaben sich vor allem im Bereich des Tragflügelmittelstücks einige notwendige Verstärkungen.

Die ebenfalls als 152/I zu fertigenden Flugzeuge V3 und V4 wurden im November 1957 bzw. im Februar 1958 aus Kostengründen gestoppt. Die Teile der V3 waren da bereits fast alle fertig.

DM-ZYA

Die 152 V1 und V2 werden erprobt

Wie schon bei der Flugerprobung der Ju 287 stehen sie wieder erwartungsvoll an der Vorstartlinie an diesem 4. Dezember 1958 (v.l.n.r.): Chefstatiker Dr. Waldemar Günther, Prof. Brunolf Baade, der Technische Direktor der Flugzeugwerke, Fritz Freundel (mit Baskenmütze), Konstruktionsleiter Johannes Haseloff, der Chefkonstrukteur von Schkeuditz, Heinz Roessing, und der Chefkonstrukteur des Flugzeugentwicklungswerkes, Fritz Freytag. Heinz Roessing war übrigens einer der erbittertsten Gegner von Brunolf Baades großen Ideen. Er wollte lieber den Weg des langsamen Aufbaus einer Flugzeugindustrie gehen, damit die anderen Industriezweige mit dem Flugzeugbau mitwachsen können. Die befürchteten Disproportionen in der Industrie traten dann ja auch tatsächlich ein.

Lange, viel zu lange, hatte es gedauert, bis die 152 V1 für die Bodenerprobung bereitstand. Am Mittwoch, dem 29. Oktober 1958, begann das Bodenprogramm auf der Platte vor der Einflughalle mit der Trockenwägung der Maschine sowie der Bestimmung der Schwerpunktslage bei eingefahrenem und ausgefahrenem Fahrwerk. Die Erprobungsmannschaft arbeitete in drei Schichten. Chefpilot Karl Treuter (von Siebel) hatte mit Erprobungsleiter Walter Kröger (von Heinkel) ein auf 28 Tage bemessenes Bodenprogramm erarbeitet, das, so Walter Kröger, als ein Minimalprogramm anzusehen war, was auf keinen Fall mehr gekürzt werden durfte. Der auf dem Flugzeugwerk lastende Zeitdruck war zwar nicht mehr steigerbar, aber aus Sicherheitsgründen durften keine weiteren Streichungen vorgenommen werden.

Am 30. und 31. Oktober war die Behälter- und Kraftstoffanlage Kern der Untersuchungen. Nach dem Auftanken erfolgte die Eichung der kapazitiven Inhaltsanzeige, die Wägung mit unterschiedlichen Restkraftstoffmengen, die Mengenmessung bei Normalentnahme, die Funktionsprobe des Schnellablasses und der Übergang der Entnahme von einem Behälter zum nächsten.

Vom 1. bis 4. November erfolgte die Erprobung der Triebwerke im Stand sowie die Schubmessung. Mit welcher Hast gearbeitet wurde, wird daran deutlich, daß die zu klein gemessenen Schubwerte der Triebwerke einfach als Meßfehler deklariert wurden, ohne wei-

Die statische Bruchzelle 152/I V2 wird in das Mittelschiff der Laborhalle 218 geschoben. Das Mittelschiff der gekürzten Einheitshalle nahm das Festigkeitslabor auf. Hinter der Wand befand sich im östlichen Seitenschiff der streng geheime Attrappenbau. Im westlichen Seitenschiff steht noch heute die große Kältekammer bis - 70 °Celsius.

Ing.-Pilot Willi Lehmann (6.12.1918), lernte bei Junkers Flugzeugschlosser. Im Anschluß Ingenieurstudium in Stettin. Ab 1939 wieder bei Junkers als Flugversuchsingenieur. Während des Krieges Pilot auf Ju 52, Ju 87 und Ju 88. Von 1946 bis 1952 in UdSSR bei Baade Flugversuchsingenieur (z.B. auf JU/EF-150). Ab 1955 Flugzeugführer in Dresden. Umschulung in UdSSR auf IL-28 (20. November 1957 bis 7. Februar 1958) und Tu-104 (21. bis 28. Juli 1958). Danach Leitender Versuchspilot für die 152. Als Kommandant der 152 V1 zwei Flüge. Beim 2. Flug am 4. März 1959 Absturz mit 152 V1 nach 55 Minuten Flugzeit.

ter nach den Ursachen der zu kleinen Werte zu forschen. Man vertraute hier leichtfertig auf die Zuverlässigkeit der sowjetischen Lieferpapiere und sah die eigenen Methoden als ungenau an.

Einen großen Raum nahmen traditionsgemäß bei Junkers die Standschwingversuche ein. Hier mußten zunächst die Frequenzen der einzelnen Bauteile wie Flügel, Gondeln, Höhenleitwerk, Rumpf usw. ermittelt und dann in einem Gesamtschwingversuch der genügende Abstand der Einzelfrequenzen nachgewiesen werden, damit sie sich nicht gegenseitig erregen konnten. Ein Schwingungsmodell war bereits im ZAGI getestet worden. Auch hier scheint man sehr schnell weitergegangen zu sein, denn an der V4 ergaben sich später (1960) nochmals erhebliche Änderungen im Heckbereich. Die erste Flugserie der 152 V1 sah aber auch nur Geschwindigkeiten bis maximal 400 km/h vor, so daß man wahrscheinlich weitere Schwingungsuntersuchungen für die Zeit nach den ersten Flügen verschob.

Es waren noch keine 28 Tage verstrichen, da rollte die V1 erstmals selbstständig. Am 23. November 1958 erfolgte die erste von insgesamt drei Rollproben. Die beiden Piloten Willi Lehmann und Kurt Bemme bekamen nun langsam ein Gefühl für die sich bewe-

gende Maschine. Zunächst rollten sie das Flugzeug bei Geschwindigkeiten bis 40 km/h auf der 80 m breiten Startbahn in Kurven hin und her. Die Bugradlenkung konnte auf kleinen Lenkradius und auf großen Lenkradius (3° und 22°) umgeschaltet werden. Mit der 22°-Lenkung waren Vollkreise auf der Startbahn mit 56 m Durchmesser rollbar. Einen größeren Teil jedoch nahm das Hochgeschwindigkeitsrollen ein. Noch am 23. November steigerte Willi Lehmann die Rollgeschwindigkeit auf 160 km/h, um vor allem die Wirksamkeit der Bremsen messen zu können. Hohe Bremsdrücke konnten dabei noch nicht erreicht werden. Das zweite Rollen am 30. November 1958 mußte dann bereits nach dem ersten Anlauf abgebrochen werden, weil die Bremsen blockierten. Dabei wurden die Reifen des Hauptfahrwerks zerstört. Erst am 3. Dezember 1958 konnte das Rollprogramm mit einem reichlichen Dutzend Anläufen zu Ende

Gegen 11 Uhr wartet die 152 V1 am 4. Dezember 1958 auf die Startfreigabe, während die Aero 45 im Vordergrund zum Wettererkundungsflug startet. An Bord der V1: Willi Lehmann, Kurt Bemme und Paul Heerling.

Bild oben: Die 152 V1 bei ihrem zweiten Flug mit eingefahrenen Fahrwerken und Klappen über dem Platz in 1.000 m Höhe.

Chefkonstrukteur Fritz Freytag erkundigt sich nach dem Wetter.

geführt werden. Bereits am nächsten Tag erfolgte der Jungfernflug der 152 V1 über Dresden.

Der 4. Dezember 1958 war ein herrlicher Wintertag und ideal zum Fliegen. Kein Schnee, trockene 8° kühle Luft, beste Sichtbedingungen, eine trockene Piste. Eine zweimotorige Aero 45 kommt vom Wetterflug zurück mit der Nachricht, daß weit und breit kein Wetterumschwung zu erkennen ist. Nach einer erneuten Rollprobe bekommen Willi Lehmann, Kurt Bemme und Bordingenieur Paul Heerling um 11.18 Uhr die Starterlaubnis für die 152 V1. Die vier Triebwerke heulen auf, und schon rollt die Maschine schneller werdend die Startbahn lang. Auf Höhe der Halle 222 hebt die V1 ein kleines Stück die Nase, und fast unmerklich steigt das Flugzeug mit geringem Anstellwinkel davon. In der goldenen Dezembersonne glänzend fliegt sie in Richtung Dresdner Elbtal weiter. Nachdem das Flugzeug eine Höhe von 1.500 m erreicht hat, zieht Willi Lehmann hinter Dresden eine nicht zu enge Schleife und fliegt zum Platz zurück. Fahrwerk und Landeklappen bleiben während des gesamten Fluges ausgefahren. Die Geschwindigkeit darf in diesem Flugzustand nicht über 345 km/h ansteigen, weil die Klappen Schaden nehmen könnten oder auch das Flugzeug mit der Steuerung nicht mehr zu kontrollierende Bewegungen vollführen könnte. Als das Flugzeug in etwa 500 m über den Platz fliegt, wird es von tausenden Augenpaaren staunend verfolgt. Nach einer weiteren Schleife setzt die V1 zur Landung an. Vom Start bis zur Landung waren genau 35 Minuten vergangen. Genug, um eine erste Einschätzung des Flugverhaltens und der Arbeit der Geräte abzugeben, und mehr als genug, um den Erstflug einer 152 an die vorgesetzten Stellen melden zu können.

Während die Menge im Flugzeugwerk begeistert von dem Flug zurück in die Hallen schlendert, beginnt für die Erprobungsmannschaft jetzt erst richtig die Arbeit. Zwar hat man sich mit dem Erstflug gegenüber dem Auftraggeber Staat ein wenig Luft verschafft, aber die Mängelliste wird nach der Inspektion der Maschine in den nächsten Tagen immer länger. Laut Volkswirtschaftsplan sollen ja bereits 1959 die ersten Flugzeuge des Typs 152 den Dienst bei der Deutschen Lufthansa antreten. Wie es nun steht, wird die nächsten Wochen nicht mehr geflogen werden können. Die Flugerprobung wird sich also auf das Frühjahr und den Sommer 1959 konzentrieren.

Zu diesem Zeitpunkte glaubt aber die Leitung der Luftfahrtindustrie noch, daß die 152/II V4 im Oktober und die V5 im Dezember 1959 zur Flugerprobung dazustoßen werden. Ein verhängnisvoller Irrtum, der den leichtsinnigen Umgang mit der V1 befördern half.

Weil Brunolf Baade von der Zuverlässigkeit und Sicherheit seiner 152 felsenfest überzeugt war (sie stellte ja nur eine vergrößerte EF-150 dar), begann er nach dem Erstflug der V1 ein Vabanque-Spiel, das am 4. März 1959 zum Verlust der 152 V1 und zum Tod der vierköpfigen Besatzung führen sollte.

Im Gegensatz zur EF-150, die eine zweiteilige Kraftstoffanlage bestehend aus Metalltanks im Rumpf und Gummitanks im Flügel aufwies, verfügte die 152 über keine festen Metalltanks, weil kein Kraftstoff im Passagierrumpf aus Sicherheitsgründen untergebracht werden sollte. Die Kraftstoffversorgung aus Gummitanks war zwar während des Krieges weit verbreitet, weil die Behälter selbstdichtend (gegen Beschuß) waren. Aber die damaligen Steig- und Sinkgeschwindigkeiten waren eine Potenz geringer als bei den modernen Düsenflugzeugen. Es kam also jetzt auf eine sichere Belüftung der Sackbehälter an, sonst würden sie zusammensacken und das Nachfließen unterbinden.

Bei der 152 kam noch verschärfend hinzu, daß links und rechts jeweils acht bzw. elf Behälter einzeln gesteuert werden mußten. Das erfolgte über eine Ventilbatterie, die sich im Geräteraum zwischen den beiden Flügeln befand, also an einer Stelle, wo der Kontrolleur erst fünf Meter in die Höhe klettern mußte. Wenn in die Entlüftungsleitung aus irgendeinem Grund Kraftstoff gelangte, führte dies zu riesigen Restkraftstoffmengen in den Behältern, die bis zu 600 Liter pro Behälter betragen konnten.

Bereits nach dem ersten Flug vom 4. Dezember 1958 konstatierte Pilot Willi Lehmann, daß es beim Abstieg Probleme mit der Kraftstoffversorgung gege-

Dipl.-Ing. Gerhard Leisner (4.2.1932) studierte in Rostock und Dresden Flugzeugbau (Deckname Leichtbau), Abschluß 1956. Ab September 1956 in Hauptabteilung Entwurf bei Hans Wocke. Studienentwurf der 152-Tragfläche in Integralbauweise. Entwurfsarbeiten zu Parallelentwürfen bzw. Nachfolgemodellen zur 152. Arbeit an Entwürfen zu Klimaanlagen und Druckhaltung für 152 und 153. Untersuchungen zur Steigerung der Ökonomie der IL-14. Entwurfsarbeiten zum Landwirtschaftsflugzeug „Flora“. Nach 1961 bei Robotron.

Die 152 V1 bei ihrem zweiten Start am 4. März 1959 mit angehocktem Hauptfahrwerk. Beim ersten Start war das Hauptfahrwerk in voller Ausfahrstellung geblieben. Die V1 war am 4. März knapp eine Stunde in der Luft. Sie flog in 6.000 m Höhe und steigerte dabei die Geschwindigkeit in Etappen bis auf 500 km/h.

Funktionsrollen der V1 am Nachmittag des 3. Dezember 1958. Die Rollbeobachter beziehen ihre Posten entlang der Piste. Die Amateuraufnahme vermittelt einen guten Eindruck vom Erprobungsalltag in Klotzsche.

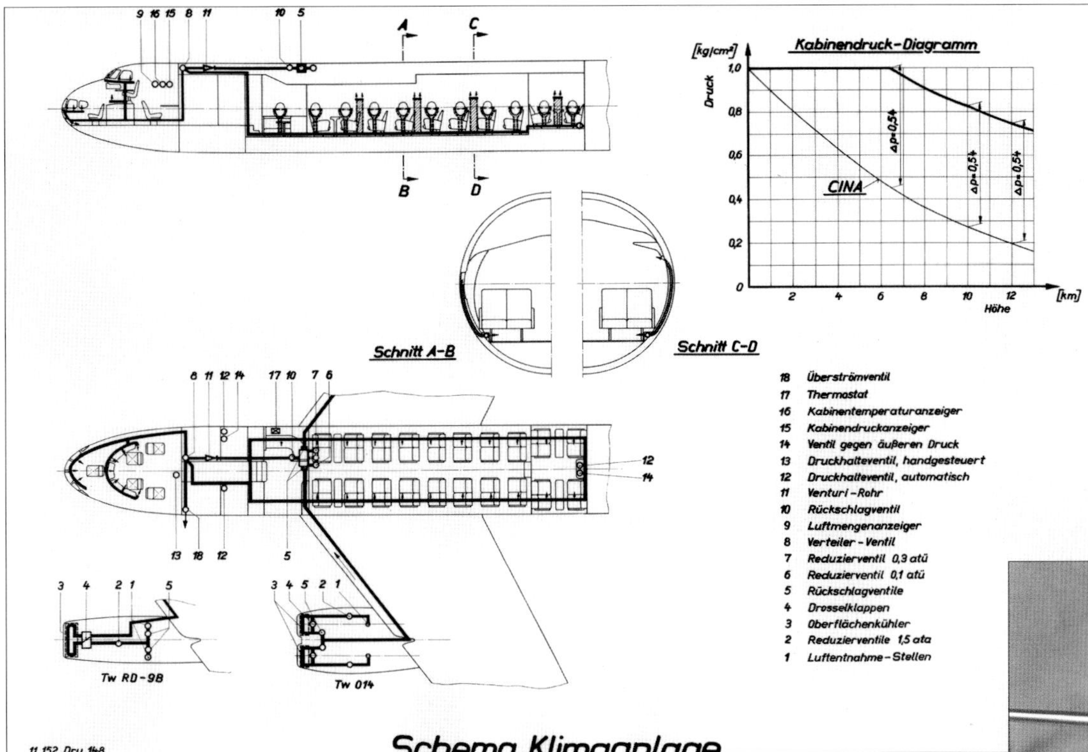

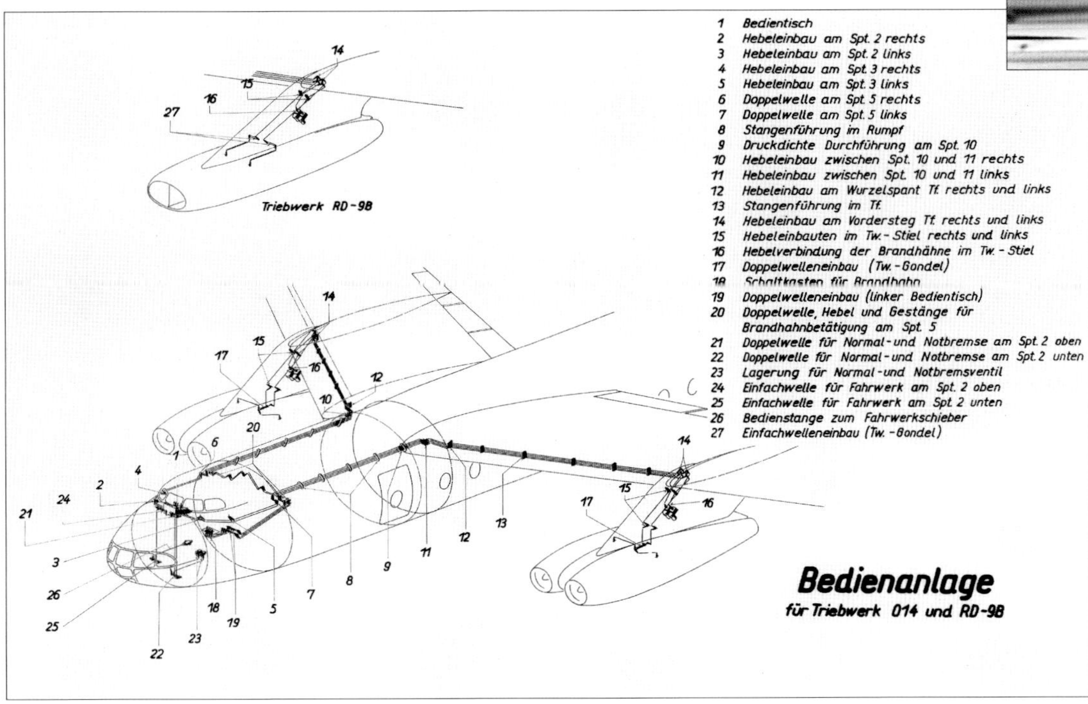

ben habe. Trotz dieser Warnung fanden nicht noch einmal Enttankungsversuche vor dem zweiten Flug statt.

In der Zwischenzeit hatte Brunolf Baade mit der Hauptabteilung Zivile Luftfahrt und der Leitung der Leipziger Messe vereinbart, daß die 152 V1 während der Messe Anfang März, und zwar am Tag des Besuchs von Nikita Chruschtschows, das Gelände im Tiefflug überfliegen sollte, um von der erzielten Serienreife dieses Musters zu künden. Auf diese Weise wollte er endlich Kaufverträge mit der Sowjetunion zustande bringen. Um sicherzugehen, daß das Flugzeug auch keine technischen Überraschungen bot, verlangte Baade, daß

Das Modell der 153 mit zwei PTL Pirna 018 von 1956. Die 153 A von 1958 hatte statt 34 t nur noch 30 t Startmasse.

die Maschine bis zum 20. Februar 1959 wieder startklar sein müsse, um bis zum Messebeginn Anfang März noch einige Flüge zu absolvieren. Doch erst am 4. März war die V1 wieder einsatzbereit. Da war die Messe schon im vollen Gange. Als die 152 V1 um 12.55 in Dresden-Klotzsche abhebt, ist sie noch 55 Minuten in der Luft. Beim Anflug auf den Platz stürzt sie aus 250 m Höhe und 5,6 km vor der Landebahn in freies Feld. Die Triebwerke, die sich im Leerlauf befanden, bekamen nach dem Gasgeben nicht genügend Kraftstoff, so daß die 152 zu langsam wurde und sich deshalb kopfüber ins Erdreich bohrte.

Das gespaltene Deutschland

„Lieber das halbe Deutschland ganz, als das ganze Deutschland halb“, tönte einst Adenauer. Die Angst vor der kommunistischen Idee, die ab 1945 ganz Europa wie eine „Seuche“ anzustekken drohte, erschütterte das alte Europa bis ins Mark. Schadensbegrenzung hieß deshalb die Devise. Das Wesen der Spaltung Deutschlands war die Spaltung der bürgerlichen Gesellschaft in Bourgeoisie und Proletariat. Wenn das Wesen erscheint, wird es sichtbare Wirklichkeit: Die bürgerliche Bundesrepublik und die proletarische DDR. Die Intelligenz blieb dabei Grenzgänger.

Brunolf Baades Visionen von einem neuen Junkerswerk, das als Geschenk für eine kommende Wiedervereinigung für Westdeutschland vorgehalten werden sollte, war schon 1953 mehr als visionär gewesen, 1959 aber so weit weg von der politischen Realität, daß daran niemand mehr erinnert werden wollte.

Nach der Wiederzulassung freier Gewerkschaften ab 1945 war das deutsche Proletariat in den westlichen Besatzungszonen sehr schnell wieder politisch erstarkt. Auch in Italien, Frankreich und Griechenland war ähnliches zu beobachten. Das bürgerliche Europa befand sich auf dem Rückzug. In dieser Situation schlug die Fulton-Rede Churchills vom 5. März 1946 wie ein Fanal in das konsternierte bürgerliche Lager ein. Der Kalte Krieg war geboren. Möglich wurde er durch die gewaltigen wirtschaftlichen Ressourcen der USA, die die USA während des Krieges aufgebaut hatte und die nun nicht brach liegen sollten. Dem „Roll back“ mußte aber erst ein „Bis-hier-her-und-nicht-weiter“ vorausgehen.

Von der Teilung Deutschlands konnten nur die Groß-Bourgeoisien der USA, Englands, Frankreichs, Westdeutschlands usw. profitieren. Die Sowjetunion dagegen brauchte für ihre politischen

Die Luftfahrtdelegation der DDR, geführt von Brunolf Baade, in Brüssel 1958 (v.l.n.r.): Eva und Fritz Freytag (Chefkonstrukteur und Direktor Flugzeugwerke Dresden), Ludmila Gerlach, Prof. Willy Richter (Aerodynamik/TH Dresden), Manfred Gerlach (Techn. Direktor in Pirna), Anna und Brunolf Baade.

Ziele ein starkes, ungeteiltes, unbewaffnetes und neutrales Deutschland. Dieses Deutschland wäre der Garant für eine friedliche und damit kostengünstige militärpolitische Entwicklung in Europa gewesen. Das 1947 einsetzende wahnwitzige Wettrüsten wäre dadurch verhindert worden.

Die Bundesrepublik wurde bekanntlich vor der DDR gegründet, die Bundeswehr ebenfalls. Die 1955 neu gegründete westdeutsche Luftfahrtindustrie besaß nur eine Aufgabe, die Waffen zu schmieden für die Luftstreitkräfte. So war es klar, daß zunächst nur moderne amerikanische Militärflugzeuge nachgebaut wurden, um schnell eine schlagkräftige Luftwaffe aufzubauen.

Natürlich hat auch die DDR gerüstet. 1953 zerschlugen sich aber diese Pläne. In dieser Zeit kam Brunolf Baade auf Walter Ulbricht zu und bot ihm den be-

Bild oben: Ernst Zindel trifft 1957 in Essen auf einer Tagung der WGL einen (leider nicht namentlich bekannten) ehemaligen Kollegen aus der DDR.

Bild rechts: Prof. Günther Bock (Mitte) und Ernst Zindel (re.) 1969 auf einer Tagung der Wiss. Gesell. f. Luftf.

kannten Deal mit der Produktion von Zivilflugzeugen im Tausch gegen sowjetische Militärflugzeuge an, der dann zum Aufbau einer Luftfahrtindustrie in der DDR führte.

Die ebenfalls zerrissene deutsche Luftfahrtindustrie darbte im Westen dahin, während dem Osten dafür schnell das Geld ausging. Wirklich große Projekte waren unter diesen Bedingungen nicht zu verwirklichen. Ob nun Hans Wocke mit seiner HFB-314 oder Siegfried Günter mit seiner Heinkel 211, der westdeutsche Staat hatte bis 1970 einfach kein Interesse an zivilen Projekten. Auf der andern Seite war Geld für Jäger, Senkrechtstarter und Militärtransporter vorhanden. Anders in der DDR. Hier wurden ausschließlich zivile Projekte verfolgt. Ein Weg, der in der Flugzeugindustrie bis dahin noch nie gegangen worden war. Selbst zu besten Junkerszeiten nicht. Diese zivilen Flugzeuge waren dementsprechend teuer. Die 152 hätte zum Beispiel 20 Millionen Mark gekostet. Für 8,5 Millionen hätte man sie aber höchstens verkaufen können. Natürlich hängt der Preis immer von der Stückzahl ab. Aber wenn Boeing zum Beispiel die Entwicklung der transsonischen Technologie an der B-47 und B-52 sich aus dem Militärhaushalt bezahlen lassen konnte, kostete deren Übertragung auf die zivile B 707 natürlich wesentlich weniger.

Nur ein süffisantes Lächeln hat Bundeswirtschaftsminister Heinz Erhard 1960 für den Technischen Direktor der Hamburger Flugzeugwerke, Hans Wokke, und seine zivile HFB-314 übrig. Geld gab es dafür keines.

Auf den internationalen Kongressen und Tagungen trafen sich die geteilten Deutschen beider Luftfahrtindustrien, wo man sich dann auch über die eigenen Sorgen und Nöte austauschte. So bemängelte Ferdinand Brandner die offizielle westdeutsche Förderpolitik, die den Aufbau einer eigenen Luftfahrtindustrie massiv behinderte. Lieber kaufe man in England und den USA fertige Triebwerke und Flugzeuge ein, die man dann hier genau nach Lizenzvorschriften nachbaue, aber Geld für eigene Entwicklungen werde nicht zur Verfügung gestellt. So müsse man ewig dem Ausland hinterherhinken.

Bis zum Mauerbau am 13. August 1961 gab es für die Flugzeugingenieure in der DDR keine Probleme sogar in größeren Delegationen zu den Luftfahrtkongressen ins westliche Ausland zu fahren. Hans Wocke reiste bis 1957 viele Male nach Westdeutschland und Frankreich. Und auch die anderen führenden Leute ließen sich Le Bourget oder Farnbarough nicht entgehen. Es sind etliche Fotos von Treffen mit einstigen Weggefährten erhalten. Und wer von den Westdeutschen keine Angst hatte, in die DDR zu kommen (wie Prof. Heinrich Hertel), der war gern in Dresden, Pirna oder Karl-Marx-Stadt gesehen. Die Freundschaften hielten, auch oder erst recht mit denen, die die DDR verlassen hatten, wie Hans Wocke, Martin Schrecker oder Alfred Losch.

In Moskau will man keine 152

Die Chrustschowsche Tauwetter-Periode war für die aufgebaute DDR-Luftfahrtindustrie 1957/58 bereits wieder vorbei. An die Vereinbarungen von 1953 wollte man sich in Moskau nicht mehr erinnert wissen. Für die Sowjetunion war es seit dem Sputnik-Erfolg vom Oktober 1957 volkswirtschaftlich effektiver, selbst die Zivilflugzeuge für sich und die befreundeten Länder herzustellen. Von der DDR verlangte Moskau im Juni 1959, ihre Luftfahrtkapazitäten auf das Chemie-Programm der UdSSR umzustellen. Nach diesem Eklat kühlten die Beziehungen beider Länder ab.

Anfang Juni 1959 reiste eine DDR-Regierungsdelegation unter Leitung des Wirtschaftssekretärs der SED, Erich Apel, nach Moskau, um die seit Jahren versprochenen Kaufverträge für die 152 und 153 A unter Dach und Fach zu bringen. Auf den Besprechungen, die vom 3. bis 5. Juni andauerten, kam es endgültig zum Eklat zwischen den beiden Staaten. Der Verhandlungsführer der UdSSR, M.S. Chrunitschew, seines Zeichens Stellvertretender Vorsitzender der Staatlichen Plankommission der UdSSR, war es, der Baade 1953 noch als Minister der sowjetischen Luftfahrtindustrie den Auftrag zum Bau der 152 gegeben hatte und der nun der DDR-Delegation klipp und klar sagte, daß die UdSSR keine deutschen Flugzeuge in ihrem Land in Dienst stellen werde. Weder die 152 noch die 153 A werde in der UdSSR benötigt. Man habe selbst alle Klassen von Flugzeugen und werde auch in Zukunft keine Flugzeuge aus der DDR kaufen.

Konstruktionsleiter Johannes Haseloff, Chefkonstrukteur Fritz Freytag und der Technische Leiter der Luftfahrtindustrie, Brunolf Baade, schöpften beim Rollout der 152 V4 am 24. Juni 1960 nochmals Hoffnung.

Damit war von einem Tag zum andern nicht nur der Auftraggeber für die 152 abhanden gekommen, sondern für immer auch der riesige Absatzmarkt der Sowjetunion für DDR-Flugzeuge versperrt. Für diese Entscheidung gab es mehrere Gründe. Der Hauptgrund war die Umstellung der sowjetischen Verteidigungsindustrie von einer strategischen Bomberflotte auf Interkontinentalraketen. Das war volkswirtschaftlich billiger und militärisch besser. Die dadurch entstandenen Überkapazitäten bei Großflugzeugen sollten auf den zivilen Sektor umgestellt werden. Die sowjetischen Flugzeugwerke brachten jetzt selbst in schneller Folge moderne Zivilflugzeuge auf den Markt (Tu-104, Tu-114, Tu-124; IL-18, IL-62, An-12, An-22, An-24).

Ein weiterer Grund war, daß die sowjetischen Fluggesellschaften ihren Flugzeugpark nicht noch mehr zersplittern wollten und lieber jetzt als später

Der zweite Flug der 152 V4 am Sonntag, dem 4. September 1960, um 8.20 Uhr, fotografiert von Entwurfsing. Eberhard Aikele vom Dach seines Hauses.

die lästige DDR-Konkurrenz los werden wollten. Wenn man das (wie im Sozialismus üblich) mittels Regierungsbeschlüssen erreichen konnte, war das um so besser.

Als Ausgleich bot man Erich Apel und Brunolf Baade an, daß sich die DDR auf die Entwicklung einer modernen Geräteindustrie konzentrieren solle, wofür die UdSSR großes Interesse entgegenbringe. Denn die Flugzeuge würden mehr und mehr von der Leistungsfähigkeit der Geräte abhängen. Baade lehnte dieses Ansinnen jedoch kategorisch ab, wenn nicht zugleich ein Teil der Flugzeugindustrie erhalten bleiben könne. Erich Apel war außer sich über die Unverfrorenheit, wie man mit der DDR und den Leistungen ihrer Menschen umsprang. Man könne doch nicht einfach so mal eine Flugzeugindustrie aufbauen und dann auf ein Chemie-Programm oder was anderes umstellen. Das bringe die ganze Planwirtschaft in Mißkredit. Als er sah, daß alles Reden an dem Standpunkt der Gegenseite nichts mehr ändern konnte, schlug Apel abschließend vor, diese grundsätzlichen Fragen auf höchster Ebene, zwischen Ulbricht und Chrustschow persönlich zu diskutieren. Die DDR-Delegation reiste unverrichteter Dinge ab und mit dem Gespenst einer totalen Niederlage im Rücken.

Die DDR hatte nun zwei Möglichkeiten: Das sofortige Ende der Luftfahrtindustrie einzuleiten oder auf eigenes Risiko weiterzumachen und zu hoffen, genügend Flugzeuge in anderen Ländern loszuschlagen. Man entschied sich zunächst für den zweiten Weg.

Mit der Erkenntnis im Gepäck, daß man weder die 152 noch die 153 A an die Sowjetunion verkaufen werde, kam Brunolf Baade wieder in Dresden an. An sich lassen sich moderne leistungsfähige Flugzeuge immer verkaufen. Für sich betrachtet aber, müssen diese Verkaufszahlen ziemlich hoch sein, denn je moderner ein Flugzeug, desto teurer ist es in der Herstellung. Kleine Stückzahlen rechnen sich da nicht. Für andere, also den Weltmarkt, waren die DDR-Flugzeuge aber nicht modern genug. Die 152

Eine sozialistische Brigade, wie sie zu sein hatte. Im Hintergrund mit Zäunen abgesperrt die 152 V5 (links) und V4 sowie der Rumpf der 010. Das Großformatfoto stammt vom Mai 1960. Es gibt noch weitere Fotos von Brigaden, die im Wettbewerb standen.

Eine aerodynamisch günstige sphärische Cockpitverglasung wurde bei Junkers erstmals an der Ju 290 (li. oben) verwirklicht. Eine derartig glatte Verglasung wurde das Markenzeichen der Junkersflugzeuge und hielt sich bis zur 152. Ab der 008 erhielt die 152 ebene Scheiben wegen der elektr. Beheizung.

war bei ihrer relativen Größe als Schulterdecker benachteiligt. Für die eigentlich hochmoderne 153 A bestand aber wenig Interesse, weil die Fluggesellschaften die Propellerflugzeuge zu jener Zeit abgeschrieben hatten, obwohl sie sich ein paar Jahre später wegen ihrer überlegenen Wirtschaftlichkeit wieder zurückmeldeten. Brunolf Baade ließ deshalb die 153 A von der Produktionsliste streichen, mit ihm das Triebwerk Pirna 018. Eine weitere Fehlentscheidung Baades.

Um die weit fortgeschrittene 152/II exportfähig zu machen, waren einschneidenden Maßnahmen erforderlich. Noch im Juni 1959 (der Rumpf der V4 wurde gerade abgedrückt und für die Endmontage vorbereitet) kamen alle Mängel der 152 zur Sprache. Innerhalb von drei Monaten wurde dann eine neue 152 erarbeitet, die dann in Serie produziert werden sollte. Da die erste Nullserie (Maschinen 008-009) schon frei gegeben war, erfolgte bis Oktober ein Produktionsstopp, bis alle Änderungen eingearbeitet waren. Das hieß aber auf der anderen Seite, daß die beiden V-Maschinen V4 und V5 (die ja schon auf Dreibein-Fahrwerk und Kombi-Gondeln umgestellt waren) nicht mehr als Prototypen der Serie anzusehen waren und somit eine zusätzliche Flugerprobung der Serienmaschinen für den Zeitplan berücksichtigt werden mußte.

Im Oktober 1959 kam dann eine neue Technische Konzeption für die Luftfahrtindustrie heraus, die nicht mehr die Sowjetunion als Gravitationszentrum der DDR-Luftfahrtindustrie ansah, sondern die traditionellen Junkersabsatzgebiete Südamerika, die skandinavischen Länder sowie den nahen und fernen Osten. Die Produktion der 152 wurde auf knapp 40 Flugzeuge festgelegt. Zugleich war eine neue 152 entstanden mit einem verlängerten Rumpf, einem geänderten Verglasungsgerüst (ebene Pilotenscheiben, zusätzliche Beobachtungsscheiben nach hinten), neuem Leitwerk (war aerodynamisch nicht ganz einwandfrei), veränderter Hydraulik- und Klimaanlage und noch vielen anderen Dingen. Eine weitere Reichweitenerhöhung mußte ebenfalls ins Auge gefaßt werden, denn bei Verkaufsge-

Bei einer der zahlreichen „Ökonomischen Konferenzen“: Konstruktionsleiter Johannes Haseloff, Chefkonstrukteur Fritz Freytag und Haupttechnologe Walter Wogeck im Gespräch. Die technischen Leiter wurden durch die Zusammenlegung von Serien- und Entwicklungswerk ab Januar 1958 mehr und mehr entmachtet.

Die erste der neuen Kombi-Gondeln mit integriertem Hauptfahrwerk der 152/II im August 1959 in der Fertigung. Eine derartige Konstruktion war noch nie im Flugzeugbau gewagt worden und hat es bis zum heutigen Tag nicht wieder gegeben.

sprächen mit befreundeten Luftfahrtgesellschaften kam das Problem zur Sprache, daß zwecks Einsparung von Devisen auf das Tanken im westlichen Ausland verzichtet werden sollte. Die 152 mußte also so viel Kraftstoff tanken können, daß sie von Budapest nach Paris und wieder zurück fliegen konnte.

Im September 1959 lief noch dazu die Serienproduktion der IL-14 aus. 80 Flugzeuge waren bis dahin gebaut worden. Weil die Sowjetunion nur für diese 80 Stück die Geräte zu liefern hatte, die DDR-Industrie aber diese Geräte nicht liefern konnte, mußte man sich trotz weiterer beschaffbarer Exportverträge (z.B. nach China) vom Serienbau der IL-14 schweren Herzens verabschieden. Damit war aber die 152 zum schnellen Erfolg verdammt. Denn ohne eine laufende Serienproduktion kann kein Flugzeugwerk der Welt existieren.

Das Serienwerk mit der Halle 222 als Kern wurde auf die 152/II im Winter der Jahreswende 1959/60 umgerüstet, die Vorrichtungen der IL-14 verschrottet. Ein Zurück gab es nun nicht mehr. In diese schwierige Zeit platzten bald all jene Probleme, die durch den Verlust der 152 V1 in der Flugerprobung nicht erkannt worden waren, während immer neue Serienlose für die Produktion frei-

Blick in die Halle 222 im Juni 1960. Im Vordergrund die erste Serienmaschine 152 008, davor die V5 und die V4. Links der Rumpf der 009, ganz vorn rechts der Rumpf der 010.

2
Rauchen

gegeben wurden. Nach dem Los 1 (008/009) liefen bereits die Lose 2, 3 und 4 (010-013; 014-020; 021-024) in der Produktion. Jede weitere Änderung an der Konstruktion brachte den ganzen Produktionsfluß von immer mehr Flugzeugen durcheinander. Diese unhaltbare Situation entschärfte Baade, indem er als erstes das Los 5 (024-028) und kurz darauf das Los 4 stoppte mit der Anweisung, keinerlei Arbeiten daran mehr auszuführen.

Das Flugzeug 153 A war 1959 das mit Abstand modernste seiner Klasse. Die Konstruktion war schon vor dem Eklat in Moskau komplett abgeschlossen gewesen, eine 1:1-Attrappe gebaut und die V-Maschinen-Produktion begonnen worden. Die 153 A wäre ein ideales Anschlußmuster an die IL-14-Serienproduktion gewesen. Aber auch hier befahl Baade überstürzt den rigorosen Abbruch. Die Vertriebsabteilung erfuhr davon erst Wochen später und beschwerte sich heftig bei Technocommerz und der VVB, denn die Verkaufsaussichten standen offenbar gar nicht so schlecht.

Die Technische Leitung unter Brunolf Baade favorisierte nun ein noch kleineres Projekt, die zweistrahlige 155, ein Flugzeug in der Größenordnung der Tu-124. Eigentlich jene Flugzeuggröße, die die Sowjetunion immer gefordert, aber nun mit der Tu-124 selbst schon in Entwicklung hatte (Erstflug: Juni 1960). Also auch hier kam die DDR wieder einmal zu spät. Das lag aber auch daran, daß die UdSSR die DDR nicht über ihre laufenden Entwicklungen informierte. Bei einer derartigen Art und Weise der „Zusammenarbeit" konnte kein Vertrauen gedeihen. Baade hatte immer wieder eine konkrete Arbeitsteilung im RGW eingefordert. Die DDR hielt sich akribisch (fast sklavisch) an die Absprachen, die UdSSR und die anderen sozialistischen Länder nur von Fall zu Fall.

Das 3-Meter-Modell der 153 A im großen Windkanal in Klotzsche (1957).

Vom PTL Pirna 018 sind zwei V-Muster gebaut worden. Bei einer Havarie im Februar 1959 wurde der Prüfstand zerstört, weswegen Manfred Gerlach verhaftet wurde.

Zwei 1:1-Attrappen der 153 A in der Halle 218 mit dem Propellertriebwerk „Pirna 018".

Die 152 008 war das erste Flugzeug mit um 1,2 m verlängertem Rumpf, eingesetzt zwischen dem Flügel und der Einstiegstür. Die 008 mußte deshalb im November 1960 zur V8 erklärt und in den laufenden Flugversuchsbetrieb eingeplant werden.

Erneute Rückschläge mit der 152 V4

Die statischen Bruchlastversuche an der 152 V6 begannen im März 1960. Die Zelle war am 31. Januar 1960 aus der Montage angeliefert worden. Im Mai 1960 erfolgten die wichtigsten Versuche zu den Lastfällen normale Landung, Bugradlandung, Abfangen und Kurvenflüge. Im Dezember 1960 erlitt die V6 einen Totalbruch der Unterschale. Nach Reparatur erneute Versuche bis zum Juni 1961.
Auf dem Bild sieht man die V6 im Mittelschiff der Halle 218. Die Leitung des Versuchs lag bei Meister Ernst Schlesiger, der mit Trillerpfeife bewaffnet zwischen den beiden ersten Säulen stehend das „Orchester dirigierte", damit alle gleichzeitig die Hebel für die Hydraulikzylinder bedienten. Heutzutage steuert das der Computer.

Der geplante Fertigstellungstermin der V4 war der 20. August 1959. Doch an diesem Tag lief die Endmontage erst mal richtig an. Die Gründe für die enormen Verzögerungen waren vielschichtig (eine ausführliche Schilderung des Montageablaufs findet sich im Buch „Der Passagierjet-152"), besonders hervorzuheben ist jedoch die zunehmende Bürokratisierung der Leitungsstrukturen. Am 1. Januar 1958 war das Entwicklungswerk 801 mit dem Serienwerk 803 verschmolzen worden. In diesem Zusammenhang waren die Weisungsbefugnisse der Technischen Leiter eingeschränkt worden. Aber die Technischen Leiter wie Brunolf Baade, Hans Wocke, Fritz Freundel, Georg Bakkhaus, Heinz Roessing, Erwin Handke und Johannes Haseloff waren es ja gewesen, die den Aufbau der Luftfahrtindustrie nach den ehemaligen Junkershierarchien sowie den bewährten Leitungsstrukturen in der Sowjetunion begonnen und organisiert hatten. Sie blieben zwar nach der Fusion die Technischen Leiter, aber die Direktorenposten bekamen die vom Staat eingesetzten ökonomischen Leiter. Backhaus, Haseloff und Günther beschwerten sich heftig beim VVB-Chef Hans Cichy. Das wäre in der Sowjetunion 1953 anders abgesprochen gewesen. Im Grunde kamen sie sich von den neuen Direktoren, die vom Flugzeugbau nichts verstanden, überwacht und vom Staat hintergangen vor. Es lag von staatlicher Seite, besonders von der Staatlichen Plankommission, ein tiefes Mißtrauen gegenüber den bis 1957 fast ohne Kontrolle agierenden SU-Spezialisten vor, das sich nach den ersten Rückschlägen weiter verstärkte. Zwischen Baade und seinem „ökonomisch-bürokratischen" Pendant, Karl Pätzold, herrschten frostige Bezie-

Brunolf Baade, Haupttypenleiter Peter Bonin und Chefkonstrukteur Fritz Freytag beim Rollout der 152 V4 um 18 Uhr am 24. Juni 1960 vor der Halle 222. Nach dem Standschwingversuch und ersten Rollproben ergaben sich zahlreiche Änderungen an der V4, so daß der Erstflug immer wieder bis zum 26. August 1960 verschoben werden mußte. Nach zwei Erprobungsflügen kam die V4 erneut in die Montagehalle zum Umbau.

152

Rudermontage an der 152/II V4 im Herbst 1959. Da glaubte man noch, das Flugzeug bis zum 31. Dezember 1959 an die Flugerprobung übergeben zu können. Doch beim Fahren der Hydraulikanlage ergaben sich schwerwiegende Probleme.

Dipl.-Ing. Eberhard Aikele (21.6.1934), Sohn von Junkers-Chefstatiker Karl Aikele, studierte nach Rückkehr aus UdSSR Maschinenbau/Strömungstechnik an TH Dresden. Wurde von Hans Wocke 1957 als Entwurfsingenieur eingestellt. Unter Gruppenleiter Günter Weyh zunächst Mitarbeit an 152 (längerer Rumpf, neues Bugfahrwerk, Flügelverlängerung, Transozeanvariante), dann eigene Projekte. Wichtigstes Projekt war die vierstrahlige 154 mit 44 Tonnen als Überlastvariante. Doppelblasenrumpf für optimale Platzverhältnisse und Unterflurgepäckräume. Nach 1961 bei Baade im Leichtbauinstitut.

hungen. Die Direktoren des Flugzeugwerkes (z.B. Walter Rentsch) wurden vom Staat schnell mal gegen neue ausgetauscht. Ja, selbst der „große" Parteisekretär des Werkes, Walter Janke, wurde abgesägt und endete als Straßenbahnfahrer. Mit so einer Personal- und Wirtschaftspolitik, wo einer immer die Verantwortung auf den andern abschieben konnte, war natürlich kein Blumentopf zu gewinnen.

Die Vermischung von Serienproduktion und Versuchsbau, die veranlaßt worden war, um den Industriezweig „ökonomischer" zu gestalten, funktionierte nicht und konnte nicht funktionieren. Die alten Junkers-Ingenieure hatten von Anfang an davor gewarnt, aber es galt Geld einzusparen, und das war ein Weg. Ein Weg, der aber auf Kosten eines schnellen Entwicklungsbaus ging. Und Zeit ist in der Entwicklung nun mal der entscheidende Faktor. Das hatte man in der Führung des Arbeiter- und Bauernstaates noch nicht begriffen.

Während die Produktion der V-Maschinen und der ersten Serienmaschinen mehr und mehr ins Stocken geriet, gingen die Entwicklungsarbeiten für neue Flugzeugmuster weiter. Längst war erkannt worden, daß die 152 veraltet war und durch etwas Modernes ersetzt werden mußte. 1958 hatte deshalb die Entwurfsabteilung unter Prof. Georg Backhaus den Auftrag für ein Nachfolgemodell erhalten. Das Projekt bekam die nicht mehr benötigte Nummer 154. Gruppenleiter Dr. Günter Weyh aber auch Entwurfsingenieur Eberhard Aikele projektierten in den nächsten Monaten eine 154. Günter Weyh eine dreistrahlige, Eberhard Aikele eine vierstrahlige 154. Während noch heute Günter Weyh versichert, daß seine 154 wie die spätere Tupolew Tu-154 aussah (die Projektunterlagen verschwanden am Tag der Auflösung der Flugzeugindustrie aus dem Panzerschrank und kamen in die Sowjetunion), ist von Eberhard Aikeles 154 ein Modell (Foto unten) und die Entwurfsdaten erhalten geblieben. Die Maschine hatte einen Doppelblasenrumpf, einen eleganten zweifach gepfeilten Flügel (Λ=6) und vier einzeln aufgehängte Triebwerke (014 bzw. 020) bei einem Startgewicht von 40 Tonnen. Das Rüstgewicht lag acht Tonnen unter dem der 152/II bei einer Tonne mehr Nutzlast, einer um 100 km/h höheren Reisegeschwindigkeit (900 km/h) und sagenhaften Reichweiten von 3.700 km mit 78 Passagieren oder 5.000 km bei 47 Passagieren. Das waren Leistungen, die kein damaliges westliches Mittelstreckenflugzeug bot und erst recht nicht die Tu-124.

Das Modell der vierstrahligen 154 von Eberhard Aikele, das die veraltete 152 ablösen sollte.

Der Erstflug der V4 gibt neue Hoffnung

Die überarbeitete 152 in Gestalt der V4 und V5 befand sich technisch zwar nicht mehr ganz auf der Höhe der Zeit, sie war aber immer noch modern genug, um der DDR und einigen wirtschaftlich schwächeren Ländern den Einstieg ins Jet-Zeitalter zu ermöglichen. Es war alles nur eine Frage des Preises, den diese Länder für die 152 zu zahlen bereit waren. Nach dem Abspringen der UdSSR als Hauptkunde war die 152-Produktion so und so ein Verlustgeschäft. Mindestens 100 Flugzeuge hätten gebaut werden müssen, um wenigstens die Entwicklungskosten wieder hereinzuholen. Es hätten aber immer noch mit der 152 Devisen verdient werden können.

Während hinter den Kulissen von höchster Stelle an einer Abwicklung des Industriezweiges bereits gearbeitet wird, rollen am frühen Morgen des 26. August 1960 Flugkapitän Heinz Lehmann, Co-Pilot Gerhard Güttel und Bordingenieur Bernhard Jendrusch die 152 V4 auf der Startbahn, um sich an die Abhebegeschwindigkeit heranzutasten. Der 26. August ist ein sehr heißer sonniger Tag. Man will heute noch fliegen. Wegen der hohen Temperaturen ist der Start jedoch fraglich. Nachdem die Triebwerke gezeigt haben, daß sie trotz Hitze ihre volle Leistung erreichen und sich auch die Besatzung für einen Start ausspricht, kommt Chefkonstrukteur Freytag gegen 8 Uhr mit der Einwilligung zum Erstflug.

Die V4 steht vor der Einflughalle in der prallen Sonne. Im Cockpit zeigt das Thermometer 36 ° Celsius an. Die blanke Aluminiumhaut glänzt in der Sonne und blendet die tausenden Schaulustigen, die sich auf den Wiesen zwischen Rollbahn und Startbahn eingefunden haben. Von weitem hören sie, wie die Triebwerke auf Touren kommen. 8.000 Umdrehungen müssen sie erreichen, um einen Schub von jeweils 3.150 kp abzugeben. Die in der V4 eingebauten A-0-Triebwerke sind ebenfalls eine Neuentwicklung und aufgrund der Flugerprobung auf einer IL-28 nur bis 6 km Höhe zugelassen worden. Erst die A-1-Triebwerke, die ab Oktober lieferbar sein sollen, werden für die volle Höhe von 13 km tauglich sein. Für den heutigen Erprobungsflug allerdings reichen auch die A-0-Triebwerke. Inzwischen ist eine IL-14 mit Erprobungsleiter Walter Kröger und weiteren Versuchsingenieuren gestartet, um diesmal die 152 vom Anfang bis zum Ende des Fluges beobachten zu können. Pilot Willi Hennig bezieht Warteposition, indem er Schleifen in 2.000 m Höhe hinter dem Platz fliegt.

Um 11.22 Uhr erfolgt vom Tower die Startfreigabe für die 152 V4. Willi Hennig sieht von seiner Position aus die V4 anrollen. Vom Tower bekommt er die Anweisung, sich an die V4 anzuhängen. Durch leichtes Andrücken und Vollgasgeben versucht Hennig an die V4 heranzukommen. Doch die 152 steigt ihm mit ihren Düsentriebwerken davon. Bei der 152 V4 liegen unmittelbar nach dem Abheben 9 m/s Steigen an bei einer Geschwindigkeit von 320 km/h. Mit Vollgas versucht die IL-14 aufzuschließen, was ihr aber erst zehn Minuten später vor der dritten Kurve gelingt. Gerhard Güttel hatte die Triebwerke der V4 auf 7.000 u/min heruntergeregelt, um die

Flugkapitän Heinz Lehmann schaut nach der Landung aus dem Notsichtfenster. Er sowie Gerhard Güttel und Bernd Jendrusch hatten ordentliche Arbeit geleistet.

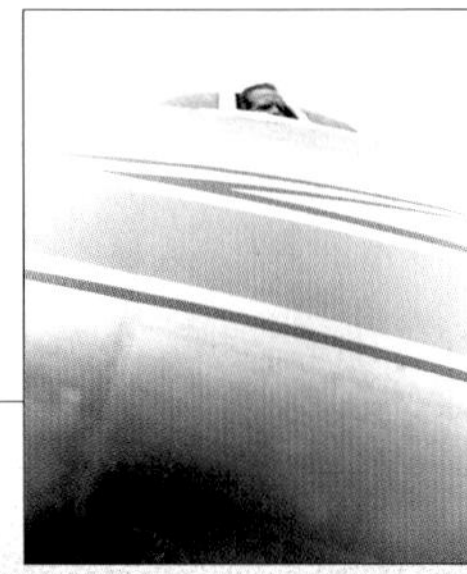

Bilder vom ersten Start der 152/II V4 am 26. August 1960. Das Flugzeug flog eine erweiterte Platzrunde und war 22 Minuten in der Luft. Um 11.44 setzte es wieder auf der Landebahn auf. Tausende Flugzeugbauer jubelten ihm zu.

vorgegebe Steiggeschweindigkeit von 5 m/s und die maximale Geschwindigkeit von 345 km/h nicht zu übersteigen. Nach 22 Minuten landet die 152 V4 sauber und wohlbehalten in Klotzsche.

Der Flug hatte gezeigt, daß Flugzeug und Triebwerke ihre Aufgabe erfüllt haben. Lehmann und Güttel geben zu Protokoll: „Das Flugzeug folgte sinngemäß den Ruder- und Trimmausschlägen. Im Flug war das in der Steuerung wahrnehmbare Spiel am Boden gleichfalls zu bemerken. Das Flugzeug lag jedoch um alle drei Achsen ruhig in der Luft."

DDR gibt den Flugzeugbau auf

Die Substanz jeglicher Entwicklung ist der Widerspruch. Es kann also nie eine widerspruchsfreie Entwicklung und somit auch keine sogenannten „nichtantagonistischen Widersprüche“ geben. Die Hochtechnologie Flugzeugbau stand im Gegensatz zu den dahindümpelnden anderen Industriezweigen. Er mußte sie mitreißen oder vernichten. Doch das Beharrungsvermögen des Alten war aufgrund des starren Planes stärker. Die Negation war eine umgekehrte und doppelte.

Der Flugzeugbau bildete einen Gegensatz zur übrigen Industrie der DDR. Statt die anderen Industriezweige mit modernen Ausrüstungen zu versorgen, forderte er selbst modernste Ausrüstungen und Gräte von ihnen. Die zentral gelenkte Wirtschaft der DDR kriegte es nicht hin, schnell und flexibel auf veränderte Wirtschaftsbeziehungen zu reagieren. Der Flugzeugbau blieb so bis zum Schluß ein Fremdkörper im Wirtschaftsorganismus, was zu Abstoßreaktionen der übrigen Organe führte.

Einen zweiten Gegensatz bildete der DDR-Flugzeugbau zum Flugzeugbau der UdSSR. Die beiden Staatlichen Plankommissionen waren unfähig, eine gemeinsame Sprache zu sprechen. Von der anfänglichen Arbeitsteilung in zivile Produktion (DDR) und militärische Produktion (UdSSR) war 1957 nicht mehr viel erhalten. Das lag zum einen an der raschen technischen Entwicklung in der Sowjetunion selbst, zum andern an den vielen Verzögerungen in der DDR, die zum Teil aber wieder von der UdSSR provoziert worden sind. Insgesamt muß festgestellt werden, daß die gegenseitigen Lieferbeziehungen, so wie sie 1953 in Moskau im Handschlagverfahren vereinbart worden waren (ohne feste Verträge, ohne überhaupt etwas Schriftliches zu hinterlassen) von vornherein nur vom guten Willen der sowjetischen Seite abhingen. Auf einer solchen Basis Milliardeninvestitionen zu tätigen, ist ein sehr gewagtes Spiel gewesen. Letztlich war den Sowjets nach den eigenen wirtschaftlichen Disproportionen, die mit der nachholenden Hochrüstung zusammenhingen, das Hemd näher als der Rock. Die DDR sollte gefälligst auch für die Verteidigungsfähigkeit des Sozialismus bluten. Alles in allem dürfte die DDR das Abenteuer Flugzeugbau etwa vier Milliarden Mark gekostet haben. Bei dem damaligen Staatshaushalt von 40 Milliarden Mark sicherlich eine Menge Geld. Aber im Hinblick auf die Militärausgaben der UdSSR nur ein Klacks.

Mit der 155 unternahm Dresden einen letzten Versuch im Großflugzeugbau. Im November 1960 wurde auch dieses Vorhaben abgebrochen. Die Attrappen der 152 und 153 A kamen 1961 zur DEFA-Filmgesellschaft, die 155 endete als Feuerholz.

Am 28. Februar 1961 entschied das Politbüro auf seiner Tagung, die Entwicklung und den Bau von Flugzeugen restlos aufzugeben. Die Volkskammer bestätigte diesen Beschluß am 1. März. Am 17. März wurde er dann offiziell im Industriezweig bekanntgegeben. Der Beschluß kam zu spät und war noch dazu falsch. Fokker bewies wenige Jahre später, daß man mit einem kleinen, speziell auf die Bedürfnisse ärmerer Fluglinien zugeschnittenen Flugzeug (F28) gute Geschäfte machen konnte. Der Beschluß war deswegen falsch, weil er eine an sich richtige Überlegung, nämlich den Flugzeugbau als Modernisierer der Produktionsbasis zu nutzen, zunichte machte, ohne die Ursachen des Scheiterns genau zu analysieren. Was waren die Ursachen des Scheiterns?

Die DDR-Führung hatte mit dem Flugzeugbau ein Großexperiment gewagt, das ohne vertragliche Fixierung mit den zukünftigen Abnehmern der Flugzeuge (Produktion von Flugzeugen ausschließlich für den UdSSR-Markt) äußerst risikovoll war. Man darf eine labile Volkswirtschaft jedoch nicht mit Großexperimenten belasten. Das Ganze klein beginnen und dann von sich aus wachsen lassen. Der Sozialismus hatte in der Wirtschaft einen Baufehler. Er wollte alles planen, auch das, was längst von selbst lief. Zwischen 70 und 90 % der Produktion läuft ja Jahr für Jahr in der einfachen Reproduktion. Diese einfache

Ein letzter Blick in die Serienbauhalle 222 im November 1960. Seit September 1959 war kein einziges Flugzeug mehr verkauft worden. Der DDR-Flugzeugbau hing nur noch am Tropf staatlicher Zuschüsse. Nationale Rüstungsindustrie funktioniert prinzipiell so, aber zivile Industrie muß das Produzierte auch verkaufen.

Reproduktion muß man nicht mehr planen! Die läuft wie von selbst. Was geplant werden muß, ist die erweiterte Reproduktion, letztlich also die Neuproduktion. Das sind in der Regel eben jene rund 20 % der Produktion, die gemeinhin als Gewinn (Profit) veranschlagt werden. Der Unterschied des sozialistischen Gewinns zum kapitalistischen Profit besteht darin, daß der Kapitalist persönlich über die Verwendung des Profits befindet (den er nicht erarbeitet hat, der ihm aber bürgerlich rechtens gehört), der sozialistische Staat aber zusammen mit dem Volk über die Verwendung des Gewinns bestimmen sollte (ein demokratischer Akt der Volksbefragung, der im real existierenden Sozialismus nicht stattgefunden hat). Der real existierende Sozialismus hat ja aufgrund der Weiterexistenz des Kapitalismus niemals die Diktatur des Proletariats überwinden können, was aber die Voraussetzung ist, um auf demokratische Weise über Leben und Wirtschaften bestimmen zu können.

Der Umstellung des DDR-Flugzeugbaus auf andere Produktionen sollte zwar bis zum 30. Juni 1961 abgeschlossen sein, trotzdem verlief der Abbruch in einigen Bereichen wesentlich langsamer.

Brunolf Baade gründete zum Beispiel aus Teilen des Konstruktionsbüros, aus den Laboren in der Halle 218 und einigen Forschungseinrichtungen und dem Windkanal das Institut für Leichtbau. In ihm ging auch die Erprobung der Lebensdauer der 152 weiter. Offiziell als Forschung im Leichtbausektor umschrieben, begann man die reparierte statische Bruchzelle 152/I V2 für die Wassertankerprobung vorzubereiten. Eine Woche vor dem Ende des Flugzeugbaus begann am 10. März 1961 eine erste Versuchsreihe. Der Wassertank war in England nach den verheerenden Abstürzen der Comet 1 A ersonnen worden, um realitätsnahe Belastungen der Zelle simulieren zu können. Der Wassertank in Dresden nahm wie bei der Comet den Rumpf und den Flügelanschluß auf. Er stand hinter der Laborhalle 218. Der erste Zyklus lief bis zum 18. März 1961 mit einer Belastungshöhe von n=1+-0,5. Als die Abbruchnachricht am 17. März im Betrieb eintraf, entschlossen sich Karl Aikele und Dr. Waldemar Günther, die Belastungshöhe auf 0,8 zu erhöhen, um zeitiger zu Ergebnissen zu kommen. Bis zur zweiten Durchsicht der Zelle am 24. April 1961 lief die Anlage weiter. Nach 1.200 Lastzyklen (entspricht Flügen mit Start, Landung, Aufsteigen bis 11 km Höhe und Gleiten auf 0 m) stellten sich erste kleine Brüche ein. Nach der Reparatur der Bruchstellen gingen die Versuche weiter. Am 23. Mai erfolgte die dritte Duchsicht, an die sich eine größere Reparatur der Zelle anschloß. Vom 18. Oktober bis 17. November 1961 lief

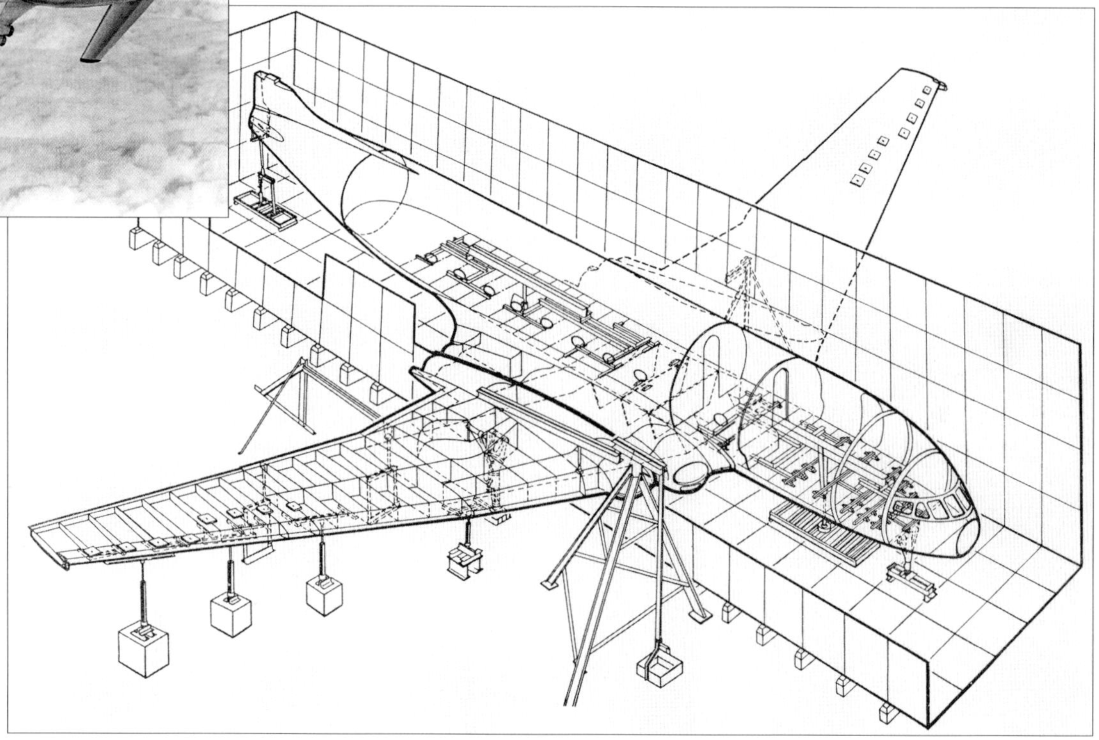

Die Luftfahrtnation England mußte mit ihrem ersten Jet teures Lehrgeld zahlen. Nach mehreren Abstürzen kam ein Comet-2-Rumpf in einen Wassertank, wo der Rumpf gefahrlos unter Druck gesetzt und gleichzeitig ähnlich wie bei statischen Versuchen belastet werden konnte. Mit der Comet 4 (Foto) war das Problem dann behoben.

Mit der 152/I V2, die im Dezember 1960 im Wassertank aufgebaut wurde, wollte man die Wassertankanlage auf Funktionsfähigkeit überprüfen (Zur Wassertankerprobung war eigentlich die 152/II V7 vorgesehen, die sich aber noch in der Produktion befand). Die V2 erhielt am 17. November 1961 beim Hochfahren des Wasserdrucks über den Maximalwert hinaus endgültig den „finalen Fangschuß".

Die Boden-Erprobung der Doppelgondel erfolgte auf einem Anblasprüfstand in der Nähe der Einflughalle. Das Bild zeigt die Vormontage der 152-Doppelgondel in der Halle 222. Wer ein scharfes Auge hat, sieht im Hintergrund die 152/II-Attrappe für die Leipziger Messe stehen.

der letzte Versuch mit insgeamt 744 Belastungszyklen, der mit dem Bruch der gesamten rechten Flügelunterschale endete. Danach setzte man nur noch den Rumpf unter steigenden Wasserdruck, bis er zerplatzte.

Da die 152 V2 schon durch unzählige statische Versuche stark ermüdet war, sollte mit den Versuchen eigentlich nur die Funktionstüchtigkeit der Wassertankanlage nachgewiesen werden. Das Leben der V2 war da aber noch nicht beendet. Sie kam auf den Flughafen nach Berlin-Schönefeld und diente dort bis 1982 der Flughafen-Feuerwehr als willkommenes Übungsobjekt. Danach wurde die V2, so wie die anderen 152 bereits vor ihr, verschrottet. Einzig der Rumpf der 152 011 überlebte durch Zufall die letzten 30 Jahre der DDR.

Die „152" im internationalen Vergleich

Hersteller	Junkers	Junkers	VEB FWD	De Havilland	Sud Aviation	Tupolew	VEB FWD	VEB FWD
Land	UdSSR	DDR	DDR	England	Frankreich	UdSSR	DDR	DDR
Typ	JU/EF-150	JU/EF-152	152/II	Comet 4 C	Caravelle I	Tu-104 B	153 A	154
Erstflug	5.9.1952		26.8.1960	31.10.1959	18.5.1958	1959		
Bemerkungen	Rollout 26.12.51	1. Entwurf	ab Masch. 010			Rumpfverläng.	fertige Konstr.	Projekt
Triebwerk	Ljulka AL-5 2 x 5.000 kp	Jumo 014 4 x 3.700 kp	Pirna 014 A-1 4 x 3.300 kp	RR Avon 524 4 x 4.765 kp	RR Avon 522 2 x 4.765 kp	Mikulin AM-3 2 x 9.500 kp	Pirna 018 2 x 5.000 äPS	Pirna 020 3.700 kp
Gesamtstartschub	10.000 kp	14.800 kp	13.200 kp	19.060 kp	9.530 kp	19.000 kp	10.000 äPS	14.100 kp
Triebwerksmasse ges.	3.680 kg	4.800 kg	4.240 kg	6.040 kg	3.016 kg	6.200 kg	2.600 kg	3.800 kg
Besatzung/Passagiere	5	5+1/24-36	4+2/48-73	6/72-102	6/64-80	5+3/100	4+2/28-78	4+2/47-78
Rumpfdurchmesser	2,70 m	3,10 m	3,30 m	3,05 m	3,25 m	3,50 m	3,30 m	2,80 m
Kabinenvolumen		78 m^3	118,7 m^3	129,1 m^3	127 m^3		118 m^3	96 m^3
Spannweite	24,10 m	26,60 m	27,00 m	32,90 m	34,30 m	37,50 m	31,60 m	25,10 m
Länge	26,74 m	30,00 m	32,64 m	36,00 m	32,00 m	40,10 m	28,15 m	29,10 m
Höhe	7,60 m	8,50 m	9,00 m	8,70 m	8,70 m	11,90 m	9,28 m	8,50 m
Flügelpfeilung	35 °	30 °	35 °	26 °	24 °	41/37 °	0 °	35 °
Flügelfläche	115 m^2	138 m^2	138 m^2	197 m^2	147 m^2	183 m^2	105 m^2	105 m^2
Flügelstreckung	5	5	5	5,5	8	6,8	9,5	6
V-Stellung	- 1,5 °	- 4,5 °	- 7,5 °	+ 4,5 °	+ 3 °	- 7,5 °	+ 3 °	- 1 °
Flächenbelastung	330/409 kg/m^2	311 kg/m^2	373 kg/m^2	373 kg/m^2	295 kg/m^2	268 kg/m^2	286 kg/m^2	380 kg/m^2
Leistungsbelastung	3,80 kg/kp	2,90 kg/kp	3,90 kg/kp	3,85 kg/kp	4,56 kg/kp	2,11 kg/kp	3,00 kg/PS	2,84 kg/kp
Rüstmasse	27.000 kg (einschl. Munition)	27.520 kg	29.900 kg	36.600 kg	26.593 kg	41.760 kg	18.250 kg	20.720 kg
Kraftstoff	9,0 - 18,0 t	10,9 t	11,7 - 15,8 t	25,5 - 30,6 t	11,4 -14,9 t	22,4 - 26,8 t	2,6 - 8,6 t	15,1 - 8,8 t
Nutzlast	6,0 - 1,5 t	4,0 t	9,1 - 5,0 t	11,4 - 6,3 t	8,4 - 3,7 t	10,0 - 5,6 t	9,1 -2,1 t	4,2 -10,5 t
Summe Zuladung	19.500 kg	14.900 kg	21.620 kg	36.600 kg	16.907 kg	32.400 kg	11.750 kg	19.280 kg
Startmasse	47.000 kg	42.900 kg	51.520 kg	73.500 kg	43.500 kg	74.500 kg	30.000 kg	40.000 kg
Höchstgeschwkt.	1.020 km/h	880 km/h	915 km/	805 km/h	845 km/h	950 km/h	742 km/h	1.000 km/h
in Höhe	(6) km	10 km	6 km		7,6 km	8 km	8,9 km	
Reisegeschwkt.	930 km/h	720 km/h	800 km/h	745 km/h	734 km/h	800 km/h	700 km/h	900 km/h
in Höhe	10 km	9 km	11 km	11,9 km	9 km	10 km	11,3 km	11 km
Steiggeschwkt.	18,5 m/s	9 m/s	18 m/s		11,2 m/s		8,5 m/s	>20 m/s
Dienstgipfelhöhe	12.500 m	12.700 m	12.200 m		11.000 m	11.900 m	14.570 m	12.000 m
Reichweite theor.	1.500 - 4.500 km	3.000 km	1.960 - 2.780 km	5.818 - 7.208 km	2.576 - 4.410 km	3.250 - 3.800 km	950 - 5.750 km	1.600 km
- mit 1 h Warteflug		(3/4 h) 2.500 km	1.160 - 1.980 km	5.418 - 6.808 km	1.876 - 3.710 km	2.450 - 3.000 km	600 - 5.400 km	
Startrollstrecke	1.400 m	860 m	1.610 m			2.500 m	800 m	1.365 m
Landegeschwkt:	215 km/h		213 km/h	233 km/h	230 km/h	260 km/h	165 km/h	
Landerollstrecke		800 m			1.000 m		420 m	

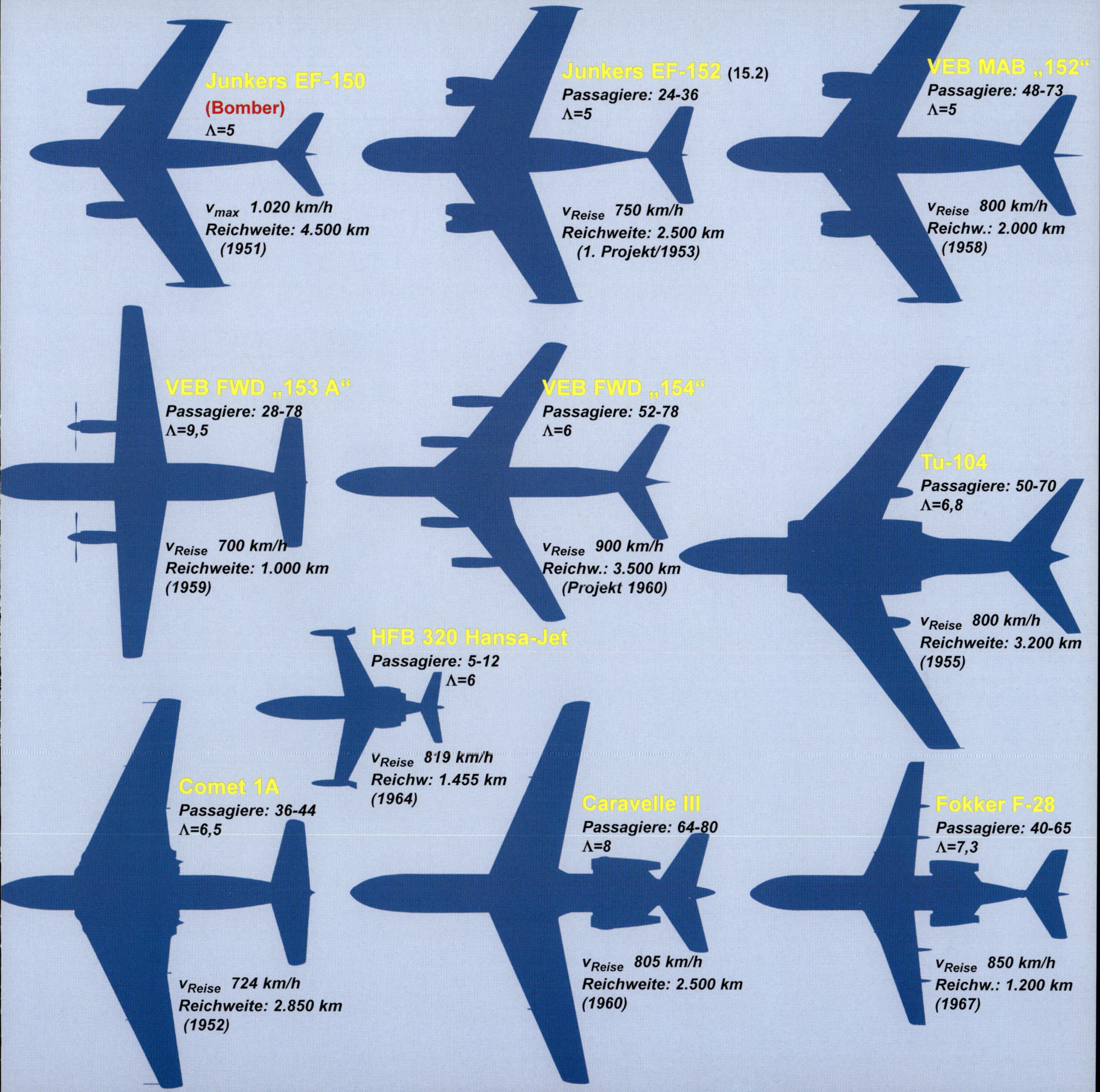

Junkers EF-150
(Bomber)
Λ=5
v_{max} 1.020 km/h
Reichweite: 4.500 km
(1951)
Junkers EF-152 (15.2)
Passagiere: 24-36
Λ=5
v_{Reise} 750 km/h
Reichweite: 2.500 km
(1. Projekt/1953)
VEB MAB „152"
Passagiere: 48-73
Λ=5
v_{Reise} 800 km/h
Reichw.: 2.000 km
(1958)
VEB FWD „153 A"
Passagiere: 28-78
Λ=9,5
v_{Reise} 700 km/h
Reichweite: 1.000 km
(1959)
VEB FWD „154"
Passagiere: 52-78
Λ=6
v_{Reise} 900 km/h
Reichw.: 3.500 km
(Projekt 1960)
Tu-104
Passagiere: 50-70
Λ=6,8
v_{Reise} 800 km/h
Reichweite: 3.200 km
(1955)
HFB 320 Hansa-Jet
Passagiere: 5-12
Λ=6
v_{Reise} 819 km/h
Reichw: 1.455 km
(1964)
Comet 1A
Passagiere: 36-44
Λ=6,5
v_{Reise} 724 km/h
Reichweite: 2.850 km
(1952)
Caravelle III
Passagiere: 64-80
Λ=8
v_{Reise} 805 km/h
Reichweite: 2.500 km
(1960)
Fokker F-28
Passagiere: 40-65
Λ=7,3
v_{Reise} 850 km/h
Reichw.: 1.200 km
(1967)

Das Airbus-Vorspiel bei HFB

Trotz ihrer geringen Größe mußte die HFB 320 alle Abnahme-Kriterien eines modernen Passagierjets erfüllen. In der Hamburger Flugzeugbau GmbH wuchs deshalb eine kleine aber feine Entwicklungsmannschaft heran, die bei der Gründung des europäischen Airbus-Konsortiums Ende der 60er Jahre auch von den beteiligten Engländern und Franzosen ernst genommen werden konnte. Maßgeblichen Anteil an der Formung dieser Mannschaft hatte der ehemalige Junkers-Entwurfschef Hans Wocke, der 1957 von Dresden nach Hamburg gewechselt war.

Kurz bevor Hans Wocke seinen Arbeitsplatz als Entwurfschef des Dresdner Flugzeugbaus verließ, lieh er bei Chefaerodynamiker Georg Backhaus die aerodynamischen Unterlagen zur Ju 287 aus. Mit den Daten und dem Wissen ging Hans Wocke im August 1957 zu HFB nach Hamburg (so erzählt es Prof. Backhaus noch heute). Die technische Leitung bei der HFB GmbH lag zu dieser Zeit in den Händen von Hermann Pohlmann, der bereits 1940 von Junkers nach Hamburg gekommen war (das Werk produzierte damals den Stuka Ju 87 in Serie). Pohlmann stellte Wocke als Entwurfschef ein. Unter seiner Leitung entstand dann die interessante HFB 314, ein 40-Tonnen-Projekt für 80 Passagiere und eine Reichweite von 3.400 km. Ein derart großes Flugzeug sprengte jedoch den Finanzrahmen der HFB. Da der Staat keinerlei Interesse an zivilen Flugzeugen zeigte und ohne Finanzspritze nichts lief, mußte die HFB 314 aufgegeben werden. (Die HFB 314 dürfte wahrscheinlich all jene Elemente enthalten, die Hans Wocke in Dresden in einer zeitgemäßen 152 verwirklicht wissen wollte.)

Notgedrungen entschloß man sich für ein deutlich kleineres Projekt, ein sogenanntes Geschäftsreiseflugzeug. Das bekam die Nummer 320 und den schönen Namen „Hansa-Jet". Der in Danzig geborene Hans Wocke liebte das Meer und die Schiffe (er hatte ja einst auch Schiffbau studiert), er kannte gut die erfolgreiche Geschichte der Hanse im Mittelalter, und so versprach die Wahl des Namens ebenfalls kaufmännischen und technischen Erfolg (der kaufmännische Erfolg blieb leider aus).

Entwicklungschef Hans Wocke und Typenleiter Dr. Ludwig Studer beim Fachsimpeln über den Hansa-Jet. Der um 15 ° nach vorn gepfeilte Flügel war das hervorstechende Merkmal der HFB 320 und das Geheimnis ihrer geringen Abmessungen.

Das Entwurfsschema des Hansa-Jet ist maßgeblich vom Erfahrungsschatz Wockes geprägt: der nach vorn gepfeilte Flügel (Ju 287), das aufgesetzte Höhenleitwerk (JU/EF-150), die Wirbelkörper am Flügelende (ebenfalls JU/EF-150), die aerodynamisch geformte Cockpitverglasung (Ju 290), die kleinen Vorflügel (Ju 287) oder die elliptischen Fen-

ster (152). Wie beim Bomber Ju 287 sorgte der negativ gepfeilte Flügel für kleine Abmessungen und sicheres Fliegen bei niedrigen Geschwindigkeiten. Der Hauptvorteil war natürlich die dadurch vor dem Flügel entstehende ungeteilte Passagierkabine. Die Tipptanks am Flügelende wirkten der Torsion des Flügels entgegen und verbesserten den Auftrieb.

Verkaufsleiter Werner Blohm, Entwicklungschef Hans Wocke, Typenleiter Dr. Ludwig Studer und Pilot „Swede" Davis (mit V1 tötlich verunglückt) nach dem Erstflug der HFB 320 V1 am 21. April 1964 in Lemwerder.

Der Hansa-Jet bestach vor allem wegen seiner Flugeigenschaften. Der Amerikaner Douglas A. Brutlag schreibt: Vor einigen Jahren hatte ich Gelegenheit, den Hansa-Jet zu fliegen und war davon stark beeindruckt. Er ist der beste Jet in seiner Klasse. Eben darum meine ich, daß er seinen Konkurrenten um Jahre voraus ist und daß Qualität und Ausführung unübertroffen sind.

Wie später beim Airbus findet sich am Hansa-Jet bereits die internationale Arbeitsteilung in Konstruktion und Produktion. Während bei HFB die Gesamtleitung lag sowie dort Entwurf und Vorkonstruktion entstanden, fächerte sich die umfangreiche Detailkonstruktion auf in deutsche HFB (Rumpf, Flügelmittelstück und Steuerung), niederländische Fokker (Flügelkasten und Flügelnase), spanische CASA (Heck, Leitwerk, Landeklappen und Querruder), Lockheed in Liverpool (Fahrwerke) und schließlich General Electric in den USA (Triebwerke). Das ausgeprägte Organisationstalent Hans Wockes sorgte für die Koordinierung der Entwicklungsarbeit.

Die Entwicklungskosten dagegen ließen sich nicht im geplanten Kostenrahmen halten. Sie erreichten mit 78 Millionen Mark fast die Größe der Entwicklungskosten der bald viermal so großen „152/I", die 95 Millionen Mark (ohne Triebwerkskosten) verschlungen hatte.

Auch wenn die HFB 320 mit 45 gebauten Flugzeugen kein kommerzieller Erfolg geworden ist, so wuchs doch in Hamburg eine Mannschaft zusammen, die vom modernen Flugzeugbau etwas verstand. Aus dem Kern jener Truppe ging das Häuflein Unentwegter hervor, das sich für einen europäischen Flugzeugbau stark machte. Entwicklungschef Hans Wocke wurde der erste Technische Direktor von Airbus Deutschland.

Glückwunsch für den gelungenen Erstflug der HFB 320 Hansa-Jet von Hans Wocke an HFB-Testpilot Loren William Davis. Die V1 startete am 21. April 1964 um 10.29 Uhr in Finkenwerder und landete 11.42 Uhr, also nach 73 Minuten, in Lemwerder.
Bild links: Die V1 in der HFB-Produktionshalle Hamburg-Finkenwerder

Dessau und das Junkerserbe

Dessau ist vor allem durch Junkers groß und bekannt geworden. Die Instrumentalisierung des Junkerswissens durch die Nazis und die Ausrichtung der Technikentwicklung auf einen Eroberungskrieg führten in den Untergang Dessaus und Deutschlands. Die Befreiung vom Faschismus war die Grundvoraussetzung für einen ehrlichen Neuanfang. Trotz Demontage und Sprengungen konnte der Name Junkers nicht ausgelöscht werden. Nach dem Wiedererstehen eines Großdeutschlands ist es an der Zeit, sich dem widersprüchlichen Junkerserbe zu stellen.

Man kann sich sein Erbe nicht aussuchen. Man kann es nur annehmen oder ablehnen. Ein Ablehnen kommt aber einer Flucht vor sich selbst gleich. Eine Annahme aber muß die Aufarbeitung der Vergangenheit einschließen. Dies kann nur gelingen, wenn man die Wahrheit finden will. Die Wahrheit indes kann so vielschichtig sein, daß man schon (im Einsteinschen wie im Marxschen wie im Heisenbergschen Sinne) seinen Standpunkt, von dem man aus die Sache betrachten will, zuvor benennen muß, sonst wird sie nämlich „unscharf" (denn auch sie bewegt sich). Für die Betrachtung des Junkerserbes kann es nur einen Standpunkt geben, bei dem die Wahrheit umfassend wiedergegeben wird, nämlich den der Majorität. Diese aber ist das internationale Proletariat, wozu nicht nur die Lohnarbeiter in den Fabriken und auf dem Lande zählen, sondern auch die Angestellten, die Manager (von denen einige sogar Streikerfahrung besitzen), und vor allem der intelligente Teil des Proletariats, die angestellten Ingenieure, Ärzte, Lehrer und Beamten.

Von diesem Standpunkt aus ergibt sich folgendes Bild über Junkers: Hugo Junkers war ein begnadeter Ingenieur, dessen Ziel die Entwicklung der Technik war. Dieses Ziel wollte er durch ange-

wandte Forschung erreichen. Schnell jedoch merkte er, daß man von Patenten nicht existieren kann, weil die eigentliche Arbeit erst danach beginnt. Hugo Junkers mußte selbst Unternehmer werden, um aus seinen Patenten Geld schlagen zu können, um so seine Forschungen zu bezahlen. Auf diese Weise entstand im Lauf der Jahre ein Konzern, der zentral von ihm geleitet wurde und der die Patente in eigenständig produzierte Waren umwandelte (Meßmittel, Badeöfen, Lamellenheizer, Schwerölmotoren, Flugzeuge, Stahlhäuser, Stahlmöbel usw.). Weil er dabei so erfolgreich war, mußte er branchengleiche Unternehmen in ihrer Entfaltung behindern, womit er sich ihren Zorn einhandelte. Zugleich mußte er als Kapitalist agieren, womit er sich den Zorn seiner

Die Junkersverwaltung in Dessau steht noch, und es gibt ein Technikmuseum „Hugo Junkers“, das natürlich eine Ju 52 besitzt.

Arbeiter einfing. Hugo Junkers war also gezwungen, gegen sie alle zu kämpfen. Diesen Kampf hätte er verlieren müssen, wenn es ihm nicht gelungen wäre, seine Arbeiter für sich einzunehmen.

Die Arbeitsbedingungen in der Werkstatt waren genauso hart wie in den anderen Fabriken auch. Doch die Junkers-Arbeiter stellten etwas Modernes her, das die Zukunft im Heute erscheinen ließ. Die moderne Technik sollte die Mühen der heutigen Arbeit in naher Ferne vergessen machen. Das war sein Ingenieurs-Credo. Dafür ließen sich auch Arbeiter begeistern. Und Hugo Junkers war ein sozial denkender Mensch. Er versuchte in seinen Werken ein Mindestmaß an Lebenskultur am Arbeitsplatz zu garantieren.

Der Patente-Konzern von Hugo Junkers stand und fiel mit seiner Person (das wußte er selbst am besten). Wenn Hugo Junkers aus dem Unternehmen

ausscheiden sollte, war es nicht mehr Junkers. 1933 wurde dies Wirklichkeit. Jetzt entstand etwas, das nichts als Verderben produzierte. Der Name Junkers diente den neuen Machthabern als Integrationsmittel, um die wissenden Ingenieure und versierten Facharbeiter bei der Stange zu halten. Von nun an entwickelte und produzierte der staatliche faschistische Junkerskonzern den tausendfachen Tod. Warum machten das die Arbeiter und Ingenieure mit?

Ganz einfach. Bereits bis zum Mai 1933 hatte die Hitler-Regierung der organisierten deutschen Arbeiterklasse

das Haupt abgeschlagen. Zugleich lockte Hitler mit sozialen Vergünstigungen (bezahlter Urlaub, Krankengeld, ermäßigtes Werksessen usw.). Mit Zuckerbrot und Peitsche und der Hoffnung, daß alles schon nicht so schlimm werden würde, hielt das System seine Widersacher in Schach.

Nach dem Krieg blieb wieder keine Zeit, sich mit der Vergangenheit zu beschäftigen. Die Hetze nach Nahrung und einem Dach überm Kopf war existentieller. Im Oktober 1946 begann dann die große Demontage des Junkerswerkes. Anschließend erfolgte die Sprengung der Hallen. Dieses politische Spiel, das Deutschland zu einem wirtschaftlichen Zwerg machen sollte, kostete abermals tausende Hungertode. Kann es eigentlich nach einem ungerechten Krieg einen gerechten Frieden geben? Reicht es Buße zu tun, um dann wieder so weiterzumachen wie vor dem Krieg?

Die Einwohner Dessaus haben für den faschistischen Junkerskonzern gebüßt, sogar ein Großteil der Junkersingenieure, die acht Jahre in der UdSSR verbringen mußten. Aber letztlich geht es doch darum, aus der Geschichte zu lernen. Eine Lehre hieß, nie wieder eine Spaltung der deutschen Arbeiterklasse zuzulassen. Aus SPD und KPD wurde die SED. Doch die Arbeiterklasse umfaßt mehr Leute als die Mitglieder von zwei Parteien. Die wirkliche Lehre hieß nämlich nicht Bildung einer Einheitspartei, sondern Bildung einer einheitlichen, parteienunabhängigen Gewerkschaft. Denn daß ein Hitler (von der Großindustrie an die Macht geschoben) nicht sofort gestürzt werden konnte, lag zuallererst am Abwarten der Gewerkschaften auf ein Kampfsignal von der SPD-Spitze. Hätten die Gewerkschaften als wirklich freie Gewerkschaften sofort gehandelt, wäre Hitler ein Spuk von wenigen Tagen geblieben. Und heute?

Die Reste des großen Windkanals und das sanierte Konstruktionsgebäude mit den langen Zeichensälen geben immer noch ein eindrucksvolles Bild von den einstigen Junkerswerken. Im Junkersmuseum gleich nebenan kann der Besucher das dazugehörige Modell des Windkanals mit aufgebauter Ju 287 bewundern. So wird Geschichte wieder lebendig.

In Dresden wartet der restaurierte Rumpf der Ju-152 seit 2001 auf eine Ausstellungsmöglichkeit. Mit einem Zentimeter Dreck auf dem Rücken steht er im Flughafen-Terminal, allen Blicken entzogen, ohne gepflegt zu werden. Die Flughafen Dresden GmbH wollte ihn in der Abfertigungshalle zeigen, aber bei einem Passagieraufkommen von nur 1,7 Millionen pro Jahr wird auch in 25 Jahren noch kein Geld vorhanden sein, um dem Rumpf eine würdige Umgebung zu verschaffen. Viel besser als nach Dresden würde er jedoch nach Dessau ins Junkersmuseum passen.

Blick aus dem Konstruktionsbüro in Richtung Junkersmuseum über die Reste des Niedergeschwindigkeits-Windkanals.

Das Luftbild von 1990 zeigt das Junkersgelände mit Startbahn.

Enthusiasten des Fördervereins Hugo Junkers haben nach 1990 die Reste des Werkes gesichert und versucht zu erhalten. Sie haben ein attraktives Museum aufgebaut und Schätze zusammengetragen, die ein umfassendes Bild von den Leistungen der Junkersingenieure und Junkersarbeiter ergeben. Immer wieder kommen neue Ausstellungstükke dazu, immer wieder muß man sich mit ihnen auseinandersetzen, immer wieder fragt die junge Generation, wie es gewesen ist. Ein Museum kann diese Arbeit nicht allein leisten. Aber Dessau ist an jeder Ecke der Stadt so geschichten- und geschichtsträchtig, daß es leicht fällt, ein umfassendes Bild von der Wirtschafts-, Wissenschafts-, Kultur- und Sozialgeschichte zu zeichnen und zu vermitteln. Neben den Verwaltungsgebäuden der Junkerswerke stehen noch die Wohnsiedlungen, die Fundamente der Hallen, die Betonplatten vor den Hallen, ein Teil der Startbahn, die Wohnhäuser prominenter Ingenieure. Es gibt Plastiken und Reliefs an Häuserwänden. Und wem das alles noch zu wenig ist, der findet in und um Dessau Reste der Junkers-Zweigwerke in Köthen, Bernburg, Schönebeck, Aschersleben und Halberstadt und darüberhinaus genügend Sehenswertes wie den Wörlitzer Park, das Bauhaus zu Dessau oder die Musterhäuser im Bauhausstil.

Die Technischen Leiter der Fir

Prof. Dr. h.c. Hugo Junkers

geb. am 3. Februar 1859 in Rheydt (Rheinland)

gest. am 3. Februar 1935 in München

Vordenker und Patentinhaber aller Junkersentwicklungen von 1888 bis 1933

Hugo Junkers studierte in Berlin und Karlsruhe von 1878 bis 1881 Maschinenbau. Studium 1883 an TH Aachen abgeschlossen. 1888 ging Junkers als Ingenieur für Gasmotoren nach Dessau zur Continental Gas Gesellschaft, wo er Oechselhäuser kennenlernte. 1892 erster 100-PS-Gegenkolbenmotor. 1892 meldete Junkers sein erstes Patent an: das Kalorimeter zur Bestimmung des Heizwertes von Gasen. Eigenes Herstellerwerk, das Kalorimeterwerk. Aus diesem Prinzip entsteht bald der Junkers-Gasbadeofen (Durchlauferhitzer) „Volkstherme". Diese werden im 1895 gegründeten Werk Junkers & Co. in Massen und mit großem Gewinn hergestellt, woraus Hugo Junkers künftig seine Forschungen finanziert. Seit 1897 Professur für Thermodynamik an der TH Aachen. Ab 1914 in Dessau Flugzeugbau. Erstes Ganzmetallflugzeug J.1 fliegt am 12. Dezember 1915. Ab jetzt schnelle Entwicklung des Flugzeugbaus. 1923 eigenes Flugmotorenwerk Jumo GmbH. Nazis entfernen 1933 Prof. Junkers aus seinem Werk.

Prof. Dr. habil. Otto Mader

geb. am 17. September 1880 in Nürnberg

gest. am 9. September 1944 in Landeck/Tirol

Junkers-Entwicklungschef von 1915 bis 1944 (ab 1923 für Motoren)

Otto Mader studierte an der TH München von 1888 bis 1903 Maschinenbau. Ab 1905 wirkte er als Konstrukteur für Großdieselmotoren bei der Firma MAN in Augsburg. Im Oktober 1909 wechselte er zur Versuchsanstalt Prof. Junkers nach Aachen als Privatassistent. 1915 wurde er der Leiter der Forschungsanstalt. Als Junkers 1914 vom Militär den Auftrag zum Bau eines Flugzeuges bekam, entwarf Mader für Junkers das erste Ganzmetallflugzeug, die berühmte J.1. Um zu sicheren Flugeigenschaften bei den neuartigen Flugzeugen zu kommen, regte Mader den Erfahrungsaustausch mit den Piloten an. Im April 1927 verließ Mader die Junkerswerke, um einer Professur an der TH München für Technische Mechanik nachzukommen. Im September 1928 kehrte er jedoch zu Junkers zurück. Nach Junkers' Enteignung wird Mader 1934 Mitglied der Geschäftsleitung der JFM AG. Chef des Otto-Mader-Werkes (Entwicklungswerk für Flugmotoren). Nach schwerer Krebserkrankung stirbt Mader 1944.

Prof. Dr.-Ing. Herbert Wagner

geb. am 22. Mai 1900 in Graz/Österreich

gest. am 28. Mai 1982 in Californien/USA

Junkers-Entwicklungschef von 1935 bis 1939

Herbert Wagner studierte Maschinenbau an der TH Graz von 1918 bis 1920. Danach Schiffbaustudium an der TH Berlin. Im Juni 1924 promovierte Wagner bei Wilhelm Hoff zum Thema: Über die Entstehung des dynamischen Auftriebs von Tragflügeln. Ab 1924 Konstrukteur bei Rohrbach Metallflugzeugbau Berlin. Dort Schaffung der „Zugfeldbauweise". 1928 wird Wagner zum außerordentlichen Professor der TH Danzig ernannt. Prüfung als Flugzeugführer. 1930 erfolgt die Berufung auf den Lehrstuhl für Luftfahrtwesen an der TH Berlin. Wagner forscht auf dem Gebiet der Schalenbauweise, der Schwingungen von Tragflächen und der Hydrodynamik von Seeflugzeugen. Im September 1935 übernimmt er bei Junkers die Leitung von Forschung und Sonderentwicklung. Stellvertretendes Vorstandsmitglied der Junkers AG. Strahltriebwerksentwicklung bei Junkers. April 1940 Wechsel zu Henschel und Entwicklung von Flügelbomben. Von 1945 bis 1957 in USA, danach an TH Aachen bis 1965.

a Junkers in zeitlicher Abfolge

Prof. Dr.-Ing. Heinrich Hertel

geb. am 13. November 1901 in Düsseldorf

gest. am 5. Dezember 1982 in Berlin

Junkers-Entwicklungschef von 1939 bis 1945

Heinrich Hertel studierte von 1921 bis 1925 in München und Berlin Bauingenieurwesen. Nach Studium Assistent und Versuchsleiter bei der DVL in Berlin-Adlershof. Forschte dort zur Ermüdungsfestigkeit von Flugzeugkonstruktionen. 1930 promovierte er an der TH Berlin zum Thema „Verdrehsteifigkeit und Verdrehfestigkeit von Flugzeugbauteilen".
1933 wechselte Hertel zum Ernst-Heinkel-Flugzeugbau nach Rostock, wo er ein Jahr später zum Technischen Direktor ernannt wurde. 1938 Honorarprofessur an Universität Rostock, 1941 an TH Braunschweig. Nach Streit mit Ernst Heinkel stellte Junkers-Generaldirektor Heinrich Koppenberg im Mai 1939 Prof. Hertel als Entwicklungschef für den Flugzeugsektor ein. Kurz darauf wurde er auch in den Vorstand der Junkerswerke berufen. Nach Verhaftung im April 1945 Mitarbeit in Frankreich an strahlgetriebenen Langstreckenflugzeugen. 1955 Berufung an TU Berlin für den Lehrstuhl Luftfahrzeugbau. Vordenker der Fachrichtung Bionik.

Prof. Dipl.-Ing. Brunolf Baade

geb. am 15. März 1904 in Berlin-Neukölln

gest. am 5. November 1969 in Berlin

Junkers-Entwicklungschef von 1945 bis 1954; Leiter des Forschungszentrums der Luftfahrtindustrie bis 1961

Brunolf Baade studierte an TH Berlin von 1922 bis 1926 Maschinenbau. Zwischenzeitlich Assistent bei Prof. Kamm an der DVL, Durchquerung Südamerikas auf eigene Faust und Teilnahme an Kunstflugkurs. Nach dem Examen bei den Bayrischen Flugzeugwerken in Augsburg als Konstrukteur für Sonderaufgaben tätig. Von 1930 bis 1936 lebte Baade in den USA vom Verkauf von Lizenzen für die Firma BFW und Deutz. Zusammen mit seiner Frau Anna besuchte er 1936 Deutschland, durfte aber nicht wieder ausreisen. Man bot Baade eine Stelle bei Junkers an. Er übernimmt die Leitung des Neukonstruktionsbüros. Ende 1936 Typenleiter Ju 88 B. Nach Weggang Gassners Typenleiter Ju 88 mit K.-E. Schilling. Von 1939 bis 1945 Haupttypenleiter. Ab Juni 1945 von Sowjets als Chefkonstrukteur (Entwicklungschef) des gesamten Junkerswerkes eingesetzt. Von 1946 bis 1954 in UdSSR. In DDR 1956 Ernennung zum Professor. Technischer Leiter der DDR-Flugzeugindustrie und Kandidat des ZK der SED.

Prof. Dr.-Ing. Rudolf Scheinost

geb. am 29. August 1907 in Römerstadt/CSR

gest. am 2. Januar 1978 in Pirna

Junkers-Entwicklungschef für Triebwerke von 1954 bis 1955; Leiter DDR-Triebwerksentwicklung bis 1961

Rudolf Scheinost studierte an der TH Brünn von 1924 bis 1929 Maschinenbau. Bis 1936 Anstellung als Assistent am Werkstoffinstitut der TH Brünn. 1935 Promotion zum Dr.-Ing. an TH Brünn. Scheinost geht 1937 nach Berlin-Spandau zum Flugmotorenwerk BMW als Werkstoffexperte. Dort Gruppenführer und Abteilungsleiter. 1940 Ernennung zum Oberingenieur. Ab 1944 bis 1946 arbeitet er im nach Staßfurt verlagerten BMW-Strahlturbinenentwicklungswerk als Leiter der Hauptabteilung Werkstoffforschung. Von 1946 bis 1954 in der UdSSR zunächst bei BMW. Nach Vereinigung mit Junkers-Triebwerksentwicklung Ferdinand Brandners Stellvertreter. Nach Brandner Abreise nach Österreich wird Rudolf Scheinost Chef der gesamten Triebwerksentwicklung Junkers/BMW. Ab 1955 in Pirna Chefkonstrukteur und Werkdirektor. Ab 1956 zusätzlich Hochschullehrer an TH Dresden für das Lehrgebiet „Konstruktion von Strahltriebwerken. 1957 Ernennung zum Professor. 1970 in Ruhestand.

Die Technik kann zwar Probleme lösen. Aber nur, indem sie neue Probleme schafft. Die wichtigste Aufgabe des Ingenieurs muß es sein, zuerst an die möglichen Folgen und die Folgen der Folgen seiner Arbeit zu denken.

Die wirklichen Probleme der Menschheit kann die Technik niemals lösen. Das schafft vorerst nur der Kampf um die Aufhebung der Klassenteilung.

Holger Lorenz

Ein notwendiges Nachwort: Das Barock des Kapitalismus

Mit Marx formuliert ist die Geschichte der Menschheit (ökonomisch betrachtet) die Geschichte der Arbeitsteilung, (politisch betrachtet) die Geschichte der Unterdrückten gegen ihre Unterdrücker, (im Zusammenhang betracht) ist es die Entwicklung der Menschheit, die vereinzelt in Menschengruppen den Naturgewalten frei ausgeliefert war hin zu den in gesellschaftliche Gewalten gepreßten Individuen, die fast nur noch über die von ihnen geschaffene Warenwelt miteinander kommunizieren; (romantisch betrachtet) ist es der ewige Kampf des Guten gegen das Böse.

Da der Mensch ein Gattungswesen ist, kann er nicht allein existieren (die Robinsonade ist nur die verklärte Welt des bürgerlichen Träumers). Das konnte er nicht als Affe auf dem Baum, nicht als Jäger und Sammler in den Savannen, nicht in den Dorfgemeinschaften der Seßhaften, nicht in den ersten Städten und erst recht nicht in der elektrifizierten Großstadt. Die Gattung war und ist das Wesen, die Teilung in Bauer, Arbeiter und Ingenieur die Erscheinung, der Austausch dieser Gegensätze über die Warenwelt ist die heutige Wirklichkeit. Individuelle Talente gab es seit je her. In ihrer Gegensätzlichkeit trieben sie die gesellschaftliche Entwicklung voran. Und damit sind wir schon wieder bei der Arbeitsteilung.

Die erste natürliche Arbeitsteilung war die zwischen Mann und Frau sowie zwischen Alt und Jung. Die erste gesellschaftliche Arbeitsteilung aber brachte die sogenannte Zivilisation und damit die ersten Städte hervor. Es war die Teilung zwischen einer vorwiegend Produktionsmittel herstellenden Gemeinschaft und einer vorwiegend Konsumtionsmittel herstellenden Gemeinschaft. Vor kurzem haben Archäologen in Peru die 4.600 Jahre alte Stadt Karal ausgegraben. Die Stadtbewohner bauten Baumwolle in großen Mengen an, webten daraus Fischernetze und verkauften diese an die an der Küste lebenden Fischer in tausenden Kilometer Entfernung. Das besondere dieser Urstadt war, daß sie eintausend Jahre ohne die Spur einer kriegerischen Auseinandersetzung existierte. Der Grund dafür war simpel: Die Fischer und die Städter hatten ihre gegenseitige Abhängigkeit verstanden und über Generationen verinnerlicht. Auf dem niedrigen Stand der damaligen Produktivkräfte garantierte diese Arbeitsteilung ein einigermaßen sorgenfreies Leben.

Doch die im Schoß der Gesellschaft schlummernden Produktivkräfte sind nicht an sich produktiv. Sie können für uns, die Menschen, produktiv sein. Sie können für andere, die Natur, zerstörerisch sein. Sie können, wenn ihnen dummfreie Entfaltung geboten wird, zuerst den Menschen und dann die Natur, oder zuerst die Natur und dann den Menschen zerstören. Sie können aber auch Natur und Mensch erhalten. Doch dazu bedarf es des Gattungswesens Mensch, der sich seiner Verantwortung gegenüber der Natur bewußt wird. Und damit sind wir erneut bei der Arbeitsteilung.

Der sogenannte intelligente Mensch ist eine Schimäre. Die Intelligenz der Menschen unterscheidet sich weniger als ihre Körpergrößen. Die in den USA so beliebten IQ-Tests engen auf wenige Fähigkeiten und Fertigkeiten ein. Es steckt also nur der Prozeß der Spezialisierung dahinter. Die Musikalität ist dem Menschen angeboren, man muß sie nur entdecken und fördern. Geschieht dies frühzeitig, entwikkeln sich Fähigkeiten, die über das allgemeine Maß hinausreichen. Diese über Generationen immer wieder frühzeitig vermittelt, kann dann irgendwann ein musikalisches Genie hervorbringen. Aber auch das musikalische Genie muß essen, will sich kleiden, will außer der Musik auch die anderen Freuden des Lebens genießen. Nur die gesellschaftliche Arbeitsteilung ermöglicht die Existenz des Genies. Ob das musikalische Genie noch etwas darüberhinaus vermag (außer vielleicht zärtlicher zu lieben), steht auf einem anderen Blatt und darf bezweifelt werden. Dieses andere Blatt nennt sich nämlich Spezialisierung, und diese ist so mannigfaltig, daß es Millionen Blätter davon gibt.

Die Spezialisierung wird oft mit der Arbeitsteilung verwechselt, sie ist jedoch die (im menschlichen Sinne) negative Seite der Arbeitsteilung. Denn sie verkrüppelt den Menschen, und das sogar im praktischen Sinne: Vor 100 Jahren gab es noch die Bäckerkrankheit - ein verkürztes Bein, ein schiefes Becken, ein verkrüppelter Rücken (weil es noch keine Rührmaschinen gab). Die positive Seite der Spezialisierung ist natürlich die größere Menge und die bessere Qualität der Produkte. Der (menschliche) Spezialist wird dabei jedoch zur Maschine herabgewürdigt. Der Ingenieur ist auch nur ein Produkt der Spezialisierung.

In der Menschheitsgeschichte hat es Epochen gegeben, die heute (je nach Standpunkt - Einsteins Relativitätstheorie läßt grüßen) teilweise vollkommen entgegengesetzt interpretiert werden. Die eine Gruppe sagt zum Beispiel, daß die Sklaverei das furchtbarste Verbrechen in der Geschichte gewesen sei. Die andere Gruppe meint, über die griechische Antike werde sich nie wieder etwas kulturell erheben. Aber die griechische Antike baute doch ökonomisch auf der Sklaverei auf. Was war daran so schön? Ganz einfach: Der freie Grieche hatte Muse, sich mit Sport, Spiel, Mathematik und Philosophie zu beschäftigen, indes seine Sklaven für ihn die Drecksarbeit taten. Dabei war die Sklaverei ein großer humaner Fortschritt gegenüber der Barbarei. Denn bis dahin wurden keine Kriegsgefangenen gemacht. Aber die Sieger von heute konnten sehr schnell die Verlierer von morgen sein...

Die Antike wäre ideal gewesen, wenn die Sklaven Maschinen und Automaten gewesen wären. Doch dazu bedurfte es der Wissenschaft. Die freie Zeit, die die Sklaven den griechischen Bürgern ermöglichten, nutzten einige (leider zu wenige) zum Denken und erfanden die Wissenschaften. Philosphen waren zwar in der Antike hoch angesehen, aber noch höher die reichen Minen- und Großgrundbesitzer. Denn mit der Sklaverei trat erstmals die Trennung des Menschen von den Produktionsmitteln in die Geschichte. Der reiche Grieche besaß die Minen und Werkzeuge bzw. die Äcker und Ackergeräte, der Sklave besaß sein Leben, das der Siegreiche ihm gelassen hatte. Dafür mußte er arbeiten. Das war gerecht. Damals.

An der Trennung der Produzierenden (Sklaven) von den Produktionsmitteln und ihre Usurpation unter die Kontrolle der Sklavenbesitzer ging die Sklavenhalterdemokratie zugrunde. Die Sklaven hatten, je gnadenloser die Ausbeutung wurde, kein Interesse mehr an der Arbeit. Das Wort Arbeit war aber noch mehr für die reichen Nichtstuer ein Grauen. Da niemand mehr arbeiten wollte, verkam das große Rom, der würdige Nachfolger Griechenlands, zu einer Kloake. Einfallende Barbarenstämme machten dem ein Ende und brachten zugleich die Achtung vor freier Arbeit zurück. Die Produktionsmittel gehörten den Produzenten bei den Germanen, den Franken, Kelten und wie sie alle hießen. Die freien Kolonen retteten das Abendland vor dem Verhungern durch Nichtstun. Die Kirche rettete in dieser Zeit die Menschheit vor der Verblödung und dem moralischen Verfall auf Kosten der eigenen Verblödung und des Verfalls.

Das Ketten der freien Bauern an den Boden und das Aufkommen der Leibeigenschaft erinnert sehr an die frühe Phase der Antike, als die Griechen sich gegenseitig versklavten. Das Erstarken der christlichen Kirche ging einher mit der Zunahme ihres Grundbesitzes. Im Hochmittelalter war die Kirche der größte Grundbesitzer und ihre weltliche Macht dadurch allumfassend. Der leibeigene Bauer konnte seiner Unterdrückung durch die Grundbesitzer nur entkommen, wenn er unerkannt in die Stadt entkam. „Stadtluft macht frei" hieß es damals zurecht.

Das freie fortschrittliche Bürgertum in den Städten kämpfte zu dieser Zeit mit Geist gegen den Adel und die Kirche. Als dritter Stand fühlte es sich gleichberechtigt, wenn nicht sogar überlegen den nichtstuenden Schmarotzern der Adelschicht. Die flüchtenden Bauern wurden in den Städten Handwerker oder Handwerksgesellen. Sie schwangen ihre eigenen Produktionsmittel. Die Kapitalisierung der Produktionsmittel lief so schleichend, wie es immer mehr Handwerker in den Städten wurden. Zunächst entstanden weitere Gewerke, schließlich aber mußten sich immer mehr als Gesellen bei den „erfolgreichen" Meistern verdingen. Wieder begann die Trennung der Produzenten von den Produktionsmitteln (obwohl die Handwerksgesellen ihre Werkzeuge ja mitbrachten, die großen Produktionsmittel wie Öfen, Schmelztiegel, Fuhrwerke usw. besaßen aber die Meister). Aus dem Meister wurde der Fabrikbesitzer, das heißt, der Kapitalist.

Der Kapitalismus brauchte nur wenige Jahrzehnte, um mehr und besser zu produzieren, als zuvor all die Jahrtausende zusammen. Er vollbrachte das durch die massenhafte Menschenhaltung in Fabrikstädten, durch ausgeklügelte Spezialisierung auf immer weniger Handgriffe, bis sie so einfach waren, daß eine Maschine sie ausführen konnte und dies durch - den Ingenieur.

Nach dreihundert Jahren kapitalistischer Entwicklung ist der Ingenieur die wichtigste Produktivkraft. Er schaltet die Kernkraftwerke ein, überwacht sie. Er erfindet ständig Neues (auch immer mehr Sinnloses), er arbeitet (gut bezahlt) rund um die Uhr. Er ist immer ansprechbereit, steht seinem Chef jederzeit zur Verfügung. Aber die Computer setzen seit 20 Jahren auch dem situierten Ingenieur immer mehr zu. Sie sind ihm Hilfe, aber sie gehören ihm nicht (wenn sie ihm gehören, haben sie auf den Produktionsprozeß keinen Einfluß). Der Ingenieur steht am Scheideweg. De facto ist er Lohnarbeiter, also Prolet, meist jedoch „Stehkragen-Proletarier", weil sein Standesdünkel (oder das scharfe Auge des Kapitalisten) darüber wacht, mit wem er verkehrt.

Wer als Ingenieur den Mr. Hyde in sich besiegen will, der kann es nicht mit dem innewohnenden Dr. Jekyll, sondern nur mit seinem außer ihm existierenden Gattungswesen, dem Homo proletarensis, tun.

Im Sozialismus wird es vor allem um eine neue Art der Teilung der Arbeit gehen. Nicht Spezialisierung, sondern Abwechslung muß das Motto lauten. Indem der rundum gebildete Mensch seinen Dreck alleine wegräumt, schafft er die Eliten und den Untermenschen ab.

Daß der Kapitalismus seinem Ende entgegengeht, zeigt der historische Vergleich: Auf dem Höhepunkt des Feudalismus (politischer Absolutismus) hatten die Mächtigen so viel Reichtum zentralisiert, daß das kulturelle Zeitalter des Barock anbrechen konnte. Die Fülle von Kunst und Kultur in den Hauptstädten des Reichtums verkleisterte lange Zeit den Blick auf die in Agonie liegenden Produktionsverhältnisse. Die feudalen Hochburgen verfaulten indes von den Rändern nach innen. Immer rücksichtslosere Ausbeutung der Bauern und die Indienststellung des bürgerlichen Fortschritts halfen, die Verschwendungssucht weiter zu finanzieren. Zunächst stützte die neue aufstrebende Klasse des Bürgertums die Weiterexistenz des Adels mit ihren immer billiger produzierbaren Waren. Doch das Zeitalter der Aufklärung konstituierte das Bürgertum zur Klasse. Im absolutistischsten aller Länder, in Frankreich, siegte schließlich die Bourgeoisie im blutigen Kampf über den Feudaladel. Noch unmittelbar vor dem Sturz blühten Barock und das nachfolgende verspielte Rokoko.

Der Kapitalismus hat in Manhatten längst seinen Barock erlebt. Inzwischen sprießt in Hongkong, Singapur und Taiwan das Rokoko.

Chemnitz, am 30. März 2005 — Holger Lorenz

Weiterführende Literatur

Holger Lorenz: Der Passagier-Jet 152, Walter Ulbrichts Traum vom Überflügeln des Westens, Eigenverlag 2003

Jürgen Michels/Jochen Werner: Luftfahrt Ost 1945-1990, Bernard & Graefe Verlag, Bonn 1994

Klaus-Hermann Mewes: Pirna 014, Flugtriebwerke der DDR, Aviatic-Verlag, Oberhaching 1997

Herbert Neppert: Die Hansa-Jet-Story, Erinnerungen eines Aerodynamikers, HFB-320, erste deutsche Nachkriegsentwicklung oder der vorgepfeilte Flügel, Jesteburg 1984

Gerhard Barkleit/Heinz Hartlepp: Zur Geschichte der Luftfahrtindustrie in der DDR 1952-1961, Hannah-Arendt-Institut für Totalitarismusforschung, Berichte und Studien 1/1995, Dresden

D.A. Sobolew: Deutsche Spuren in der Geschichte der sowjetischen Luftfahrt, Aviantik Moskau 1996

Fliegen / Vom Propeller zum Düsenantrieb, Kaiser-Verlag, Klagenfurt 1998

Emil Carlebach: Hitler war kein Betriebsunfall, Die programmierte Diktatur, Pahl-Rugenstein 1993

Heinz-J. Bontrup/Norbert Zdrowomyslaw: Die deutsche Rüstungsindustrie, Ein Handbuch, Distel-Verlag 1988

Max Fechner (Herausgeber): Wie konnte es geschehen, Auszüge aus den Tagebüchern und Bekenntnissen eines Kriegsverbrechers, Verlag Das Volk Berlin

Roland Wingert: Von Albert Einstein zur Welt-Formel, Das Weltbild des Dritten Jahrtausends, academia el pensador, 2003

Helmut Bukowski/Manfred Griehl: Junkersflugzeuge 1933-1945, Bewaffnung, Erprobung, Prototypen, Dörfler-Zeitgeschichte, 1991

Gerhart Hass: Münchner Diktat 1938, Komplott zum Krieg, Dietz Verlag Berlin, 1988

Gersdorf/Grasmann/Schubert: Flugmotoren und Strahltriebwerke, Bernard & Graefe Verlag 1995

Wolfgang Wagner: Hugo Junkers Pionier der Luftfahrt, Bernard & Graefe Verlag, Bonn 1996

Die Junkers-Lehrschau, Eine Führung durch die Lehrschau der Junkers Flugzeug- und Motorenwerke AG Dessau, 2. Auflage 1939 Dessau

Lutz Budraß: Flugzeugindustrie und Luftrüstung in Deutschland 1918-1945, Schriften des Bundesarchives 50, Droste Verlag Düsseldorf 1998

Heinrich Hertel: Leichtbau, Springer-Verlag Berlin, Göttingen, Heidelberg 1960

Schlichting/Truckenbrodt: Aerodynamik des Flugzeuges, zwei Bände, Springer-Verlag Berlin Heidelberg New York 1969

Mark L. Gallai: Über unsichtbare Barrieren, Erinnerungen eines Testpiloten, Militärverlag der DDR, 1978

Gerhard Barkleit: Die Rolle des MfS beim Aufbau der Luftfahrtindustrie der DDR, Berichte und Studien Nr. 5, Dresden 1996

Bildnachweis:

Peter Achs (20), Eberhard Aikele (17), Karl Aikele (18), Prof. Georg Backhaus (4), Helmut Banas (23), Waltraud Borens (1), Wolfgang Busse (16), Kurt Cyron (4), Deutsches Museum (39), Elbe Flugzeugwerke (12), Helmut Erfurth (47), Wilfried Freckmann (1), Erwin Handke (20), Rolf Hundt (1), Junkers-Museum Dessau (6), Hans Klecha (13), Else Knies (20), Dr. Peter Korrell (7), Karl Kössler (10), Tobias Kramer (10), Horst Lehmann (4), Klaus Lehr (2), Gerhard Leisner (2), Dieter Lippold (7), Holger Lorenz (210), Claudia Mindach (1), Dr. Reinhard Müller (13), Herbert Neppert (5), Otto Reich (7), Volker Rost (3), Dr. Dieter Scheller (1), Renate Strobel (1), Wilfried Uhlig (7,) Jochen Werner (83), Lutz Wogeck (1)

ISBN-3-931770-57-5

1. Auflage 2005

Redaktionsschluß: 31. März 2005

Layout/Satz: Holger Lorenz

Bildbearbeitung: Holger Lorenz

Druck/Buchbinderei: Druck- und Verlagsgesellschaft Marienberg mbH

Vertrieb: Druck- und Verlagsgesellschaft Marienberg mbH, Industriestraße 7 in 09496 Marienberg, Fax: 03735/234 86, Tel.: 03735/916 40, www.buecher-aus-dem-erzgebirge.de

Printed in Germany

Die Abteilungsleiter der vereinten Junkers- und BMW

(Namen und veränderliche Funktionen vgl. auch im laufenden Text)